有色金属行业职业技能培训丛书

# 铝电解技术问答

杨　昇　杨冠群　编著

北　京

冶金工业出版社

2009

# 内 容 提 要

本书以问答的方式将最新的铝电解生产控制理念、方法和手段介绍给读者，所介绍的内容涉及铝电解生产过程的各主要环节。主要内容包括：铝电解基本原理，铝电解原材料及能源，现代预焙铝电解槽结构，大型预焙槽的阳极，预焙铝电解槽的预热焙烧与启动，铝电解槽的常规操作，铝电解槽非正常期生产管理，铝电解槽正常生产管理，预焙铝电解槽病槽及防治，铝电解槽阴极内衬破损及对策，铝电解生产中的常规测量，铝电解的计算机控制，铝电解的电流效率，铝电解的电能消耗和能量平衡，铝电解槽烟气净化及原料输送，铝及铝合金的熔炼和铸锭，铝电解产品质量及检测，铝电解厂的环境保护，铝电解生产指标、成本及发展方向。

本书可作为铝电解厂技工、技师及现场生产管理人员的技术培训教材及自学参考书，也可作为职专及高等院校相关专业师生下厂实习的参考资料。

**图书在版编目(CIP)数据**

铝电解技术问答/杨昇，杨冠群编著.—北京：冶金工业出版社，2009.5
(有色金属行业职业技能培训丛书)
ISBN 978-7-5024-4919-3

Ⅰ.铝… Ⅱ.①杨… ②杨… Ⅲ.氧化铝电解—技术培训—问答 Ⅳ.TF821.032.7-44

中国版本图书馆 CIP 数据核字(2009)第 061957 号

出 版 人 曹胜利
地 址 北京北河沿大街嵩祝院北巷 39 号，邮编 100009
电 话 (010)64027926 电子信箱 postmaster@cnmip.com.cn
责任编辑 张熙莹 美术编辑 张媛媛 版式设计 葛新霞
责任校对 白 迅 责任印制 牛晓波
ISBN 978-7-5024-4919-3
北京虎彩文化传播有限公司印刷；冶金工业出版社发行；各地新华书店经销
2009 年 5 月第 1 版，2009 年 5 月第 1 次印刷
787mm×1092mm 1/16；17.75 印张；426 千字；267 页；1-3000 册
**39.00 元**

冶金工业出版社发行部 电话：(010)64044283 传真：(010)64027893
冶金书店 地址：北京东四西大街 46 号(100711) 电话：(010)65289081
(本书如有印装质量问题，本社发行部负责退换)

# 前　言

我国电解铝产量从 1997 年的 2180kt 到 2007 年的 12560kt，10 年增长了近 4.8 倍。我国铝电解用大型预焙槽，从无到有，到全行业淘汰自焙槽全部采用大型预焙槽，只花了短短 20 年时间。我国电解铝生产规模的扩大，技术和装备水平的提高，其速度举世无双。随着电解铝工业的飞速发展，在职工队伍中形成了一支庞大的新军，这是一支最有生命力的队伍，但他们也最需要学习铝电解基本知识，掌握铝电解最新技术。这支队伍急需通过各种培训，用现代科学知识武装自己，不断提高技术水平，适应新形势的要求。他们希望能获得更多合适的教材或参考资料。在这种形势下，编者应冶金工业出版社之邀，编写了本书。

本书所介绍的内容涉及铝电解生产过程的各主要环节，介绍了最新的铝电解生产控制理念、方法和手段。

本书尽可能突出铝电解技术发展的前沿性，反映铝电解生产的新理论、新工艺和新流程。内容力求系统全面，但叙述尽可能深入浅出，通俗易懂，让具有初中以上文化基础的工人能够接受，通过自学能够基本掌握。本书的编写方式采用问答形式，目的是希望它既是一本参考书，也是一本工具书，便于自学者有的放矢地查阅所需要的相关知识。

本书主要作为铝电解厂技工、技师及现场生产管理人员的技术培训教材及自学参考书，也可作为职专及高等院校相关专业师生下厂实习的参考资料。因此，不同于偏重理论的高等院校本科生或研究生教材，也有别于纯实践性的操作规程，而是力图理论与实践的紧密结合。

由于编者水平有限，书中不足之处敬请读者批评指正。

编　者
2009 年 2 月 28 日

# 目　录

## 第一章　铝电解基本原理

## 第二章　铝电解原材料及能源

## 第三章　现代预焙铝电解槽结构

## 第四章　大型预焙槽的阳极

## 第五章　预焙铝电解槽的预热焙烧与启动

## 第六章　铝电解槽的常规操作

## 第七章　铝电解槽非正常期生产管理

## 第八章　铝电解槽正常生产管理

## 第九章　预焙铝电解槽病槽及防治

## 第十二章　铝电解的计算机控制

## 第十三章　铝电解的电流效率

## 第十四章　铝电解的电能消耗和能量平衡

## 第十五章　铝电解槽烟气净化及原料输送

## 第十六章　铝及铝合金的熔炼和铸锭

## 第十七章　铝电解产品质量及检测

## 第十八章　铝电解厂的环境保护

## 第十九章　铝电解生产指标、成本及发展方向

# 第一章　铝电解基本原理

## 1. 什么是铝?

目前，世界上已被发现的元素有 107 种，根据其导电性等一系列物理和化学性能，被分为金属和非金属。铝（Al）属于金属元素。

金属元素根据其自然光泽可分为黑色金属和有色金属，铝是一种具有银白色光泽的有色金属。

有色金属可按其密度分为重金属和轻金属，密度大于 $5.0g/cm^3$ 的称为重金属，密度小于 $5.0g/cm^3$ 的称为轻金属。铝在 20℃时的密度为 $2.69g/cm^3$，属于轻金属。除铝以外，还有锂（Li）、钠（Na）、钾（K）、铷（Rb）、铯（Cs）、铍（Be）、镁（Mg）、钙（Ca）、锶（Sr）、钡（Ba）、钛（Ti）等十几种金属属于轻金属。硅（Si）是一种半导体，或称半金属，就其密度而言（室温下为 $2.34g/cm^3$），也属于轻金属的范畴。

铝在门捷列夫元素周期表中的原子序数为 13，处于第 3 周期第 3 主族。铝原子核内有 13 个质子和 14 个中子，相对原子质量为 26.98154；原子核外有 13 个电子，分 3 层排列，第一层 2 个电子；第二层共 8 个电子，分两个亚层，第一亚层 2 个电子，第二亚层 6 个电子；第三层共 3 个电子，也分两个亚层，第一亚层 2 个电子，第二亚层 1 个电子。铝原子的电子层结构可以表示为 $1s^2 2s^2 2p^6 3s^2 3p^1$。铝原子容易失去最外层的 3 个电子而成为正 3 价的离子，有时也能失去 $3p$ 上的 1 个电子而形成正 1 价的离子。

铝的氧化物具有酸、碱两性，它与强碱反应生成铝酸盐而呈酸性，与强酸反应生成铝盐而呈碱性。

## 2. 铝的冶炼技术经历了怎样的发展过程?

1746 年波特（Pott）从明矾中制取了纯的氧化铝。1807 年，英国的达维（H. Davy）试图用电解法从氧化铝中分离出金属铝，未获成功。1825 年，丹麦的奥尔斯德（H. C. Oersted）用化学法制取金属铝，他将 $AlCl_3$ 与钾汞齐反应，获得了铝汞齐，铝汞齐在真空条件下蒸馏分离，制得了金属铝。1827 年，德国的韦勒（Wohler）通过加热钾和无水氯化铝的混合物得到少量的灰色金属铝粉末；1845 年，他把氯化铝气体通过熔融的金属钾表面，得到金属铝珠，并初步测定了铝的一些物理和化学性能。

1854 年，法国人戴维尔（Deville）采用钠代替比钠更为昂贵的钾作为还原剂，还原 $AlCl_3$，并于 1855 年实现商业化。戴维尔在改进该方法的过程中，在 $NaAlCl_4$ 熔剂里加入了氟化钙（$CaF_2$）和冰晶石（$Na_3AlF_6$），首次发现冰晶石能溶解金属铝表面的氧化膜。这一偶然的重大发现催生了后来的冰晶石-氧化铝熔盐电解生产铝的方法。美国的卡斯特纳（Castner）改进了金属钠和 $NaAlCl_4$ 的生产方法，使化学法生产成本有所降低。到 1889 年，在英国伯明翰附近的一家化学法生产金属铝的工厂里，产量规模达到了每天 500lb

（约226.8kg）。

以上这段时期为炼铝史的第一个阶段，即化学炼铝阶段。化学炼铝阶段共为人类贡献了约200t铝。

最早开始采用电解法炼铝的是德国人本生（Bunsen）和法国人戴维尔，他们分别在1854年中通过电解四氯铝钠熔盐（NaAlCl$_4$）得到金属铝。但由于当时采用的蓄电池直流电源价格昂贵且无法获得大电流，而不能进行工业性电解实验。直到1867年，初始的工业铝电解法才得以实现，但成本仍很昂贵。

1878年，大型直流发电机的发明为铝电解带来了新的曙光。

现代铝电解法的创立者，法国的埃鲁（L. T. Héroult）和美国的霍尔（C. M. Hall）于1886年各自独立申请并注册了在冰晶石熔体中电解氧化铝炼铝的专利，从此迎来了大规模的电解法——霍尔-埃鲁法（H-H电解法）炼铝的新阶段。

拜耳（Bayer）法生产氧化铝方法的诞生以及水力发电技术的发展，为铝电解生产提供了较廉价的丰富的原料和能源，因而霍尔-埃鲁法如虎添翼。从此，拜耳法生产氧化铝和霍尔-埃鲁法生产铝雄霸世界铝工业120年，至今没有任何可以取代它们的新工艺诞生。

120年来，霍尔-埃鲁法经历了不同发展阶段，主要体现在铝电解槽的不断改进和发展。

初期，采用小型预焙阳极电解槽，电流小、产量低、能耗高。

20世纪20年代，受铁合金电炉上电极形式的启发，在铝电解槽上装备了连续自焙阳极，采取侧插棒导电方式。侧插自焙阳极电解槽很快在世界范围内推广应用。20世纪40年代，为了简化阳极操作和提高机械化程度，又发展了上插棒式自焙阳极电解槽。

与早期的小型预焙阳极电解槽相比，自焙阳极电解槽扩大了槽型规模，大大增加了单台设备产能，提高了电流效率，降低了能耗。但自焙槽仍有其固有弱点，首先是阳极自焙过程散发出的有害烟气严重恶化劳动条件，污染环境；其次是阳极结构形成较高的阳极电压降，并限制了电解槽继续扩大产能。

50年代中期，成功制造出高质量的大型预焙炭块，使早期的小型预焙槽得以大型化和现代化，铝电解从自焙槽又转向预焙槽，开启了预焙槽的新阶段。

（自焙槽容量一般都在100kA以下，本书将继自焙槽之后发展起来的容量在100kA以上的预焙槽称作大型预焙槽，以区别于自焙槽以前的小型预焙槽以及在自焙槽基础上改造的容量小于100kA的预焙槽。）

近二十多年来，创建了大容量中间点式下料预焙阳极电解槽，计算机技术在电解槽的电、热、磁、物流和应力等物理场模拟、设计和控制上的成功运用，熔盐物理化学及电化学理论的深入研究，多种新材料在电解槽上的成功采用，使铝电解在提高产能和劳动生产率、降低原材料消耗、改善产品质量以及减少能耗、保护环境等诸多方面得到了飞速发展，迎来了现代大型预焙槽的新纪元。

人类的技术进步永不会停歇，目前，世界上正进行的连续预焙阳极电解槽、双极性多室电解槽、惰性阳极电解槽以及可湿润阴极泄流电解槽等的研究探索，燃起了人们对铝电解发展的新希望。

### 3. 什么是冰晶石？

世界上存在天然冰晶石。天然冰晶石是一种无色或白色晶体，它是一种复盐，分子式可写成 $Na_3AlF_6$（或 $3NaF \cdot AlF_3$）。有人测得纯天然冰晶石的熔点为 1009.2℃，其密度为 2.95g/cm³，硬度为 2.5。天然冰晶石是一种稀有矿物，目前只在乌拉尔、尼日利亚、格陵兰及巴西的彼丁坦发现有天然冰晶石存在，且数量非常有限。因此，工业应用大都为人造冰晶石。用湿法生产的人造冰晶石实际上是 NaF 和 $AlF_3$ 的混合物，只有经过高温后，它们才形成化合物。NaF 和 $AlF_3$ 的二元系相图如图 1-1 所示。

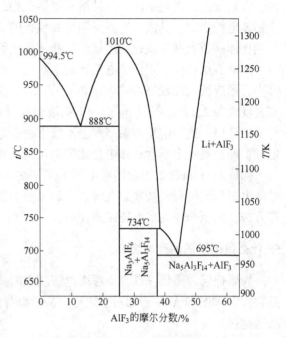

图 1-1　NaF-$AlF_3$ 二元系状态图

NaF 和 $AlF_3$ 的混合物经高温熔融再冷却下来，有可能生成两种化合物。组成（质量分数）为 NaF 60%，$AlF_3$ 40%，其摩尔比（NaF/$AlF_3$）为 3 的化合物，就是冰晶石，或称正冰晶石，它是一种稳定化合物，可用分子式 $Na_3AlF_6$（或 $3NaF \cdot AlF_3$）表示。正冰晶石熔点为 1010℃，也有人测定为 1008.5℃。

另一个是不稳定化合物，称作亚冰晶石，可用分子式 $Na_5Al_3F_{14}$（或 $5NaF \cdot 3AlF_3$）表示。亚冰晶石组成（质量分数）为：NaF 45.5%，$AlF_3$ 54.5%，其摩尔比（NaF/$AlF_3$）为 1.67。其异分熔点为 734℃。当加热该化合物至 734℃时，它会发生热分解，生成正冰晶石和相应组成的溶液。而相应组成的高温熔体冷却至 734℃时，则事先析出的正冰晶石将与溶液发生包晶反应生成亚冰晶石：

$$Na_3AlF_6 + L \Longrightarrow Na_5Al_3F_{14}$$

在 NaF-$AlF_3$ 二元系状态图中摩尔比大于 3 的一侧，是 NaF 和 $Na_3AlF_6$ 的简单二元共晶体系，其最低共熔温度为 888℃。摩尔比小于 1.67 的一侧，在 695℃ 以下是 $Na_5Al_3F_{14}$ 和 $AlF_3$ 的共晶体系，在此温度以上，根据体系组成的不同，有可能成为液相，也可能是 $Na_5Al_3F_{14}$ 和相应溶液（或 $Na_3AlF_6$ 与相应的溶液，$AlF_3$ 与相应溶液）的共存体系。

### 4. 铝电解为什么用冰晶石和氟化物作电解质，电解质具备哪些基本性质？

由于铝对氧有很强的亲和力，至今还没有找到一种经济的方法能和某些金属那样通过直接还原获得铝。铝比氢活泼，因此，也不能在水溶液中电解而获得铝。直至目前，铝只能在非水溶媒中电解获得。通过电解法炼铝，氧化铝是最好的原料。要将氧化铝电解成铝，必须使氧化铝成为熔融状态，能够电离，离子能在阴、阳极电场作用下发生迁移。但是，氧化铝的熔点高达 2050℃，欲采用直接熔化进行电解，在目前工业条件下是不可能的。人们发现，氧化铝能部分地溶解于熔点相对较低的冰晶石中，而溶解在冰晶石中的氧化铝能电解出铝。其实，这就是霍尔和埃鲁的贡献。至今为止，对于氧化铝，人们还没有找到比冰晶石及其他氟化物组成的熔盐体系更好的溶剂。

冰晶石熔体作为现代铝电解槽的电解质，具备了以下基本性质：氧化铝能迅速溶解于其中，形成流动性较好的均匀溶液；在 950℃ 左右的铝电解温度下具有良好的导电性能；其密度约为 2.1g/cm³，比同温度下铝液密度（约 2.3g/cm³）小 10% 左右，能保证电解质与铝液分层；这种熔盐体系基本上不吸水，在电解温度下的蒸气压也不高，具有较大的稳定性；而且基本上不含还原电位比铝更正的元素，从而保证电解产物铝的纯度。

除冰晶石-氧化铝熔盐体系电解生产铝之外，电镀工业上也用到氯化铝为原料的低温熔盐电解和铝的有机盐常温电解。人们也曾力图将氯化铝和有机铝电解开发成铝的工业生产方法，但至今在经济上还站不住脚。

### 5. 什么是电解质的酸碱度？

如果把问题简化一点，不考虑电解质中的其他成分，那么，所谓电解质的酸碱度，就是它所含 NaF 和 AlF₃ 的相对量之比。NaF 相对含量越高，碱性越强；AlF₃ 相对含量越高，酸性越强。

电解质的酸碱度有几种表示方法。我国常用熔盐体系中所含 NaF 和 AlF₃ 的物质的量之比，通常称做摩尔比（工业上常称为分子比），常记作 $CR$。即：

$$CR = \frac{n_{\text{NaF}}}{n_{\text{AlF}_3}} \tag{1-1}$$

摩尔比等于 3 的为中性电解质，摩尔比大于 3 的为碱性电解质，摩尔比小于 3 的为酸性电解质。工业电解槽所采用的是摩尔比在 2 ~ 3 范围内的酸性电解质。目前，大型预焙槽所用电解质实际控制摩尔比都在 2.1 ~ 2.6 之间。

北美地区常采用体系中所含 NaF 和 AlF₃ 质量分数之比来表示电解质的酸碱度，记作 $BR$。即：

$$BR = \frac{w_{\text{NaF}}}{w_{\text{AlF}_3}} \tag{1-2}$$

所以有：

$$CR = \frac{w_{\text{NaF}}/42}{w_{\text{AlF}_3}/84} = 2BR \tag{1-3}$$

西欧各国则习惯用过量 AlF₃ 的质量分数表示酸碱度，也就是体系中所含 AlF₃ 除与 NaF 结合成正冰晶石以外多余的量占体系总的质量分数，常记作 $f$。它与摩尔比、质量分数之比有如下关系：

$$f = \left(1 - \frac{5CR}{3CR + 6}\right) \times 100\% \quad \text{或} \quad CR = 3 - \frac{7.5f}{1 + 1.5f} \tag{1-4}$$

以及

$$f = \left(1 - \frac{5BR}{3BR + 3}\right) \times 100\% \quad \text{或} \quad BR = 1.5 - \frac{7.5f}{2 + 3f} \tag{1-5}$$

实际上，MgF₂、LiF 等添加剂也影响电解质的酸碱度。MgF₂ 如同 AlF₃ 一样，是一种刘易斯酸，可降低电解质摩尔比。而 LiF 则如 NaF，是一种刘易斯碱，可增大电解质摩尔比。如果精确考虑，应该把它们的影响计算进去。而 $CaF_2$ 和 $Al_2O_3$ 对电解质的酸碱度影响很小，可忽略不计。

### 6. 怎样测定电解质的酸碱度？

在工业生产中，电解质的摩尔比（酸碱度）并不是一成不变的，多种因素会引起它的变化。例如，新槽开动初期，NaF 会向炭阴极和碳质槽内衬中渗透，使摩尔比降低；电解质中 $AlF_3$ 的蒸发，使摩尔比升高；加入槽内的氧化铝和氟盐含有的水分以及多种杂质，如 $SiO_2$、$Na_2O$、$P_2O_5$ 等，都会与电解质发生化学反应，而使电解质的摩尔比升高。因此，为了保持电解质组成稳定，需要经常测定电解质的摩尔比。

测定摩尔比的常用方法有以下几种：

（1）热滴定法。其原理是将固体 NaF 逐渐加入到待测的熔融酸性电解质中，使 NaF 与熔体中过量的 $AlF_3$ 中和，结合成 $Na_3AlF_6$。每次加入少量的 NaF，便取出很少量的电解质试样经过冷凝后，用酚酞溶液滴定来判断其是否达到了中和点。一旦达到中和点，便根据加入的 NaF 总量，推算原被测试样的摩尔比。热滴定法的精度较高，但由于手续较繁，现在只用它来校验其他的分析方法。

（2）电导法。碱性电解质试样中含有的过量 NaF 可溶于水中，而结合在正冰晶石中的 NaF 却并不溶解。制备一系列 NaF 过量程度不同的试样，用交流电桥测量其溶液的电导率，即可获得溶液电导率对电解质摩尔比的关系曲线。测定待测试样水溶液的电导值，与标准曲线进行比较，就可获得待测试样的摩尔比。对于酸性电解质，只需向试样添加过量的 NaF，一起烧结使其成为碱性电解质，测定其摩尔比。然后根据添加的 NaF 量，推算待测试样的摩尔比。

（3）X 射线衍射分析法。最近 30 年来各大铝厂通用的电解质分析方法是 X 射线衍射法。专门针对铝电解质分析研制的精密的 X 射线衍射仪，能够测量某些衍射峰及其本底的强度，以及 Ca-荧光辐射强度，在 $1\sim3min$ 内给出被测试样的组成数据。X 射线衍射分析法适用范围见表 1-1。

表 1-1　X 射线衍射仪检测电解质的参数及适用范围

| 电解质参数 | 过量 $AlF_3$ | $NaF/AlF_3$ 质量比 | Ca（以 $CaF_2$ 表示） | 未溶解的 $Al_2O_3$（$\alpha$-$Al_2O_3$） |
|---|---|---|---|---|
| 检测范围 | $6\%\sim12\%$ | $1.08\sim1.75$ | $0\sim10\%$ | $0\sim30\%$ |
| 相对误差/% | $\pm0.3$ | $\pm0.01$ | $\pm0.15$ | $\pm0.5$ |

（4）离子选择电极法。在待测的酸性电解质试样中准确加入过量的 NaF，烧结使之成为碱性电解质，其中除 NaF 以外，其他组分都基本不溶于水，因而可将电解质中的 NaF 浸出于水溶液中，用氟离子选择电极分析出其中剩余的 NaF 量。根据添加的 NaF 量，就可计算出原试样中过剩的 $AlF_3$ 量，从而获得该试样的酸碱度值。

（5）观察法。从液体电解质的颜色、流动性、炭渣漂浮状态、槽内冒出的火焰颜色和形态，以及电解质在铁钎子上的黏附状况可以定性判断液体电解质的酸碱程度。液体电解质的外观特征与酸碱度的关系见表 1-2。

表 1-2　　液体电解质的外观特征与酸碱度

| 酸碱度 | 颜　色 | 黏附于铁钎上的凝固电解质的特征 |
|---|---|---|
| 碱　性 | 亮　黄 | 凝固电解质层较厚,会自动裂开,容易脱落,呈紫褐色 |
| 中　性 | 橙　黄 | 凝固电解质层略厚,容易脱落,呈白色 |
| 酸　性 | 浅红色 | 凝固电解质层薄,容易脱落,呈白色 |
| 强酸性 | 樱桃红色 | 凝固电解质层更薄,不易脱落,呈白色,有时略带浅黄色 |

固体状态的电解质,中性至酸性呈白色,强酸性(摩尔比为 2.0 或 2.0 以下)带浅黄色,碱性呈紫褐色。中性断口致密,酸性断口多孔,碱性断口致密坚硬。中性至碱性电解质,在微温时用水湿润,加酚酞指示剂滴定时,呈粉红至殷红色。

### 7. 什么是电解质的初晶温度,它对铝电解过程有何重要意义?

初晶温度是指液体缓慢冷却,开始形成固态晶体时的温度。固态物质开始熔化的温度称为该物质的熔点。初晶温度与熔点的物理意义不同。对于单一的纯晶体物质,它们的结晶或熔化过程的温度是不变的,所以,它们的初晶温度和熔点具有相同的数值,如图 1-2a 所示。但对于混合物体系或固溶体,它们的结晶或熔化过程都是在一定温度范围内完成的,所以它们的初晶温度并不等于熔点,如图 1-2b 所示。工业铝电解质是一种混合体系,它的初晶温度属于后一种情况。

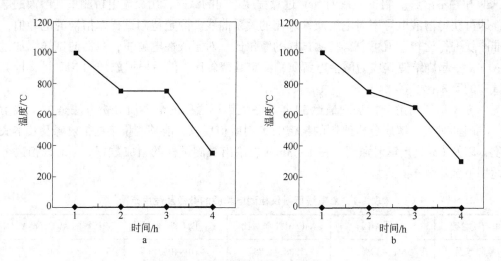

图 1-2　不同物质的冷却曲线
a—纯晶体冷却曲线;b—混合物冷却曲线

初晶温度是电解质的一个重要属性,它是确定电解槽工作温度的依据。为了使电解质有足够的流动性,电解槽的工作温度一般控制在高于电解质初晶温度 10 ~ 20℃ 范围内。现代铝电解槽,由于自动控制水平的提高,有可能将电解槽的工作温度稳定在更窄的范围内,比如高于电解质初晶温度 8 ~ 12℃。因此,在保证电解质其他物理化学性质满足电解要求的前提下,初晶温度越低越好,降低初晶温度能降低电解槽工作温度,提高电流效率,减少热能损耗;减少设备热损坏、热变形,延长电解槽使用寿命;减少电解质挥发损失,改善工作环境等。

**8. 电解质初晶温度主要受哪些因素影响？**

正冰晶石熔体的初晶温度为 1010℃，但在其中添加氧化铝，让其溶解形成 $Na_3AlF_6$-$Al_2O_3$ 均匀熔体后，其初晶温度随氧化铝含量增多而降低。$Na_3AlF_6$-$Al_2O_3$ 为简单二元共晶系，共晶点在 11% 氧化铝质量分数处，共晶温度为 962.5℃。也就是说，当体系中氧化铝质量分数达到 11% 的时候，正冰晶石的初晶温度达到 962.5℃ 的最低点。可见，氧化铝质量分数对冰晶石熔体的初晶温度的影响很大，平均氧化铝质量分数增加 1%，$Na_3AlF_6$-$Al_2O_3$ 熔体的初晶温度下降 4.3℃ 左右。

$AlF_3$ 也影响电解质的初晶温度。往电解质中添加 $AlF_3$，即电解质的摩尔比下降，其初晶温度也随之下降，但氧化铝的溶解速度和溶解度也相应降低。摩尔比为 3.0～2.0 时，电解质初晶温度随摩尔比的变化率（斜率）相对较小，也就是说，这种电解质性质相对较为稳定。因此，实际生产中所用电解质组成都在这个范围内。摩尔比在 2.0～1.5 时，电解质初晶温度随摩尔比的变化率较大，意味着电解质摩尔比的微小变化将使电解质初晶温度发生很大的改变，这对铝电解槽的控制是很不利的，应努力避免。但随着摩尔比的继续下降，在摩尔比为 1.5～1.2 的范围，又出现了电解质初晶温度随摩尔比变化较缓的稳定区域。如果能解决氧化铝的溶解速度、溶解度的问题，并改进电解质的导电性能，该区域有可能成为人们追求的低温电解电解质成分的选择范围。

$LiF$、$CaF_2$、$MgF_2$ 也都影响电解质的初晶温度，只是程度不同。向 $Na_3AlF_6$-$Al_2O_3$ 熔体中添加上述氟化物中的一种或几种，都使初晶温度下降，但同时氧化铝的溶解度也下降。

对于铝电解厂常用的 $Na_3AlF_6$-$CaF_2$-$AlF_3$-$Al_2O_3$ 四元电解质体系，各组分对电解质初晶温度影响的定量关系，可用豪平（Haupin）推荐的下列公式表示：

$$T = 1009.4 + 4.059w_{CaF_2} - 1.167w_{CaF_2}^2 + 0.968w_{CaF_2} \cdot w_{AlF_3} - 0.105w_{CaF_2} \cdot w_{AlF_3}^2 +$$
$$0.073w_{CaF_2}^2 \cdot w_{AlF_3} + 0.002w_{CaF_2}^2 \cdot w_{AlF_3}^2 - 4.165w_{AlF_3} - 0.054w_{AlF_3}^2 - 5.33w_{Al_2O_3}$$

式中　$T$——电解质的初晶温度，℃；

$w_{CaF_2}$——电解质中 $CaF_2$ 的质量分数，适用范围为 3.8%～11.25%；

$w_{AlF_3}$——体系中游离 $AlF_3$ 的质量分数，适用范围为 5%～20%；

$w_{Al_2O_3}$——体系中 $Al_2O_3$ 的质量分数。

**9. 怎样测定电解质初晶温度？**

测定电解质初晶温度的方法之一是：取一定量的被测试样置于铂坩埚之中，将坩埚放入保温效果非常良好的井式高温炉中，加热至电解质试样全部熔融并过热一定温度，然后缓慢降温，并用铂铑热电偶测温，用电位差计自动记录降温全过程的温度时间曲线。冷却曲线的第一个拐点所对应的温度即为该电解质的初晶温度。

要知道某一成分对电解质初晶温度的影响，以氧化铝为例，只需配制一系列氧化铝含量不同的 $Na_3AlF_6$-$Al_2O_3$ 体系，重复上述测定过程，就可以确定初晶温度随氧化铝含量变化的数学模型。

在条件不很完善的生产现场，也可以用目测法较近似地测量电解质的初晶温度。将待测的电解质试样置于铂坩埚内熔化，这时电解质是清澈透明的。在电解质熔体内插入经适当预热过的热电偶，然后缓慢降温使电解质慢慢冷却。当电解质熔体达到初晶温度时，会有冰晶石固体颗粒开始析出，并使熔体逐渐变得混浊而不太透明。这时热电偶指示的温度即为试样的初晶温度。目测法具有简便快捷的优点，但因坩埚内电解质温度分布的不均匀，以及因人而异的视觉误差，会使测定结果存在一定偏差。

## 10. 什么是电解质的密度，它在铝电解生产中有何重要意义？

密度是指单位体积的某物质的质量，通常使用的单位是 $g/cm^3$。

在工业铝电解槽中，会聚在阴极炭块表面的液体铝是实际的阴极，电解质熔液处在铝液的上面，因此，要求电解质熔体的密度必须小于铝液的密度。液体铝在电解温度下的密度约为 $2.3g/cm^3$。由于电解质熔体和铝液的密度差越大，则铝液与电解质溶液分层越好，它们之间的界面受外界影响所引起的扰动就越小，从而减少铝液在电解质中的溶解而提高电流效率。因此，降低冰晶石系电解质熔体的密度，增大它与阴极铝液之间的密度差，在铝电解生产中具有非常重要的意义。

## 11. 影响电解质密度的主要因素有哪些？

正冰晶石熔液在接近熔点处的密度为 $2.112g/cm^3$，但随着温度的升高，密度呈线性关系下降，其关系可用下式近似计算：

$$\rho_{冰晶石} = 3.035 - 0.852 \times 10^{-3}t$$

式中　$\rho_{冰晶石}$——冰晶石的密度，$g/cm^3$；

　　　$t$——冰晶石的温度，℃。

除温度因素外，电解质熔体的密度还会随氧化铝含量的增加而降低。纯氧化铝在其熔点时的密度为 $3.019g/cm^3$，比熔融冰晶石密度大得多，但冰晶石熔液中加入氧化铝之后，密度变小。这是因为氧化铝与冰晶石发生反应，生成一种体积庞大的络合离子。

当电解质摩尔比在 2.4~2.7 范围内保持不变，$CaF_2$ 的质量分数在 4%~6% 范围内保持不变时，在电解条件下实测的一组电解质密度随氧化铝的质量分数变化的数据列于表 1-3。

**表 1-3　氧化铝的质量分数对电解质密度的影响**

| $Al_2O_3$ 的质量分数/% | 8.0 | 5.0 | 1.3~2.0 |
|---|---|---|---|
| 电解质密度/$g \cdot cm^{-3}$ | 2.105~2.085 | 2.110~2.090 | 2.125~2.105 |

1000℃ 下 $Na_3AlF_6$-$Al_2O_3$ 体系的密度随 $Al_2O_3$ 的质量分数的变化见表 1-4。

**表 1-4　1000℃时 $Na_3AlF_6$-$Al_2O_3$ 熔体的密度**

| 体系组成 | | | | | | |
|---|---|---|---|---|---|---|
| （质量分数）/% | $Na_3AlF_6$ | 95.81 | 91.54 | 86.72 | 82.77 | 80.00 |
| | $Al_2O_3$ | 4.19 | 8.46 | 13.29 | 17.22 | 20.00 |
| 密度/$g \cdot cm^{-3}$ | | 2.076 | 2.056 | 2.042 | 2.031 | 2.026 |

向电解质中添加 $AlF_3$，也就是说电解质的摩尔比下降，其密度也随之下降。

LiF 能使电解质的密度明显下降，但 $CaF_2$、$MgF_2$ 均使电解质密度略有上升，它们的影响趋势如图1-3所示。

对于工业电解槽，下列经验公式反映了温度、$Al_2O_3$、$AlF_3$、$CaF_2$、LiF对电解质密度的影响，可以用它计算电解质的密度：

$$\rho_{电解质} = 2.64 - 0.0008t + 0.16BR - 0.008w_{Al_2O_3} +$$

$$0.005w_{CaF_2} - 0.004w_{LiF}$$

式中 $\rho_{电解质}$——电解质的密度，$g/cm^3$；

      $t$——电解质温度，℃；

      $BR$——电解质的质量比；

      $w_{Al_2O_3}$——电解质中 $Al_2O_3$ 的质量分数，%；

      $w_{CaF_2}$——电解质中 $CaF_2$ 的质量分数，%；

      $w_{LiF}$——电解质中 LiF 的质量分数，%。

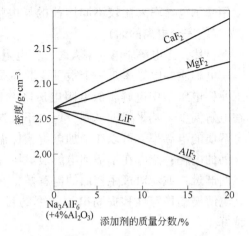

图1-3 添加剂对 $Na_3AlF_6$-$Al_2O_3$ 体系密度的影响（1000℃时）

## 12. 怎样测定电解质的密度？

电解质密度测定的基本原理是阿基米得浮力定律。将欲测的电解质置于铂坩埚中，坩埚放置在带温度控制的保温性能良好的高温炉中，将电解质熔融并恒定在预定温度下，用铂丝向熔融电解质中吊入已知体积的铂球或铂铑合金球（对于含有铝液或炭粒的工业铝电解质则用铱球），在静态下用热天平称取铂球质量，然后按阿基米得定律计算电解质的密度：

$$\rho_{电解质} = \frac{m_空 - m_液 - \gamma}{V_球 + V_丝}$$

式中 $\rho_{电解质}$——电解质的密度，$g/cm^3$；

      $m_空$——铂丝和球在空气中的质量，g；

      $m_液$——铂丝和球在电解液中的质量，g；

      $V_球$——铂球的体积，$cm^3$；

      $V_丝$——电解液中铂丝的体积，$cm^3$；

      $\gamma$——因电解液对铂丝的湿润性而引进的矫正系数。

为了消除铂丝对测量结果的影响，可以采用大小不同的两个球进行测量，对两次测量结果解联立方程即可求得 $\gamma$ 和 $\rho_{电解质}$ 的值。

## 13. 什么是电解质的电导率，它在铝电解生产中有何重要意义？

电导率是物体导电能力的衡量。通常用同物质的电阻率（或称比电阻）的倒数来表示。电解质的电阻率定义为截面 $1cm^2$、长度 1cm 的熔体的电阻，其单位为 $\Omega \cdot cm$。因此，电导率单位相应地为 $\Omega^{-1} \cdot cm^{-1}$ 即 S/cm。铝工业电解质的电导率一般在 2.13～2.22S/cm 范围内，即电阻率在 0.47～0.45$\Omega \cdot cm$ 之间。

电解质的电导率还有其他表示方法。比如，如果在两根平行的相距为 1cm 的平板电极之间放置 1mol 的电解质熔体，则此层电解液的电导（电阻的倒数）称为摩尔电导率。可以用摩尔电导率来比较不同熔盐的导电性能，因为每 1mol 熔盐中含有相同数目的离子（如果它完全电离的话）。

　　显然，当电解质电导率大时，其电阻率小，导电性能就好。

　　电解质的电导率是一个很重要的性质。电解质具有一定的电阻，产生电阻热，目前工业铝电解槽中电解质的电阻电压降约占槽电压的 30%，这部分电阻热是维持电解槽在电解温度下热平衡的基础，但也正是这种热损失成为铝电解能耗高的主要原因。提高电解质的电导率，可以在增加电解槽保温的情况下，降低槽电压、节省电能、降低单位产品的电耗；或者在不增加电解质电压降的情况下，增加电解槽的电极电流密度、提高铝的产量；或者对极距较低的电解槽，在保持槽电压不变的情况下，增加极距，达到提高电解槽的稳定性和提高电流效率的目的。因此，我们总是希望电解质的电导率越高越好。

## 14. 影响电解质电导率有哪些主要因素？

　　纯冰晶石在熔点附近的电导率为 $(2.8 \pm 0.02)$ S/cm。随着温度的升高，其电导率基本成线性增大。

　　除温度因素外，氧化铝的质量分数是影响电解质电导率的因素之一。在电解质熔体中，随着氧化铝的质量分数的增加，电解质的电导率减小。温度在 1000℃ 时，电解质的电导率与氧化铝的质量分数呈下列关系式：

$$\sigma = 2.76 - 5.002 \times 10^{-2} w_{Al_2O_3} + 1.321 \times 10^{-4} w_{Al_2O_3}^2$$

式中　$\sigma$——电解质电导率，S/cm；

　　　$w_{Al_2O_3}$——氧化铝的质量分数，%。

　　AlF$_3$ 也使电解质电导率下降，即随着摩尔比降低，电解质的电导率也降低；随着电解质中 CaF$_2$ 和 MgF$_2$ 的质量分数的增加，电解质电导率下降；但 LiF 却使电解质导电能力明显改善。各种添加剂对电解质电导率的影响趋势如图 1-4 所示。

　　炭粒和氧化铝悬浮物也是影响工业电解质电导率的重要因素。存在于电解质里的炭粒和悬浮在电解质里的胶状氧化铝以及原料带来的一些氧化物杂质都使电导率减小。铝电解的正常条件下，其综合影响约使电解质的电导率降低 0.12 ~ 0.18S/cm。电解质里的炭粒，主要来源于阳极炭块的氧化而造成的炭粒剥落，其次是阴极炭块受铝液冲刷而造成的剥落，少量细炭粉则是溶解在电解质中的铝与阳极气体发生反应而生成的。炭粒越细小，它在电解质中停留的时间越长，对电导率的影响越大。表 1-5 列举了一组炭渣对工业电解质电导率影响的数据。数据表明，其影响是很显著的。

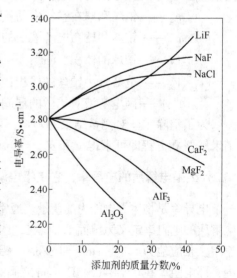

图 1-4　各种添加剂对冰晶石熔体电导率的影响

**表 1-5 工业电解槽中炭渣对电解质电导率的影响**

| 含碳量/% | 0 | 0.55 | 1.15 | 2.05 | 2.96 | 4.90 |
|---|---|---|---|---|---|---|
| 电导率/S·cm$^{-1}$ | 2.05 | 1.92 | 1.77 | 1.68 | 1.51 | 1.32 |
| 电导率降低/% | 0 | 6.4 | 13.6 | 18.0 | 26.4 | 35.7 |

搅动槽底上的沉淀物会引起电解质的电导率下降，因为一些不熔性杂质和一时来不及溶解的氧化铝会返回电解液内，使电导率减小 0.15 ~ 0.27S/cm 而对电解生产不利。电解质搅动后经过 10 ~ 30min，电导率才能恢复正常值，因此，电解过程中，如果不是因为特殊处理的需要，不宜搅动槽底的沉淀物。

**15. 怎样测定电解质的电导率？**

目前还没有办法直接在铝电解槽上测定电解质熔体的电导率，实验室测定电解质电导率是由熔盐电导测定仪完成的。熔盐电导测定仪主要包括高频交流电源（其频率要在 2000 ~ 4000Hz 范围内，以免电极发生极化作用，影响测量的精度）、惠斯顿电桥、示波器、石英双毛细管的电导池以及直径为 1mm 的铂电极。电导池常数（即导电长度与导电面积的比值）用 1mol 基准纯氯化钾溶液标定。为了减少因电解质对石英电导池侵蚀带来的测量误差，每次测量都更换新的电导池，并尽量缩短测量时间。但实验室测得的电导率与工业电解槽中电解质熔体的实际电导率是有差别的。即使试样取自工业电解槽，由于测量过程中电解质成分的不断变化，以及脱离了电解条件，都会使结果发生改变。

**16. 什么是电解质的黏度，它在铝电解生产中有何重要意义？**

黏度是表示液体中质点之间相对运动的阻力，也称内部摩擦力，单位为 Pa·s。铝电解质的黏度就是电解质熔体的这种内部摩擦力。熔体中质点间相对运动的阻力越大，该熔体的黏度就越大。

黏度是电解质的重要性质之一。生产中需要电解质具有一定的黏度，比如，为了使加入电解槽中的氧化铝在电解质中有较长停留时间，能使其充分溶解而不至于迅速沉向槽底形成沉淀，这就需要电解质有较高的黏度；黏度太小的电解质在生产过程中的运动也会加剧，这会增加铝在电解质中的溶解，降低电流效率。但是，电解质黏度太大会影响阳极气体气泡的逸出速度，延长阳极气体在电解质中的停留时间，不仅增加阳极极化，也增加阳极气体对溶解在电解质中的铝的氧化；电解质黏度过大，还会妨碍电解质中的炭渣分离，降低氧化铝的溶解速度以及降低阴、阳离子在电解质中的迁移速度，这些对生产都是不利的。因此，生产过程中，总希望电解质稳定在一个适中的黏度范围。一般工业电解质的黏度保持在 $3 \times 10^{-3}$ Pa·s 左右。

**17. 电解质的黏度主要受哪些因素影响？**

纯冰晶石在熔点处的黏度约为 $2.8 \times 10^{-3}$ Pa·s，但随温度升高而呈线性下降。

电解质中氧化铝的含量对黏度有一定影响。随着氧化铝的加入，一开始熔体黏度有较缓慢的增加。当氧化铝的摩尔分数达到约 10% 后，熔体黏度随氧化铝摩尔分数的增加而急剧增大。

对于工业应用范围的酸性电解质，其黏度随摩尔比下降而减小。

CaF$_2$、MgF$_2$ 的加入，使电解质黏度增大，基本呈线性关系。而 LiF 则使熔体的黏度随其含量的增加呈线性减小。

实验室测得的温度、氧化铝的质量分数和摩尔比对电解质黏度的影响，可用如下经验公式表示：

$$\eta = 11.557 - \left[-0.002049 + 0.1853 \times 10^{-4}(t-1000)\right]w_{AlF_3}^2 + 0.009158t - 0.001587w_{AlF_3} -$$
$$0.002168w_{Al_2O_3} + \left[0.005925 - 0.1938 \times 10^{-4}(t-1000)\right]w_{Al_2O_3}^2$$

式中　$\eta$——电解质的黏度，mPa·s；

　　　$t$——熔体温度，℃，适应范围 950~1051℃；

　$w_{AlF_3}$——熔体中 AlF$_3$ 的质量分数，适用范围 0~12%；

　$w_{Al_2O_3}$——熔体中 Al$_2$O$_3$ 的质量分数，适用范围 0~12%。

应该承认，由于测量上的困难，冰晶石熔体的黏度值还研究得不够深入。对于工业电解槽，由于各种杂质和炭渣的存在，成分和影响因素的多元化，要获得其电解质黏度的精确值就更不容易。

## 18. 什么是电解质的表面性质，它在铝电解生产中有何重要意义？

液体的表面张力、界面张力以及对固体的湿润性统称液体的表面性质，电解过程中的阳极效应、铝的溶解、炭渣分离等都与它有密切关系。因此，电解质的表面性质对电解生产具有特殊而重要的意义。

处于真空中的熔体（也包括其他液体），其表面质点总受到内部质点向内的拉力而产生压缩熔体内部的能力，或者说力图收缩其表面的能力，这就是表面张力。要保持表面不变，就必须克服液体内部质点的引力而做功。表面张力有两种表示方式：一种表示方法就是用抵消表面单位长度上的收缩所需的力，单位用 N/m；另一种表示方法就是用形成单位表面积所需做的功，单位用 mJ/m$^2$。不同液体，其表面张力的大小不同。

如果液体不是处在真空中，而是与气体接触，这时液体表面质点除受内部质点的拉力外，还受气体质点向外的拉力。一般情况下，气体质点密度总是远小于液体质点密度，液体表面质点所受合力仍然力图收缩其表面积，其现象往往与在真空中相类似，电解质与阳极气体之间就属于这种类型。它们之间的表面张力越大，则越有利于阳极气体排出，有利于阳极反应顺利进行。

如果与液体相接触的是另一种液体，则液体表面质点除受自身内部质点的作用，还受外部另一种液体质点的作用，要看这两种作用形成的合力的大小和方向，这种作用力通常被称做这两种液体的界面张力。界面张力的大小和方向决定于相接触的两种液体的性质。电解质与铝液之间存在界面张力，它们的界面张力的大小，会影响二者之间的分层和铝液滴的汇聚。界面张力越大，分层越清晰，铝液汇聚越好，能减少铝在电解质中的溶解，有利于提高电流效率。

如果与液体接触的是某种固体，则液体表面质点既受内部质点的作用，同时受固体质点的作用，两种作用的合力，有可能使其表面积收缩，也有可能使其表面积扩张。前者说明液体质点之间的吸引力大于与之接触的固相质点的吸引力，我们说这种液体对该固体是不浸润（或不湿润）的；后者情况正相反，我们说这种液体对该固体是浸润（或湿润）的。液体对固体表面的湿润程度可用湿润角（$\theta$）定量地表示。湿润角是从接触点处引向液滴轮廓曲线的切线与固体平面之间的夹角（见图 1-5）。湿润角越小，则湿润性越好。

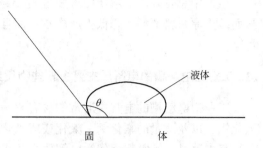

图 1-5　液体对固体表面的湿润角

湿润角的大小与液体和固体的本质有关，它的大小可以直接通过照相加以测定。电解质与炭素材料之间属于这种情况。电解质对炭素材料的湿润性越好，则越有利于阳极气体的排出，能减少阳极极化，但这会增加电解质对炭阴极和电解槽炭质内衬的侵蚀，也不利于电解质内的炭渣分离。

## 19. 影响电解质表面性质的主要因素有哪些？

影响电解质表面张力的因素主要有温度和氧化铝含量。纯冰晶石在熔化温度时的表面张力约为 $145.5 \mathrm{mJ/m^2}$，随着温度和氧化铝浓度的升高，其表面张力减小。

影响电解质与铝液界面张力的因素主要有电解质摩尔比、氧化铝含量和添加剂。纯冰晶石的界面张力在 $1031℃$ 时约为 $481 \mathrm{mJ/m^2}$，随着摩尔比下降，界面张力明显减小。氧化铝的影响较为复杂，在较高摩尔比或较高氧化铝含量情况下，界面张力几乎不随氧化铝含量变化；而在较低摩尔比和较低氧化铝含量范围内，界面张力随氧化铝含量增加而减小。$LiF$、$CaF_2$、$MgF_2$ 等添加剂都能使电解质-铝液界面张力增大，其影响程度从小到大的顺序是 $LiF$、$CaF_2$、$MgF_2$。因此，$MgF$、$CaF$ 的添加，都有利于分散在电解质中的铝液会聚。

电解质对炭素材料的湿润性与炭素材料的晶型有关。对无定形炭的湿润性比对石墨好。对于炭素材料，湿润性从好到坏的排序是：煅后无烟煤、石油焦和沥青焦、半石墨质或半石墨化材料、完全石墨化材料。除材料本质外，温度对湿润性的影响较大，随着温度升高，湿润性变好。而温度的这种影响对于无定形炭表现得更为明显。氧化铝含量也影响电解质的湿润性，随着氧化铝含量的增加，湿润性变好。在有铝存在的情况下，湿润性也有所改善。

## 20. 什么是电解质的挥发性，它主要受哪些因素的影响？

电解质的挥发性是指电解质在某一低于沸点的温度下，其分子以气态逸出（蒸发）的程度。挥发性通常用该物质在一定条件下的蒸气压来表示，单位为 Pa。在同一温度下的蒸气压越高，则该液体的挥发性越大，反之亦然。

电解质的蒸气压随温度升高而升高。有实验测得 $1000℃$ 时冰晶石熔体的蒸气压为 $466.627 \mathrm{Pa}$，$1100℃$ 时则为 $2173.15 \mathrm{Pa}$。当温度达到沸点时，蒸气压与大气压相等，这时电解质就沸腾了。

电解质的挥发性随其中氧化铝含量的增加而减小，向电解质添加 $MgF_2$、$CaF_2$ 或 $LiF$ 都能使其挥发性减小，但随着摩尔比降低（添加 $AlF_3$），电解质的挥发性增大，特别是电解质中有铝存在的情况下，其挥发性比没有铝存在约增大 18 倍。

生产中总是要求电解质的挥发性越小越好。电解质挥发性小，不仅减少其挥发损失，从而减少原材料消耗，降低生产成本；而且因减少有害物排放而改善劳动条件，减轻环境污染。

### 21. 工业铝电解槽的电解质主要由哪些物质组成，各组成成分主要起什么作用？

工业铝电解槽的电解质通常约含有 80% 的冰晶石、6% ~ 13% 的氟化铝和 2% ~ 3% 的氧化铝，以及适量的氟化钙、氟化镁或氟化锂等。

其中冰晶石和氟化铝作为电解质主体成分，是氧化铝的溶剂。各电解铝厂根据自己确定的技术条件，选择使用一定酸碱度的电解质，其摩尔比都在 2.0 ~ 2.8 范围内。由于 $AlF_3$ 较易挥发，以及原材料带入的水分和其他杂质与 $AlF_3$ 发生化学反应而造成损失，正常生产过程中电解质酸碱度会不断变化，摩尔比自动上升，因此经常需要补充 $AlF_3$。只有当新电解槽启动时，由于炭素材料对 NaF 的选择吸收，使电解质摩尔比下降，为了调整电解质组成，需添加氟化钠。

在铝电解生产中，为了改善电解质的性质，有利于生产，通常向电解质中添加各种添加剂（也称改性剂），以达到提高电流效率、增加产量、降低能耗的目的。

理想的添加剂应该满足以下条件：在电解过程中不参与电化学反应，不会电解出其所含元素而降低铝的纯度；能对电解质的性质有所改善而不致较大幅度降低氧化铝在电解质中的溶解速度和溶解度；自身的吸水性和挥发性足够地小；制造成本和价格足够低廉以致使用它能带来经济效益。目前在工业上通常使用的基本能满足上述条件的添加剂有氟化铝、氟化钙、氟化镁、氟化锂等。他们各自的性质和作用分述如下。

（1）氟化铝（$AlF_3$）。菱形六面体结构，晶格常数为 $a_{rh} = 0.5016nm$，$\alpha = 58°32'$，低温时为 α 型多晶体，在 453℃ 时发生相变，转变成 β 型多晶体，相变热为 0.63kJ/mol。$AlF_3$ 没有熔点，加热到 1276℃ 时，其蒸气压达到 101325Pa（1atm），直接升华。在电解条件下添加 $AlF_3$，电解质初晶温度有明显下降；因能降低电解质密度而有利于电解质和铝液的分层；$AlF_3$ 减小电解质与铝液的界面张力，降低电解质的黏度，有利于提高离子迁移速度，但会加剧电解质的运动，也会加速氧化铝向槽底的沉淀。另外，$AlF_3$ 会降低电解质的电导、降低氧化铝在电解质中的溶解度、增加电解质的挥发而对电解工艺不利。

（2）氟化钙（$CaF_2$）。面心立方结构，晶格常数 $a_0 = 0.54626nm$，熔点为 1423℃。氟化钙作为天然矿产或某些工业的副产品，来源较为广泛，价格较为低廉，现代铝电解槽广为采用。$CaF_2$ 添加量常在电解质总量的 4% ~ 10%（质量分数）。氟化钙能降低电解质的初晶温度，有利于降低电解槽工作温度；能增大铝液与电解质之间的界面张力，有利于减少铝在电解质中的溶解；能降低电解质的蒸气压，减少电解质的挥发损失。但氟化钙会减少氧化铝在电解质中的溶解度，增加电解质的密度，并稍微降低电解质的电导。

（3）氟化镁（$MgF_2$）。对电解质性质的影响与氟化钙很类似，只是有些作用更明显。比如在增加电解质与铝液界面张力，促进铝的会聚；降低电解质对炭素材料的湿润性，促进炭渣分离等方面的作用，比氟化钙表现得更为强烈。氟化镁促进炭渣分离的好处足以弥补因添加氟化镁而使电解质电导率减小的缺点。氟化镁来源比氟化钙困难些，价格也稍贵。铝厂一般将氟化镁和氟化钙联合使用，二者之和最高不超过电解质总量的12%，否则，会因氧化铝在电解质中的溶解度显著下降而使操作控制变得困难。

（4）氟化锂（LiF）。能明显降低电解质的初晶温度，显著提高其电导率；此外还能减少电解质的密度。与其他氟化盐一样，氟化锂也会使氧化铝在电解质中的溶解度下降。氟化锂是一种很好的电解质改性剂，但价格也比其他氟盐贵，从经济效益出发，一般工厂不直接添加氟化锂，而是用碳酸锂等锂盐代替氟化锂，这样可适当降低成本。碳酸锂与电解质中的氟化铝发生反应转变成氟化锂：

$$3Li_2CO_3 + 2AlF_3 \longrightarrow 6LiF + Al_2O_3 + 3CO_2$$

几种添加剂对电解质性质的影响归纳于表1-6。

表1-6　几种添加剂对电解质性质的影响

| 添加剂 | 初晶温度 | 密度 | 电导率 | 黏度 | 表面性质 | 挥发性 | 氧化铝溶解度 |
|---|---|---|---|---|---|---|---|
| $AlF_3$ | 添加10%约降低初晶温度20℃ | 降低电解质密度 | 降低电解质电导率 | 降低电解质黏度 | 减小电解质与阳极气体的表面张力，减小与铝液的界面张力 | 增大电解质的挥发性 | 降低氧化铝在电解质中的溶解度 |
| $CaF_2$ | 每添加1%约降低初晶温度3℃ | 增大电解质密度 | 降低电解质电导率 | 增大电解质黏度 | 增大电解质与铝液的界面张力，增大对炭素材料的湿润角 | 降低电解质的挥发性 | 降低氧化铝在电解质中溶解度 |
| $MgF_2$ | 每添加1%约降低初晶温度5℃ | 增大电解质密度 | 降低电解质电导率 | 增大电解质黏度 | 增大电解质与铝液的界面张力，增大对炭素材料的湿润角 | 降低电解质的挥发性 | 降低氧化铝在电解质中溶解度 |
| LiF | 每添加1%约降低初晶温度8℃ | 降低电解质密度 | 明显提高电解质电导率 | 降低电解质黏度 | 对电解质表面性质影响不大 | 降低电解质的挥发性 | 明显降低氧化铝在电解质中溶解度 |

## 22. 铝电解的基本过程是怎样的?

铝电解的整个过程可以简单描述如下：固体氧化铝加入冰晶石熔体中，发生化学溶解，并电离成阴离子和阳离子；通入直流电后，阴、阳离子在电场力作用下，分别向阳极和阴极方向迁移；阳离子达到阴极表面，发生电化学反应，获得电子，变成铝原子而得到液态铝；阴离子达到阳极，在阳极表面发生电化学反应，失去电子，生成气态物质。其过程可以表述为：

$$Al_2O_3 \xrightarrow{\text{溶解并电离}} \text{阳离子} + \text{阴离子} \xrightarrow{\text{通入直流电}} \text{液态铝}_{(\text{阴极})} + \text{气态物质}_{(\text{阳极})}$$

阳极产生的气态物质种类与使用的阳极材料有关。当采用惰性阳极（不消耗阳极）时，即阳极材料本身不参与化学反应，阳极气体为氧气（$O_2$）。这时，铝电解槽成了制氧机，电解车间成了大氧吧，当然这是人们梦寐以求的。但目前还没能找到经济合理、性能能满足大工业生产要求的惰性阳极材料，大量试验研究工作正在进行，已取得了很多突破性进展。预计，惰性阳极时代为期不远。

目前铝工业仍全部采用活性阳极（炭阳极），阳极本身参与反应，不断消耗，须及时补充。这时阳极气体不是氧气，而是 $CO_2$ 和 CO 的混合气体。过程可表述为：

$$Al_2O_3 \xrightarrow{\text{溶解并电离}} \text{阳离子} + \text{阴离子} \xrightarrow{\text{通入直流电}} \text{液态铝}_{(阴极)} + \left[CO_2 + CO\right]_{(阳极)}$$

上述过程构成了铝电解的基本原理。根据该原理，需向反应过程提供大量直流电能，以推动反应向生成铝的方向进行。除此之外，随着电解反应的不断进行，炭阳极以及溶于电解质中的氧化铝不断消耗，因此，生产中需及时补充炭阳极并不断向电解质熔体中添加氧化铝，使生产得以连续进行。原则上冰晶石是不消耗的，但由于和杂质反应引起的化学损失、各种机械损失以及在电解的高温熔融状态下的挥发损失，电解过程中也需要一定的补充。

### 23. 阴极过程主要发生怎样的反应？

在工业铝电解槽中，槽底阴极炭块并不是真正的阴极，真正起阴极作用的是覆盖在阴极炭块上的铝液。阳离子在电场力作用下向阴极迁移并在其表面发生反应。

关于在铝阴极上发生的主反应曾经存在两种观点。一种观点认为阴极过程首先是钠析出，然后由钠还原 $Al_2O_3$ 得到铝。另一种观点认为铝的阴极过程较简单，是铝离子的直接析出，反应如下所示，并且该反应是高度可逆的：

$$Al^{3+} + 3e = Al_{(l)}$$

实际上，$Al^{3+}$ 离子不仅来源于 $Al_2O_3$ 原料，更多的是来源于 $Na_3AlF_6$。随着摩尔比的变化，铝离子在电解质中的存在形式有所不同。所以，上述阴极主反应在不同的条件下可以有不同的表现形式，比如：

$$AlF_6^{3-} + 3e = Al + 6F^-$$

$$AlF_5^{2-} + 3e = Al + 5F^-$$

$$AlF_4^- + 3e = Al + 4F^-$$

铝不是通过钠还原而是铝离子在阴极表面直接放电的观点逐渐为绝大多数学者所公认，并且，张明杰、邱竹贤等学者用试验结果得到了验证。

### 24. 阴极上还可能发生哪些副反应，它们有何危害？

阴极上除发生上述主反应外，还可能发生以下几种副反应：

（1）铝的溶解反应。

试验证明金属铝可以部分地溶解在冰晶石熔体中。电解过程中，在高温状态下的阴极铝液也会发生溶入电解质的过程。这种溶解可分为物理溶解和化学或电化学溶解两类。铝以不带电荷的状态溶入电解质中，形成金属雾，我们把这种溶解归作物理溶解。化学或电化学溶解可有几种情况。一种是溶解在熔融冰晶石中的铝能反应生成低价铝离子或低价钠离子：

$$2Al + Al^{3+} = 3Al^+$$

$$Al + 6Na^+ = Al^{3+} + 3Na_2^+$$

另一种情况是铝以电化学反应形式直接溶解进入电解质熔体中：

$$Al_{(1)} - e = Al^+$$

在局部或特殊情况下，NaF 含量过高，形成碱性电解质，则铝有可能与 NaF 发生置换反应而引起铝的溶解：

$$Al + 3NaF = AlF_3 + 3Na$$

显然，铝的溶解会造成部分本已析出的铝损失，从而降低电流效率，对生产过程不利，应尽量加以遏制。

（2）金属钠的析出。

正常情况下，金属钠比铝析出更为困难，要使钠析出需要有更低的阴极电位。但是，随着温度的升高，钠和铝析出的这种电位差越来越小。另外，如果电解质摩尔比增大或氧化铝含量过低，以及阴极电流密度过高，都有利于钠的析出。在一定条件下就有可能使钠离子与铝离子在阴极上同时放电而析出钠：

$$Na^+ + e = Na$$

此外，在碱性电解质中，溶解的铝也可能发生下列反应而置换出钠：

$$Al + 6NaF = Na_3AlF_6 + 3Na \text{ 或 } Al + 3NaF = AlF_3 + 3Na$$

钠在铝中的溶解度很小，而对炭素材料的渗透性却很强。钠的沸点很低，只有 880℃。因此，析出的钠只有很少一部分溶解在铝中，一部分被阴极炭块或炭素内衬吸收，一部分钠以蒸气状态挥发出来，在电解质表面被空气或阳极气体氧化，形成黄色火焰。

钠的析出不仅降低了铝的电流效率，增加了电能消耗，而且给生产带来许多不利。钠进入铝液会降低铝的品质；钠对炭阴极和槽内衬的渗透，会加速阴极和内衬破损，缩短电解槽使用寿命；钠在电解质表面燃烧，会造成槽温升高，带来因高温引起的一系列弊端。因此，生产中应尽力避免钠的析出。

（3）碳化铝（$Al_4C_3$）的生成。

在高温条件下，铝可能与碳发生反应生成碳化铝，引起铝的损耗而降低电流效率：

$$4Al + 3C = Al_4C_3$$

目前对碳化铝生成的机理有以下几种解释：

1）高温病槽，俗称电解槽走向了热行程，这时电解质中的炭渣不能很好地被分离出来，弥散分布于电解质中，一旦遇到溶解在电解质中的铝，就会直接发生化学反应：

$$4Al + 3C = Al_4C_3$$

2）阴极铝液的表面，在不断有铝沉积的同时，也不断有铝溶向电解质，溶入电解质的铝遇到分散于电解质中的微小炭粒，也会发生上述反应而生成碳化铝。在某些因素引起槽底铝液表面扰动的情况下，发生这种反应的可能性更大。

3）阴极上发生电化学反应和化学反应生成碳化铝。铝液对炭质阴极材料的湿润性并不十分良好，而电解质却能较好地湿润炭质阴极。在电解过程中，随着铝液和电解液的运动或其他原因，局部破坏了因密度差别的分层，一部分电解质渗透到铝液的下层。这时，在铝液和阴极炭块之间形成一个"小电解槽"，与炭阳极—电解液—铝液组成的大电解槽形成串联，铝液成了双极性电极。此时，"小电解槽"的阳极发生铝的溶解：

$$Al - 3e = Al^{3+}$$

而其阴极则生成碳化铝：

$$4Al^{3+} + 3C + 12e = Al_4C_3$$

化学反应的观点则认为，渗透至铝液和炭阴极之间的电解液形成一个薄的中间层。溶入该中间层的铝在电解液与炭阴极的界面上与碳发生化学反应而生成碳化铝：

$$4Al_{(溶解在电解液中)} + 3C = Al_4C_3$$

碳化铝的生成不仅造成铝的损失，还会给工艺带来不利。碳化铝是电的绝缘体，它的存在会造成电流分布不均而引起一系列麻烦。碳化铝的生成和存在也是引起电解槽破损的主要原因之一。因此，生产过程中应尽力避免碳化铝的生成。

## 25. 阳极过程主要发生怎样的反应?

阳极过程涉及阳极反应、阳极过电压、阳极效应、阳极消耗等重要过程，与电流效率、电能效率、物料消耗等密切相关，历来受到广泛的重视。人们通过大量的实际测量和对阳极过程热力学和动力学研究，证明采用炭质阳极，在冰晶石-氧化铝熔盐体系中正常条件的电解，阳极上主要发生氧离子放电，并与阳极上的碳发生反应生成二氧化碳。用简单的反应式可以表示为：

$$C + 2O^{2-} - 4e \longrightarrow CO_2$$

但是，电解质中所存在的并不是这种简单的氧离子。目前人们已经公认的电解质熔体中的主要含氧离子形式为 $Al_2OF_6^{2-}$ 和 $Al_2O_2F_4^{2-}$。氧化铝在冰晶石熔体中的溶解和电离可以表示为：

$$Al_2O_3 + 2Na_3AlF_6 + 4AlF_3 = 3Al_2OF_6^{2-} + 2Al^{3+} + 6NaF$$

而 $Al_2O_2F_4^{2-}$ 比 $Al_2OF_6^{2-}$ 放电更为容易，所以严格地说，正常电解时阳极的主反应应表示为：

$$2Al_2O_2F_4^{2-} + C - 4e \longrightarrow CO_2 + 2Al_2OF_4$$

放电所需要的 $Al_2O_2F_4^{2-}$ 通过电解质中发生的如下反应得到补充：

$$2Al_2OF_4 + 2Al_2OF_6^{2-} \longrightarrow 2Al_2O_2F_4^{2-} + 4AlF_3$$

所以，阳极上发生的总反应可表示为：

$$2Al_2OF_6^{2-} + C - 4e \longrightarrow CO_2 + 4AlF_3$$

## 26. 阳极上还可能发生哪些副反应?

阳极上除上述主反应外，还会发生一系列副反应。这些副反应都会降低电流效率，增加电能消耗，是我们所不希望的，生产中应尽量避免。阳极副反应主要有以下几种：

(1) CO 的直接生成。当阳极局部电流密度非常低、过电压很小时，有可能生成 CO 而不是 $CO_2$。可用如下简单的反应式表示：

$$C + O^{2-} - 2e \longrightarrow CO$$

（2）电解质中的单质被阳极气体氧化。当溶解在电解质中的铝与阳极气体中的 $CO_2$ 相接触时，会发生反应生成 CO：

$$2Al_{(溶解的)} + 3CO_2 = Al_2O_3 + 3CO$$

分散于电解质中的炭渣遇到阳极气体，也能发生反应生成 CO：

$$C + CO_2 = 2CO$$

如果阴极有钠离子放电，电解质中溶有金属钠，当它遇到阳极气体，也会发生氧化还原反应产生 CO：

$$2Na_{(溶解的)} + CO_2 = Na_2O + CO$$

由于这些副反应，阳极气体中总有部分 CO 存在。CO 占阳极气体总量的比例随电流效率的高低而变化，CO 的体积分数愈高，电流效率愈低。目前水平，一般 CO 的体积分数为阳极气体总量的 10% ~ 25%。

（3）氟离子放电。当电解质中氧化铝含量非常低的时候，阳极上会发生氟离子放电。氟离子放电的一般形式有以下两种：

$$C + O^{2-} + 2F^- - 4e \longrightarrow COF_2$$

$$C + 4F^- - 4e \longrightarrow CF_4$$

发生氟离子放电，说明阳极已进入非正常电解过程，标志阳极效应即将或已经发生。

## 27. 什么是阳极效应，它有什么宏观表现？

阳极效应是卤化物熔盐电解过程中发生在阳极上的一种特殊现象，这里特指以炭为阳极的冰晶石-氧化铝熔盐电解过程所发生的阳极效应。

以炭为阳极的冰晶石-氧化铝熔盐电解，发生阳极效应时有如下宏观表现：

（1）在阳极与电解质接触的周边出现电子放电，产生许多细小的电弧光。

（2）槽电压突然升高，增幅从几伏到几十伏。增幅大小与电解质成分、温度以及阳极电流密度的大小等因素有关。

（3）在阳极效应发生时，电解质停止沸腾，并以小滴状在阳极周边飞溅。

（4）发生阳极效应时，槽电压的噪声频率增大。

（5）在较高的效应电压下，时常听到噼啪声，电解槽的上部结构出现微微颤动，偶尔也可发现阳极底部局部碎裂。

（6）阳极气体组成发生明显改变，CO 的体积分数大幅上升，达 60% 左右，$CO_2$ 的体积分数降至 20% 左右，另有 20% 左右 $CF_4$ 和 $C_2F_6$ 的碳氟化合物气体生成。

（7）在阳极效应时，电解质熔体和阳极被加热，温度升高并有大量的氟化盐气体挥发出来。

（8）阳极效应的发生与电解质中的氧化铝含量和电流密度有关，在预焙阳极铝电解槽中，由于各处的氧化铝含量和每个阳极块的电流密度不尽一样，阳极效应往往首先在电流密度较大的阳极炭块或个别阳极块的局部发生，人们称之为局部阳极效应。

（9）电解槽上一旦出现局部阳极效应，此处阳极气泡电阻增大，这就会使其他阳极炭块电流密度增加，从而诱发了电流密度较高的阳极炭块出现阳极效应，直至整个电解槽都发生阳极效应。因此局部阳极效应的出现往往是整个电解槽阳极效应出现的前奏，在整个电解槽发生阳极效应之前，槽电压有一个稍微缓慢的上升过程。

（10）向电解质中添加氧化铝或向阳极底部鼓入空气，可使阳极效应熄灭。

### 28. 阳极效应对铝电解生产过程有什么影响？

阳极效应对铝电解生产过程既有正面影响，也有负面影响。正面影响有以下几个方面：

（1）有利于电解质中炭渣的分离；

（2）可以使黏附在阳极表面上的炭渣得到清理；

（3）有利于熔化槽底的沉淀；

（4）在自动监测和控制能力不够完善的情况下，阳极效应是否按预期发生，可间接反映电解槽的运行是否正常。

阳极效应的负面影响主要表现在：

（1）发生阳极效应时，阳极上会产生碳氟化物气体 $CF_4$ 和 $C_2F_6$，它们进入大气，虽不对大气的臭氧层有破坏作用，但它们是很强的温室效应气体。$CF_4$ 和 $C_2F_6$ 温室效应分别是 $CO_2$ 气体的 6500 倍和 9200 倍，因此对环境造成严重破坏。

（2）阳极效应会熔化槽帮结壳，槽内衬的保护受到损害；还由于槽帮结壳总是由高摩尔比的电解质形成，它的熔化使电解质摩尔比升高，从而对电解槽运行带来一系列不良影响。

（3）阳极效应会使电解质的温度升高，带来一系列副作用，特别是阳极底表面附近电解质温度大幅升高，从而大大增加氟化盐的挥发损失。

（4）阳极效应会增加铝的溶解-氧化损失而降低电流效率，特别是当使用鼓入空气或插入木棒的方法熄灭阳极效应时。

（5）阳极效应在阳极停止工作的同时却输入了大量电能，不仅造成能量的浪费，而且因效应时的高电压使系列电流受到冲击，影响系列电解槽的正常运行。

由此可见，发生阳极效应对铝电解生产的负面影响大于正面影响，特别是自动控制手段齐全的现代铝电解槽，其正面影响几乎失去意义。因此现代铝电解生产技术总是努力减少电解槽阳极效应的发生。一旦效应发生，要尽快将其熄灭，尽可能地缩短效应时间。

阳极效应发生的频度，用"效应系数"表示。所谓效应系数，定义为某电解槽每天（24h）发生阳极效应的次数。先进的铝电解槽，效应系数控制到 0.01 甚至更低，有些则实现无效应操作。

### 29. 阳极效应发生的机理怎样？

为了能更好地控制阳极效应的发生，了解阳极效应发生的机理很有必要。但目前对阳极效应的机理还缺乏统一的解释，归纳起来，主要有以下几种理论：

（1）湿润性理论。

该理论认为发生阳极效应是因为电解质对阳极的湿润性发生了改变。当电解液内氧化铝含量高时，电解液对阳极的湿润性很好，阳极过程中产生的气泡很容易被电解液从阳极表面排挤掉。而当氧化铝含量降低时，电解液对阳极的湿润性变坏，阳极上的气泡不易被排开，于是小气泡汇聚成大气泡，最终在阳极底掌上形成一个气膜层，导致电阻增加，槽电压升高，从而发生阳极效应。

在发生阳极效应时，向电解质中添加氧化铝，电解液对阳极的湿润性重新变好，于是，阳极底掌上的气膜被破坏，效应熄灭，恢复正常电解过程。

（2）氟离子放电理论。

该理论认为阳极效应的发生是由于阳极过程发生了改变，即由氧离子放电转变为氟离子放电所致。该理论的依据是，当阳极效应即将发生或正在发生时，检测其阳极气体，发现除 $CO_2$ 和 CO 外，还含有 $CF_4$ 或 $C_2F_6$ 气体，而且随着阳极效应的发展，碳氟化物的体积分数越来越高。在临近阳极效应发生时，阳极气体中含有 0.4% ~ 2% 的少量碳氟化物，然后，碳氟化物的体积分数逐渐上升至 15% ~ 30%。

该理论认为，在电解质中的氧化铝含量高时，氧阴离子相对比例较大，主要是氧离子在阳极上放电；但当氧化铝含量很低时，比如 1.5% 以下，电解质中氟阴离子相对比例增大，这给氟离子和氧离子共同放电创造了条件，当这两种离子在阳极上共同放电时，阳极过程变得迟滞，阳极从活化状态转变成钝化状态，阳极气体开始在阳极底掌积聚，将电解质与阳极隔开，于是引发阳极效应。

（3）静电引力理论。

该理论认为阳极效应的发生是由于阳极与阳极气体之间的静电引力所致。电解质中氧化铝含量较高时，阳极气体主要为 $CO_2$，它选择吸附电解质中的阳离子而带正电，与阳极间存在斥力，所以气泡能从阳极上排出：

$$NaAlO_2 \longrightarrow Na^+ + AlO_2^-$$

$$AlO_2^- - 2e \longrightarrow AlO^+ + O$$

$$2O + C \longrightarrow CO_2$$

$CO_2$ 吸附 $AlO^+$，带正电。

当电解质中氧化铝含量很低时，阳极气体中含有 $CF_4$，它选择吸附电解质中的阴离子，带负电，与阳极相互吸引，阳极气体不易排出，形成气膜，引发阳极效应：

$$NaF \longrightarrow Na^+ + F^-$$

$$F^- - e \longrightarrow F$$

$$4F + C \longrightarrow CF_4$$

$CF_4$ 吸附 $F^-$，带负电。

（4）综合理论。该理论认为阳极效应的产生是（1）、（2）两种原因的综合：一方面由于电解质中氧化铝含量降低引起电解质对阳极湿润性恶化；另一方面又是由于氧化铝含量降低引起氟离子放电而改变了阳极气体组成，或者改变了炭阳极的表面性质，使阳极气体在阳极底掌聚集，于是引发阳极效应。

而张明杰、邱竹贤等学者认为，当电解质中 $Al_2O_3$ 质量分数小于 2% 时，是 $F^-$ 离子放电引起的阳极效应，而当 $Al_2O_3$ 质量分数大于 2% 时，阳极效应的发生是因为阳极气体的阻塞。

综上所述，发生阳极效应的共同特点是：电解质中氧化铝含量降低；阳极气体组成发生变化, 有碳氟化物存在; 阳极气体在阳极底掌聚积等。引起发生阳极效应时的氧化铝含量限值与电解温度、电解质物理化学性质等条件有关。在正常状态和适当低的温度下电解时, 阳极效应的发生趋向于较低的氧化铝质量分数, 比如 $Al_2O_3$ 质量分数为 0.5% ~ 1.0%, 当电解温度过低时, 效应可在 $Al_2O_3$ 质量分数为 2% 左右时发生。

### 30. 怎样才能熄灭阳极效应?

如第 29 问所述, 既然阳极效应的发生是因为氧化铝含量过低和阳极底掌积聚了气膜, 所以, 在工业电解槽上, 为了熄灭阳极效应, 通常采用先向电解槽内添加氧化铝, 以恢复正常电解时的氧化铝含量。但若仅仅添加氧化铝而不采取其他措施, 阳极效应并不能很快熄灭。因为按正常方式加入的氧化铝有一个溶解过程, 特别是要使阳极区电解质的氧化铝含量恢复正常更需要时间。所以, 接着需要搅动阳极底部的电解质。常用的方法是向发生阳极效应的阳极下部插入木棒, 利用木棒在高温下释放的大量碳氢化合物气体, 一则搅动电解质, 促进氧化铝溶解和扩散, 使浓度均匀化; 二则驱散黏附于阳极底掌的气泡, 达到熄灭阳极效应的目的。这种方法较简单, 容易掌握, 但增加劳动强度和环境污染。

为了搅动电解质, 也可以采取反复上下升降阳极的方法, 通过阳极的上下运动, 搅动电解质, 加速氧化铝的溶解和扩散, 同样可以达到熄灭阳极效应的目的。

还有一种办法, 就是在添加氧化铝之后, 下降阳极使阴、阳极短路或局部短路, 消除阳极极化, 破坏阳极底掌上积聚的气膜, 使电流得以正常通过, 效应即可熄灭。这种方法熄灭效应快捷, 且可以实现计算机控制, 缩短效应时间、减轻劳动强度、有利环境保护。

# 第二章　铝电解原材料及能源

**31. 现代铝电解生产工艺采用怎样的基本流程，生产过程中需消耗哪些原材料？**

铝电解生产在熔盐电解槽中进行，用氧化铝为原料，冰晶石为熔剂，组成 $Na_3AlF_6$-$Al_2O_3$ 电解质，为了改进电解质性质，常加入 $AlF_3$、$CaF_2$、$MgF_2$、$LiF$ 等添加剂。用聚集在阴极炭块上的铝液作阴极，用炭质材料作阳极，在连续输入稳定功率的直流电后，一般维持电解质温度在 930~970℃ 范围内，则两极上发生电化学反应，即电解。不断向电解质中补充氧化铝原料，阴极上则连续析出液体铝，液体铝在阴极表面积累，定期用真空抬包从槽内吸出，原铝纯度可达 99.5%~99.85%，经净化精制，浇铸成铝锭；也可经精炼，调整成分或配制合金，直接铸造或压延成制品。阳极表面析出的氧与炭阳极发生反应，生成 $CO_2$，一般还含有体积分数 10%~25% 的 $CO$；定期补充或更换被消耗的炭阳极，阳极气体连同电解质的挥发及飞扬物被收集、净化，回收氟化物返回电解槽，已净化了的气体从烟囱排空。

整个电解过程如图 2-1 所示。

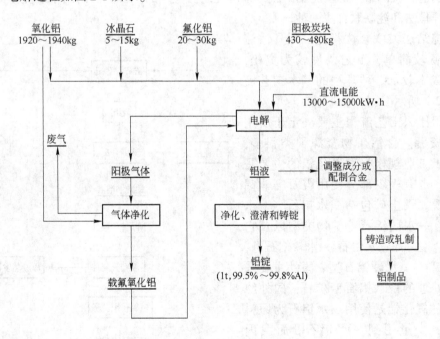

图 2-1　铝电解工艺流程示意图

由铝电解生产流程可知，铝电解过程中主要消耗的是氧化铝、电能、阳极材料和氟化盐。

### 32. 什么是氧化铝？

氧化铝的外观为白色粉末，结晶状态为六方晶体结构，分子式通常写成 $Al_2O_3$，相对分子质量为 101.96。氧化铝的熔点为 2050℃，沸点为 3000℃。氧化铝有多种同素异构体，最常见的是 $\alpha\text{-}Al_2O_3$ 和 $\gamma\text{-}Al_2O_3$ 两种。不同晶形的氧化铝适合于不同的用途，分别用于耐火材料、陶瓷、磨料、催化剂及其载体、医药、化工原料等。而目前用量最大的则是作为电解铝的原料，通常称做冶金级氧化铝。现代铝电解槽用的砂状氧化铝，是含有部分 $\alpha\text{-}Al_2O_3$ 的 $\gamma\text{-}Al_2O_3$（一般 $\alpha\text{-}Al_2O_3$ 质量分数小于 20%），它的真密度在 $3.6g/cm^3$ 左右，随着晶体结构的不同而稍有变化，松装密度约为 $1.0g/cm^3$。它的流动性很好，不溶于水，能较迅速地溶于冰晶石熔体中。

### 33. 氧化铝是怎样获得的？

工业用氧化铝是由氧化铝厂从铝矿石中提取出来的。目前人们已经使用或探索过的生产氧化铝的方法大致可分为碱法、酸法、酸碱联合法和电热法等几种，但得以工业规模应用的主要是碱法。

氧化铝的碱法生产方法按其工艺特点又分为拜耳法（湿法）、烧结法（火法）以及涉及这两种方法的联合法。联合法包括并联法、串联法、混联联合法等多种工艺流程。国外几乎全部采用拜耳法生产氧化铝，世界约 90% 的氧化铝是用拜耳法生产出来的。烧结法是我国的创造，我国最早的氧化铝厂就是采用烧结法生产的。目前国内用于工业生产的工艺基本是拜耳法和混联联合法两种。

与烧结法或联合法相比，拜耳法流程和设备较简单，工艺条件较为宽松，能耗和成本较低。拜耳法的基本工艺流程如图 2-2 所示。

采用什么工艺流程主要决定于所用的矿石资源。含铝矿物资源种类很多，目前用于工业规模提取氧化铝的主要是铝土矿，也有极少部分使用霞石等非铝土矿资源。铝土矿包括三水铝石、一水软铝石、一水硬铝石等矿物类型以及它们的混合型，如三水铝石-一水软铝石型，一水软铝石-一水硬铝石型。国外主要采用较易处理的三水铝石型矿石，国外约有 90% 的氧化铝是使用三水铝石为原料生产的，少量用到一水铝石。而我国98% 以上铝土矿床的矿物结构属一水硬铝石型，化学活性低，因受矿石资源的限制，我国的氧化铝主要是用一水硬铝石生产的，用其生产氧化铝，处理过程

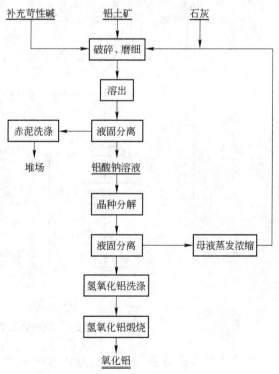

图 2-2 拜耳法生产氧化铝的基本流程

需要高温高压，与处理三水铝石相比，工艺条件十分苛刻。我国铝土矿资源的化学组成具有高硅、高钛的特点。硅和钛是氧化铝生产过程中最有害的杂质，为了使铝土矿中的氧化铝和硅、钛等杂质成分分离，生产设备和流程都十分复杂。技术上的难度不仅增加产品的能耗和成本，而且影响产品质量。因此，我国冶金级氧化铝生产，就资源条件而言，不占优势。

## 34. 我国和世界生产的铝需消耗多少氧化铝？

世界铝的消费量和产量都仅次于钢铁，在金属材料中位居第二，为有色金属之首，产量和消费量都约为其他有色金属之和。世界原铝产量，2005 年为 31895kt，2006 年为 33219kt，2007 年为 38151kt，2006 年世界铝消费量为 47478kt（包括再生铝）。

我国 2001～2007 年电解铝产量见表 2-1。我国再生铝产量相对较低，约占原铝产量的 20%。我国铝的消费量随产量同步增长，2001 年以来，铝的进口和出口相抵而略有净出口。

表 2-1　我国近年来的电解铝产量　　　　　　　　　（kt/a）

| 年　份 | 2001 年 | 2002 年 | 2003 年 | 2004 年 | 2005 年 | 2006 年 | 2007 年 |
|---|---|---|---|---|---|---|---|
| 产　量 | 3575.8 | 4511.1 | 5563.0 | 6671.0 | 7806.0 | 9358.4 | 12558.6 |

每生产 1t 金属铝，消耗氧化铝 1.93t 左右。2007 年世界冶金用氧化铝供应量约 74000kt，另需一定比例非冶金用氧化铝供应市场。我国近年来氧化铝的产量和供应量见表 2-2。

表 2-2　我国近年氧化铝的供求情况　　　　　　　　　（kt/a）

| 年　份 | 2001 年 | 2002 年 | 2003 年 | 2004 年 | 2005 年 | 2006 年 | 2007 年 |
|---|---|---|---|---|---|---|---|
| 我国产量 | 4746.5 | 5449.6 | 6112.1 | 6980.0 | 8535.7 | 13699.8 | 19456.5 |
| 进口量 | 3346.0 | 4571.1 | 5605.2 | 5974.9 | 7016.2 | 6911.2 | 5200 |
| 供应量 | 8092.5 | 10020.7 | 11717.3 | 12854.9 | 15551.9 | 20611.0 | 24656.5 |

## 35. 地球上的铝资源多吗，能满足人类的需求吗？

生产 1t 氧化铝所需矿石量，与铝土矿的品位、结构类型以及所采用的生产工艺有关。除冶金外，化工、磨料、耐火材料等行业也消耗部分铝土矿。2006 年，世界铝土矿产量为 177000kt，2007 年世界铝土矿消耗量超过 180000kt，我国消耗量为 40000kt 左右。

在地壳内，铝的含量非常丰富，约占地壳质量的 8.7%，蕴藏量仅次于氧和硅，是铁的 1 倍多，超过其他有色金属蕴藏量的总和。目前世界已发现的含铝矿物有 250 多种，主要的含铝矿物见表 2-3。

表 2-3　自然界中主要的含铝矿物

| 矿物名称 | 常用化学表达式 | $Al_2O_3$ 的质量分数/% |
|---|---|---|
| 刚　玉 | $\alpha\text{-}Al_2O_3$ | 100 |
| 一水硬铝石 | $\alpha\text{-}AlOOH$ 或 $\alpha\text{-}Al_2O_3 \cdot H_2O$ | 85.1 |
| 一水软铝石 | $\gamma\text{-}AlOOH$ 或 $\gamma\text{-}Al_2O_3 \cdot H_2O$ | 85.1 |
| 三水铝石 | $\gamma\text{-}Al(OH)_3$ 或 $\gamma\text{-}Al_2O_3 \cdot 3H_2O$ | 65.4 |

| 矿物名称 | 常用化学表达式 | $Al_2O_3$ 的质量分数/% |
|---|---|---|
| 拜耳石 | $\beta\text{-Al(OH)}_3$ 或 $\beta\text{-Al}_2O_3 \cdot 3H_2O$ | 65.4 |
| 诺耳石 | 新 $\beta\text{-Al(OH)}_3$ 或新 $\beta\text{-Al}_2O_3 \cdot 3H_2O$ | 65.4 |
| 红柱石 | $Al_2O_3 \cdot SiO_2$ | 63.0 |
| 蓝晶石 | $Al_2O_3 \cdot SiO_2$ | 63.0 |
| 硅线石 | $Al_2O_3 \cdot SiO_2$ | 63.0 |
| 高岭石 | $Al_2O_3 \cdot 2SiO_2 \cdot 2H_2O$ | 39.5 |
| 明矾石 | $KAl_3(SO_4)_2(OH)_6$ | 37.0 |
| 霞 石 | $(Na、K)_2O \cdot Al_2O_3 \cdot 2SiO_2$ | 32.3 ~ 36.0 |

世界已探明铝土矿储量达 250 亿 t，基础储量达 320 亿 t。我国铝矿资源也较丰富，已探明铝土矿储量 5.4 亿 t，是世界上储量最丰富的十个国家之一。

铝是一种再生资源，铝制品的平均使用寿命为 15 年左右。铝不易被氧化，废铝回收再生率高达 75% ~ 85%。

随着找矿工作的深入，铝土矿储量还在不断增加；依靠科学技术的进步，能用于生产氧化铝或提炼铝的矿物资源范围也不断扩大；加上再生铝产业的快速发展，可以说，世界铝资源的枯竭尚较遥远，应该能满足人类发展的需求。但是即使资源极其丰富，节约资源和能源也是我们人类应尽的职责和为之努力的目标。

**36. 铝电解对氧化铝的化学纯度有什么要求，为什么？**

铝电解对氧化铝的化学纯度有严格的要求，希望其水分和杂质含量都尽可能低。

因为如果氧化铝中含有还原电位比铝正的杂质元素的化合物，如氧化硅（$SiO_2$）、氧化铁（$Fe_2O_3$）等，在电解过程中会被铝还原，或优先于铝离子在阴极析出（或与铝共同析出）。析出的硅、铁等杂质元素进入铝内会降低铝的品质。

如果氧化铝中含有还原电位比铝负的杂质元素的化合物，如氧化钠（$Na_2O$）、氧化钾（$K_2O$）、氧化钙（$CaO$）、氧化镁（$MgO$）等，则会分解冰晶石，使电解质的成分发生改变，并增加氟化盐的消耗。以 $CaO$ 为例：

$$3CaO + 2Na_3AlF_6 = 3CaF_2 + Al_2O_3 + 6NaF$$

或

$$3CaO + 2AlF_3 = 3CaF_2 + Al_2O_3$$

氧化铝中的水分同样会分解冰晶石，一是引起氟化盐的消耗，二是产生的氟化氢气体污染环境，三是增加了铝中含氢的可能性而降低铝的品质。

$$3H_2O + 2Na_3AlF_6 = 6HF + Al_2O_3 + 6NaF$$

或

$$3H_2O + 2AlF_3 = 6HF + Al_2O_3$$

氧化铝中若含有某些多价元素的化合物，如 $P_2O_5$、$TiO_2$、$V_2O_5$ 等，则会因为这些元素的离子在阴极上的不完全还原而降低电流效率，增加电能消耗。

我国氧化铝质量根据国家标准 GB 8178—1987 划分为 6 个等级。电解铝主要使用一至三级氧化铝，详见表 2-4。

表 2-4 我国氧化铝质量标准 (GB 8178—1987)

| 等 级 | 化学成分/% | | | | |
|---|---|---|---|---|---|
| | Al$_2$O$_3$ (不小于) | 杂质(不大于) | | | |
| | | SiO$_2$ | Fe$_2$O$_3$ | Na$_2$O | 灼 减 |
| 一级 | 98.6 | 0.02 | 0.03 | 0.55 | 0.8 |
| 二级 | 98.5 | 0.04 | 0.04 | 0.60 | 0.8 |
| 三级 | 98.4 | 0.06 | 0.04 | 0.65 | 0.8 |
| 四级 | 98.3 | 0.08 | 0.05 | 0.70 | 0.8 |
| 五级 | 98.2 | 0.10 | 0.05 | 0.70 | 1.0 |
| 六级 | 97.8 | 0.15 | 0.06 | 0.70 | 1.2 |

但是，目前也有不少企业执行氧化铝的行业标准（YS/T 274—1998）。该标准将氧化铝分为四级，适用于冶金用氧化铝，也适用于刚玉、陶瓷、耐火制品及其他化学制品所用的原料氧化铝。其化学成分要求见表 2-5。

表 2-5 氧化铝的化学成分 (YS/T 274—1998)

| 牌 号 | 化学成分/% | | | | |
|---|---|---|---|---|---|
| | Al$_2$O$_3$ (不小于) | 杂质含量(不大于) | | | |
| | | SiO$_2$ | Fe$_2$O$_3$ | Na$_2$O | 灼 减 |
| AO-1 | 98.6 | 0.02 | 0.02 | 0.50 | 1.0 |
| AO-2 | 98.4 | 0.04 | 0.03 | 0.60 | 1.0 |
| AO-3 | 98.3 | 0.06 | 0.04 | 0.65 | 1.0 |
| AO-4 | 98.2 | 0.08 | 0.05 | 0.70 | 1.0 |

世界各国对氧化铝的质量标准要求各不相同。目前我国只对硅、铁、钠、灼减等含量做出了规定。但很多国家和地区除此之外，还对矾、磷、锌、钛、钙等杂质含量做了规定。表 2-6 列出了国外一些厂商的氧化铝质量标准。

表 2-6 某些国外厂商的氧化铝质量标准 (杂质质量分数，不大于，%)

| 厂 家 | SiO$_2$ | Fe$_2$O$_3$ | TiO$_2$ | Na$_2$O | CaO | 灼 减 |
|---|---|---|---|---|---|---|
| 美国铝业公司 | 0.02 | 0.02 | 0.004 | 0.55 | 0.04 | 0.6 |
| 格拉斯通铝厂 | 0.018 | 0.015 | 0.02 | 0.30 | 0.02 | 0.6 |
| 德国联合铝厂 | 0.011 | 0.020 | | | | 0.053 |

## 37. 铝电解对氧化铝的物理性能有什么要求？

氧化铝的物理性能对于保证电解过程正常运行和提高气体净化效率具有重要意义。对于现代中间下料大型预焙铝电解槽，通常要求氧化铝具有很好的流动性、很好的活性，能够较多较快地熔解在熔融冰晶石中；在气体净化中，要求它具有足够的比表面积，对 HF 有很强的吸附能力，能够有效地吸收 HF 气体；粒度适中，有较高的强度，不容易破损，在运输、烟气净化和加料过程中的飞扬损失少。同时要求吸水性小，能较严密地覆盖阳极，以防止阳极暴露于空气中而被氧化；能在电解质表面形成完整结壳；覆盖于阳极和电解质表面时，具有较好的绝热性能，可起到良好的保温作用。

氧化铝的这些物理性质主要取决于它的晶体结构、几何形状和粒度。其所含 $\alpha\text{-}Al_2O_3$ 和 $\gamma\text{-}Al_2O_3$ 的相对比例是影响这些性质的重要因素。$\alpha\text{-}Al_2O_3$ 晶格完整，化学稳定性很高；而 $\gamma\text{-}Al_2O_3$ 晶格不够完整，活性强，在电解质中溶解速度快。根据氧化铝物理性质的不同，可将其分为砂状、粉状和中间状三种类型。它们之间主要物理性质的差别列于表 2-7。

表 2-7　工业氧化铝的性质和分类

| 特　性 | 砂　型 | 中间型 | 粉　型 |
|---|---|---|---|
| 通过 45μm 筛网的粉料/% | <12 | 12~20 | 20~50 |
| 平均粒度/μm | 80~100 | 50~80 | <50 |
| 安息角/(°) | 30~35 | 35~40 | >40 |
| 比表面积/m²·g⁻¹ | >45 | >35 | 2~10 |
| 真密度/g·cm⁻³ | <3.70 | <3.70 | >3.90 |
| 松装密度/g·cm⁻³ | >0.85 | >0.85 | <0.75 |
| α-Al₂O₃/% | 10~15 | 30~40 | 80~90 |

表 2-8 则列举了国外冶金级氧化铝的一些典型物理性能指标。

表 2-8　国外有代表性的冶金级氧化铝物理特性指标

| 性　质 | 典型值 | 范　围 | 性　质 | 典型值 | 范　围 |
|---|---|---|---|---|---|
| 灼减(300~1000℃)/% | 1.0 | 0.1~3.0 | −44μm 细粉：磨前/% | 8 | 5~30 |
| 松装密度/g·cm⁻³ | 0.90 | 0.85~1.085 | 磨后/% | 15 | 10~35 |
| 振实密度/g·cm⁻³ | 1.05 | 0.95~1.16 | 磨损指数/% | 7.61 | 5.26~31.58 |
| 真密度/g·cm⁻³ | 3.55 | 3.465~3.60 | +150 颗粒比例/% | 3 | 1~5 |
| 比表面积 BET/m²·g⁻¹ | 75 | 35~180 | 热导率(250℃)/W·(m·℃)⁻¹ | 0.16 | 0.15~0.20 |
| 安息角 θ/(°) | 34 | 30~40 | α-Al₂O₃/% | 5~20 | 2~25 |

20 世纪 60 年代以前，世界铝电解以自焙阳极电解槽为主，使用的氧化铝多为粉状和中间状。70 年代以后，世界各国广泛采用大型中间下料预焙阳极电解槽和干法烟气净化工艺。显然，砂状氧化铝具有流动性好、溶解快、对 HF 气体吸附能力强等优点，比粉状和中间状更能满足中间下料大型预焙槽和干法烟气净化的要求。因此，各厂纷纷使用砂状氧化铝。我国大型预焙槽技术的研究、引进、开发和推广比国际上约迟 10~20 年，目前也已全面普及。但是，国内生产的氧化铝，因受矿石资源和生产工艺的限制，生产砂状氧化铝遇到较大困难。虽然取得了许多科研成果，技术上有了很大突破，但除了平果铝厂等部分国内产品是纯砂状外，其他大部分产品还属于中间状或砂状和中间状的混合型，其品质跟不上铝电解技术发展的需求。

## 38. 怎样测定氧化铝的安息角?

安息角反映粉状物料颗粒之间滑动或滚动的摩擦力大小，即流动性能的好坏。氧化铝的安息角是一个重要的质量指标。它与氧化铝的晶粒大小和形状有关，是砂状和粉状氧化铝的重要区别之一。砂状氧化铝安息角小，流动性好，更适于浓相或超浓相输送以及大型预焙槽的中间点式下料。因此，生产现场，往往需要对氧化铝的安息角进行测试。

将氧化铝试样从一定高度通过漏斗落在水平的金属板上，形成一个圆锥体，圆锥体的锥面和底面的夹角即为安息角。

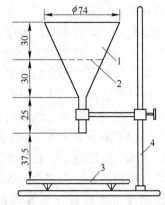

图 2-3　氧化铝安息角测定装置示意图
1—铜质漏斗；2—$\phi$1mm 筛板；
3—刻度盘；4—支架

测定方法：试样在 105℃烘干 2h，取出稍冷后置于干燥器中冷却至室温备用。调节好安息角测定装置的水平和漏斗高度，把烘干好的氧化铝样品从大约 40mm 高处加入漏斗中心，控制下料速度为 30～50g/min，供料均匀连续。当试样形成的锥体到达漏斗出口时，停止加入试样，记下试样锥体底部圆周半径的读数，以此计算安息角的大小。

测量氧化铝安息角的装置如图 2-3 所示。

### 39. 怎样测定氧化铝的真密度？

测定粉状物料真密度的方法，是先测出物料在空气中的质量，再测它的真实体积。粉状物料的体积，可应用已知密度的液体，根据阿基米得原理，由其所排开同体积液体的质量经计算而求得。

生产现场测定氧化铝真密度最常用的方法是密度瓶（也称比重瓶）法。常用的密度瓶是带有毛细管玻璃塞的容量为 5mL、10mL、20mL 的几种。测定方法是：

（1）先准确称取整套干净空容量瓶的质量（$m_1$）；

（2）向空密度瓶中装入待测试样，并准确称取其质量（$m_2$），计算出待测试样的净重（$m_0$）：

$$m_0 = m_2 - m_1$$

（3）向装有试样的密度瓶中注入其体积 1/4～1/3 的蒸馏水（或其他已知密度的介质），并使试样全部浸入蒸馏水中，然后放入真空干燥器内抽气 30～40min，直至密度瓶内不再有气泡逸出停止抽气，取出密度瓶，用经煮沸冷却或抽气处理的蒸馏水将其注满，称取装有试样并注满蒸馏水的密度瓶质量（$m_3$）；

（4）用同一个密度瓶装满经煮沸冷却或抽气处理的蒸馏水，称其质量（$m_4$）；

（5）计算氧化铝的密度：

$$\rho = \frac{m_0 \cdot \rho_水}{m_0 + m_4 - m_3}$$

式中　$\rho$——氧化铝密度，g/cm$^3$；

　　$\rho_水$——蒸馏水密度，g/cm$^3$；

　　$m_0$——试样质量，g；

　　$m_3$——装有试样后并注满水的密度瓶总重，g；

　　$m_4$——装满水的密度瓶总重，g。

### 40. 怎样测定氧化铝的松装密度？

松装密度是指物料在自然粒级或某一特定粒级范围内单位体积（包括空隙）的质量。

测定氧化铝的松装密度一般是在无振动情况下，试样从固定不变的高度自由落下，填满一个已知容积的固定容器中，根据试样的质量和体积计算出松装密度。

　　测定方法：试样在 105℃烘干 2h，取出稍冷后置于干燥器中冷却至室温备用。称量圆筒的质量，再称量加满水后圆筒的质量，据此计算出圆筒的体积。将圆筒干燥后置于底台上，调节漏斗使其中心线与圆筒中心线相重合，并使漏斗下端与圆筒顶部平面距离为 50mm。使试样从距离漏斗上方约 40mm 处往漏斗中心自由流入。使整个装置无振动，下料流量控制在 30 ~ 50g/min 之间。当试样在圆筒顶部形成锥体并开始溢出时，则停止加料，然后用平直钢尺沿圆筒上边边沿轻轻刮去多余试样。称量圆筒和氧化铝样品的总质量，计算氧化铝的松装密度。

　　测定氧化铝松装密度的装置如图 2-4 所示。

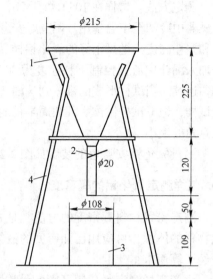

图 2-4　氧化铝松装密度测定装置示意图
1—漏斗；2—插板；3—升筒；4—支架

### 41. 怎样做氧化铝的粒度筛分测定？

　　目前，氧化铝粒度分布的测定方法有筛分法、光透式粒度分布测定法（激光粒度分析法）、沉降天平测定法、扫描电镜测定法等方法。一般颗粒大于 40μm 的试样，用筛分法测定其粒级；40μm 以下的试样，可用光透式粒度分布测定仪、扫描电镜或沉降天平等仪器测定。

　　对冶金级氧化铝，特别是在铝电解厂的生产现场，一般只用筛分法。筛分法分干筛和湿筛，氧化铝的分析常用干筛。将装有氧化铝样品的分析套筛放在振筛机上进行振筛，待分级结束后，测其不同筛级残留颗粒的质量，以此计算样品的粒度分布。

　　测定的具体步骤是：

　　（1）氧化铝试样在 105℃烘干 2h，取出稍冷后置于干燥器中冷却至室温备用，烘干冷却后的试样不少于 100g；

　　（2）选择欲分级的标准筛，生产现场一般选 100 目（粒径为 0.147mm）、200 目（粒径为 0.074mm）、325 目（粒径为 0.043mm）三个级别就够了，并确认筛网无破损、无较大面积筛孔堵塞。

　　（3）将选好的分析筛从筛底盘开始按筛孔大小递增的顺序依次装好。用天平称取 50g 试样，精确至 0.001g，放入顶层分析筛中，套上筛顶盖，密封。将套筛固定在振筛机上。

　　（4）定时振筛 15min 后，用毛刷分别刷取各筛上残留和筛底中的试样，准确称量其质量，并做好记录。分析过程中的试样损失不得超过 1%，否则需重新筛分。

　　（5）计算筛分结果，将筛分过程中的试样损失量按权重分配至各粒级中，以各粒级试样质量占试样总重的质量分数表示粒度分布。

　　要求两次平行测定的各粒级质量分数误差小于 2%，结果才为有效。

## 42. 怎样测定氧化铝的磨损指数？

磨损指数是衡量氧化铝强度的物理量，对于干法净化铝电解槽，氧化铝磨损指数是一个重要指标。磨损指数越小，在干法净化的循环过程中，其破损粉化的程度越轻，飞扬损失越少，净化效果也越好。

测定磨损指数的原理是：测定试样在一定流速的气流中经一定时间的磨损，而导致其大于0.043mm粒级部分减少的百分数，将其定义为磨损指数。

具体测定步骤是：

（1）准确称取50.00g试样，按第41问的方法进行筛分，测定并记录大于0.043mm粒级的百分数。

（2）将筛分后的试样倒入磨损测定装置的玻璃管式流化床底部。

（3）打开氧气阀，调节输出气压为0.36MPa；打开与流化床顶部排气管相连的稳压罐进气阀，使罐内气压升至0.36MPa，以保持磨损过程中气压稳定。

（4）打开稳压罐出气阀，并同时开始计时。氧气开始流动，从氧气阀经流化床底部孔板进入流化床，使试样在玻璃管中"沸腾"流动。

（5）磨损15min，关闭氧气阀。待玻璃管中试样停止流动后，取出试样。

（6）将磨损后的试样进行同样条件的筛分，记录其大于0.043mm粒级的质量分数，并计算分析结果：

$$磨损指数 = \frac{w_0 - w_1}{w_0} \times 100\%$$

式中　$w_0$——磨损前试样中大于0.043mm粒级的质量分数，%；

　　　$w_1$——磨损后试样中大于0.043mm粒级的质量分数，%。

测定精度必须是两次平行测定的相对偏差小于5%，结果才为有效。

氧化铝的其他物理性质，如比表面积、$\alpha\text{-}Al_2O_3$含量等，生产现场一般不做测试，而是由专门分析人员，使用专用仪器来完成。如比表面积用比表面积测定仪，$\alpha\text{-}Al_2O_3$含量用X射线衍射分析仪等。

## 43. 铝电解用冰晶石是怎样获得的，对它有怎样的质量要求？

世界上虽然有天然冰晶石存在，但非常稀少，因此，铝电解所用的冰晶石几乎全是人造冰晶石。由于其氟、铝、钠资源的不同，人造冰晶石的生产方法很多。各国生产的人造冰晶石，实际上是正冰晶石和亚冰晶石的混合物，或者是$AlF_3$和NaF的混合物，摩尔比一般在2.1左右，属酸性；呈白色粉末，略黏手，微溶于水。

我国冰晶石生产工艺主要是纯碱氟铝酸法。以氢氟酸、氢氧化铝、纯碱为原料，首先将精制后的氢氟酸与经浆化后的氢氧化铝在合成槽反应制得氟铝酸，然后往合成槽中加入浆化后的纯碱液，中和即得到冰晶石。合成是在串联的合成槽中连续进行，再通过过滤、干燥即得到冰晶石成品。

近年来，国内陆续开发了一些新的生产工艺，如黏土盐卤法、铝酸钠法、氟硅酸钠铝酸钠法、氟铝酸铵法等，但传统的纯碱氟铝酸法冰晶石产能仍占一半以上。

各国铝电解对冰晶石还没有统一的质量标准，我国目前执行的标准为 GB/T 4291—

2007，详见表 2-9。

表 2-9　冰晶石化学成分标准要求（摘自 GB/T 4291—2007）

| 牌 号 | 化学成分（质量分数）/% | | | | | | | | | |
| --- | --- | --- | --- | --- | --- | --- | --- | --- | --- | --- |
| | F | Al | Na | $SiO_2$ | $Fe_2O_3$ | $SO_4^{2-}$ | CaO | $P_2O_5$ | 湿存水 | 灼减量 |
| | 不小于 | | 不大于 | | | | | | | |
| CH-0 | 52 | 12 | 33 | 0.25 | 0.05 | 0.6 | 0.15 | 0.02 | 0.20 | 2.0 |
| CH-1 | 52 | 12 | 33 | 0.36 | 0.08 | 1.0 | 0.20 | 0.03 | 0.40 | 2.5 |
| CM-0 | 53 | 13 | 32 | 0.25 | 0.05 | 0.6 | 0.20 | 0.02 | 0.20 | 2.0 |
| CM-1 | 53 | 13 | 32 | 0.36 | 0.08 | 1.0 | 0.6 | 0.03 | 0.40 | 2.5 |

　　20 世纪 90 年代以前，我国冰晶石产品的一个显著特点是摩尔比低，一般在 2 左右。冰晶石结晶水含量是随摩尔比降低而增加的，特别是当冰晶石摩尔比低于 1.5 时，这种影响更为明显。含有结晶水的冰晶石加入电解槽后，会使氟化铝发生水解，反应放出 HF 气体，增加氟化物的损耗，污染环境。因此，冰晶石的摩尔比对氟的损失率影响非常大。工业实践表明，铝电解槽使用高摩尔比冰晶石可获得显著经济效益。90 年代以后，我国开始了高摩尔比冰晶石批量生产和应用，冰晶石的摩尔比范围也广泛化，能根据用户要求生产摩尔比为 1.5~2.9 的冰晶石。同时，可以根据用户的不同要求，采用不同的生产工艺及操作控制，生产出细目料、粉状料、砂状料、颗粒料等不同粒度的产品。

## 44. 铝电解用氟化铝是怎样获得的，对它有什么质量要求？

　　氟化铝是一种白色粉末，其粒度比氧化铝稍大，不黏手。它在常压下加热不熔化，但在高温下升华。在铝电解生产中，氟化铝主要用作电解质摩尔比的调整剂，是用量最大的氟化盐品种。

　　氟化铝生产工艺分为干法和湿法两种。干法氟化铝生产工艺，是将 98% 的硫酸经预热与发烟硫酸在反应釜中混合后形成给料酸，与萤石按一定配比进入预反应器，两种物料在预反应器中混合并发生反应：

$$CaF_2 + H_2SO_4 \longrightarrow CaSO_4 + 2HF$$

　　该反应最终在 350℃ 的反应炉中完成。在预反应器和反应炉内产生的氟化氢气体经预净化和冷却后，通入氟化铝反应器，在这里与氢氧化铝反应生成 $AlF_3$。

　　湿法生产工艺是将萤石与硫酸在加热反应炉内反应生成 HF，经水吸收后得到氢氟酸，与事先制备好的氢氧化铝料浆在合成槽制得氟化铝饱和溶液，然后结晶，过滤，即得到三水合氟化铝滤饼，再经干燥脱水，得到氟化铝成品。

　　湿法氟化铝工艺存在消耗较高、自动化控制水平较低、污染较严重、劳动环境差、劳动强度较大等缺陷；产品质量也相对较差，其杂质含量、松装密度和流动性等性能与干法产品有一定差距。因此，自引进干法技术以来，已有取代湿法工艺的趋势。两种不同工艺产品的化学组成和粒度分布的比较见表 2-10 和表 2-11。

**表 2-10 干法氟化铝和湿法氟化铝的典型化学组成** （质量分数,%）

| 产品名称 | F | Al | Na | $SiO_2$ | $Fe_2O_3$ | $SO_4^{2-}$ | $P_2O_5$ | $H_2O$ |
|---|---|---|---|---|---|---|---|---|
| 干法产品 | 62.70 | 32.85 | 0.15 | 0.21 | 0.012 | 0.25 | 0.023 | 0.58 |
| 湿法产品 | 61.24 | 31.53 | 0.47 | 0.19 | 0.042 | 0.51 | 0.021 | 4.07 |

**表 2-11 干法氟化铝和湿法氟化铝的粒度组成** （质量分数,%）

| 产品名称 | $+200\mu m$ | $+125\mu m$ | $+105\mu m$ | $+88\mu m$ | $+60\mu m$ | $+45\mu m$ | $-45\mu m$ |
|---|---|---|---|---|---|---|---|
| 干法产品 | 0.1 | 10 | 20 | 42.2 | 88.3 | 88.8 | 11.5 |
| 湿法产品 | 0.3 | 0.4 | 0.44 | 3.4 | 68.5 | 74.8 | 25.2 |

除这两种方法以外，还有磷酸工业副产氟化铝等方法，在此不一一详述。

我国氟化铝产品质量自引进干法生产技术以来，有较大提高，基本达到了国际先进水平。目前执行的氟化铝国家标准 GB/T 4292—1999 见表 2-12。

**表 2-12 氟化铝质量标准** （摘自 GB/T 4292—1999）

| 等 级 | 化学成分(质量分数)/% | | | | | | | |
|---|---|---|---|---|---|---|---|---|
| | (不小于) | | 杂质 (不大于) | | | | | |
| | F | Al | Na | $SiO_2$ | $Fe_2O_3$ | $SO_4^{2-}$ | $P_2O_5$ | $H_2O$ (550℃, 1h) |
| 特一级 | 61 | 30.0 | 0.5 | 0.28 | 0.10 | 0.5 | 0.04 | 0.5 |
| 特二级 | 60 | 30.0 | 0.5 | 0.30 | 0.13 | 0.8 | 0.04 | 1.0 |
| 一 级 | 58 | 28.2 | 3.0 | 0.30 | 0.13 | 1.1 | 0.04 | 6.0 |
| 二 级 | 57 | 28.0 | 3.5 | 0.35 | 0.15 | 1.2 | 0.04 | 7.0 |

## 45. 对铝电解所需的其他氟化物的质量有什么要求?

除氟化钠外，目前我国对其他铝用氟化盐产品还没有统一的质量标准，大部分执行企业标准，或生产厂家根据各自的订单要求组织生产。

（1）氟化钠。氟化钠是一种白色粉末，易溶于水，主要在新槽启动初期用来调整摩尔比。我国氟化钠产品执行国家标准 GB/T 4293—1984，其化学组成见表 2-13。

**表 2-13 氟化钠质量标准** （摘自 GB/T 4293—1984）

| 等 级 | 化学成分(质量分数)/% | | | | | | |
|---|---|---|---|---|---|---|---|
| | NaF | $SiO_2$ | $Na_2CO_3$ | 硫酸盐($SO_4^{2-}$) | 酸度(HF) | 水中不溶物 | $H_2O$ |
| | (不小于) | (不大于) | | | | | |
| 一 级 | 98 | 0.5 | 0.5 | 0.3 | 0.1 | 0.7 | 0.5 |
| 二 级 | 95 | 1.0 | 1.0 | 0.5 | 0.1 | 3 | 1.0 |
| 三 级 | 84 | 2.0 | 2.0 | 0.5 | 0.1 | 10 | 1.5 |

（2）氟化钙。铝电解所用的氟化钙是一种天然矿物，俗称萤石。它主要用作改善电解质性质的添加剂。目前氟化钙采用行业质量标准，其化学成分要求见表 2-14。

**表 2-14　氟化钙质量标准**

| 等　级 | 化学成分(质量分数)/% | | | | | |
| --- | --- | --- | --- | --- | --- | --- |
| | CaF$_2$ | SiO$_2$ | Fe$_2$O$_3$ | MnO$_2$ | CaCO$_3$ | H$_2$O |
| | (不小于) | (不大于) | | | | |
| 一　级 | 98 | 0.8 | 0.3 | 0.02 | 1.0 | 0.5 |
| 二　级 | 97 | 1.0 | 0.3 | 0.02 | 1.2 | 0.5 |
| 三　级 | 95 | 1.4 | 0.3 | 0.02 | 1.5 | 0.5 |

注：表中化学成分按干基计算。

（3）氟化镁。氟化镁是一种工业合成品，生产方法很多。它是铝电解质的一种很好的改性剂，其作用与氟化钙相似，但在降低电解质初晶温度、改善电解质性质方面比氟化钙更为明显。目前国内没有关于氟化镁的统一质量标准，较普遍采用的企业标准见表 2-15。

**表 2-15　部分生产企业氟化镁质量标准**(质量分数,%)

| 企业名称 | 等级 | MgF$_2$ | F | Mg | SiO$_2$ | Fe$_2$O$_3$ | SO$_4^{2-}$ | H$_2$O | Na | Ca | Pb |
| --- | --- | --- | --- | --- | --- | --- | --- | --- | --- | --- | --- |
| | | (不小于) | | | (不大于) | | | | | | |
| 甘肃白银氟化盐有限责任公司 | 一级 | | 45 | 28 | 0.9 | 0.8 | 1.3 | 1.0 | | | |
| 浙江东阳高尔特精细化工公司 | | 98 | | | 1.0 | (Fe)0.05 | 0.2 | 0.3 | 0.1 | 0.6 | 0.02 |
| 云南澄江合起氟化盐厂 | | 98 | | | 0.9 | | 0.2 | 0.5 | 0.1 | 0.1 | |
| 湖南湘铝有限责任公司 | 普通 | | 45 | 28 | 0.9 | 0.8 | 1.3 | 1.0 | | | |
| | 特种 | 98 | | | 0.25 | 0.5 | | 0.3 | | 0.3 | |

（4）氟化锂。氟化锂产品没有统一的行业质量标准，湖南湘铝有限责任公司的企业产品质量标准在国内有一定的代表性，见表 2-16。

**表 2-16　湖南湘铝的氟化锂企业质量标准**

| 等　级 | 化学成分(质量分数)/% | | | | | | | |
| --- | --- | --- | --- | --- | --- | --- | --- | --- |
| | LiF | SO$_4^{2-}$ | Cl | Ca | Mg | Si | Fe | Al |
| | (不小于) | (不大于) | | | | | | |
| 高等级 | 99.5 | 0.005 | 0.005 | 0.1 | 0.01 | 0.03 | 0.005 | 0.01 |
| 一级 | 99 | 0.05 | 0.008 | 0.1 | 0.03 | 0.06 | 0.01 | 0.03 |

## 46. 铝电解对能源条件有什么要求?

在铝电解生产中，所消耗的能量主要是直流电能，约占全部能源消耗的97%左右。所以，电解铝厂的供电电源是铝厂建设的最主要条件之一。

电源条件及其供电方式的落实，应根据铝厂建设规模、电力负荷情况、容量大小，并结合当地电力系统的供电条件全面比较确定。

企业电力负荷，根据其重要性和中断供电所造成的损失或影响及危害程度，分为一级、二级和三级负荷。

一级负荷：中断供电将造成人身伤亡，或将造成重大经济损失和重要设备的严重损坏，或将影响有重大社会、经济意义的用电单位的正常工作。

二级负荷：中断供电将在社会和经济上造成较大损失，或将影响重要用电单位的正常工作。

三级负荷：不属于一级和二级的电力负荷。

电解铝厂吨铝综合电耗约 15000kW·h，电能消耗较大，而且必须不间断连续供电，全厂 95% 以上的负荷为一级负荷。因此，一般要求有两个单独的供电电源作为保证，即任一电源的容量应保证全部一级负荷用电外，还能满足全部或部分二级负荷用电需求。对两个电源的要求应符合有关规定。

电解铝厂外部供电电压应根据负荷大小、距离远近等条件经技术经济比较后确定。一般主接线采用 110kV、220kV、330kV 和 500kV 电压供电。对于 100kt/a 及以下电解铝厂的供电系统，当企业用电无负荷发展需求，且距离发电厂或地区变电站较近时，经技术经济比较，可优先选择 110kV 电压供电；对于 100kt/a 级以上电解铝厂的供电系统，企业用电负荷大或有负荷发展需求，且距离发电厂或地区变电站较远时，经技术经济比较，应优先选择 220kV 或 330kV 电压供电。

### 47. 怎样获得电解槽上所用的低压直流电？

发电厂或输电网络供给的电能都是高压交流电，要使之变成能用于电解生产的低压直流电，必须进行变压和整流。高压交流电变压整流的基本流程如图 2-5 所示。

电网供给的 110kV、220kV 或 330kV 高压交流电，通过户外开关引入降压变压器，将高压降至所需的低压交流电。这项工作由铝厂总变（配）电所完成。

图 2-5　变压整流基本流程

降压后的低压交流电便可进入整流器进行整流。交流电的电流和电压随时间不断变化方向，整流过程即是将这种交流电变成方向一致的直流电。最早使用的大功率整流设备为水银整流器，它有体积庞大、功率损失大、安全隐患大、整流效率低等缺点。水银整流器的整流效率一般在 90% 左右，最大不超过 95%，现在已基本淘汰。现在普遍采用硅二极管和可控硅整流器，它具有体积小、运行安全、整流效率高等优点。其整流效率一般达 98% 左右。

整流过程在铝厂的整流所完成。整流所一般与铝电解厂总变（配）电所合建。整流所应靠近电解车间布置，以节省铝母线用量并降低线路损耗，距离选择 10~12m 为宜。整流效率不仅与整流设备本身有关，而且与直流输出的额定输出电压有关，这种影响见表 2-17。

表 2-17　整流机组额定输出电压与整流效率的关系

| 额定输出电压/V | 200~400 | 400~600 | 600~800 | 800~1300 |
|---|---|---|---|---|
| 整流效率/% | 94~96 | 96~97.5 | 97.5~98.5 | 98.5~99.0 |

所以电解铝厂根据场地布局条件应尽量减少电解系列数量，增加单系列槽数，提高系列整流变直流侧的额定输出电压。

整流所的电气设备要有严格的接地保护，其接地要求见表2-18。

表 2-18　整流所电气设备接地要求值

| 部　位 | 接地电阻值/Ω | 部　位 | 接地电阻值/Ω |
| --- | --- | --- | --- |
| 超高压露天开关站 | <0.5 | 重复接地 | ≤10 |
| 10kV 中性点不接地系统 | ≤4 | 微机监控系统接地 | ≤1 |
| 380V/200V 中性点接地系统 | ≤4 | | |

在变压整流过程中各种开关、变压器等的接入，使电路中串联或并联了一些电感、电容线路，引起交流电的电压和电流波形不一致，即相差一个相位角，降低了交流电的功率因素。为了消除线路中的无功功率，通常在交流端再并入或串入与线路本身方向相反的电容或电感，通常称为功率补偿器，使电流和电压波形一致，来提高交流电的有功功率。

除上述要求外，根据铝电解生产运行的特点，对供电条件还提出如下要求：

（1）系列零启动或低电压启动。铝电解系列初期投产或全系列停槽后重新启动，首批启动槽槽数较少，一般为 2～6 台槽。因此整流机组应在不设无载倒段开关条件下考虑全范围有载连续调压，以实现零启动或低电压启动的可能性。一般采用二极管整流机组，通过有载开关降压，在自然换相角 α=0° 处换流，谐波较小，易于实现零电压启动。可控硅整流机组采用自耦式整流变压器或变压器一次侧设 1～2 个无载分接抽头，可解决电解系列启动初期无功功率过大，低电压运行的深控问题。

（2）铝电解生产停电和减电的允许值。正常情况下，包括检修及一般事故，不允许停电。但极端情况下，如检修发生事故或事故连续发生时，其停电或减电允许值为：全停电，30～45min；减电 20%，4h 以内；减电 10%，12h 以内。

（3）连接整流所与电解车间的室外铝母线应保证电气绝缘，对地绝缘值应不小于 2MΩ。

通过上述流程获得的能满足以上各项要求的低压直流电，可直接送入电解槽上用于铝电解生产。

# 第三章 现代预焙铝电解槽结构

**48. 预焙铝电解槽结构大体包括哪些部分？**

大型预焙铝电解槽通常分为阴极结构、上部结构、母线结构和电气绝缘四大部分。

阴极结构包括槽壳、底部内衬、侧部内衬和阴极炭块组。

上部结构又包括阳极、阳极母线、阳极提升机构、门形支架及大梁、打壳下料系统、排烟系统等部分。

母线结构可分为公用母线、连接母线、立柱母线、阳极母线和阴极母线。

电气绝缘有供电和用电系统对地绝缘，以及交流、直流系统之间的绝缘。

各类槽型由于电流强度和工艺制度的不同，各部分结构也有较大差异。但基本结构形式却大体相类似。图3-1为中心下料大型预焙槽的一般结构示意图。

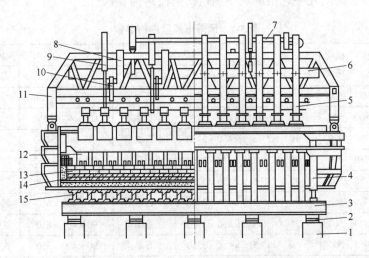

图 3-1 中心下料预焙阳极铝电解槽结构示意图

1—混凝土支柱；2—绝缘块；3—工字钢；4—槽壳；5—阳极炭块组；6—阳极大母线；7—阳极提升机构；
8—槽上料箱；9—打壳装置；10—定容下料器；11—承重支架；12—阴极炭块；
13—耐火砖层（或干式防渗料）；14—保温砖层；15—工字钢

**49. 预焙铝电解槽的阴极结构由哪几部分组成？**

大型预焙槽的阴极结构指的是电解槽的槽体部分。它由槽壳、内衬砌体、阴极炭块组构成。内衬砌体可分为底部砌体和侧部内衬材料。阴极炭块组置于底部砌体之上。阴极炭块与侧部内衬材料之间用侧部扎糊筑成人造伸腿。各部分的相关位置如图3-2所示。

最后由阴极炭块、侧部扎糊和侧部炭块围成的空间形成槽膛。槽膛深度的确定要考虑以下几个因素：铝液水平高度、电解质水平高度、极距、新阳极炭块高度、保温覆盖料厚

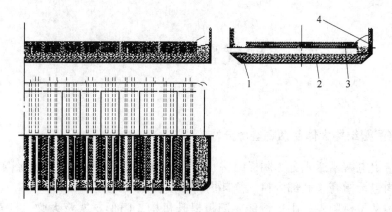

图 3-2  大型预焙槽内衬结构
1—槽壳；2—槽底内衬材料；3—阴极炭块；4—侧部内衬材料

度以及覆盖料的流动性能（安息角）。另外，槽控技术采用自动熄灭阳极效应功能的电解槽，槽膛深度还要考虑阳极坐下时，电解质水平升高的高度。

表 3-1 列举了国内几种规格的大型预焙槽阴极结构参数。

**表 3-1  预焙电解槽内衬参数**

| 槽型 | 槽膛面积 /mm × mm | 槽膛深度 | 阴极炭块数/组 | 阴极炭块 | | 侧部炭块 | |
| --- | --- | --- | --- | --- | --- | --- | --- |
| | | | | 尺寸/mm × mm × mm | 材料 | 尺寸/mm × mm × mm | 材料 |
| 160kA | 9200 × 3800 | 500 | 16 | 515 × 450 × 3250 | 半石墨质 | 125 × 400 × 550 | 炭素 |
| 190kA | 10600 × 3800 | 500 | 18 | 515 × 450 × 3250 | 半石墨质 | 125 × 400 × 550 | 炭素 |
| 200kA | 10600 × 3780 | 470 | 18 | 515 × 450 × 3350 | 半石墨质 | 125 × 400 × 550 | 炭素 |
| 230kA | 11760 × 3780 | 470 | 20 | 515 × 450 × 3250 | 半石墨质 | 125 × 400 × 550 | 炭素 |
| 240kA | 12000 × 3780 | 500 | 20 | 515 × 450 × 3250 | 半石墨质 | 125 × 400 × 550 | 炭素 |
| 280kA | 14900 × 3780 | 560 | 26 | 515 × 450 × 3300 | 半石墨质 | 75 × 400 × 610 | 氮化硅结合碳化硅 |
| 300kA | 14500 × 3880 | 560 | 25 | 515 × 450 × 3370 | 半石墨质 | 90 × 400 × 610 | 氮化硅结合碳化硅 |
| 350kA | 17210 × 3850 | 500 | 30 | 515 × 450 × 3350 | 半石墨质 | 90 × 400 × 550 | 氮化硅结合碳化硅 |

**50. 预焙铝电解槽槽壳的作用和结构怎样？**

电解槽槽壳指的是内衬砌体外部的钢壳及其加固结构。它不仅是阴极的载体和盛装内衬砌体的容器，而且还起着支撑上部结构、克服内衬材料在高温下产生的各种应力、约束槽壳不发生变形等作用，是决定槽寿命的重要因素之一。

电解生产过程中，由于阴极炭块和内衬材料在高温下产生热膨胀应力，又由于电解质不断侵蚀渗入炭块及基底砌体内，生成盐的结晶，且数量不断增加，固相体积扩大，从而产生垂直和水平应力，使槽壳变形。因此，电解槽槽壳的强度直接影响槽内衬寿命。为了抵制各种应力，必须选择合理的槽壳结构，使槽壳具有较大的刚性，能克服应力，减小变形，防止阴极错位和破裂。为此，槽壳一般用 12 ~ 16mm 厚的钢板焊接而成，外部用型钢加固。

预焙槽生产过程中要求槽侧壁散热，底部保温。槽壳设计和制作时，也要遵循这一原则。常在槽壳大面增设散热片，以增加槽壳的散热面积，有利于内衬炉帮的形成。当槽容量加大到一定程度的时候，槽壳侧面的散热量要相应加强，有时要借助于特定设计的槽壳结构来增加散热。

我国预焙槽槽壳结构经历了一个不断改进的过程。早期的槽壳为框架式和臂撑式。

20 世纪 80 年代开始采用摇篮式槽壳。90 年代以后，逐渐推广船形摇篮架槽壳取代直角摇篮架槽壳。300kA 及以上级别的电解槽槽壳结构多采用大摇篮架、端头 3 层围板加垂直筋板、大面船形等结构，以减少垂直直角的应力集中。槽壳底呈船形，采用 1100mm 的较大篮架间隔。这种宽间距船形摇篮槽壳具有强度大、造价低、便于施工维护，利于自然通风冷却而有助于形成槽帮结壳等优点。

我国预焙电解槽槽壳形式的发展变化及其特点见表 3-2。

**表 3-2　预焙电解槽槽壳形式及特点**

| 槽壳形式 | 首次投产应用时间 | 特　点 |
|---|---|---|
| 摇篮矩形双围栏槽壳 | 1982 年 | 槽壳结构简单、受力合理、刚性比框架式和臂撑式大，槽壳侧壁散热好，变形小 |
| 摇篮矩形单围栏槽壳 | 1989 年 | 比矩形双围栏槽壳侧壁散热增强，变形小 |
| 摇篮船形双围栏槽壳 | 1993 年 | 槽壳底部为船形斜角，角部应力小，受力更合理，可节省槽壳和内衬材料 |
| 摇篮船形单围栏槽壳 | 2000 年 | 比船形双围栏槽壳侧壁散热增强 |
| 摇篮船形单围栏加散热片槽壳 | 2004 年 | 槽壳侧壁焊接散热片，增大散热面积，散热进一步增强 |
| 整体焊接摇篮船形单围栏加散热片槽壳 | 2005 年 | 可适用于电解槽集中大修，整体吊装电解槽的要求，摇篮架与槽壳焊接为一体，槽壳侧壁散热良好，强度大 |

## 51. 预焙铝电解槽有怎样的底部内衬结构？

电解槽内衬的结构、材质选择和构筑质量关系到电解槽的生产指标和槽寿命。良好的内衬设计要能满足电解槽热平衡的特殊要求。在槽侧的上部要形成一个良好的散热窗口，以保证槽内形成规整的炉帮。槽侧下部和底部需要良好的保温，以保证槽底洁净，防止伸腿过长，并节省能量。特别是通过底部保温材料的选择和组合，要确保 900℃温度线落在阴极炭块之下，800℃等温线位于保温砖之上。

电解槽通常采用的内衬材料有：保温材料、耐火材料、炭质内衬材料和黏结材料等。为了满足上述要求，通过对电解槽在生产状况下的模拟分析和热平衡计算，然后确定电解槽内衬的材质及厚度。通常，电解槽底部内衬，从下到上依次为：铺一层 10mm 厚岩棉板；铺一层 60～65mm 厚硅酸钙绝热板，其绝热效果相当于 2～2.5 层普通硅藻土保温砖；绝热板上铺一层 5mm 厚的耐火粉，以保护绝热板；绝热板四周与钢壳之间的缝隙也用耐火粉填充；耐火粉上干砌两层 65mm 厚保温砖；绝热板和保温砖构成槽底主要的热绝缘层，使在生产期间的电解质初晶温度等温线落在阴极炭块之下，底部炭块表面上的沉淀物不致凝结，避免因电解质在炭块的空隙中结晶产生应力而破坏阴极；同时，绝热板和保温砖都是多孔疏松材料，在一定程度上能够吸收盐类结晶释放的应力，虽然这将丧失一部分保温效果，却能保持槽内衬砌体结构完好。

在保温砖上用灰浆砌两层 65mm 耐火砖；为了加大热绝缘，有的电解槽还在保温砖和耐火砖之间铺一层 65mm 的氧化铝粉；氧化铝粉和耐火砖层是槽底热绝缘的保护层，使得在生产期间保温砖处于 800℃ 以下，绝热板处于 400℃ 以下的工作温度，能长期保持绝热性能；另外，一旦电解质通过阴极炭块晶格或从其裂缝渗漏，则首先是在耐火砖砌体表面结晶，而不直接伤害保温砖，以防止保温材料变质。

耐火砖层表面扎炭素垫层，垫层上安装阴极炭块组，阴极炭块间的缝隙用中缝糊扎固。

而近年来，更多的电解槽用一层 150~180mm 厚的干式防渗料代替氧化铝粉、耐火砖以及炭素垫层。

## 52. 预焙铝电解槽底部内衬所用各种材料有什么质量要求？

电解槽槽底所用石棉板是以石棉为主要原料，加入黏结剂和填充材料而制成的板状隔热材料。一般要求石棉板组织结构均匀，厚度一致，表面光滑，但允许一面有毛毯压痕或双面网纹。不允许有折裂、鼓泡、分层、缺角等缺陷。石棉板烧失量不大于 18%，含水率不超过 3%，密度不大于 $1.3g/cm^3$。横向拉伸强度不小于 0.8MPa。所用石棉粉的技术性能要求：短纤维石棉 10%，轻质耐火土钙镁细粉 90%；体积密度为 $0.86g/cm^3$，耐热度不小于 600℃，水分不大于 5%，热导率不大于 $0.093W/(m·K)$。

电解槽所用硅酸钙绝热板要符合国家标准 GB/T 10699—1998，指标详见表 3-3。

表 3-3　硅酸钙板的物理指标

| 型号 | 牌号 | 热导率(平均温度 373℃) /W·(m·K)$^{-1}$ | 抗压强度平均值/MPa | 抗折强度平均值/MPa | 密度/kg·m$^{-3}$ | 线收缩率/% |
|---|---|---|---|---|---|---|
| I 型 | 220 号 | ≤0.065 | ≥0.50 | ≥0.30 | ≤220 | ≤2 |
| I 型 | 170 号 | ≤0.058 | ≥0.40 | ≥0.20 | ≤170 | ≤2 |

注：最高使用温度分别为 650℃ 和 1000℃，规格 600mm×300mm×60mm。

黏土质隔热耐火砖（保温砖）要符合国家标准 GB/T 3994—2005，详见表 3-4 和表 3-5。

表 3-4　黏土质隔热耐火砖物理指标

| 牌　号 | 体积密度(不大于) /g·cm$^{-3}$ | 常温抗压强度(不小于) /MPa | 热导率(平均温度 325±25℃) /W·(m·K)$^{-1}$ | 加热永久线变化不大于 2% 的试验温度/℃ |
|---|---|---|---|---|
| NG125-0.8 | 0.8 | 3.0 | ≤0.35 | 1250 |
| NG120-0.6 | 0.6 | 2.0 | ≤0.25 | 1200 |

注：砖的工作温度不超过重烧线变化的试验温度。

表 3-5 黏土质隔热耐火砖的外形尺寸及允许偏差 （mm）

| 项 目 | | 指 标 |
|---|---|---|
| 尺寸允许偏差 | 尺寸≤100 | ±2 |
| | 尺寸 101~250 | ±3 |
| | 尺寸 251~400 | ±4 |
| 扭 曲 | 长度≤250 | 1.0 |
| | 长度>250 | 2.0 |
| 缺棱、缺角深度 | 不大于 | 7 |
| 熔洞直径 | | 5 |
| 裂纹长度 | 宽度≤0.25 | 不限制 |
| | 宽度 0.25~0.50 | 60 |
| | 宽度>0.50 | 不准有 |

注：宽度为 0.51~1.0mm 的裂纹不允许跨过两个或两个以上的棱。

电解槽用黏土质耐火砖应不低于行业标准 YB/T 5106—1993 中牌号 N-4 的要求，详见表 3-6。

表 3-6 黏土质耐火砖物理性能指标

| 项 目 | 指标（N-4） | 项 目 | 指标（N-4） |
|---|---|---|---|
| 耐火度/℃ | ≥1690 | 显气孔率/% | ≤24 |
| 0.2MPa 荷重软化开始温度/℃ | ≥1300 | 常温耐压强度（0.2MPa） | ≥200 |
| 1350℃,2h 重烧变化/% | ≤+0.2 | 热导率/W·(m·℃)$^{-1}$ | 0.7+0.64 |
| | ≤-0.5 | 密度/g·cm$^{-3}$ | 2.35 |

电解槽用干式防渗料代替耐火砖，是一项较大的改进。与耐火砖相比，干式防渗料有以下优点：

（1）当干式防渗料与熔融电解质接触时，能相互反应形成玻璃体阻挡层，从而有效阻止电解质继续向保温层渗漏，延长槽寿命；维持槽底良好的保温效果，降低能耗。

（2）使用干式防渗料，省去氧化铝隔离层、耐火砖层和炭素垫层，直接在保温耐火砖上铺一层干式防渗料，刮平夯实后，再安装阴极炭块组，不仅节省了材料，而且使阴极坐落在非常平整的有一定弹性的防渗料垫层上，有利于消除应力，延长阴极使用寿命。

（3）干式防渗料施工方便，能缩短电解槽构筑或大修施工期，提高设备利用率。

（4）电解槽大修时，一般情况下，大部分防渗料可再利用，只需去除玻璃体阻挡层，更换少量新料，省工省料。

干式防渗料物理性能应满足表 3-7 的要求。

表 3-7 干式防渗料物理性能

| 1683~1785℃耐火度（P·C·E） | 松装密度/kg·m$^{-3}$ | 捣实干料密度/kg·m$^{-3}$ | 热导率/W·(m·K)$^{-1}$ | | | |
|---|---|---|---|---|---|---|
| | | | 65℃ | 350℃ | 420℃ | 650℃ |
| 31~35 | 1550~1650 | 1950~2050 | <0.32 | <0.35 | <0.37 | <0.43 |

**53. 预焙铝电解槽侧部内衬是什么样的结构，各有何优缺点？**

不同类型的电解槽侧部保温要求不同，因而结构和材料也不同。最早的中、小型自焙槽和较早的中、小型边部加料预焙槽，要求侧部保温良好，尽量减少侧部散热。但中间下料的大型预焙槽，边部不加工，槽帮结壳靠电解质自然冷却凝固而成，保温太好不利于形成规整炉膛。所以，大型预焙槽要求侧部有适当的散热性能。最早用普通炭素块作侧部内衬材料，以后逐渐改用半石墨质，进而石墨化炭块作侧部内衬。由于石墨炭块的抗腐蚀性能和导热性能都优于普通炭素材料，基本能保证预焙槽侧部散热的要求，可以形成稳固而规整的槽膛。

但随着电解槽容量的继续扩大，电流强度的增加使电解槽熔池获得的热量也大幅增加，而槽壳散热面积并没有成正比增加，对侧部散热有了更高的要求，电解槽内衬侧壁必须选择散热更好的材料，以满足电解槽正常生产的热平衡。这时候，石墨内衬的下列不足越来越明显地暴露出来：为了散热采用的单层石墨块，侧部漏电严重，电能消耗高；暴露于空气中的石墨易被氧化，特别是在空气与电解质的交界部位氧化严重，易形成早期破损，缩短电解槽使用寿命。

为此，电流强度 240kA 级以上的电解槽多采用氮化硅结合碳化硅作侧部内衬材料。而300kA 以上级别的电解槽槽壳还需加焊散热片或其他专门的散热装置，进一步增加槽膛侧壁散热。

与石墨块相比，氮化硅结合碳化硅材料有如下优点：

（1）氮化硅结合碳化硅导热性能良好，很容易形成稳固的槽帮结壳，使炉膛稳定而规整，有利于电解槽正常运行；完整而稳固的槽帮结壳在减少槽侧壁热损失的同时，保护了内衬材料自身，延长电解槽使用寿命。

（2）氮化硅结合碳化硅具有很高的电阻率，电绝缘性良好，可减少水平电流，大大降低侧部漏电的可能性，从而提高电流效率。

（3）氮化硅结合碳化硅具有很好的机械强度，耐高温，抗腐蚀，致密坚硬，有利于延长电解槽使用周期。

（4）用氮化硅结合碳化硅侧部内衬，可减小其厚度，增大槽膛有效面积，在不改变槽壳尺寸的情况下，可以通过加大阳极尺寸，提高电流强度，增大槽容量，从而增加单台槽的铝产量。

由于氮化硅结合碳化硅材料价格尚比较昂贵，有些工厂为了节省槽内衬的造价，也有采用炭块与氮化硅结合块的复合砖作内衬材料的。

侧部炭块底部砌体在大面和小面的砌筑方法一般是不同的。其两小面浇注防渗隔热浇注料，两大面则砌普通耐火砖。耐火砖切成阶梯形，以抑制伸腿过长。耐火砖与阴极钢棒间留有 15mm 的间隙，并用耐火颗粒料填充，这样，不妨碍高温下阴极钢棒的伸长。

**54. 预焙铝电解槽的阴极炭块组是什么样的结构？**

阴极炭块组是铝电解槽阴极结构的主要部分，它在电解槽中与电解质和铝液直接接触，既承担着导电的作用，又要承受电解槽中的高温应力以及铝和冰晶石熔体的化学腐蚀。阴极炭块的设计和质量直接影响电解槽的生产指标和槽寿命，因此要求它具备如下性能：尽可能低的孔隙率（或尽可能高的体积密度），良好的导电性能，适合于电解设计要求的导热性能，较好的抗热冲击性能，较好的机械强度，较好的抗磨蚀性能，较好的抗钠和电解质熔体渗透的性能，较小的热膨胀系数。

阴极炭块的尺寸根据电解槽容量大小和几何尺寸的不同而有所不同。较小型的预焙槽阴极炭块采用400mm×400mm（宽×高）的通长炭块，长度可根据需要确定。采用两根正方形阴极钢棒，中间断开，两端出电。大型预焙槽采用515mm×400mm（宽×高）的通长炭块，炭块两个侧面加工有数道沟槽，以利两炭块间扎糊联结。采用4根矩形阴极钢棒，中间断开，两端出电，钢棒电流密度不大于 $2.6A/cm^2$。部分大型预焙槽也有采用中间不断开的两根矩形阴极钢棒，两端出电的阴极炭块组。从国内铝厂实践来看，使用前一种阴极炭块组的槽寿命比后一种的长。

国内大型预焙槽使用的阴极炭块，因受生产设备的限制，多年来一直采用515mm的宽度，其实不甚合理。最佳的选择应是阴极炭块宽度恰好等于阳极炭块的宽度，使电解槽上阳极投影与阴极重合。如果阳极炭块和阴极炭块宽度不相等，电解槽两端部的阳极炭块正投影和阴极炭块错位，必然使槽两端的阴极炭块传导的电流与其他部位的阴极炭块不相等，造成阴极电流分布不均，破坏磁场分布的合理性，影响电解槽运行的稳定性。

## 55. 怎样选择预焙铝电解槽阴极炭块的材料？

随着铝电解槽的大型化和技术的进步，阴极炭块的材质选择也不断改进。最早用普通炭素材料，继而半石墨质、半石墨化、全石墨化，现在则正逐步推广 $TiB_2$-C 复合阴极材料。$TiB_2$ 不仅抗氧化、抗电解质侵蚀能力比石墨强，而且对铝液的湿润性好，能有效阻止电解质进入铝液和阴极炭块之间，从而降低槽底电压降，减少电解液对阴极炭块的侵蚀，延长阴极使用寿命。

各种不同阴极材料的理化指标分别见表 3-8 ~ 表 3-15。

（1）普通阴极炭块。铝电解用普通阴极炭块执行行业标准 YS/T 286—1999，其理化指标见表 3-8 ~ 表 3-11。

表 3-8 普通阴极炭块的理化指标

| 牌 号 | 灰分/% | 电阻率/$\mu\Omega \cdot m$ | 破损系数/% | 体积密度/$g \cdot cm^{-3}$ | 真密度/$g \cdot cm^{-3}$ | 耐压强度/MPa |
|---|---|---|---|---|---|---|
| | | （不大于） | | | （不小于） | |
| TKL-1 | 9 | 55 | 1.5 | 1.54 | 1.86 | 32 |
| TKL-2 | 10 | 60 | 1.5 | 1.52 | 1.86 | 30 |

表 3-9 普通阴极炭块几何尺寸允许偏差 （mm）

| 名 称 | 允许偏差(不大于) | | |
|---|---|---|---|
| | 宽 度 | 厚 度 | 长 度 |
| 底部炭块 | ±10 | ±10 | ±20 |

表 3-10 炭块弯曲度的规定

| 截面 400mm×400mm | 截面 400mm×515mm |
|---|---|
| 长度不大于1m 时，弯曲度不大于5mm；长度大于1m 时，弯曲度不大于长度的0.5% | 一个大面的弯曲度不大于2mm，另一个大面的弯曲度不大于长度的1.2% |

外观应符合如下规定：炭块表面平整，断面组织不许有空穴、分层和夹杂物；表面黏结填充料必须清理干净；严禁受潮和污染油污；对炭块表面缺陷有表 3-11 中的限制。

表 3-11　炭块表面缺陷的限制　　　　　　　　　（mm）

| 缺陷名称 | 缺陷尺寸 | |
|---|---|---|
| | 截面 400×400 | 截面 400×515 |
| 裂纹（宽度 0.2~0.5，宽度小于 0.2 不计） | 长度≤100（不多于两处） | 长度≤80（不多于两处） |
| 缺角 | 深度≤40 | 深度≤30 |
| 缺棱（深度小于 10 不计） | 深度为 10~30 长度≤100 | 深度为 10~30 长度≤100 |

（2）半石墨质阴极炭块。铝电解用半石墨阴极炭块执行行业标准 YS/T 287—2005。其理化指标见表 3-12 ~ 表 3-14。

表 3-12　半石墨质阴极炭块理化性能指标

| 牌号 | 灰分/% | 室温电阻率/μΩ·m | 电解膨胀率/% | 表观密度/g·cm$^{-3}$ | 真密度/g·cm$^{-3}$ | 耐压强度/MPa |
|---|---|---|---|---|---|---|
| | | （不大于） | | | （不小于） | |
| BSL-1 | 7 | 40 | 0.7 | 1.56 | 1.90 | 32 |
| BSL-2 | 8 | 43 | 1.0 | 1.54 | 1.88 | 30 |

表 3-13　半石墨质炭块加工后的尺寸允许偏差

| 名称 | 允许偏差（不大于） | | | |
|---|---|---|---|---|
| | 宽度/mm | 厚度/mm | 长度/mm | 直角度/(°) |
| 底部炭块 | ±2 | ±4 | ±12 | ±0.4 |

炭块外观应符合如下规定：产品表面应平整，断面不允许有空穴、分层和夹杂物；加工长度大于 1m 时，弯曲度不大于长度的 0.1%；严禁受潮和油污染；炭块表面缺陷应不超过表 3-14 所列限制。

表 3-14　炭块表面的缺陷

| 缺陷名称 | 缺陷尺寸/mm |
|---|---|
| 缺角 | 缺损部位最大周长不大于 150，不多于两处 |
| 缺棱 | 缺损部位最大周长不大于 150，不多于两处 |
| 面缺陷 | 缺损部位最大周长不大于 100，深度不大于 5 |
| 裂纹 | 长度或跨棱裂纹长度之和不大于 60，宽度 0.5 以下 |

（3）石墨化阴极炭块。石墨化阴极炭块目前没有国家标准，有关企业理化指标参考表 3-15，其他要求与半石墨质阴极炭块相同。

表 3-15　石墨化阴极炭块理化性能指标（参考值）

| 灰分/% | 电阻率/μΩ·m | 孔隙度/% | 体积密度/g·cm$^{-3}$ | 真密度/g·cm$^{-3}$ | 热导率（100℃）/W·(m·K)$^{-1}$ | 抗折强度/MPa | 耐压强度/MPa |
|---|---|---|---|---|---|---|---|
| | （不大于） | | | | （不小于） | | |
| 0.5 | 12 | 25 | 1.6~1.8 | 2.2 | 80~120 | 10~15 | 15 |

至于 TiB$_2$-C 复合阴极材料，目前尚无统一的技术标准，还属于研发推广阶段。

## 56. 预焙槽用阴极扎糊有什么样的技术要求？

预焙槽阴极炭块组间及四周都用炭糊扎实，侧部炭块与阴极炭块组之间的边缝捣制成坡形，形成人造伸腿，有利于形成槽帮。铝电解用阴极糊种类及用途见表 3-16。其理化性能指标应符合表 3-17 的要求。其中 BSZH、BSTH、BSGH、BSTN 四个牌号是与半石墨阴极炭块配套使用的，牌号 PTRD 与用普通炭块配套使用。

表 3-16　铝电解槽用阴极糊分类及用途（YS 65—1993）

| 分类 | 牌号 | 名称 | 适用部位 | 施工温度/℃ |
| --- | --- | --- | --- | --- |
| 第一类 | BSZH | 半石墨周围糊 | 填充底部炭块与侧部炭块接缝及耐火砖等之间较宽缝隙 | 110 ± 10 |
| | BSTH | 半石墨炭间糊 | 填充炭块与炭块之间缝隙 | 110 ± 10 |
| | BSGH | 半石墨钢棒糊 | 填充阴极炭块与钢棒之间缝隙 | 110 ± 10 |
| | BSTN | 半石墨炭胶泥 | 填充侧部炭块之间较小缝隙 | 60 ± 10 |
| 第二类 | PTRD | 普通热捣糊 | 填充炭块与炭块之间缝隙 | 130 ~ 140 |
| 第三类 | PTLD-1 | 普通冷捣糊 | 用于电解槽垫层、填充炭块与炭块、炭块与炉壳间缝隙 | 25 ~ 50 |
| | PTLD-2 | 普通冷捣糊 | 填充阴极炭块与钢棒之间缝隙 | 25 ~ 50 |

表 3-17　铝电解槽用阴极糊理化性能指标

| 牌号 | 灰分/% (不大于) | 电阻率/μΩ·m (不大于) | 挥发分/% | 耐压强度/MPa | 体积密度/g·cm⁻³ (不大于) | 真密度/g·cm⁻³ (不大于) | 针入度(20℃)/mm |
| --- | --- | --- | --- | --- | --- | --- | --- |
| BSZH | 7 | 73 | 7 ~ 11 | 17 | 1.44 | 1.87 | |
| BSTH | 7 | 73 | 8 ~ 12 | 18 | 1.42 | 1.86 | |
| BSGH | 4 | 73 | 9 ~ 13 | 25 | 1.44 | 1.87 | |
| BSTN | 5 | | ≤50 | | | | 450 ~ 650 |
| PTRD | 10 | 75 | 9 ~ 12 | 18 | 1.40 | 1.84 | |
| PTLD-1 | 12 | 95 | ≤12 | 18 | 1.42 | 1.84 | |
| PTLD-2 | 10 | 90 | ≤10 | 20 | 1.42 | 1.84 | |

## 57. 预焙铝电解槽上部结构主要由哪些部分组成？

预焙槽槽体之上的金属结构部分统称上部结构，可分为门形支架及大梁、阳极提升装置、打壳下料装置、阳极母线和阳极组、集气和排烟装置。

（1）门形支架及大梁。门形支架及大梁其下部为门形立柱，上部为大梁。电解槽上部结构的全部质量由门形立柱和大梁承担。

门形立柱采用 U 形钢对接焊制成门字形，其下部通过立柱支座用铰链连接在槽壳上，以消除槽壳和上部结构之间因受力变形、高温膨胀变形而引起的相对位移，并便于大修。为保证正常生产，门形立柱与槽壳做了严格的绝缘处理。

大梁有桁架梁和板梁两种不同型式。

桁架梁由两平行桁架和水平罩板及料箱组成，桁架梁由角钢和钢板手工焊接而成，料箱制成后再就位安装在桁架上。部分 200kA 及以下级别的预焙槽采用桁架梁，由于桁架下绕变形较大，特大型预焙槽不采用。

板梁由两平行实腹板梁和水平罩板及料箱组成，由钢板焊接制成，大部分焊缝采用埋弧自动焊接，而且料箱与板梁焊制在一起省钢材，又加强了板梁稳定性。为了能满足正常生产时对大梁强度和刚性的要求，大梁设计和制作时，要通过受力分析和精确计算，使正常生产时大梁上各位置的应力均在材料的许用应力安全系数之内，最大向下挠度小于大梁长度的1/1000。

（2）阳极提升机构。阳极提升机构承担着电解槽阳极母线、阳极组、覆盖料等整个阳极系统的质量及升降运行。目前，国内大型预焙槽的阳极升降装置有两种方式，一种是采用滚珠丝杆加三角板阳极升降装置，另一种是采用螺旋丝杆阳极升降机构。

滚珠丝杆加三角板阳极提升机构由双曲轴制动电机、蜗轮蜗杆减速器、滚珠丝杆副、十字接头、联杆、三角板、母线防偏导杆等组成。由电动机的正反转通过传动机构控制滚珠丝杆前后推拉，当滚珠丝杆向前推动时，阳极下降。滚珠丝杆向后拉时，阳极上升。其特点是：保证阳极升降的同步性，无累计运动误差，结构简单，机械加工件少，易于制造和维修，传动效率高，造价低。同时，由于其机构配置特点，还有利于扩大槽上部料箱容积。

螺旋丝杆阳极提升机构由制动电机、两级齿轮减速机、旋转传动杆、伞形齿轮换向器、螺旋丝杆等组成。电机带动减速箱，减速箱齿轮通过联轴节与传动轴相连，由传动轴带动起重机，整个装置由4个或8个螺旋起重机与阳极大母线相连。当电机转动时便通过传动机构带动螺旋起重机升降阳极大母线，固定在大母线上的阳极随之升降。其特点是：各部件配合紧密，升降平稳，提升精度较高，可以同台槽采用两套提升机构同步运行。

（3）打壳下料系统。打壳下料系统包括打壳机构、定容下料器和槽上气控管路。

打壳机构是为加料而打开壳面用的，它由自带气控换向阀的气缸和圆锥形打击锤头组成，当气缸充放气使活塞运动时，便带动锤头上下运动而打击熔池表面结壳。另设一套带厚扁打击锤头组成的出铝打壳装置用于出铝。

我国各铝厂中间点式下料预焙阳极铝电解槽打壳及出铝气缸多为高温带阀可缓冲式气缸，阀为单气控二位四通阀。缸体有三种：普通高温气缸，带永磁铁锁紧机构高温气缸和带机械锁紧机构高温气缸。

电解槽在焙烧期间不打壳下料，电解槽压缩空气气控管路气源截断，这时带锁紧机构高温气缸显示了其优越性，尤其带机械锁紧机构高温气缸优越性更明显。

下料系统由槽上料箱和下料器组成。电解生产所用原料（载氟氧化铝、氟化盐等）通过浓相、超浓相输送系统或电解多功能天车直接送到电解槽上部的料箱中，然后经过定容器按需要加入槽中。计算机（槽控机）根据工艺状况，自动控制氧化铝和氟化铝的下料量，即控制氧化铝含量和电解质摩尔比，实现"按需加料"，使氧化铝含量和电解质温度保持在所需要的范围内。

下料点根据流动场计算结果选择，在阳极组夹缝与中缝交叉点设4～6个下料点，均在流动场的旋环内。采用计算机多模式智能控制每次下料间隔时间，保持槽内电解质中氧化铝含量的恒定，以获得较高的电流效率。

多点中间下料预焙阳极铝电解槽均采用筒式定容下料器，定容量从0.9～1.8kg。根据

"勤加工，少下料"的工艺原则，定容量 0.9kg 为好。筒式定容下料器按筒体结构，分为有刷式和无刷式。

有刷式定容下料器不锈钢编织钢刷的编织工艺难度大，钢刷与筒壁摩擦，钢刷更换率大，且钢刷透料，易被氧化铝堵塞，定容下料器制造成本也高。无刷式定容下料器是在有刷式定容下料器的基础上改进设计制造的，使用效果好，维修量小，且制造成本低。

上述两种定容下料器，定容误差均小于 1%。

定容下料器运行气缸分为普通高温气缸和带阀高温气缸，阀为截止式二位五通气控阀。采用带阀高温气缸可减少压缩空气管路，尤其是多点交叉下料，更显其优越性。

电解槽内电解质中氧化铝含量，由槽控机采用多模式智能化控制。根据槽内电解质中氧化铝含量和出铝、换阳极、抬母线等作业对下料的需要，槽控机发出指令，气控箱内电磁阀顺序通电动作，打壳气缸和下料气缸完成一次打壳、下料工作。

电解槽打壳、下料气动控制箱是由各种电磁阀组合集中装配在密闭铁箱内，箱内设有接线端子，铁箱下面设有进气胶管插接口，上面设有不同管径的出气胶管插接口。

气控箱防尘、防磁、体积小，绝缘良好，电源接线方便。气控箱的开发应用解决了以往阀架体积大，占地挡窗，电源接线乱，绝缘不好，灰尘污染电磁阀并造成电磁阀损坏快等缺陷。

（4）集气和排烟装置。预焙槽集气和排烟系统由排烟管道、水平罩板、侧部铝合金罩板组成。水平罩板和槽周边的侧部盖板构成类似伞形的集气烟罩，使电解槽上部敞开面形成密封空间。水平罩板下设有排烟道，排烟道侧面、端面均设有抽风口。为了提高烟气捕集效率，水平罩板和阳极铝导杆之间采用耐高温酚醛布密封。电解槽产生的烟气由集气烟罩经排烟道汇集后进入槽上的支烟管，再进入墙外主烟管送到净化系统。整套装置能保证烟气捕集率达 98% 以上。

200kA 及以上级别大型预焙槽槽膛长度大于 11m，为了使槽罩内的负压均匀，槽出铝端不外逸烟气，提高集气效率，根据电解槽排烟量、烟道长度及沿程压阻的计算，将槽膛内的烟道设计成分段式结构，对槽罩内的烟气进行分段收集。

电解槽排烟系统的各排烟管中烟气流动的压力损失小于 500Pa，烟气的流速大于 8m/s，能有效地防止烟气中的粉尘在管路内沉降堆积。

为了保证换阳极和出铝打开部分槽罩作业时烟气不致大量外逸，支烟管上部装有可调节烟气流量的控制阀门。当电解槽打开槽罩作业时，将可调节阀开到最大位置，通过加大排烟量，使作业时烟气捕集率仍能保证达到 98%。

## 58. 铝电解过程中会产生多少烟气需要排烟装置处理？

电解槽产生的烟气量可分为氧化物和氟化物两部分考虑。

（1）冰晶石-氧化铝熔盐电解过程中产生的 $CO_2$ 和 $CO$ 量。冰晶石-氧化铝熔盐电解的总反应式可写成：

$$Al_2O_3 + \frac{3}{1+\varphi}C = 2Al + \frac{3\varphi}{1+\varphi}CO_2 + \frac{3 \times (1-\varphi)}{1+\varphi}CO$$

式中　$\varphi$——$CO_2$ 占 $CO_2$ 和 $CO$ 总量的体积分数；

$1 - \varphi$——CO 占 $CO_2$ 和 CO 总量的体积分数。

$\varphi$ 与电解槽的电流效率 ($\eta$) 有关。它们之间符合经验公式：

$$\eta = \frac{1 + \varphi}{2} \times 100\%$$

如果电流效率为90%，则 $\varphi = 80\%$，$1 - \varphi = 20\%$。这时总反应式可近似写为：

$$Al_2O_3 + 1.67C = 2Al + 1.33CO_2 + 0.34CO$$

根据该式不难算出：每生产 1000kg Al，需消耗 C 371kg，生成 $1084kgCO_2$ 和 $171kgCO$。但现代铝电解工业生产中，每生产 1t 铝的实际阳极炭块净耗约为 430kg，比理论需要量多消耗约16%。这是由于炭阳极掉粒在电解质中产生炭渣以及在空气中被氧化所致。如果多消耗的这部分炭，也都近似地认为按上述比例变成了 $CO_2$ 和 CO，则每生产 1000kg Al，将产生 1257kg $CO_2$ 和 198kg CO。

假设逸出的烟气温度为150℃（423K），气压为 $1.01333 \times 10^5$ Pa，则根据理想气体状态方程：

$$pV = nRT$$

式中　$V$——气体体积，$m^3$；

　　　$n$——气体物质的量，mol；

　　　$R$——气体常数，8.314J/(mol·K)；

　　　$T$——绝对温度，K；

　　　$p$——工程大气压，Pa。

这里，$T = 423K$；$CO_2$ 的物质的量为 $1257 \times 10^3/44 = 28.57 \times 10^3$ mol，CO 的物质的量为 $198 \times 10^3/28 = 7.07 \times 10^3$ mol。将有关数据代入气体方程，不难计算出每生产 1000kg 铝将产生 991$m^3CO_2$ 和 245$m^3CO$。

（2）冰晶石-氧化铝熔盐电解过程中产生的 $CF_4$ 和 HF 量。$CF_4$ 是在阳极效应临近以及效应过程中产生的。阳极效应临近时，$CF_4$ 含量只占阳极气体的 1.5% ~ 2%，而阳极效应发生时高达 20% ~ 40%。现代预焙槽炼铝，阳极效应系数一般都在 0.1 次/(槽·d) 以下，所产生的 $CF_4$ 尽管对环境仍是威胁，但由于计算其体积总还是很小的，故可以忽略不计，仅计算 HF 产生量。

HF 是主要气态污染物，其产生机理是因为原料中的水分在高温下对氟盐发生的分解反应。氧化铝经料面预热，在进入电解质时仍含 0.2% ~ 0.5% 的 $H_2O$，并考虑氟盐本身及阳极等因素带进的水分，总量按氧化铝的 0.5% 计，每生产 1000kg 铝所需氧化铝近似地按 2000kg 计，则每生产 1000kg 铝带进水的总量为 10kg。根据反应式：

$$\frac{2}{3}AlF_3 + H_2O = \frac{1}{3}Al_2O_3 + 2HF$$

不难算出每生产 1000kg 铝产生的 HF 量为 22.2kg。

经长期测试分析，发现预焙槽炼铝每生产 1000kg 铝，产生的 HF 量随槽电流强度的增大而增加，这是因为 HF 在净化系统中被吸收，随含氟氧化铝返回电解槽，在整个生产过程中不断循环积累。随电解槽电流强度的不同，HF 循环积累的程度和速度也不同。每生产 1000kg 铝，200kA 电解槽系列平均产生 22～27kgHF，300kA 铝电解槽系列平均产生约35kgHF。

以 35kg HF 计，同样根据理想气体状态方程，可以计算出，在工业生产中，每生产 1000kg 铝，产生的 HF 气体在温度为 150℃（423K）时的体积为 60.7m³。

所以，预焙槽每生产 1000kg 铝产生的气体总量为 991 + 245 + 60.7 = 1296.7m³。

### 59. 预焙阳极铝电解槽排烟装置的排烟量如何计算?

由第 58 问计算得知，电解生产过程中产生的烟气量与排烟量相比实际是很小的，约占单槽排烟量的 1%。由于集气系统不可避免地存在漏风系数，特别是必须开盖作业时，漏风可能性更大。为防止热烟气外逸，只得加大排烟量。所以，预焙槽排烟量的计算不依据产生的烟气量，而是根据槽罩集气效率、槽罩料面至罩内排烟道抽风口距离、罩内排烟道抽风口控制风速以及槽容量和槽膛尺寸等参数，用经验公式进行计算:

$$Q = 3600(L + W)\frac{1}{\eta}Hv$$

式中　$Q$——单槽排烟量，m³/h;

　　$L$——槽膛长度，m;

　　$W$——槽膛宽度，m;

　　$\eta$——槽罩集气效率，取 98%;

　　$H$——槽罩料面至罩内排烟道抽风口距离，取 1m;

　　$v$——罩内排烟道抽风口控制风速，取 0.125m/s。

对于大型预焙槽，槽罩集气效率、槽罩料面至罩内排烟道抽风口距离、罩内排烟道抽风口控制风速均基本为不变值，单槽排烟量的确定主要与槽容量和槽膛尺寸有关。这时，电解槽单槽排烟量的计算公式简化为:

$$Q = 459.2(L + W)$$

### 60. 预焙铝电解槽有什么样的母线结构?

整流后的直流电通过铝母线引进电解槽。在电解槽上有阳极母线和阴极母线，上一台槽的阳极母线与下一台槽的阴极母线之间通过联络母线、立柱母线、软带母线连接，这样将电解槽一个一个串联起来，形成一个系列。每个系列通过公用母线与变电整流部分形成一个电的回路。

铝母线有压延母线和铸造母线两种。为了在经济合理的条件下尽量降低母线电流密度，减少母线电压降，大型预焙槽均采用大断面铸造铝母线，只在软带和少数异型连接处采用压延铝板焊接。

母线不单纯承担传导电流，更要注重它的配置，使电流产生的磁场给生产过程带来的不良影响降到最低。除了要能提供良好的生产稳定性之外，还必须满足以下要求:

（1）具有良好的经济性，即母线的用量和电能损失的综合费用最小;

（2）具有可靠的安全性，即在正常生产和短路状况下，母线没有过载现象;

（3）具有便捷的操作性，配置简单，容易安装，方便电解槽生产操作。

可能有多种的母线配置可以获得磁感应强度分布的同样效果，但不一定能同时满足经济性、安全性、操作性。应该选择其中最能全面满足上述要求的配置方案。电解系列中，特殊位置的电解槽所处的电磁环境也特殊，应该有特殊的母线配置，这其中最重要、最复杂的问题是母线用量的经济性。

阴极母线排布在槽壳周围或底部，为了补偿相邻列、槽的磁感应强度，电解槽周围阴极母线一般采用不对称配置，使电解槽熔体中的磁感应强度垂直分布均匀，垂直磁感应强度关于 $x$、$y$ 轴反对称，数值较小，磁流体流动形状对称性较好，流速适中，有良好的磁稳定性。电解槽阴极进、出电侧的母线设置为不等电阻值，目的是获得良好的电流平衡。

阳极母线属于上部结构的一部分。因为阳极母线上安设的卡具将阳极组的铝导杆与母线压紧，阳极母线起着向阳极组导电并吊挂承受整个阳极系统质量的作用。所以，A、B 两侧母线要有足够强度的截面尺寸，并通过平衡母线将 A、B 两侧母线焊接连接，形成矩形圈梁，以防止母线下绕、扭曲变形。大型预焙槽在厂房内呈横向排列，直流电通过槽大面侧的立柱母线和立柱软母线导入 A 侧阳极母线，再通过平衡母线导入 B 侧阳极母线。

240kA 及以下级别的预焙槽，A、B 两侧各一根阳极母线，分别由阳极提升机构每侧的两吊架吊挂，呈水平配置。240kA 以上级别的预焙槽，由于阳极组数增多，电解槽长度增加，阳极母线承载增加，电解槽 A、B 两侧各设两根阳极母线，每侧两根母线间由挠性铝软带连接，通过两侧间的平衡母线将 A、B 两侧母线焊接形成两个矩形圈梁，再分别由阳极提升机构每侧的 4 个吊架分别吊挂，呈水平配置。

大型预焙槽单槽母线用量可以参考表 3-18。

**表 3-18　大容量铝电解槽单槽母线用量举例**

| 槽　　型 | 190kA | 200kA | 230kA | 240kA | 280kA | 300kA | 350kA |
|---|---|---|---|---|---|---|---|
| 阴极母线/t | 18.91 | 23.302 | 26.74 | 27.371 | 33.624 | 37.56 | 41.303 |
| 阳极母线截面/mm×mm | 500×180 | 500×160 | 500×180 | 500×180 | 550×180 | 500×160 | 550×180 |
| 阳极母线/t | 5.4 | 5.04 | 5.9 | 5.9 | 8.776 | 6.3 | 9.99 |
| 进电点 | 4 | 4 | 4 | 4 | 5 | 5 | 6 |

## 61. 铝电解车间及预焙铝电解槽在哪些部位设置了电气绝缘，绝缘要求怎样？

在铝电解槽生产系列的厂房范围内，输送着强大的直流电流，系列直流电压都在几百伏以上，国内最高系列电压高达 1300V。尽管人们把零电压设在系列中点，但系列两端对地电压仍高达 650V 左右。一旦短路，易出现人身和设备事故。而且，电解用直流电，槽上和车间电器设备用交流电，若直流电窜入交流系统，不仅造成这部分直流电的损失，而且会引起设备事故，需进行交、直流电的隔离。因此，为了防止生产过程中发生电气短路，或发生人身触电事故，除带电设备制造时所设置的电气绝缘外，电解车间的电解槽、天车、槽控箱、铝母线、地沟盖板、操作地坪和管道及支架等设施均必须保证可靠的电气安全绝缘措施。这些设施的绝缘要求见表 3-19。

表3-19　电解车间各特殊部位电气绝缘限值

| 序号 | 绝缘部位 | 绝缘材料 | 电阻限值/MΩ |
|---|---|---|---|
| 1 | 槽壳与地面 | 石棉水泥板（浸沥青） | ≥1 |
| 2 | 槽壳与槽壳之间 | 石棉水泥板 | ≥1 |
| 3 | 槽罩与槽壳及水平罩 | 石棉板 | ≥2 |
| 4 | 阴极母线与支座 | 石棉板、瓷砖、瓷瓶 | ≥1 |
| 5 | 母线与母线墩之间 | 石棉水泥板 | ≥1 |
| 6 | 母线固定螺杆 | 云母套管、云母垫圈 | ≥1 |
| 7 | 排烟管绝缘节 | 玻璃布板 | ≥2 |
| 8 | 上部结构与槽壳 | 酚醛层压板 | ≥2 |
| 9 | 风动管路绝缘节 | 石棉橡胶 | ≥2 |
| 10 | 风动溜槽与主溜槽之间 | 玻璃钢型槽 | ≥2 |
| 11 | 阳极提升框架与桁架 | 石棉板及绝缘管 | ≥2 |
| 12 | 阳极导杆与水平罩板 | 耐高温酚醛布 | ≥2 |
| 13 | 打壳机头与水平罩板 | 耐高温酚醛布 | ≥2 |
| 14 | 操作地面 | 沥青砂浆或绝缘水泥 | ≥1 |
| 15 | 槽控箱与地面 | 瓷热座 | ≥2 |
| 16 | 管道支架与地面 | 橡胶石棉板 | ≥2 |
| 17 | 通风格子板与地面 | 石棉水泥板、绝缘木 | ≥1 |
| 18 | 通风格子板与槽壳 | 石棉水泥板 | ≥1 |
| 19 | 短路母线 | 酚醛层压板、管、垫圈 | ≥2 |
| 20 | 天车钩子与钢丝绳 | 绝缘材料 | ≥2 |
| 21 | 天车与移动小车 | 绝缘材料 | ≥2 |
| 22 | 天车与轨道 | 绝缘材料 | ≥2 |

除上述设施的绝缘保证外，还必须做到如下几点：

距离电解槽、导电母线及地沟盖板2.5m范围内不宜设金属轨道、下水管道等；厂房内柱子4m以下不得设置金属埋件；柱内钢筋、铁丝不得外露；柱间支撑为金属结构时，操作层标高4m以下应设木制维护栏；车间内侧墙的堆放物与槽壳、金属地沟盖板外端之间，间距不小于1.5m；车间外整流回路母线裸露在地面3.5m以下的部位，应有护网隔离；车间生产时的施工焊接、检修维护及操作管理必须符合有关安全规定。

# 第四章　大型预焙槽的阳极

**62. 预焙铝电解槽使用怎样的阳极?**

在铝电解生产中,采用冰晶石-氧化铝体系的高温熔盐电解质,这种电解质具有极强的腐蚀性。作为阴、阳极材料,要求既有良好的导电性能,又能承受高温和抵御这种强侵蚀性,到目前为止,只有炭素制品。因此,工业铝电解至今都采用炭素电极——炭阴极和炭阳极。

预焙铝电解槽使用的预焙阳极炭块一般为长方体,以石油焦、沥青焦为骨料,煤沥青为黏结剂,经煅烧、配料、混捏、成形、焙烧而成。预焙阳极炭块具有稳定的几何形状,根据电解槽电流的大小和工艺的不同而有不同的尺寸,其电流密度一般在 $0.68 \sim 0.90 A/cm^2$ 范围内,每个炭块的使用周期则在 $26 \sim 32$ 天之间。

在阳极炭块导电方向的上表面有 $2 \sim 4$ 个直径为 $160 \sim 180mm$、深为 $80 \sim 110mm$ 的圆槽,俗称炭碗,在阳极组装时,炭碗用来安放阳极爪头,用磷生铁将阳极爪头浇注在炭碗内。钢爪头与铝导杆通过铝钢爆炸焊连接,这样阳极导杆与阳极炭块连为一体,组成阳极炭块组。

阳极炭块组有单阳极和双阳极之分。每块阳极块上的钢爪有4爪和3爪两种。每台大型预焙槽的阳极一般由数十组阳极炭块组组成,200kA 及以下级别的电解槽一般采用单炭块阳极组,200kA 以上级别电解槽,如果采用单阳极,阳极组数大于换极周期天数,每台槽每天要换一组以上阳极。为减少换极作业次数,大多采用双炭块阳极组。

单阳极和双阳极的预焙阳极炭块组如图 4-1 所示。

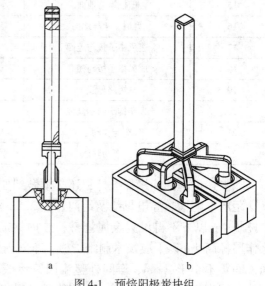

图 4-1　预焙阳极炭块组
a—单阳极组;b—双阳极组

国内外一些工厂的预焙阳极设计参数见表4-1。

与过去的自焙阳极相比,预焙阳极操作比较简单,阳极电压降较低,易于实现机械化、自动化,消除了电解过程中的沥青烟害,有利于电解槽向大容量方向发展。因此,预焙阳极炭块组成为现代铝电解槽目前使用的唯一阳极材料。

在电解过程中,炭阴极原则上是不消耗的,炭阳极由于直接参与电化学反应而不断消耗,需定时更换。

**表 4-1　预焙阳极设计参数举例**

| 国　别 | 电流强度/kA | 阳极组数 | 阳极断面尺寸/mm×mm | 阳极钢爪数及布局 |
|---|---|---|---|---|
| 日　本 | 160 | 24 | 1400×660 | ＊　＊　＊ |
| 德　国 | 175 | 20 | 1400×765 | ＊　＊　＊<br>＊　＊　＊ |
| 美　国 | 180 | 24 | 1400×720 | ＊　＊　＊<br>＊　＊　＊ |
| 法　国 | 180 | 16 | 1450×540<br>（双阳极） | ＊　＊　＊<br>＊　＊　＊ |
| 中　国 | 280 | 40 | 1450×660 | ＊　＊　＊　＊ |
|  | 300 | 20 | 1550×660<br>（双阳极） | ＊　＊　＊<br>＊　＊　＊ |
|  | 320 | 24 | 1600×800<br>（双阳极） | ＊　＊　＊<br>＊　＊　＊ |

## 63. 炭素材料基本的宏观结构性质有哪些，它们如何测定？

炭和石墨材料是以碳元素为基的非金属固体材料，往往把炭和石墨材料统称为炭素材料。衡量炭素材料质量好坏的基本性质可分为材料的宏观结构、力学性质、热学性质、电磁学性质和化学性质等几个方面。

炭素材料的宏观结构通常用真密度、体积密度、气孔率和气体渗透率等参数来表征。

（1）真密度。真密度即不包括气孔和裂隙在内的单位体积炭素材料的质量。真密度的大小反映了炭素材料原料的煅烧程度以及制品的焙烧程度，也即反映材料的石墨化程度或石墨晶格结构的完善程度。

真密度的测定方法有溶剂置换法、气体置换法和 X 射线衍射法。生产现场最常用的是溶剂置换法。这种方法是将试样粉碎到 0.15mm 以下，经充分干燥后装入密度瓶中称重，然后在恒温下用溶剂（常用的有二甲苯、蒸馏水、酒精等）浸润，使溶剂充满颗粒间隙和颗粒内部的气孔及微型裂缝，最后用比较称重法求出真密度。

实际上，溶剂浸润被测试样时，溶剂并不能进入试样的封闭气孔，所以，溶剂置换法测得的密度并不是严格意义上的真密度。由于试样被破碎至 0.15mm 以下，没被破坏的封闭气孔量已经非常小，其测量结果已十分接近真密度。

（2）体积密度。体积密度即包括空隙在内的单位体积炭素材料的质量，也称为视密度或表观密度。体积密度取决于真密度和孔隙率，它反映制品宏观组织结构的密实程度，制品孔隙率越大，则体积密度越低，宏观组织结构越疏松。体积密度是一项重要指标，它在一定程度上影响制品的力学性质和热力学性质。炭素材料的体积密度与所选用原料、配方及粒级组成、黏结剂用量以及制造工艺密切相关，必须步步把关。

体积密度的常用测量方法是将试样加工成立方体或圆柱体，精确测量其体积和质量后计算出单位体积的质量。

$$\rho_{\mathrm{v}} = \frac{m}{V}$$

式中 $\rho_{\mathrm{v}}$——材料的体积密度，$g/cm^3$；

  $m$——试样质量，g；

  $V$——试样体积，$cm^3$。

（3）气孔率。气孔率即试样中的气孔体积占试样总体积的百分比。炭素材料中的气孔按其尺寸可分为微孔（$<2nm$）、过度孔（$2\sim50nm$）和大孔（$>50nm$）；这些气孔可以有三种形式——封闭气孔、开口气孔和连通气孔。全气孔率可表示为：

$$P_{\mathrm{t}} = \frac{V_1 + V_2 + V_3}{V} \times 100\%$$

式中 $P_{\mathrm{t}}$——全气孔率，%；

  $V$——试样总体积，$m^3$；

  $V_1$——封闭气孔体积，$m^3$；

  $V_2$——开口气孔体积，$m^3$；

  $V_3$——连通气孔体积，$m^3$。

全气孔率可以用 X 射线衍射法测得的真密度和体积密度进行计算：

$$P_{\mathrm{t}} = \frac{\rho_{\mathrm{t}} - \rho_{\mathrm{v}}}{\rho_{\mathrm{t}}} \times 100\%$$

式中 $\rho_{\mathrm{t}}$——X 射线衍射法测得的真密度，$g/cm^3$。

通常所说的气孔率是指显气孔率，显气孔率即只考虑开口气孔和连通气孔体积占试样总体积的比例。

$$\text{显气孔率} = \frac{V_2 + V_3}{V} \times 100\%$$

显气孔率也可以从溶剂置换法测定的真密度和体积密度计算：

$$\text{显气孔率} = \frac{\rho_{\mathrm{u}} - \rho_{\mathrm{v}}}{\rho_{\mathrm{u}}} \times 100\%$$

式中 $\rho_{\mathrm{u}}$——溶剂置换法测得的真密度，$g/cm^3$。

由于用溶剂置换法时，溶剂无法进入封闭气孔，所以计算的是显气孔率。

（4）气体渗透率。炭素材料属多孔材料，一定压力下的气体可以透过。一般炭素材料的气体渗透率可根据达尔赛定律进行计算：

$$D = \frac{vL}{\Delta p A}$$

式中 $D$——气体渗透率，$cm^2/s$；

  $v$——气体流速，$MPa \cdot cm^3/s$；

  $A$——试样的截面积，$m^2$；

  $L$——试样厚度，cm；

  $\Delta p$——空气流过材料前后的压力差，MPa。

表征炭素材料气孔结构的参数还有平均孔半径、比表面积、形状因子等。炭素材料中的气孔一般不呈球状，而是不规则的。所谓"孔半径"是用具有相同体积的规则气孔的半径来表征。平均孔半径可由下式计算：

$$r = \frac{3P_t}{S\rho_v}$$

式中 $r$——平均孔半径，cm；

$S$——比表面积，$cm^2/g$。

炭素材料的比表面积一般用1g材料所具有的总表面积表示，它的测定一般用气体吸附法。

形状因子也是描述气孔结构的重要特征参数，它一般用气孔的长度与其宽度的比值表示。

## 64. 炭素材料的基本力学性质有哪些，它们如何测定？

炭素材料的力学性质主要考察其机械强度和弹性模量。

（1）机械强度。炭素材料在工作时，受到来自不同方向的作用力，可以归纳为拉伸、压缩和弯曲力。材料抵抗各种作用力的机械强度也就用抗拉强度、抗压强度和抗折强度来表征。

1）抗压强度。表示材料在与其轴线垂直的外力作用下，材料被压裂瞬间单位面积的极限抵抗能力。

2）抗折强度。表示材料在与其轴线垂直的外力作用下，材料先呈弯曲而后被折断的瞬间，材料单位横截面积的极限抵抗能力。

3）抗拉强度。表示材料受拉伸作用力，在材料被拉断的瞬间单位横截面积的极限抵抗力。

炭素材料的机械强度各向异性。平行于晶体层面方向的强度大，而垂直于晶体层面方向的强度小。

影响炭素材料机械强度的因素主要有以下几个方面：

1）原料颗粒的强度越大，炭素材料的强度也越大；

2）配料的粒级组成影响炭素材料的机械强度，一般采用较细的粒级组成可以提高产品的强度；

3）黏结剂的性质及用量影响炭素材料的机械强度，采用软化温度较高的高温沥青或改质沥青能提高产品强度，沥青用量过多或过少都会降低产品强度；

4）原料的煅烧程度及制品的焙烧程度影响炭素材料的机械强度；

5）经过浸渍处理的材料能提高机械强度。

炭素材料的抗压强度、抗折强度和抗拉强度的测定都可以在万能材料试验机上完成。

（2）弹性变形与弹性模量。固体材料在受外力作用下产生变形而尚未造成破坏，当去掉外力后仍能恢复原来形状的性质称为弹性，这种变形称为弹性变形。材料在弹性限度内产生应变与所受应力呈正比，表示这种比例关系的物理量称作弹性模量。通常采用杨氏模量，有静态和动态两种测定方法。

静态弹性模量是将试样在万能材料试验机上施加静拉伸负荷，同时用引伸仪测定试样的弹性伸长量，然后用下式计算出弹性模量。

$$E = \frac{P \cdot L_0}{S \cdot \Delta L}$$

式中　$E$——杨氏模量，$N/cm^2$；

　　　$P$——静拉伸载荷，$N$；

　　　$L_0$——引伸仪标距，$cm$；

　　　$S$——试样横截面，$cm^2$；

　　　$\Delta L$——静拉伸载荷为 $P$ 时试样的弹性伸长量，$cm$。

动态弹性模量是采用声频法测定，原理是超声波在试样内的传播速度与材料的密度和弹性有关。

一般炭素材料在室温下属于脆性材料，弹性模量很低，而石墨晶体、热解石墨和高模量碳纤维的弹性模量稍高。炭素材料的弹性模量具有方向性，对挤压产品而言，平行于挤压方向的弹性模量大于垂直方向。一般炭素材料的弹性模量随温度的升高而增大。

### 65. 炭素材料的基本热学性质有哪些，它们如何测定？

炭素材料的热学性质表示材料受热后引起的各种变化，通常用热导率、线膨胀系数和抗热震性来表征。

（1）热导率。热导率是衡量材料导热能力大小的物理量，用单位时间、单位温差下经过单位面积和单位厚度试样传导的热量来表示。

固体材料热传导有两种方式，一种是依靠自由电子流动而传热，金属材料属这一种。另一种是靠晶格原子热振动传热，晶体中原子热振动的振幅随温度升高而加大，处于较高温度下的原子通过振动向邻近较低温度的原子施加作用力而传递能量，从而实现热量的传导。

炭素材料是通过晶格原子的热振动来传导热量的。其热导率可用下式计算：

$$\lambda = \frac{1}{3}cvL$$

式中　$\lambda$——热导率，$W/(m \cdot K)$；

　　　$c$——体积比热容，$kJ/(m^3 \cdot K)$；

　　　$v$——晶格波传递速度，$m/s$；

　　　$L$——晶格波平均自由程，$nm$。

炭素材料的热导率与石墨化程度密切相关，石墨化程度愈高则热导率愈高。石墨材料是一种良导热体，其热导率可以与某些金属相当。一般炭素材料虽然比热容与石墨相差不多，但热导率可以差几倍、几十倍。某些炭素材料还能用作高温隔热体。

（2）线膨胀系数。固体材料的长度随温度升高而增大的现象称为线膨胀。线膨胀系数可用下式计算：

$$\alpha = \frac{\Delta L}{L_0 \cdot \Delta t}$$

式中　$\alpha$——线膨胀系数，$℃^{-1}$；

$\Delta L$——伸长量，cm；

$L_0$——原始长度，cm；

$\Delta t$——升高的温度，$℃$。

炭素材料的线膨胀系数比金属小得多，而且石墨化程度愈高线膨胀系数愈小。炭素材料的线膨胀系数也具有明显的各向异性。

铝用炭素材料的工作温度高、温度变化大，而且要求材料尺寸随温度的变化尽可能小。因此线膨胀系数的大小直接影响炭素材料在铝电解槽上的使用性能，线膨胀系数越大的产品开裂的可能性越大，使用寿命越短。

（3）抗热震性。材料在高温下使用时，能经受温度的剧变而不发生破坏的性能称为抗热震性。当温度剧变时，如果材料的热传导性能不好，材料表面和内部产生温度梯度，因其膨胀或收缩量的不同而产生内应力，当应力达到极限强度时，材料就被破坏。提高制品的抗热震性要从减小热应力的产生、缓冲热应力的发展以及增强抗热应力的能力三方面综合考虑。

用抗热震性指标与耐热冲击参数可以定量地衡量材料抗热震性能的好坏。

$$R = \frac{p}{\alpha \cdot E}\left(\frac{\lambda}{c_p\rho_v}\right)^{1/2} \quad \text{或} \quad R' = \frac{\lambda \cdot p}{\alpha \cdot E}$$

式中　$R$——抗热震性指标；

$R'$——耐热冲击参数；

$p$——抗压强度，MPa；

$\alpha$——线膨胀系数，$℃^{-1}$；

$E$——杨氏模量，MPa；

$\lambda$——热导率，W/（m·K）；

$c_p$——比定压热容，kJ/（kg·K）；

$\rho_v$——体积密度，g/cm$^3$。

**66. 炭素材料基本电磁学性质有哪些，它们如何测定？**

（1）电导率。炭素阳极作为铝电解的导电材料，要求具有良好的导电性、较低的电阻率，以减少阳极电压降，提高铝电解的电能效率。炭素阳极的电导率与煅后焦的煅烧程度、阳极的体积密度及焙烧温度有直接的关系。所用的原料电导率越高，成品的电导率也越高；炭块的焙烧温度或石墨化温度越高，成品的电导率越高。

炭素材料的电导率有明显的方向性，对挤压成形的制品而言，试样平行于挤压方向测得的电导率大于垂直方向。

电导率是电阻率的倒数，所以电导率的测定方法和电阻率的测定方法一样。炭素材料的电阻率采用电位差法进行测定。即对横截面积为 $S$、长度为 $L$ 的试样通以恒定的电流 $I$，测出试样两端的电位差 $U$，用下式计算出电阻率：

$$\rho = \frac{U \cdot S}{I \cdot L}$$

式中　$\rho$——电阻率，$\Omega \cdot m$；

　　　$U$——试样两端的电位差，V；

　　　$S$——试样截面积，$m^2$；

　　　$I$——通过试样的电流强度，A；

　　　$L$——试样长度，m。

（2）磁学性质。炭素阳极磁化后产生的磁场强度方向与外加磁场强度方向相反，它是一种抗磁性材料，其磁化率为负值。

### 67. 炭素材料的重要化学性质有哪些？

炭素材料化学性质比较稳定，是一种耐腐蚀性材料。在一定条件下，碳也与其他物质发生反应。主要的反应有：在高温下与氧化性气体或强氧化性酸发生氧化反应；在高温下与某些金属发生反应生成碳化物；生成石墨层间化合物。

（1）氧化反应和抗氧化性。炭素材料在低温下是很稳定的，常温下几乎不与任何气体发生化学反应。但随着温度的提高其化学活性急剧增加。大约在350℃左右，在空气中的无定形炭即有明显的氧化作用。石墨则在450℃左右才开始被氧化。石墨化程度愈高、晶体结构愈完整，其反应活化能愈大，则抗氧化能力愈强。

炭素阳极的抗氧化性（包括抗空气氧化和抗阳极气体 $CO_2$ 的氧化）随着其杂质含量和种类以及其热处理工艺的不同而有较大差异。

铝电解生产过程中，阳极上部直接与空气接触，阳极底部则直接与二氧化碳气膜接触。炭阳极与气体的反应速度与气体分子向阳极内部扩散的速度有关。如果阳极材料的气孔率高，特别是开口气孔多，气体分子容易扩散到材料内部，参与反应的表面积大，氧化速度加快。所以，提高炭素阳极的密度可以有效地降低氧化消耗。

（2）碳化物的生成。在高温下，C 与 Fe、Al、Mo、Cr、Ni、V、Ti、B、Si 等元素发生反应生成碳化物。碳与碱金属、碱土金属、铝及稀土类元素能生成盐类碳化物。

碳化物一般为绝缘体，大部分碳化物化学性质稳定。

### 68. 生产预焙阳极时常用哪些原料作骨料和粉料，对其有何质量要求？

生产铝用预焙阳极的原材料可分为骨料和黏结剂两大类。骨料主要包括石油焦、沥青焦。为了降低成本和充分利用废旧资源，预焙槽电解换下来的残阳极经处理后也可作为生产预焙阳极的骨料成分，但加入量一般控制在20%左右。

（1）石油焦。石油焦是石油炼制过程中的副产品，它的主要元素为碳，灰分含量很低，一般在0.5%以下；其外观为黑色或暗灰色的蜂窝状结构，焦块内气孔多呈椭圆形，且互相贯通。

石油焦的质量主要取决于其原料——渣油的性质，同时也受焦化工艺条件的影响。我国生石油焦的质量按其硫分、挥发分的含量分为三个等级六个级别，其标准见表4-2。

表 4-2　我国生石油焦质量标准（SH/T0527—1992）

| 项　目 | 质　量　指　标 | | | | | | |
|---|---|---|---|---|---|---|---|
| | 一级品 | 合　格　品 | | | | | |
| | | 1A | 1B | 2A | 2B | 3A | 3B |
| 硫含量/% | ≤0.5 | ≤0.5 | ≤0.8 | ≤1.0 | ≤1.5 | ≤2.0 | ≤3.0 |
| 挥发分/% | ≤12 | ≤12 | ≤14 | | ≤17 | ≤18 | ≤20 |
| 灰分/% | ≤0.3 | ≤0.3 | ≤0.5 | | | ≤0.8 | ≤1.2 |
| 水分/% | ≤3 | | | | | | |
| 真密度/g·cm⁻³ | 2.08～2.13 | 报　告 | | | | | |
| 粉焦量(块粒8mm以下)/% | ≤25 | | | | | | |
| 硅含量/% | ≤0.08 | | | | | | |
| 钒含量/% | ≤0.015 | | | | | | |
| 铁含量/% | ≤0.08 | | | | | | |

铝电解炭素阳极一般使用表中的 2 号焦。

炭素材料生产用生石油焦主要考察它的以下性质：

1）灰分。炭素阳极生产用石油焦的灰分要求不大于 0.5%。

2）硫分。一般炭素制品中硫是一种有害元素，因为在使用过程中被氧化生成二氧化硫造成大气污染，而且在石墨化制品的石墨化过程中发生气胀，造成产品的开裂。但铝电解过程中，适当的硫存在能够抑制炭素阳极与 $CO_2$ 的反应，提高阳极的抗氧化能力，因此，铝电解炭素阳极生产中，一般要求生石油焦含硫量为 1.5% 左右。

3）挥发分。挥发分含量是石油焦焦化成熟程度的标志，它与炭素阳极的最终质量没有直接关系，但对煅烧操作影响较大。延迟焦的焦化温度只有 500℃ 左右，挥发分含量高达 10%～18%，不仅煅烧实收率低，而且容易造成煅烧结焦，特别容易造成罐式炉的堵料。

4）真密度。生石油焦在 1300℃ 温度下煅烧后能达到的真密度大小是石油焦质量好坏的一个重要指标。预焙阳极生产用煅后石油焦的真密度应大于 2.05g/cm³，石墨化产品用煅后石油焦的真密度应大于 2.07g/cm³。

（2）残阳极。残阳极可分为硬残极和软残极两种，它们的特性见表 4-3。

表 4-3　硬残极、软残极与新阳极的特性比较

| 特　性 | 试样平均值 | | |
|---|---|---|---|
| | 新阳极 | 硬残极 | 软残极 |
| 硬度试验/mm | 0.2 | 1 | 10 |
| 体积密度/g·cm⁻³ | 1.57 | 1.54 | 1.48 |
| 耐压强度/MPa | 42 | 37 | 16 |
| 杨氏模量/GPa | 5 | 4 | 1.5 |
| 热导率/W·(m·K)⁻¹ | 3.8 | 3.7 | 3.2 |
| 空气渗透率/nPm | 1 | 2 | 8 |

| 特　性 | | 试样平均值 | | |
| --- | --- | --- | --- | --- |
| | | 新阳极 | 硬残极 | 软残极 |
| $CO_2$ 反应性残余/% | | 90 | 87 | 81 |
| 空气反应性残余/% | | 82 | 78 | 65 |
| 着火点/℃ | | 620 | 610 | 560 |
| 微量元素/% | S | 1.45 | 1.45 | 1.45 |
| | V | 0.0110 | 0.0110 | 0.0115 |
| | Fe | 0.0220 | 0.0230 | 0.0270 |
| | Na | 0.0300 | 0.0600 | 0.0500 |
| | Ca | 0.0050 | 0.0080 | 0.0070 |
| | F | 0.0100 | 0.0900 | 0.0750 |

　　软残极强度差，且含有较多的电解质，会影响炭阳极的物理性能和氧化消耗速度，所以炭阳极生产只使用硬残极。阳极配料中增加致密的硬残极量可使阳极的体积密度增加，空气渗透率降低，还可以改善阳极的抗弯强度。但通过残极循环，以冰晶石形式带入阳极中的钠含量将对羧基化反应带来有害的影响，因此加强对残极的清理，减少钠的带入量十分重要。炭阳极生产中，残极的加入量不宜超过25%，否则就会明显影响阳极质量。

　　（3）沥青焦。沥青焦是煤沥青焦化后所得的固体产物，是一种低硫、低灰分、高强度的优质焦炭。沥青焦是生产石墨电极、石墨阳极、铝用预焙阳极等少灰制品的主要原料，它可以用来提高制品的机械强度，同时降低灰分。

　　由于沥青焦成焦温度高达1300～1350℃，因此在炭素生产过程中不经煅烧也可以直接使用。但沥青焦从炼焦炉中推出后采用浇水熄火，一般水分含量大，所以在生产中仍将它与石油焦一起按比例混合后进行煅烧。

　　但是，沥青焦抗氧化能力较差，价格高，目前已很少用于炭素阳极生产中。

**69. 生产预焙阳极时所用黏结剂是什么，对其有何质量要求？**

　　用于预焙阳极生产的黏结剂主要是煤沥青。作为稀释剂有时也用到煤焦油。

　　（1）煤沥青。煤沥青的全称为煤焦油沥青，是煤焦油在高温下干馏得到的副产品，常温下呈黑色固体，没有固定的熔点。煤沥青在炭素工业中作为黏结剂和浸渍剂使用，尽管它的用量仅为生制品的15%～18%，但它却遍布于生制品所有颗粒及细粉料的表面和开口空隙内，对炭素制品生产工艺及产品质量影响极大。其性能直接关系到生产过程的配料、混捏、成形、焙烧等工艺条件，影响最终产品的密度、气孔率、机械强度、导电性、氧化反应性等多项质量指标，从而影响铝电解过程的阳极单耗、炭渣多少、电解质导电性及槽温的异常情况。

　　表4-4和表4-5是中国电极用煤沥青质量标准和改质沥青标准。铝电解预焙阳极的生产，已经愈来愈多地使用改质沥青。

**表 4-4 中国电极用煤沥青标准**（GB/T 2290—1994）

| 指 标 | 低温沥青 | | 中温沥青 | | 高温沥青 |
|---|---|---|---|---|---|
| | 1 号 | 2 号 | 1 号 | 2 号 | |
| 软化温度(环球法)/℃ | 35 ~ 45 | 46 ~ 75 | 80 ~ 90 | 75 ~ 95 | 95 ~ 120 |
| 甲苯不溶物/% | | | 15 ~ 25 | 15 ~ 25 | |
| 喹啉不溶物/% | | | < 10 | | |
| 灰分/% | | | < 0.3 | < 0.5 | |
| 水分/% | | | 5.0 | 5.0 | 5.0 |
| 挥发分/% | | | 58 ~ 68 | 55 ~ 75 | |

**表 4-5 改质沥青标准**（YB/T 5194—2003）

| 指标 | 软化温度(环球法)/℃ | 甲苯不溶物/% | 喹啉不溶物/% | β树脂/% | 灰分/% | 水分/% | 结焦值/% |
|---|---|---|---|---|---|---|---|
| 一级品 | 108 ~ 114 | 28 ~ 32 | 8 ~ 12 | ≥18 | ≤0.25 | ≤5.0 | ≥56 |
| 二级品 | 105 ~ 120 | 26 ~ 34 | 6 ~ 15 | ≥16 | ≤0.35 | ≤5.0 | ≥54 |

（2）煤焦油。煤焦油是炼焦时的副产品，一种黑褐色黏稠状液体，是多种碳氢化合物的混合物。密度为 $1.17 ~ 1.19 g/cm^3$，具有萘和酚的特殊气味。

生产预焙阳极时，有时为了降低沥青的软化温度，一般将煤焦油作为沥青的稀释剂而与沥青配合使用。煤焦油的质量标准见表 4-6。

**表 4-6 煤焦油的质量标准**

| 指标名称 | 密度/g·cm⁻³ | 甲苯不溶物(无水基)/% | 灰分/% | 水分/% |
|---|---|---|---|---|
| 指标值 | 1.13 ~ 1.22 | ≤9 | ≤0.13 | ≤4.0 |

**70. 预焙阳极炭块经过怎样的生产流程，各主要工序的作用和注意事项是什么？**

预焙阳极炭块的生产工艺包括原料的预碎、石油焦煅烧、破碎磨细、筛分分级、配料，黏结剂的预处理、混捏，糊料的成形、焙烧及清理等。其生产工艺流程如图 4-2 所示。

（1）原料的煅烧。原料煅烧目的在于：排除原料中的水分，使原料的水分降低到 0.3% 以下；排除原料中的挥发分，经高温处理后挥发分由 9% ~ 15% 降低到 0.5% 以下；提高原料的密度和机械强度；提高原料的导电性能，粉末电阻率在 $600 \mu\Omega \cdot m$ 以下；提高原料的抗氧化性能。

煅烧在 1200 ~ 2000℃ 进行，煅烧温度的高低影响到阳极焙烧的收缩率，煅烧温度应高于焙烧温度。如果煅烧温度过低，石油焦得不到充分的收缩，其热解和缩聚反应不够充分，使得制品在焙烧时发生二次收缩，容易引起阳极的变形或开裂。

煅烧设备的选择是根据工厂的规模、原料性能特点、能源供应情况和生产工艺等综合条件决定的。煅烧设备不同所生产的煅后焦质量也有差异。目前，阳极生产厂普遍采用的石油焦煅烧设备为罐式煅烧炉和回转窑。二者比较，回转窑煅烧的优点是：结构简单，材料单一，造价低，建设速度快；产能大；机械化自动化水平高；使用寿命长；检修维护方便。但它的缺点也较明显，主要是：物料氧化烧损大，增加物料的消耗；由于窑体转动，造成窑内衬材料的磨损与脱落，增加煅后焦的灰分含量。

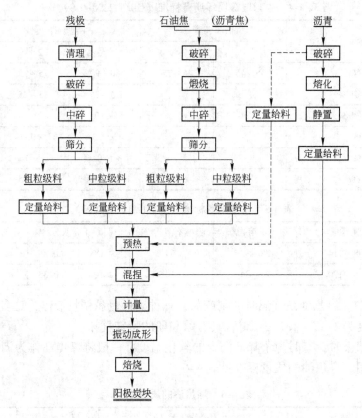

图 4-2　炭素阳极材料生产工艺流程图

（2）煤沥青的熔化。煤沥青在阳极生产中作为黏结剂使用，有干法配料和湿法配料两种加入方法。二者相比，液体沥青具有水分含量低、杂质少、对骨料的浸润性好等优点，生产的阳极质量高、稳定性好。阳极生产企业购入的煤沥青大部分是固体状，在使用前需要进行熔化，目的是排除沥青中的水分、提高流动性、减少杂质、降低沥青的膨胀性，熔化后的煤沥青水分要求小于 0.3%。煤沥青熔化有三种加热方式：废热加热、蒸气加热和有机载热体（导热油之类）加热，但蒸气加热用得较多。加热温度一般不超过 220℃。

（3）破碎、筛分与配料。炭素阳极由各种不同粒度的物料所组成，各种颗粒的大小、数量、形状和表面积等对炭素阳极生产工艺及制品性能等有很大的影响。要得到质量高、性能稳定的制品，原料的破碎、筛分和粒级组合非常重要。在炭素阳极生产中，石油焦、残极、沥青都要经过破碎和筛分过程。通常把破碎作业分为粗碎、中碎和细碎三个级别。各级别的粒度控制见表 4-7。

表 4-7　破碎级别及粒度范围

| 破碎级别 | 破碎前原料块度/mm | 破碎后物料块度/mm | 破 碎 比 |
|---|---|---|---|
| 粗　碎 | 130～200 | 50～70 | 2～4 |
| 中　碎 | 约 50 | 1～20 | 5～10 |
| 细　碎 | | 1～0.075 | >50 |

所谓破碎比，是描述物料破碎程度的物理量，用破碎前物料的最大尺寸与破碎后物料

的最大尺寸的比值表示。

配料则是将一种或几种不同性质、不同粒度的固体原料与黏结剂按比例组合起来的过程。预焙阳极生产中的配料有三方面的内容：选择炭素原料的种类，确定不同种类原料之间的比例；确定固体炭素原料的粒度组成，即不同大小颗粒的使用比例；确定黏结剂的种类、性能和用量。

（4）生产返回料的使用。在炭素阳极的生产过程中，不可避免地产生一定量的废品及生产过程余料，它们经过适当的处理后，能够作为原料使用，统称为返回料。生产中的返回料也包括预焙槽电解残阳极，但由于残极中浸入了电解质成分，其中钠的含量较高，必须清理干净后才能使用。一般残极作为大颗粒料使用，用量一般控制在20%左右。

（5）黏结剂用量的确定。炭素阳极生产中采用煤沥青作黏结剂，其使用比例的确定与下列因素有关：

1）与颗粒配方有关。产品粒度配方中大颗粒和中颗粒较多，且颗粒尺寸较大而细粉料较少时，黏结剂用量适当减少。反之亦然。

2）与固体原料颗粒的表面性质有关。

3）与黏结剂本身的性质如软化温度、挥发分含量等有关。

4）与成形方法有关。炭素阳极大多采用振动成形的方法，黏结剂用量一般控制在14.5%～16.5%。

（6）混捏。把经过配料计算所得的各种炭素原料颗粒和粉料与黏结剂一起在一定温度下搅拌、混合、捏合取得塑性糊料的工艺过程称为混捏。混捏是炭素制品生产的关键工序，在炭素生产中起到三个方面的作用：

1）使各种原料均匀混合，同时使各种不同大小的颗粒均匀地混合和填充，形成密实程度较高的混合料。

2）使干料和黏结剂混合均匀，液体黏结剂均匀分布在干料颗粒表面，对骨料颗粒浸润和涂布，靠黏结剂的黏和力把所有颗粒互相黏结起来，赋予物料以塑性，有利于成形。

3）使黏结剂部分地渗透到干料颗粒的空隙中，进一步提高黏结剂和糊料的密实程度。

混捏温度应比沥青的软化温度高50～80℃。混捏温度过低，则沥青黏度大，沥青对骨料的润湿性差，会造成混捏不均匀甚至出现夹干料的情况；糊料的塑性差，不利于成形，容易使生制品结构疏松，体积密度降低。但混捏温度过高，则会使沥青中的轻质组分挥发，而一些重质组分由于氧化产生缩聚，结果使沥青老化；也会使沥青对骨料的润湿性变差，糊料塑性变坏，甚至出现废料。

对于间歇式操作的混捏工艺，混捏时间也是决定混捏质量的重要因素。混捏时间与下列因素有关：

1）混捏温度。温度偏低时，混捏时间应适当延长；反之，则应缩短混捏时间。

2）沥青的软化温度。使用软化温度较低的沥青时，在同样的混捏温度下可以适当缩短混捏时间。

3）骨料配方。配方中使用小颗粒较多时，要适当延长混捏时间。

4）配料中使用返回料时，应适当延长混捏时间。

（7）成形。将混捏好的糊料用加压设备压制成具有需要的形状、尺寸和较高密度的半成品的过程称为成形。炭素阳极的成形方法主要有模压法和振动成形法，目前国内大型预焙铝电解槽的炭素阳极基本上都采用振动成形的方法。

（8）焙烧。焙烧是在隔绝空气和介质保护的条件下，把阳极生坯按一定的升温速度进行加热的过程。在焙烧过程中，煤沥青进行炭化，在骨料间形成焦炭网格，将不同粒度的骨料牢固地黏结成一个整体，并且通过焙烧排出挥发分，降低电阻率，改善制品的导电性，使生坯体积充分收缩，从而使焙烧后的制品具有一定的强度并获得所需要的物理化学性质。

焙烧过程大致可分为四个阶段：

1）低温预热阶段。火道温度为350℃左右，制品温度约200℃。

制品温度升至200℃时，黏结剂开始软化，生坯呈现塑性状态。这一阶段主要排出吸附的水分，体积膨胀，沥青开始迁移，生坯空隙中的煤沥青因毛细管作用而重新分布。这一阶段的升温速度可以快一些。

2）黏结剂成焦阶段。火道温度为350～800℃，制品温度为200～700℃。

制品的温度升至200～300℃时，排出低碳烃的氧化物。300～500℃时，黏结剂开始进行分解、聚合，排出挥发物，形成黏结剂半焦。再进一步加热，半焦转化为黏结焦。在这一阶段排出的大量挥发分在制品的表面发生分解，生成固体碳，沉积在制品的气孔和表面上，使制品的气孔封闭，强度提高。为了提高沥青的析焦率，改善制品理化性能，该阶段必须均匀缓慢地升温。若升温速度过快，挥发分急剧排出，制品内外温差加大，引起热应力，就会导致制品裂纹的产生。

3）高温烧结阶段。火道温度为800～1200℃，制品温度为700～1100℃。

当制品温度达到700℃以上时，黏结剂焦化过程基本结束。为了进一步提高制品的理化性能，还要继续升温到1000～1100℃。这时，化学过程逐渐减弱，内外收缩逐渐减少，而真密度、强度、导电性都继续增加。在高温烧结阶段，升温速度可以提高一些，在达到最高温度后，还要保温24～36h，以缩小制品上下温差。

4）冷却阶段。冷却的初期，制品内部温度仍然继续升高，同时焙烧炭块继续收缩。继续冷却，由于制品热导率的限制，其内部降温速度小于表面降温速度，从而从制品中心到表面形成较大的温度梯度和热应力。若热应力过大，就会导致裂纹的产生。因此，在从最高温度到800℃冷却时，要适当控制冷却速度，800℃以下可以快速冷却。

## 71. 对预焙阳极炭块的理化指标有些什么要求？

预焙阳极炭块质量的好坏直接影响到铝电解的工艺过程和技术经济指标。为了保证阳极块在电解槽上能够正常运行，对预焙阳极块必须有严格的质量要求。

铝电解槽对炭阳极的基本要求主要有：耐高温，膨胀率小，抗热震性好；具有一定的强度，有较好的耐冲刷性；化学性质稳定，抗氧化和抗氟化物侵蚀性好；导电和导热性良好。所以铝用炭素阳极生产在原料选择、工艺条件、过程控制等方面都有严格的要求。

具体地说，铝电解生产对炭素阳极材料质量有如下几方面的要求：

（1）纯度高。铝电解生产中，炭素阳极材料被电解反应逐渐消耗，残存的灰分将进入电解液中，灰分中还原电位比铝正的杂质将进入铝液，污染铝产品；还原电位比铝负的杂质，会与电解质发生反应而改变电解质组成，并增加氟盐消耗。因此，要求炭素阳极材料中的杂质含量越低越好，一般灰分不应大于0.5%。

（2）导电性能良好。在铝电解槽上，炭素阳极参与传导电流，消耗在炭阳极上的电压降达 350~500mV，每生产 1t 铝消耗在阳极上的电能约 1500~2000kW·h，约占铝生产电耗 10%~15%。因此，降低阳极材料的电阻率对降低铝生产成本十分重要。阳极炭块电阻率不应大于 $60\mu\Omega\cdot m$。

（3）足够的机械强度。铝电解槽上阳极重达几十吨，还要承受电、热等的冲击。因此要有足够的机械强度。阳极炭块的耐压强度不应低于 27MPa。

（4）抗氧化性能良好。炭阳极在电解过程中的实际消耗量总是高于理论消耗量，这种现象被称作"过消耗"，引起过消耗主要有两个方面的原因：一是因为由沥青黏结剂烧结而成的"二次焦"的抗冲刷、抗氧化能力比骨料焦差，电解过程中"二次焦"首先消耗使骨料颗粒脱落，形成炭渣；二是因为选择性氧化，即阳极被空气和阳极气体中的二氧化碳氧化而造成损失。研究结果表明，选择性氧化与原料中的微量元素的催化作用有关。因此，阳极原料应尽量控制有催化作用的杂质元素含量，特别是 V、Na、Cu，其次是 Fe、Ni、Si、Ca，以降低炭素阳极在铝电解生产中的过消耗。而 B、P、$AlF_3$ 等不仅不加速选择性氧化，反而有反催化作用。

铝电解生产要求阳极材料在 $CO_2$ 气氛中稳定。通常，表征抵抗 $CO_2$ 反应性的指标有：反应速度、总消耗率、气化率、脱落度等。

为了保证阳极的上述性能要求，目前我国铝电解槽用炭阳极执行有色金属系统行业技术标准 YS/T 285—1998，其中预焙阳极理化性能指标见表 4-8。

**表 4-8 预焙阳极理化性能指标**（摘自 YS/T 285—1998）

| 牌号 | 灰分 /% | 电阻率 /$\mu\Omega\cdot m$ | 热膨胀率 /% | $CO_2$ 反应性 /$mg\cdot(cm^2\cdot h)^{-1}$ | 抗压强度 /MPa | 体积密度 /$g\cdot cm^{-3}$ | 真密度 /$g\cdot cm^{-3}$ |
|---|---|---|---|---|---|---|---|
| | （不大于） | | | | （不小于） | | |
| TY-1 | 0.50 | 55 | 0.45 | 45 | 32 | 1.50 | 2.00 |
| TY-2 | 0.80 | 60 | 0.50 | 50 | 30 | 1.50 | 2.00 |
| TY-3 | 1.00 | 65 | 0.55 | 55 | 29 | 1.48 | 2.00 |

有国内企业确定了稍高于上述标准的企业标准，各项指标为：抗压强度大于 30MPa；电阻率小于 $55\mu\Omega\cdot m$；气孔率小于 28%；氧化损失小于 40mg/($cm^2\cdot h$)；热膨胀率为 0.45%~0.55%（在 20~950℃）；体积密度大于 $1.5g/cm^3$。

为了进一步提高铝用炭阳极的质量，中国铝业公司提出了优质阳极生产技术和质量的企业标准。其材料的理化指标见表 4-9。

**表 4-9 中国铝业公司优质炭阳极标准**

| 项 目 | 指 标 | 项 目 | | 指 标 |
|---|---|---|---|---|
| 体积密度/$kg\cdot dm^{-3}$ | ≥1.54 | 空气反应性剩余率/% | | ≥80 |
| 真密度/$kg\cdot dm^{-3}$ | ≥2.04 | 灰分/% | | ≤0.5 |
| 电阻率/$\mu\Omega\cdot m$ | ≤55 | | S | ≤2.5 |
| 抗折强度/MPa | ≥12 | | Si | ≤0.0300 |
| 抗压强度/MPa | ≥32 | | Na | ≤0.0500 |
| 导热系数/$W\cdot(m\cdot K)^{-1}$ | ≤3.55 | 微量元素/% | Ca | ≤0.0350 |
| 线膨胀系数/$K^{-1}$ | $(3.5~4.5)\times10^{-6}$ | | Ni | ≤0.0250 |
| 空气渗透率/nPm | ≤2.0 | | V | ≤0.0200 |
| $CO_2$ 反应性剩余率/% | ≥80 | | Fe | ≤0.0400 |

国外预焙阳极炭块质量标准与我国炭阳极的标准相比，其项目更多，指标更细，要求更严。可见各国对阳极质量的普遍重视程度。表4-10列出了国际上公认的预焙阳极材料的一般要求指标。

表 4-10　国际上对阳极的一般要求

| 理化指标 | | 标　准 | 标准范围 |
|---|---|---|---|
| 灰分/% | | | 0.2 ~ 0.5 |
| 体积密度/$g \cdot cm^{-3}$ | | ISO 12985—1 | 1.53 ~ 1.58 |
| 二甲苯中密度/$g \cdot cm^{-3}$ | | ISO 9088：1997 | 2.05 ~ 2.10 |
| 电阻率/$\mu\Omega \cdot m$ | | ISO 11713：2000 | 52 ~ 60 |
| 线膨胀系数/$K^{-1}$ | | ISO 14420 | $(3.5 ~ 4.5) \times 10^{-6}$ |
| 抗压强度/MPa | | ISO 18515 | 40 ~ 55 |
| 抗折强度/MPa | | ISO 12986—1：2000 | 8 ~ 14 |
| 空气渗透率/nPm | | ISO 15906 | 0.5 ~ 2.0 |
| 热导率/$W \cdot (m \cdot K)^{-1}$ | | ISO 12987 | 3.0 ~ 4.5 |
| 动态弹性模量/GPa | | ISO 12986—1：2000 | 7 ~ 10 |
| 静态弹性模量/GPa | | | 4.0 ~ 5.5 |
| 空气反应性/% | 残余 | ISO 12989—1：2000 | 70 ~ 90 |
| | 灰尘 | | 4 ~ 8 |
| | 损失 | | 10 ~ 24 |
| $CO_2$ 反应性/% | 残余 | ISO 12988—1：2000 | 84 ~ 95 |
| | 灰尘 | | 2 ~ 6 |
| | 损失 | | 4 ~ 10 |
| 折断能量/$J \cdot m^{-2}$ | | | 250 ~ 350 |
| 微量元素/% | 硫 | ISO 12980：2000 | 1.2 ~ 2.4 |
| | 铁 | | 0.0100 ~ 0.0500 |
| | 硅 | | 0.0100 ~ 0.0300 |
| | 钒 | | 0.0030 ~ 0.0260 |
| | 钠 | | 0.0150 ~ 0.0600 |
| | 镍 | | 0.0080 ~ 0.0200 |
| | 钙 | | 0.0050 ~ 0.0200 |
| | 铅 | | 0.0010 ~ 0.0050 |
| | 锌 | | 0.0010 ~ 0.0050 |
| | 钾 | | 0.0005 ~ 0.0030 |
| | 镁 | | 0.0010 ~ 0.0050 |
| | 氟 | | 0.0100 ~ 0.0400 |
| | 氯 | | 0.0010 ~ 0.0050 |

## 72. 预焙阳极炭块怎样组装成阳极组？

在铝电解厂，将预焙阳极炭块组装成阳极组的工作由阳极组装车间完成，它主要有以下几个步骤：

（1）阳极炭块的清理。出炉后的阳极炭块表面通常黏有填充料，特别是炭碗内的填充料，必须清理干净后才能作为成品炭阳极。清理的方法一般为人工清理，在现代化大企业中，阳极刮板清理机等自动清理设备逐渐被推广应用。

（2）阳极导杆的准备。由于阳极导杆起着输导电流和悬吊阳极炭块组的作用，因此对它的要求一要导电良好，二要具备规则的几何外形和一定机械强度。

阳极导杆一般选用一级品铝或铝合金（Al 95%、Si 5%）制作，其质量要求应符合铝及铝合金挤压棒材的国家标准（GB 3191—1982）要求。铝导杆尺寸要符合工艺设计要求，一般长度在 2600～3000mm 之间；横截面积根据每组阳极电流负荷按电流密度 0.4A/mm² 确定；单阳极导杆一般约为 130mm×130mm。因为弯曲和表面不平滑的导杆容易造成换极时卡具卡不紧或抬母线时带导杆等现象，所以要求铝导杆长度方向不直度不大于 15mm，表面平直光滑，无氧化膜，无麻面，无凹凸现象，精度等级达 8 级。以减小导杆与阳极母线之间的接触电阻。

（3）残极处理。阳极导杆一般要循环使用 40～60 个周期，残阳极上的导杆需要回收更新，所以要进行残极处理。在阳极组装车间将残极表面和钢爪上附着的电解质清理干净，将残阳极炭块从钢爪上脱落并经破碎后送阳极生产配料，磷生铁浇铸环返回铸铁炉熔化循环使用。

回收的导杆如有弯曲要经过矫直，钢爪经过打磨，经检验合格则可使用。

（4）钢爪、爪架及爆炸焊片的准备。钢爪和爪架都选用铸造碳钢制作。钢爪的电流密度按 0.1A/mm² 选取，通过电流强度计算出钢爪的横截面积。除强度和几何尺寸符合工艺要求外，它们都起传导电流的作用，要求电阻越小越好。因此要求铸钢中的杂质元素越少越好，其中不得有气孔、砂眼、夹渣、裂纹等缺陷。

爆炸焊片是用铝板和钢板经爆炸焊接而成，铝板面再与铝导杆焊接，钢板面再与爪架头焊接。因此要求爆炸焊片机械强度大，界面弯切强度不小于 70MPa；要求表面接触电阻越小越好，界面结合率达 100%，界面电阻不大于 0.2μΩ/cm²。外观要求边界无开裂，板面平整无变形。

国内近期还发明了钢包铝芯钢爪和爪架，正在推广应用中。

（5）阳极组装。将铝导杆与爪架头通过铝钢爆炸焊片连接，铝-铝及钢-钢之间的焊接要完好，不能有开焊现象。铝钢爆炸焊块的工作温度不应超过 400℃。然后将阳极钢爪用磷生铁浇注在阳极炭块的炭碗内。浇铸用磷生铁成分见表 4-11。

表 4-11　浇注磷生铁的铁水成分　　　　　　　　　（%）

| 元　素 | C | Si | S | Mn | P |
|---|---|---|---|---|---|
| 质量分数 | 3.0～5.0 | 2.5～3.0 | <0.2 | 0.6～0.9 | 0.5～1.6 |

这样阳极导杆与阳极炭块连为一体，组成阳极炭块组。阳极炭块组有单阳极和双阳极之分。每块阳极块上的钢爪有 4 爪和 3 爪两种。

## 73. 对预焙阳极炭块及阳极组的外观性质有什么要求？

预焙阳极除对其材料理化指标有第 71 问所提要求外，对阳极炭块的外观也有严格要求，但目前国内尚无统一的标准。某企业规定的标准主要有以下几个方面：

（1）阳极炭块外形尺寸合理。阳极高度过低，则换极频繁，干扰电解槽正常生产，增加劳动强度，增加阳极残极率；阳极高度过高，则阳极自身电压降增高，阳极上部散热量也增加，阳极炭块高度增加过多，阳极母线和电解槽门形支架也势必增高，会增加电解槽上部结构及厂房造价。阳极炭块长度必须符合电解槽槽膛宽度和槽上部两腹板梁间距。阳极炭块宽度如果过窄，则增加阳极组数和换极次数；阳极炭块过宽，则炭块内水平电流和散热量增加，还将妨碍阳极气体逸出，导致电流效率降低。大型预焙电解槽现在大都采用双阳极炭块组，炭块底部开有导气槽，以利阳极气体逸出。

阳极炭块外形尺寸允许偏差应符合表4-12所列要求。

**表4-12　阳极炭块尺寸允许偏差**

| 项　目 | 长 | 宽 | 高 | 弯曲度 |
|---|---|---|---|---|
| 允许偏差/mm | ±10 | ±5 | ±10 | 不大于长度的1% |

（2）填充料附着的焦粒、焦粉必须清除干净。

（3）棒孔（炭碗）符合图纸要求；炭碗直径、深度和间距决定于阳极钢爪。炭碗直径比钢爪直径大30~40mm，炭碗深度比钢爪插入深度深15mm。增加钢爪直径和钢爪插入深度，可减少电压降和散热量，但增加了钢爪用材量和阳极残极率。

棒孔内或孔边沿裂纹的连续长度不大于80mm，孔与孔间不得有连通裂纹。每个棒孔上口边沿脱落缺损不大于80mm×30mm，并不多于一处。棒孔底面凹陷缺损深度不大于12mm，缺损面积不大于底面的三分之二。

（4）焙烧块顶面裂纹长度不大于150mm，侧面裂纹长度不大于300mm（跨棱裂纹合并计算长度）。表面无明显氧化缺损，无暴突、弯曲。

（5）掉棱角不大于100mm×100mm，掉棱长度不大于300mm，深度不大于60mm，数量不多于两处。

（6）组件焊缝不脱焊，爆炸焊片不开缝。磷铁浇注饱满平整，无灰渣和气泡。

（7）钢爪长度不小于260mm，各钢爪偏离中心线不大于10mm，钢爪直径不小于135mm，铸铁环厚度不小于10mm。

# 第五章　预焙铝电解槽的预热焙烧与启动

**74. 铝电解槽预热焙烧的目的和要求是什么？**

铝电解的全部生产过程分为焙烧、启动和正常生产三个阶段。新的铝电解槽在投入生产运行之前，必须经过预热焙烧。电解槽预热的目的在于：

（1）通过一段时间的缓慢加热，驱除电解槽内衬材料中的水分，使其得以烘干；

（2）使阴极炭块之间和阴极炭块与侧部内衬之间的捣固糊烧结和炭化，并与内衬炭块形成一个整体，以免在后续的电解槽启动过程中发生"热震"造成阴极破损；

（3）焙烧使电解槽槽体及阴、阳极获得接近或者达到正常生产时的温度，不使启动时加入的熔融电解质在槽内特别是阴极炭块表面凝固。

在电解槽的整个使用期内，预热和启动过程虽然很短，只有几天时间，但对电解槽的使用寿命却起着决定性的影响，必须予以足够的重视。因此，铝工业生产对电解槽焙烧有以下基本要求：

（1）将炭阴极按照一定的升温曲线缓慢地加热达到操作温度（900～950℃），避免在炭阴极中产生较大的热应力。

（2）均匀地加热炭阴极的工作表面，使阴极表面温度分布尽可能均匀，避免阴极表面产生较大的温度梯度。

（3）保证阴极炭块间及侧部炭糊的黏结性能。

**75. 目前预焙铝电解槽的预热焙烧方法有哪几种？**

目前，工业铝电解槽有四种预热焙烧方法：

（1）铝液焙烧法。用铝液作电阻体，用电加热达到预热焙烧的目的。

（2）焦粒焙烧法。用焦炭颗粒作电阻体，通电加热达到预热焙烧的目的。

（3）石墨粉焙烧法。用石墨粉作电阻体，通电加热达到预热焙烧的目的。

（4）燃料焙烧法。用油、天然气、煤气或其他人造燃气燃烧加热，以达到预热焙烧的目的。

前三种方法也可统称为电阻焙烧法，第四种也可称做外加热法或热能焙烧法。

**76. 什么是铝液焙烧法，它有何优缺点？**

铝液焙烧法是铝电解槽最简单的一种焙烧方法。其基本原理和过程是将从其他电解槽中抽出的液体铝灌入到需焙烧的电解槽中，使其覆盖在阴极表面并充满阳极与阴极之间的空间，然后断开电解槽的短路口，使系列电流通过该电解槽。当系列电流通过阳极、金属铝液和阴极时，由这些导电体产生的电阻热就对电解槽进行预热焙烧。

由于铝液本身电阻值很小，铝液焙烧的大部分热量靠阴极和阳极产生。而对于预焙阳极电解槽，其阳极和阴极都是通过高温焙烧的，它们的电阻值也不大，因此总的发热量不大。这样，铝水预热焙烧即可直接将阳极导杆拧紧在阳极母线上，一次通入全系列电流，不需装、拆分流器和中间软连接。

因为铝液预热总发热量不大，阳极上需要特别加强保温。一般用冰晶石覆盖阳极和填充阳极之间的缝隙，它既可作为预热过程中的保温料，又可作为后续启动阶段的原料，不需取出和更换，省工、省料，并可保持原料清洁。

铝液灌入电解槽内，一直呈液体状态，能与阴、阳极保持良好接触。由于铝液良好的导电性和导热性，可以使阴极表面温度分布相当均匀。

在预热到一定时间后，通过缓慢提升阳极、增大极距，可以增加热量，不断升高温度，达到预热良好的目的。这种利用缓慢提升阳极控制升温速度的办法，简单易行，控制精确。

综上所述，铝液焙烧法有以下优点：

（1）方法简单，操作容易；

（2）阳极母线与阳极导杆之间不需要软连接；

（3）不需要用分流装置对电流进行分流，可直接用系列电流进行全电流焙烧；

（4）阳极、铝液和阴极中的电流分布相对来说比较均匀，因而槽内温度分布均匀，不会出现局部严重过热现象；

（5）阴极炭块在铝液保护下不受氧化，阳极在冰晶石粉覆盖下可避免被空气氧化；

（6）启动后电解质清洁，省工省料。

但铝液焙烧法也存在一些严重缺点：

（1）高温铝水（750～900℃）瞬间灌入冷槽中，巨大的温差使阴极炭块受到强烈的热冲击，容易使阴极炭块内衬产生裂纹，影响其寿命。

（2）电解槽的突然升温使槽内衬中的水分大量蒸发，其膨胀所产生的压力容易从炭块与捣固糊之间的薄弱连接处或处于塑性状态捣固糊的某个薄弱部位拱出，从而使槽底产生裂缝或孔隙。

（3）如若阴极炭块或捣固糊出现裂缝或空隙，铝水会注入其中，启动后易成为铝液渗透通道，引起阴极早期破损。

（4）由于铝液电阻值小，发热量小，升温速度慢，铝液焙烧与焦粒焙烧比较周期较长（约7～8天，比焦粒焙烧长约2～3天），而且铝液焙烧的最终温度往往偏低，容易造成捣固糊焦化不完全。

## 77. 什么是焦粒焙烧法，它有何优缺点？

焦粒焙烧法是在阴、阳极之间铺上一层煅烧过的焦炭颗粒，焦粒粒度在0～5mm之间（严格控制1mm以下的焦粉量），其厚度为10～30mm。电解槽通电后，焦粒层作为电阻体而产生焦耳热，连同阳极、阴极本身的电阻热，使电解槽和阴、阳极受热升温，达到预热焙烧的目的。

为了使各阳极之间的电流分布均衡，阳极导杆与阳极母线之间用临时导电软母线连接，以便各阳极的全部重量都压在焦粒上；所有阳极都要用新阳极，以便使各阳极的质量尽可能一致。这样使各阳极与焦粒之间尽可能获得较为均衡的电阻。直到焙烧终了，在启动之前才将阳极导杆拧紧在阳极大母线上，然后去掉软连接。

在电解槽四周没有焦粒覆盖的部分，包括侧部炭块和四周捣固糊，在焙烧过程中需要加强保护，避免受到氧化。为此，在槽四周装砌电解质块和填充冰晶石粉，并用钢板将其与焦粒隔开，同时，在阳极上部盖上保温板，一则防止热量散失，二则保护阳极免受空气氧化。

焦粒焙烧时，由于焦粒层的电阻远大于金属铝的电阻，如果像铝液焙烧那样一次性输入全电流，电解槽在焙烧初期的升温速度会很快。为了控制升温速度，预热开始时只通入部分电流，然后逐渐加大。电流增加的速度依据预热升温速度而定，短则数小时，长则两昼夜，一般在24h左右可以达到全电流。对于新系列第一批预热焙烧电解槽而言，电流的控制可由整流所按要求逐渐增加供电。而对于同系列已经有生产槽的新槽预热焙烧，或系列生产后的大修电解槽再启动，则必须采用分流技术。所谓分流技术就是采用分流器将系列电流分出一部分，让其从阳极旁路流入阴极，以避免焙烧初期电流太大，升温速度过快。

焦粒焙烧的装置如图5-1所示。

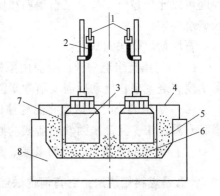

图 5-1 电解槽焦粒焙烧装置示意图
1—阳极母线；2—临时导电软母线；3—阳极；
4—保温盖板；5—电解质块与冰晶石；
6—焦粒；7—侧部挡板；8—槽体

这一焙烧方法在大型预焙槽上得到了广泛应用。与铝液焙烧相比其优点主要有：

（1）阴、阳极可以从常温逐渐升温预热，避免铝液直接倒入冷态熔池时，高温铝液对阴、阳极炭块和扎缝（特别是阴极）产生强烈热冲击。

（2）与铝液焙烧相比，由于阳极与阴极之间的焦粒层电阻值比灌入的铝液大得多，发热量大，升温速度较快。通电焙烧后，大约100h，使阴极表面温度达到900～950℃，即可灌电解质启动。

（3）启动期间槽内只有电解质，若预热期槽底产生了缺陷，则是电解质而不是铝液渗入缝隙中，冷凝后的电解质起到堵塞裂缝或修补缺陷的作用。

但是这一焙烧方法的缺点也不容忽视：

（1）预热期间，不能一次升至全电流，要分数次逐步上升。因此，在生产槽系列上实施预热作业必须配备分流器。另外，还必须装、拆阳极导杆上的软连接，作业较为繁琐。

（2）由于焦粒的粗细、密实程度及其与阴、阳极的接触好坏不易掌握，电流分布不均匀的情况难以避免，有时十分显著；预热期间，容易产生红爪、脱落及阴极局部过热现象；处理不好，易出现过烧，扎缝快速焦结，产生较大裂纹。

（3）电流从阳极经焦粒层直下阴极，槽四周发热有限，容易出现四周扎糊预热不良的现象。

（4）启动后电解质炭渣多，需要清除炭渣，费工费料。

## 78. 什么是石墨粉焙烧法，它有何优缺点？

石墨粉焙烧法是将石墨粉铺设在阴、阳极之间作为电阻体，阳极导杆与阳极大母线之间用软连接方式连接，可以不加分流器，一次通入全电流进行焙烧。温度达到800～900℃时，即可灌入电解质启动。

实际上，由于石墨粉的电导率介于铝液和焦粒之间，因此石墨粉焙烧的操作和特点也介于铝液焙烧和焦粒焙烧之间。现在也有些工厂采用焦粒和石墨粉混合焙烧法。

石墨粉焙烧法的优点：

(1) 与铝液焙烧相比，阴、阳极可以从常温逐渐升温预热，避免铝液直接倒入冷态熔池时，高温铝液对阴、阳极炭块和扎缝（特别是阴极）产生强烈热冲击；升温速度也比铝液焙烧相对快一些；启动期间槽内只有电解质，若预热期槽底产生了缺陷，则是电解质而不是铝液渗入缝隙中，冷凝后的电解质起到堵塞裂缝或修补缺陷的作用。

(2) 与焦粒焙烧相比，不需安装分流器，操作稍简便些；由于石墨粉电阻较低，铺设厚度可以比焦粒厚一些，且石墨粉粒度细，阳极与其接触良好，电流分布和温度分布较焦粒焙烧均匀。

石墨粉焙烧法的缺点：

(1) 与焦粒焙烧一样，电流由阳极经石墨粉直下阴极，槽四周发热量小，周边扎糊容易出现欠烧现象；启动后需要清除炭渣，费工费料。

(2) 焙烧终止时，焙烧终温往往偏低，灌入电解质启动时，需要靠效应提升槽温，使槽底升温过快，且带来因效应造成的原料烧损、环境污染等一系列不良后果。

(3) 仍然需要敷设石墨粉及装、拆阳极软连接，相对于铝液焙烧，操作稍微麻烦。

## 79. 什么是燃料焙烧法，它有何优缺点？

燃料焙烧法是在阴、阳极之间用火焰来加热的。因此，燃料焙烧装置包括两部分：燃料供应和燃烧系统（空气、燃料管道和燃烧器等）以及温度测量、控制系统。燃料通常为油、天然气或煤气。火焰在阴极上表面空间产生，通过传导、对流和辐射将热量传输到槽体的其他部位。为了使高温气体停留在槽内并防止槽外冷空气窜入，阳极上必须加保温罩。预热焙烧完毕后，通电启动可以同时进行。

燃料焙烧法的优点是：

(1) 槽温可以从常温逐渐升高，且升温速度较容易控制。

(2) 焙烧过程可任意移动加热器使阴极表面及槽体各部位均匀受热、各部位温度分布均匀，产生的热应力较小，槽四周扎糊也能得到充分焙烧，因此有利于延长电解槽使用寿命。

(3) 焙烧时阳极可暂不装入槽内，以避免阳极被氧化。

(4) 由于在密闭的条件下进行燃烧，辐射热和沥青烟气很少散发出来，较前几种焙烧方法具有劳动条件好，有益于环境保护等优点。

但是，燃料焙烧法也有缺点，主要有以下几个方面：

(1) 燃烧时所用的过量空气使阴极炭块和炭缝在一定程度上受到烧损，特别是预热到700℃以上时，阴极表面氧化较为严重，会影响槽寿命，为此，常不得不采用低温预热焙烧。

(2) 启动时操作比较复杂。

(3) 启动时由于阳极冷，容易发生阳极效应，而且效应不易熄灭。

(4) 设备价格较高，焙烧成本大。

目前燃料焙烧法还处于研究开发阶段，尚未得到普遍的工业应用。

综上所述，几种常用焙烧方法优缺点概括比较见表5-1。根据几种方法各自的特点，现在新建铝厂大都采用焦粒或焦粒石墨粉预热焙烧。二次启动槽或大修后的电解槽多采用铝液焙烧启动。

表 5-1　几种常用焙烧方法优缺点比较

| 焙烧方法 | 优　　点 | 缺　　点 |
|---|---|---|
| 铝液焙烧 | 操作简便,炭块氧化少,电解质洁净 | 焙烧时间长,初期升温过快,热冲击大,渗铝现象严重,温度梯度大,能耗高,焙烧终温偏低 |
| 焦粒焙烧 | 温度梯度不大,焙烧时间短,启动效应电压低,可弥补内衬缺陷 | 易出现局部温度过高及局部欠烧情况,阴极电流分布不均,电解质含碳高,能耗略高,操作复杂 |
| 石墨粉焙烧 | 焙烧时间较短,温度梯度小,可弥补内衬缺陷,电解质洁净,石墨电阻很低 | 石墨价格高,操作复杂 |
| 燃料焙烧 | 表面升温均匀,温度控制方便,焙烧周期短,能耗低,外能源预热 | 阴极和捣固糊表面易氧化,设备复杂,操作难度大,温度梯度大,安全和有害气体防护要求高 |

## 80. 新建系列电解槽预热焙烧前应具备哪些条件?

对于新建铝厂,根据其规模大小的不同、系列电解槽数目也不同,预热焙烧和启动要按照计划安排分批进行。为了能顺利安全地完成系列电解槽的预热焙烧和启动,应事先做好细致的生产准备工作。在对供电整流、原料输送、烟气净化等系统完成单体设备和联动试车的基础上,制定出预热焙烧启动的详尽计划和应急措施,做好详细的启动方案和安全、操作规程,有关人员到岗,经过培训、实习和模拟操作,以确保焙烧启动一次成功。

扼要归纳,焙烧启动前必须具备以下条件:

(1) 焙烧启动和生产所需设备全部验收合格;

(2) 供电整流系统的设备调试完毕,具备送电条件;

(3) 计算机自动化控制系统调试完毕;

(4) 电解槽母线短路试验完毕;

(5) 电解槽、多功能机组、天车等验收调试完毕,出铝用真空抬包等准备就绪;

(6) 烟气净化系统和氧化铝输送系统设备单体试车和联动试车完毕;

(7) 阳极供应系统、铝锭熔炼和铸造系统与铝电解产能匹配并调试完毕;

(8) 生产劳动组织健全,所需人员配置齐备,相关部门全部到岗,各岗位操作人员经过培训、实习、模拟操作并考核合格,均已熟练掌握了各自应该掌握的操作技术。

## 81. 电解槽的验收及生产交接应把握哪些环节?

新建电解槽必须经过严格验收和生产交接,验收过程中主要把握以下环节:

(1) 电解槽外观。电解槽内衬和炉膛尺寸检查:炉底水平检测 6 个点以上,视炉膛大小适当增加检测点数,测试的最大值与最小值相差应小于 10mm;炉膛大面尺寸检测 10 个点以上,小面尺寸检测 4 个点以上,数据差值应小于 15mm,并以地坪为基准,在烟道和出铝端各测 2~3 个点,记下数值,作为正常生产后炉底上抬的参考值。人造伸腿和炭缝糊帽等检查合格;槽壳及槽上部区无异物;电解槽周围、通道及槽下地坪干净无杂物。

(2) 上部结构的检查。确认各动作系统无扭曲,润滑情况良好;各气动阀门和烟道风量转换阀门开闭灵活;各限位器动作灵敏合理;各夹具、挂钩、紧固件牢固可靠。

(3) 打壳下料机构调试。定容下料器要符合标准,下料量精度符合规范。下料量测试方法:进行 5~8 次打壳下料动作,用容器分别接收各下料器下来的料,并准确称量;计算每个点的下料误差及总下料量的误差，其相对误差应小于 ±3%。下料量误差过大时要进行调整，直至合格为止，并根据下料量确定该槽正常打壳加工间隔。打壳下料机构动作要灵活，无磕碰现象；并且下降速度和提升速度要正常，速度过慢应检查管路及气缸本身的密封情况，如有问题，及时排除。

（4）阳极升降机构提升试验。对阳极升降机构进行载荷提升试验和超载提升试验。超载提升试验是在挂满阳极后加重 10t 重物进行，一般只抽验若干台即可。具体试验方法是将负荷挂于阳极大母线上，操作阳极升降开关，上下 5 次，观察如下现象或变化：

1）电解槽上部结构特别是超重时是否有振动及噪声现象；

2）上部结构是否有弯曲或承受不住的现象；

3）起重机是否打滑，或正常载荷时不打滑而超载试验时打滑；

4）阳极卡具是否牢固可靠；

5）提升电机、减速机是否有发热现象；

6）阳极大母线焊口有无断、裂现象。

在阳极升降机构提升试验的同时，进行阳极卡具的检查。从上限位到下限位往复试验，并加重负荷，仔细做如下观察：

1）卡具本身是否润滑；

2）在阳极母线下沿划线并在 50mm 位置停留 24h，检查阳极是否下滑，验证卡具夹紧力度是否符合要求。

（5）电解槽绝缘部分。用万用表或其他合格的测量仪器测定电解槽各绝缘部位的电阻，必须符合设计规范的要求（设计规范参考表 3-19）

（6）供料系统。槽上溜槽供料正常，料箱密封完好，经手动试验料箱的高低料位信号灯亮，装满料后无漏料现象。

（7）槽控机的考核与调试。对槽控机联动动作与效应灯检查，考核面板功能，观察预警功能、状态功能、手动功能等动作是否执行；指示灯是否准确指示；分级进行控制回路调试，确认槽控机及电解槽上动作准确无误。槽控机上各相应开关要做好符合生产要求的标定，如"打壳时间"、"下料时间"、"无料时间"等；对电解生产涉及的所有开关进行操作，观察其相应动作是否正常。

（8）母线检查。要求安装外观质量合格，利用标尺检查母线水平度、垂直度和齐整度，无明显倾斜，压接面光洁等。要求焊接质量合格，无夹渣、单边、咬边、焊瘤、脱焊、假焊、气孔等。通过短路母线连接情况检查，确认短路口拆卸和安装合格。

（9）密封性检查。槽上管网全部吹扫干净，所有空气过滤器和油雾器清洗干净，然后进行气密性试验，试验压力不低于 0.6MPa。检查所有的连接及密封处是否有漏气现象，如有漏气，要做好记录，待施工单位进行修复后，再次进行气密性检查，直至合格。

（10）辅助设备检查。关注多功能机组、天车、出铝抬包、阳极提升框架、自动升降平台等重点设备的检查验收。检查格子板的安装，要求平整无晃动，绝缘符合规范。

## 82. 怎样进行短路试验？

短路试验是在系列电解槽通电投产之前对母线系统质量的一种测试，即让电流不经过电解槽而直接在母线系统内循环，用以检验母线系统的安装及焊接质量。

在进行短路试验之前，必须做好充分准备，完成一系列检验检测，包括对槽周母线焊接质量及绝缘检验、阳极提升机构承重检验、打壳下料机构检验、槽控机控制系统检验等。确认各短路片都已接通，电流不致经过电解槽，即可开始试验。短路试验分级进行，每次通电 5~6h。试验过程中主要进行以下测试和观察：

（1）当试验电流升至额定电流一段时间后，每 2h 检测一次母线各焊接点的焊接质量，要求 100mm 间距的电压降不超过 3mV。

（2）检测短路口的压接情况及绝缘情况，间距 100mm 时，电压不超过 20mV，短路口温度不超过 100℃，绝缘值大于 1MΩ。

（3）检查母线对地绝缘，绝缘电阻值必须不小于 1MΩ；

（4）抽测立柱母线的等距离压降，以检测前后两大面立柱母线电流分布情况；

（5）进行母线系统的调试和检查；检测母线支架的绝缘，判断是否有变形、位移等。

（6）对电解槽短路口、母线接点的压降与绝缘进行检测，对各短路口及母线连接点的温度进行测量，短路口温度不大于 100℃，各压接点温度不大于 55℃。

## 83. 预焙槽焦粒焙烧启动的管理流程是怎样的？

目前，我国大多数铝厂都使用焦粒电阻焙烧技术，或简称焦粒焙烧。焦粒焙烧启动可以分成几个阶段：预热焙烧前的全面准备，通电前的准备工作，通电焙烧，启动和启动后期管理。其管理流程如图 5-2 所示。

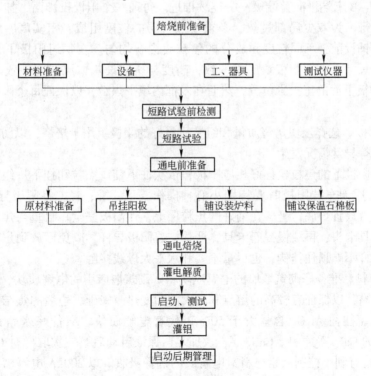

图 5-2　焦粒焙烧启动管理流程示意图

### 84. 预焙槽焦粒焙烧通电前有哪些准备工作？

焦粒焙烧通电前要准备好所需材料，主要有预焙阳极组、符合粒度要求的焦粒、电解质块、冰晶石、纯碱（或 NaF）、$CaF_2(MgF_2)$、$AlF_3$、$Al_2O_3$ 等；准备好工、器具，如阳极卡具、阳极挂钩、分流器、软连接等；准备好测试仪器仪表，如万能表、测温仪表、电流分布测定器等。充分做好准备后，按作业规程分步完成以下操作：

（1）焦粒粒度和种类的选择。在焦粒焙烧方法中，焦粒粒度的选择十分重要。焦粒粒度的大小视铺设焦粒层厚度不同而有所区别。铺设厚度较大，焦粒粒度可以稍大一些；如果焦粒层厚度较小，则焦粒粒度不能太大。一般焦粒焙烧方法中的粒度组成为 1～5mm，粒度分布范围越窄越好，这样可以避免在铺设焦粒层时出现粒度"偏析"现象，即各阳极块下或同一阳极块下的不同部位焦粒粗细不同，因而电阻值不同，引起电流分布不均匀。在焦粒粒度的选择上，还特别需要注意，尽量不采用小于 1mm 的粉料。

焦粒焙烧所用焦粒可以是煅后无烟煤，也可以是冶金焦或煅后石油焦，或者是它们之间的混合物。但尽量选择强度较好，粒度、成分、电阻值较均匀的焦粒。

（2）焦粒层厚度选择和铺设。焦粒焙烧时，焦粒层的厚度一般在 10～30mm 之间，这要根据对电解槽焙烧升温速度的要求以及所用焦粒的电阻值而定。如果要求焙烧升温速度快一些，焦粒的电阻值又较小，焦粒层的厚度就应该大一些，反之，如果要求焙烧升温速度慢一些，焦粒的电阻值又较大，焦粒层的厚度就应该小一些。虽然减小焦粒层厚度焙烧时间需适当延长，但对减少和避免局部过热是有利的。

焦粒层铺设的具体步骤如下：将槽上部、炉底和所有阳极用风管吹干净；开始铺设焦粒，从阳极 A、B 末端极向首端极一一连续推进。每铺一个阳极投影面，挂一块阳极，A、B 两面交替进行。为减少局部过热，必须使焦粒层的粒度组成、密实度、厚度尽可能一致。因此，在铺设前，不同粒度和成分的焦粒要混合均匀。在每组阳极下面铺设焦粒层时，可用一个尺寸大小和阳极块底面一致，高度与所铺设焦粒层厚度一致的木框（或铝框）放置于阳极下面的正投影位置，然后在木框内填平焦粒，以保证每个阳极下面焦粒层厚度一致。

（3）挂阳极。选择炭块焙烧质量和组装质量好的阳极组用于焙烧，以防焙烧过程中阳极碎裂、脱落等异常情况发生。

铺好一块阳极下的焦粒，挂好相应阳极，依次往下铺设焦粒和挂下一组阳极，交替致 $A_1$、$B_1$ 结束。用天车挂阳极时要特别小心，操作要稳、准、轻。将阳极导杆贴近母线，缓缓将阳极垂直放置炉底，坐落在铺好的焦粒层上，让阳极完全靠自重与焦粒层接触。然后完全松开卡具卡头，再缓慢提起卡具，严禁挂着阳极导杆，以免已放到焦粒层上的阳极晃动。阳极导杆不能顶住挂钩，也尽量不要和水平大母线接触。

（4）装炉料。准备好砌筑堰墙的电解质块料。砌筑堰墙用的电解质块，要求 $Al_2O_3$ 含量少、摩尔比高，以保证有较高的熔点和较大的相变热，来延缓边缝的焦结。切不可用阳极上的结壳块（往往 $Al_2O_3$ 含量大于 50%）代替电解质块。准备好冰晶石、纯碱（或 NaF）及足够的 $CaF_2$ 等原料。$CaF_2$ 要一次加足，保证启动后第一次取样时 $CaF_2$ 含量就达到 5% 左右，这有利于控制炭素材料对电解质的选择吸收。以 200kA 电解槽为例，所需准备的各种原料的量见表 5-2。

**表 5-2　200kA 铝电解槽装炉用料量举例**　　　(t)

| 品　名 | 阳极组 | 冰晶石 | 电解质块 | 纯碱 | CaF₂ | 混合料 |
| --- | --- | --- | --- | --- | --- | --- |
| 用量 | 28 组 | 8 | 6 | 2 ~ 4 | 1 ~ 2 | 0.5 ~ 0.6 |

装炉料的具体操作步骤如下：

1）用 10mm 以上厚度的纸板在阳极顶部封盖阳极间缝隙以防止保温料将缝隙塞住，中缝用硅酸钙板覆盖严实；

2）在电解槽中心和两个端头的中心各安装一根热电偶；

3）用大电解质块在中缝出铝端砌好灌电解质和灌铝口，在烟道端砌好观察口；

4）在阳极与槽侧部炭块之间均匀铺设适量的冰晶石及 CaF₂ 粉；

5）用高摩尔比电解质块在侧部人造伸腿处砌筑堰墙，大块砌筑在外，小块在内，墙宽 250mm 左右，与阳极炭块之间预留一定空隙，高度稍低于炭块，以便在启动数小时后能熔化完；

6）在砌筑好的堰墙上均匀撒上适量纯碱；

7）在阳极块与堰墙之间装适量的冰晶石，并加足纯碱，以保证启动后第一次采样摩尔比达到 2.80 以上；如果是干法启动，则在电解槽中缝加满冰晶石；如果是湿法启动，电解槽中缝加少量冰晶石，以防止阴极表面氧化。

（5）安装软连接。为了保证阳极炭块能以全部自重坐落在焦粒层上，并且保证在预热焙烧过程中随着温度的升高，阳极炭块与焦粒层的接触始终良好，阳极导杆与阳极母线之间采用软连接。

具体步骤是：

1）先用细砂纸打磨并用干净抹布蘸取少量甲苯溶液清洗导杆、母线和软连接的所有压接面；

2）将软连接吊装在每根阳极导杆与母线之间，并使软连接分别和导杆、母线紧密接触；

3）软连接全部安装完后，复查并紧固一次卡具。

（6）安装分流器。对于同系列已经有生产槽的电解槽采用焦粒预热焙烧，必须安装分流器。操作步骤是：

1）确认分流片对应的分流位置，并检查分流片压接面是否平整，如不平整可用锉刀锉平或更换，然后用甲苯溶液清洗压接面；

2）用弓形卡具或夹板固定的方法将分流器的一头安装在阳极横母线上，另一头安装在下游槽的立柱母线上；

3）安装完后复查并紧固一遍，确保压接面接触良好。

## 85. 预焙槽焦粒焙烧通电后有哪些操作程序？

通电后的操作程序有：

（1）检查通电前的各项准备工作完成情况，确认槽子是否具备了通电条件。

（2）通电前将槽控机打到手动位置，禁止投入自动控制。准备妥当后，与供电联系准备停电。

（3）确认停电后，开始在短路口安装绝缘板，操作须特别注意安全。操作步骤如下：

1）用风动扳手松开短路片紧固螺栓，并将短路片撬开；

2）向短路口插入绝缘片，若绝缘片插入困难，应检查短路片是否松开，软带部位间隙是否太小，如果间隙过小，可用木楔子将其增大；

3）先取出紧固螺栓，检查绝缘套管有无损坏，如有损坏，应立即更换，然后紧固螺栓。

（4）绝缘板安装完成后，测量短路口的绝缘程度，合格后与供电联系恢复送电。

（5）通电后给阳极上加盖保温用的冰晶石。用铝耙整形使保温料均匀，并露出钢爪，以便观察；要注意不能用氧化铝保温，以防止第一轮换极时，因阳极等高再加上烧结的氧化铝壳层而增加残极的拔出难度。

（6）通电不能一次加载全电流，一般按全电流的25%、50%、75%、100%分四级加载至全电流。电流每升一个等级，需认真进行检查，主要看钢爪是否有发红、阴极导电棒是否有发红等异常现象。稳定保持5~10min而无异常后，再继续升至高一级电流，20~30min升至全电流。

（7）通电时，要注意电解槽的冲击电压。冲击电压最高不能超过5.3V，如超过这个数值，应立即检查软连接、阳极小母线、阳极导杆爆炸焊、阴极软带等处的连接或焊接情况，如有超温、发红等现象，需立即处理，直至排除故障为止。

（8）系列送至全电流后，开始巡回检查分流器、软连接及阳极情况，判断焙烧槽前后大面电流分布是否均匀，测量立柱等距压降，如果误差在3%以内，则被认为电流分布是均匀的，否则，就要进行调整。然后，每4h测量一次，延续监测观察48h。

（9）通电6h后，要松开各卡具，释放热应力，改善接触条件，然后再拧紧卡具。

（10）系列送至全电流8h后，可逐步去掉分流器，操作程序是：

1）通常焙烧时的冲击电压在4~5V之间，通电8~10h左右，槽电压逐步下降至3~3.5V且没有明显波动，则视槽子温度情况可以开始拆除第一套分流器。拆除时，先拆除分流器与水平大母线的连线端，再拆除与立柱母线的连线端。

2）拆除每套分流器后，电压都会有少许升高，但随着焙烧的继续进行，槽内电阻值将继续下降，槽电压又会慢慢降回到2.5~3V。待稳定2~3h，可进行第二套分流器的拆除作业。按着升温曲线的要求，依次拆除第3、4、5套分流器。注意每拆除一套分流器，都要及时测试一遍电流分布。

3）通电12h左右，分流器基本可以全部拆完，进入全电流焙烧阶段。然后进行全电流焙烧。

## 86. 焦粒焙烧作业有些什么注意事项？

对于焦粒焙烧作业，主要注意以下几个方面：

（1）在整个铝电解槽的焙烧过程中，为提高焙烧质量，减少局部过热，自始至终要保证阳极电流分布和阴极电流分布尽可能地均匀。为此，经常测试观察，特别是在每次调整送电载荷和拆分流器作业后，要仔细检查电流分布，发现异常，及时调整。

（2）焙烧温度的控制：

1）升温速度。升温曲线的确定，根据电解槽内衬材料的种类和质量不同而稍有差别。

材质线膨胀系数小、挥发分含量少，升温速度可适当快一些；反之，升温速度要放慢。新槽焙烧升温速度要慢，大修槽焙烧可适当快一些。对焦粒焙烧来说，其焙烧升温速度主要借助于分流器的分流大小来加以控制。以下列举一组新槽焙烧的升温曲线：200℃以前，槽内衬材料没有明显变化，升温速度可适当快一些，如15℃/h左右；在200～400℃时，底糊中部分挥发分开始外逸，需减慢升温速度，如10℃/h左右；炭糊中的碳氢化合物在

500℃左右分解最为剧烈，所以，400～600℃升温速度宜最慢，以5～10℃/h为宜；600℃以后，大部分挥发分已基本外逸，升温速度可适当加快，如10～15℃/h。根据这些条件，绘制升温曲线如图5-3所示。

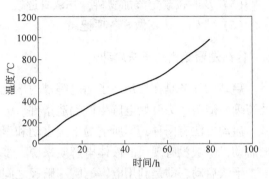

图5-3　焦粒焙烧升温曲线举例

整个焙烧过程切忌升温速度过快，以免因受热表面和材料内部存在较大的温度梯度而产生过大的热应力，引起内衬材料破损；或因大量挥发分迅速外逸引起扎糊鼓泡、裂纹、出现孔洞。这些都将严重危害电解槽使用寿命。

当然，过于放慢升温速度，延长焙烧时间，则会无谓地浪费能量、人力、物力和生产时间，给企业带来经济损失。

2）要求温度分布均匀，相对偏差保持在20%以内。

3）要求炉底的最终预热温度，平均达到850℃以上，才能进行灌电解质操作，开始电解槽的启动。

（3）全电流焙烧阶段，温度较高且上升较快，要经常巡视阳极和钢爪以及阴极钢棒等情况，每隔一定时间（如3h）进行一次测试，记录数据，做对比分析。对异常情况及时调整，以保持阴、阳极电流分布均匀；

通电48h后，可能阳极间的局部缝隙处会发生电解质塌陷现象，要注意及时补充混合料进行保温，但要避免物料进入槽内空腔。

（4）通电后每2h记录一次槽电压；每3h测一次槽膛温度、分流器分流以及阳极和阴极电流分布。并认真做好记录。

## 87. 怎样预防和处理焦粒焙烧中的异常情况？

（1）在焙烧作业之前，要制定周密的焙烧作业计划，调集必要的人力，储备足够的物料，预计可能发生的紧急情况，以应对作业过程中的突发事件。

（2）处理阳极导杆电流分布严重不均。通电4h后，如果发现某阳极导电过小或不导电，首先检查该极的各处连接是否紧固，确认不是因为连接处接触不好，则可用锤击打该阳极钢梁，使之向下震动，改善与焦粒层的接触，增大其导电面积。如果发现某阳极导电过大，钢爪或阳极温度过高甚至发红时，则扒开极上料或用风管吹风冷却，若效果不佳，可将其软连接略微拆松，或用锤击打该极两侧导电偏小的阳极钢梁，增加邻极导电。电流过大且调整不起作用时，可短时间松开其软连接，作间断电流处理。但这种处理不能同时在相邻两根以上阳极导杆上实施，且30min内要及时恢

复连接。

（3）处理阴极钢棒发红。通电后要加强阴极钢棒和槽壳温度测量，若发现阴极钢棒发红，要迅速用风管或湿布进行冷却处理，并及时调整电流分布。

（4）处理阳极爆炸焊脱焊。焙烧过程中若出现阳极爆炸焊开脱，要先取出铝导杆，将阳极周边结壳扎开后再取出炭块。

（5）及时按规定添加物料，并认真巡视、检查，防止电解质外溢烧坏母线。

（6）准确、认真做好各项记录。

## 88. 什么是预焙槽的干法启动？

启动的任务是在焙烧终了的电解槽内熔化足量的液体电解质，同时进一步加热炉内衬及清理炭渣等，为开始电解生产创造条件。

启动方法有两种，即所谓的干法启动和湿法启动。在新电解厂开动时，头一二台生产槽启动，一般没有现成的液体电解质来源，多数总是采用干法启动。

干法启动，即是利用电解槽阴、阳极之间电弧产生的高温，将冰晶石熔化成液体电解质。铝电解槽开始启动，必须预热焙烧达到以下条件：一是阴极表面70%左右的温度达到900℃以上；二是电解槽内60%以上面积有100~150mm高的熔融电解质。

干法启动的操作步骤是：

（1）已预热好处于高温状态下的电解槽，将其阳极导杆卡紧在大母线上。

（2）拆除软连接。

（3）然后慢慢提升其阳极，使之部分脱离导电介质层而产生电弧，形成高温，熔化电解质，并不断向阴、阳极之间补充冰晶石。

（4）当熔化后的液体电解质浸没一定高度的阳极后，电压逐渐稳定，再保持一段时间的高电压，待液体电解质达到适当高度时，可引发阳极效应，加速电解质的熔化。

（5）当温度达到要求并有足够高度的液体电解质后，便加入氧化铝熄灭效应。

（6）再保持一段6~8V较高电压，然后灌入适量铝水，灌铝量视槽型容量而定。对于新厂的头一、二台槽，没有液体铝的来源，可采用慢慢向槽内加入铝锭使其熔化的办法。此时，为了补充熔化铝锭所需热量，槽电压须适当保持高些。

灌铝后，电解槽便进入生产阶段，启动即告结束。

以上叙述的方法是先熔化电解质，并引发阳极效应，添加氧化铝，随后增补铝液，达到一定的铝水平高度。但也可以先灌入铝液，随后熔化电解质进行电解。目前，前一种方法用得较多。两种方法各有优缺点，比较见表5-3。

表5-3　启动的两种操作方法优缺点的比较

| 操作方法 | 优　点 | 缺　点 |
|---|---|---|
| 先灌铝液，后熔化电解质 | 一开始电解时用铝液作阴极，以减少钠和电解质对炭阴极的渗透 | 在开动初期，槽底上容易生成氧化铝沉淀，增大阴极压降 |
| 先熔化电解质，后灌铝液 | 电解质先渗透入炭阴极中，填充炭阴极的缝隙，以减少后来渗入的电解质数量 | 在开动初期，槽底上碳化铝生成量较多，使槽电压上升 |

## 89. 什么是预焙槽的湿法启动？

湿法启动可分为效应启动和无效应启动。

湿法效应启动即是已预热好的待启动电解槽，在拆除软连接之后，迅速向槽内灌入一定量的液体电解质，同时上抬阳极，逐渐引发人工效应。在人工效应期间可将阳极上用于保温的冰晶石推入槽内熔化，若电解质的量不足，则再陆续投入冰晶石，直到液体电解质达到规定高度后，便可投入一定数量的氧化铝熄灭效应。

灌入的液体电解质需要从生产槽上抽取，一般要求抽取的电解质温度尽量高些，以保证抽取顺利和灌入启动槽时有足够的流动性。

效应持续时间一般不超过30min，效应电压保持在20V左右，具体要根据电解槽预热温度及槽内电解质高度而定。

用焦粒预热的电解槽，启动之前若未清除焦粒，人工效应后必须捞出炭渣，以保证电解质的洁净。

人工效应熄灭后，应保持较高的槽电压（一般6～8V），一段时间后（一般6～8h），向槽内灌入一定量的铝液作为槽内在产铝，然后加好阳极保温料，启动便告结束。

湿法无效应启动是将液体电解质灌入待启动电解槽后，提升阳极，将槽电压控制在不超过10V的较低范围，使之不发生效应，让其慢慢熔化物料。这种方法启动时间较长，但有启动初期物料挥发损失少、环境条件较好等优点，如果启动过程中发生效应了也无须强制熄灭，可以用此效应产生的热量进一步提高槽温。

采用湿法无效应启动，电解槽预热温度应适当高些，以防止灌入的电解质凝固，影响启动质量。

湿法启动较干法启动有启动时间短、省电、操作方便、劳动强度低、安全可靠等优点，尤其不会对阴极内衬带来损伤，所以大多数电解槽的启动都采用湿法。但湿法启动需在生产槽上准备液体电解质，或多或少地影响生产槽的技术条件。为启动槽准备液体电解质的生产槽需提前提高槽电压，让电解质水平升高，这时容易出现熔化炉膛和熔化阳极钢爪等现象，需要特别注意。

## 90. 预焙铝电解槽启动作业有哪些操作步骤及注意事项？

电解槽的正常顺利启动是电解槽能否转入正常生产的关键。

在预焙铝电解槽启动过程中，灌电解质、灌铝的量以及正常加料控制的设置等参数，各厂根据自己的槽型和设备的不同而不同，但操作程序和注意事项基本是一致的。以下以某厂实际操作参数为例，叙述启动期间的操作及注意事项。

（1）拆除软连接作业。待启动电解槽表面平均温度达850℃以上，在灌电解质启动之前，需进行拆除软连接作业，步骤如下：

1）从每段母线两端对称地向中间迅速紧上每根阳极导杆上的卡具，既要上紧，又要避免紧断挂钩。

2）然后取下软连接，要注意小心操作，防止烫伤、砸伤。并分别记录拆除软连接前、后的槽电压。

3）在阳极导杆上沿母线下沿划线，以做好标记，判断在抬阳极时阳极是否下滑。

4）取走热电偶、硅酸钙板，保证中缝通道畅通，无积料。

（2）灌电解质启动：

1）如果是采用湿法启动，在紧上卡具、拆除软连接后，要快速灌入一定量的液体电解质，当电解质流到烟道端并有少许高度后，同时一边点动上抬阳极，一边继续灌注电解质，两个操作要配合默契，防止抬阳极过快，致使阳极脱离电解质液面而发生事故。这样将槽电压持续点抬至 7～8V。注意在提升阳极之前，认真检查母线提升机构，点抬之后及时对夹具进行复查加固，防止电流分布不均和阳极下滑、脱落。

2）在人工效应尚未发生之前，有一段物料熔化阶段，称之为造液阶段，这时一部分边部物料逐步熔化，对边部扎固糊进行慢速加温焙烧。在此期间，切忌用工具撬动边部料，以防伤害尚未炭化的边部扎糊。如果边部料熔化过快，必须及时补充混合料，使边部升温速度不致过快。

3）待阳极均匀工作，电解质剧烈沸腾后，将上部覆盖料推入中缝，使其熔化。此时，可从出铝及烟道端取出一部分炭渣。

4）等待人工效应。灌电解质之后便等待效应发生，第一个效应时间一般为 20～30min。效应后，电压保持 7.0～7.5V。此时应尽可能将炭渣捞净，并陆续加混合料将电解质水平提高到 40cm 左右。

第一次效应后，槽控机打至自动状态，正常加料控制（NB）打开，依据实际情况设定下料间隔，比如设定为 30min。

（3）灌铝：

1）灌电解质启动 24h 后灌铝，在灌铝前抽出一定量的电解质，以保持电解质在 30cm 左右为原则。

2）为防止灌铝后温度骤然下降，铝液分两次灌入，中间相隔 4～6h。灌入量视槽型容量以及各厂实际情况而定。比如两次灌铝后，铝水平保持在 14cm 左右。灌铝后，与计算机联机，电解质表面结成薄壳后，在阳极及电解质面上添加氧化铝保温料，并进行整形。

3）灌铝后电压保持 5.0～5.5V，并复查一次夹具。8h 后收上料，并打开排烟风阀排烟；电压通过点降至 5.0V，以后按电压管理执行。

4）灌铝 20h 后，依据实际情况缩短 NB 间隔，比如设定为 25min，阳极效应（AE）间隔为 13h。

5）灌铝 24h 后，开始更换阳极、出铝。

（4）如果是干法启动，特别是焦粒焙烧清炉后进行干法启动，一开始两极间产生的强烈电弧容易严重损伤阴、阳极表面，尤其阴极表面的损伤将会严重影响电解槽的使用寿命。因此，干法启动时，一开始抬阳极必须特别谨慎小心，不能过快，以防发生强烈"放炮"，破坏电解槽内衬，或发生其他意外事故。通常利用槽电压的高低来监控阳极提升，一般控制电压在 10～15V。开始时电压摆动较大，待有一定液体电解质浸没阴、阳极表面后，电压渐趋稳定，才可继续慢慢升高电压，加速冰晶石熔化，直到有足够液体电解质为止。

铝水焙烧的电解槽在启动之前阴极表面已有一层液态铝，电弧产生在液态铝表面和阳极之间，铝液起到了保护阴极的作用，对阴极伤害较小。

（5）无论采用何种方法启动，都必须使投入的固体物料充分熔化（边部砌筑块除外），电解质温度应稍高于正常生产槽。这是因为启动期间投入的固体物料若不充分熔化，将成为沉淀积于槽底。当灌入铝水后炉底温度降低，便再难以熔化。假以时日，便在炉底结成坚硬的结壳，既影响电解槽转入正常运行，又影响阴极内衬寿命。

此外，新启动槽散热损失大，内衬在启动后相当一段时间还会吸收大量热量，若启动时电解质温度偏低，很容易出现电解质水平急剧下降，并在炉底产生沉淀，造成炉膛畸形，这种现象应严加避免。

（6）启动初期严禁计算机投入自动控制。

（7）启动期间来效应要按正常效应熄灭。人工效应完毕后，应加强电解质取样化验，随时掌握电解质酸碱度变化情况。

（8）灌铝前对阴极钢棒、钢窗、散热孔认真检查并做好记录，发现异常应及时处理。

（9）启动期间，若发现脱极块，应及时捞出，并用高残极替换。

（10）启动后期，严格按工艺规程控制各项技术参数，特别是电解槽温度、槽电压、铝水平和摩尔比的控制，这期间炉帮在逐渐形成中，液体电解质量会随之减少，因此要在每日换极时适当补充适量的冰晶石等电解质材料。

（11）启动期间要有专人负责巡视和添加物料，有专人负责按电压管理上下限严格控制电压，并做好启动期间的各项记录。

## 91. 什么是铝电解槽二次启动？

铝电解生产具有连续性，个别电解槽破损后需要通过大修并重新启动投入生产。为了保证整个系列的生产能力，每个电解系列都有 2~4 台大修周转槽。有时由于电力供应条件或原材料供应等方面的原因，造成正常生产的电解槽成批停下来，经过一段时间上述外部条件恢复之后，电解槽不经大修又要投入生产。这些经大修或不经大修的电解槽再启动被称为二次启动。

二次启动的电解槽，特别是意外停槽再启动的电解槽，其槽体都已经过一次预热焙烧，槽体材料所含水分和挥发分都已很少，底部扎糊都已炭化。所以，与新槽相比，焙烧速度可以加快，焙烧时间可以大幅度缩短。

大修后或意外条件停槽后二次启动的电解槽多采用铝液焙烧启动。

二次启动的铝液焙烧启动程序与新系列电解槽差别不大，即：

（1）清炉；

（2）安装阳极；

（3）冰晶石电解质块装炉；

（4）向电解槽中灌入铝液，控制好铝液高度；

（5）停电，拆除短路片并安装好绝缘插板；

（6）通电，监视电压变化情况及最高瞬时冲击电压，如有异常及时调整；

（7）最后做好阳极保温作业。

## 92. 新电解槽焙烧启动常会出现什么故障，怎样处理？

新电解槽在焙烧启动时，槽体逐渐被加热。在加热过程中，砌体中的耐火材料和保温材料排出水分，然后炭素糊类在焦化过程中排出挥发分。由于槽体材料本身质量、炉子砌筑质量以及焙烧启动过程中的操作管理质量等因素影响，常常出现一些非正常情况。针对不同情况，应及时找出原因，采取相应措施处理。常见的事故有以下几种：

（1）压接点发热、发红。通电后半小时内，检查分流器压接点是否发红，如发现变红，用风管吹冷，并检查压接面接触是否良好及做相应处理。软连接压接压降测试时，如发现压降较大（在各软连接的同一部位测量比较），则需再次上紧卡具。

（2）钢爪发红。依次采取如下措施：扒开钢爪四周物料，让自然通风冷却；如果效果不佳，则用风管吹。

（3）焦粒焙烧期间，发现炉底不连续性局部区域温度偏低，这种现象都是由电流分布不均所引起，即所谓焙烧过程的偏流现象。

首先，测量阳极导杆等距压降，观察是否有阳极发红等现象，判断阳极电流分布均匀程度，如有偏流，由此确定偏流方向。如果测得某阳极导杆等距压降小（电流分布值小），先检查该阳极各连接处是否紧固紧贴，紧一紧软连接卡具，同时用大锤震击该阳极钢梁；如果某阳极导杆等距压降大（电流分布值大），甚至阳极发红时，则震打相邻电流分布较小的阳极钢梁，并扒开该极保温料，用风管吹；严重时，可松开卡具，断开软连接。

如果仍在带分流器焙烧阶段，还需检查分流器等距压降。分流大的，震击该阳极，降低其接触电阻；分流小的，则扒开该阳极上的物料，让其散热，并震击附近导电较差的阳极，改善邻近阳极的导电状态。

（4）脱爪。一般在点抬阳极时，会因为热应力不能及时释放，出现导杆与钢爪焊接处断裂，引起脱爪。需要采取的措施是：待阳极抬到位后，用钢丝绳穿在钢爪中间，将极吊出，然后换上高热残极。

（5）阴极钢棒头渗铝。发现阴极钢棒头渗铝，可采取以下措施：

1）正对渗铝处用高压风管吹；

2）定时测量阴极方钢温度及电流分布，及时调整，使温度和电流分布均匀；

3）增加铝液采样分析次数，不断观察铝液质量，直至阴极钢棒温度下降到允许范围。如若阴极钢棒温度久久不能下降，且铝液中的 Fe、Si 等杂质含量持续上升而不能得到控制，则须做停槽准备。

（6）侧部钢板发红。用风管吹发红部位，直至钢板温度下降至正常值。并检查侧部内衬是否有破损现象，如有，及时修复。

（7）灌电解质时发生电解质凝固。只要平均温度达到 850 ~ 900℃且温度分布较为均匀，一般不会出现电解质凝固现象。即使有少量凝固，可同时准备两包液体电解质迅速灌入，则能迎刃而解。出现少量凝固，一般不会影响抬起阳极。只要能抬起阳极，不采取特别措施也不会有大的问题。电解质只要流进阳极底掌之下，就能保持液态。随着槽温的上升，中缝处少量凝固物也会被熔化。

（8）难熄效应。发生难熄效应，可采取以下措施：

1）保持电解质洁净程度；

2）保持合理的槽温；

3）达到合理的氧化铝含量之后，在多块阳极下插入效应棒；

4）阴、阳极短时间短路或暂时停电。

（9）阳极出现裂缝、掉角、掉块、长包等问题：

1）检查阳极电流分布，采取相应措施处理电流分布过大或过小的阳极；

2）复紧卡具，然后吊出破损阳极，捞干净碎阳极块；

3）换上同等厚度的高残极。

（10）漏炉：

1）首先要防止冲断母线；

2）手动下降阳极，直至与阴极接触，以防止断路；

3）系列停电，迅速进行短路口的短路作业；

4）迅速抽吸电解质和铝液，做停槽处理。

如若漏炉发生在侧部，除上述措施外，还可以采取以下措施：

1）用电解质块、袋装氟化钙或氟化镁堵漏洞；

2）抽干电解质，同时将阳极坐入铝液中；

3）将很低的阳极拔出，换上较高残极，以免在阳极下落时，漫上来的电解液侵蚀阳极钢爪。

# 第六章 铝电解槽的常规操作

## 93. 预焙铝电解槽常规操作主要包括哪些内容?

电解槽是电解铝厂的核心设备,其操作、管理也就构成电解铝厂的核心工作。电解槽正常运行时的主要操作有:阳极更换,加料,槽电压控制和调整,效应熄灭,出铝,铝水平和电解质水平(M/B)测量和控制等。

随着从自焙阳极电解槽过渡到大型预焙阳极电解槽以及随着铝电解技术的发展,对电解槽的各项操作要求越来越高、越来越精细准确。但是由于计算机控制技术的发展和应用,一部分操作变得较为轻松,或者由自动化机械代替。目前在大型预焙槽上,加料和槽电压调整都由计算机完成,熄灭效应也可以由计算机实现,但仍需人工监视和辅助。换阳极、出铝、抬母线、铝水平和电解质水平测量等操作,基本上都还依赖人工或人工配合多功能天车来完成。

## 94. 怎样计算阳极更换周期?

预焙铝电解槽所用阳极是在阳极工厂或车间按规定尺寸成形、焙烧、阳极组装后,送到电解车间使用。每块阳极使用一定天数后,需取出残极,重新装上新极,此过程称之为更换阳极。

同一系列的电解槽使用的阳极规格一致,其阳极炭块具有相同的高度,能使用的天数基本一致。同一台电解槽上的阳极轮流更换,在某组阳极正常使用周期内,同一台电解槽上的其他阳极必须全部轮流更换一遍,这段时间就称为阳极更换周期。因此,阳极更换周期既是同一台电解槽上所有阳极更换一遍的时间,也是每组阳极可供正常使用的时间。

阳极更换周期决定于阳极有效高度和阳极消耗速度,阳极有效高度即阳极实际高度与剩余残极高度之差。因此,阳极更换周期($\lambda$, d)可用下式计算:

$$\lambda = \frac{\text{阳极有效高度}}{\text{阳极消耗速度}} = \frac{\text{阳极总高度} - \text{残极高度}}{\text{阳极消耗速度}}$$

而阳极消耗速度与阳极电流密度、电流效率、阳极体积密度及1kg铝消耗的阳极质量等因素有关,可用式6-1进行计算:

$$h_a = \frac{d_a \cdot \eta \cdot m_a}{\rho_v} \times 8.054 \times 10^{-3} \tag{6-1}$$

式中      $h_a$——阳极消耗速度,cm/d;

$8.054 \times 10^{-3}$——1A电流24h内理论上的产铝量,kg/(A·d);

    $d_a$——阳极电流密度,A/cm$^2$;

    $\eta$——电流效率,%;

$m_a$——1kg 铝的阳极净消耗量；

$\rho_v$——阳极体积密度，g/cm³。

所以，阳极更换周期最终可用式 6-2 计算：

$$\lambda = \frac{H_a \cdot \rho_v}{8.054 \times 10^{-3} \times d_a \cdot \eta \cdot m_a} \qquad (6\text{-}2)$$

式中　$H_a$——阳极有效高度，cm。

由此可见，当阳极电流密度增大、电流效率提高或铝的阳极单耗量增加，都使阳极更换周期缩短。而阳极有效高度增大或阳极体积密度增加，则使阳极更换周期延长。

公式的应用实例，如：已知某铝业公司 300kA 中间下料预焙阳极铝电解槽，阳极电流密度 $d_a = 0.73\mathrm{A/cm^2}$，电流效率 $\eta = 95\%$，1kg 铝的阳极净耗量 $m_a = 425$，阳极炭块的平均体积密度 $\rho_v = 1.55\mathrm{g/cm^3}$，阳极块总高度为 570mm，由于在钢爪处加有两个高为 60mm 的半轴瓦形炭碗，其残极高度降至 140mm。试计算该铝业公司阳极更换周期。

由已知条件可以计算出阳极有效高度 $H_a = 57 - 14 = 43(\mathrm{cm})$，根据式 6-2：

$$\lambda = \frac{43 \times 1.55}{8.054 \times 10^{-3} \times 0.73 \times 95\% \times 425} = 28.08(\mathrm{d})$$

该公司阳极更换周期应为 28 天。

应该注意的是，由公式计算出来的更换周期如果是小数，不可四舍五入，而是宜舍不入。因为阳极消耗到规定的残极高度就必须更换，如果拖延，有可能发生电解质侵蚀阳极钢爪现象。

### 95. 如何确定阳极更换顺序？

为保证电解槽生产的稳定，阳极必须按照一定的顺序轮流更换，这就是阳极工艺制度。大型预焙阳极电解槽的生产管理中，阳极工艺制度占有很重要的地位。

有了阳极使用周期和电解槽安装的阳极组数，便可确定阳极更换顺序。确定阳极更换顺序有以下几条原则：

（1）相邻阳极组要错开更换，更换时间要尽可能相隔远些；

（2）电解槽 A、B 两面的新旧阳极组均匀分布，今天交换 A 侧的，明天交换 B 侧的，使两面的阳极母线承担的重量均衡，避免产生母线倾斜的技术事故；

（3）如若按电解槽纵向划成几个相等的小区，每个小区新旧阳极要基本均匀，使每个小区的阳极重量和承担的电流也大致相等。

为此，阳极更换采用交叉换极法（启动槽、停槽和临时换极作业可特殊处理）。

不同容量的预焙电解槽，采用的阳极炭块组数也不同，阳极更换周期和更换顺序也有差别。以某 160kA 预焙阳极电解槽为例，阳极安装组数为 24 组，每组阳极使用 25 天，每天更换一组，第 25 天不换（轮空），从第 26 天重新开始新的周期，则更换顺序可以排成表 6-1。

从表中可见，除 A、B 两侧的第 6、7 组阳极相隔 2 天更换外，其余各相邻阳极均相隔 4 天，而且照顾到了两侧和两端交替更换，这种更换顺序较好地满足了上述原则。

表 6-1　160kA 预焙阳极铝电解槽的阳极更换顺序

| 阳极号 | $A_1$ | $A_2$ | $A_3$ | $A_4$ | $A_5$ | $A_6$ | $A_7$ | $A_8$ | $A_9$ | $A_{10}$ | $A_{11}$ | $A_{12}$ |
|---|---|---|---|---|---|---|---|---|---|---|---|---|
| 换极日 | 1 | 5 | 9 | 13 | 17 | 21 | 23 | 3 | 7 | 11 | 15 | 19 |
| 阳极号 | $B_1$ | $B_2$ | $B_3$ | $B_4$ | $B_5$ | $B_6$ | $B_7$ | $B_8$ | $B_9$ | $B_{10}$ | $B_{11}$ | $B_{12}$ |
| 换极日 | 12 | 16 | 20 | 24 | 4 | 8 | 10 | 14 | 18 | 22 | 2 | 6 |

　　另以某 200kA 预焙阳极电解槽为例，该槽采用单阳极炭块组，安装组数为 28 组，每组阳极使用 29 天，每天更换一块，第 29 天轮空，第 30 天开始新的周期。更换顺序可按表 6-2 进行。

表 6-2　200kA 预焙阳极铝电解槽的阳极更换顺序

| 阳极号 | $A_1$ | $A_2$ | $A_3$ | $A_4$ | $A_5$ | $A_6$ | $A_7$ | $A_8$ | $A_9$ | $A_{10}$ | $A_{11}$ | $A_{12}$ | $A_{13}$ | $A_{14}$ |
|---|---|---|---|---|---|---|---|---|---|---|---|---|---|---|
| 换极日 | 1 | 5 | 9 | 13 | 17 | 21 | 25 | 27 | 3 | 7 | 11 | 15 | 19 | 23 |
| 阳极号 | $B_1$ | $B_2$ | $B_3$ | $B_4$ | $B_5$ | $B_6$ | $B_7$ | $B_8$ | $B_9$ | $B_{10}$ | $B_{11}$ | $B_{12}$ | $B_{13}$ | $B_{14}$ |
| 换极日 | 16 | 20 | 24 | 28 | 4 | 8 | 12 | 14 | 18 | 22 | 26 | 2 | 6 | 10 |

　　表中除 $A_7$ 和 $A_8$、$B_7$ 和 $B_8$ 只相隔 2 天外，其余各相邻阳极组更换日期均相差 4 天，同时照顾了两侧和两端的均匀交叉更换。

　　同样，对于安装 40 组单阳极炭块组、每组阳极使用 22 天的 300kA 电解槽，每天更换 2 组阳极，阳极更换顺序可以按表 6-3 进行。安装了 20 组双阳极炭块组、每组阳极使用 26 天的 300kA 电解槽，可按表 6-4 的顺序进行阳极更换。

表 6-3　300kA 单预焙阳极电解槽的阳极更换顺序

| 阳极号 | $A_1$ | $A_2$ | $A_3$ | $A_4$ | $A_5$ | $A_6$ | $A_7$ | $A_8$ | $A_9$ | $A_{10}$ | $A_{11}$ | $A_{12}$ | $A_{13}$ | $A_{14}$ | $A_{15}$ | $A_{16}$ | $A_{17}$ | $A_{18}$ | $A_{19}$ | $A_{20}$ |
|---|---|---|---|---|---|---|---|---|---|---|---|---|---|---|---|---|---|---|---|---|
| 换极日 | 1 | 3 | 3 | 5 | 5 | 7 | 7 | 9 | 9 | 11 | 11 | 13 | 13 | 15 | 15 | 17 | 17 | 19 | 19 | 21 |
| 阳极号 | $B_1$ | $B_2$ | $B_3$ | $B_4$ | $B_5$ | $B_6$ | $B_7$ | $B_8$ | $B_9$ | $B_{10}$ | $B_{11}$ | $B_{12}$ | $B_{13}$ | $B_{14}$ | $B_{15}$ | $B_{16}$ | $B_{17}$ | $B_{18}$ | $B_{19}$ | $B_{20}$ |
| 换极日 | 14 | 16 | 16 | 18 | 18 | 20 | 20 | 22 | 22 | 2 | 2 | 4 | 4 | 6 | 6 | 8 | 8 | 10 | 10 | 12 |

表 6-4　300kA 双预焙阳极铝电解槽的阳极更换顺序

| 阳极号 | $A_1$ | $A_2$ | $A_3$ | $A_4$ | $A_5$ | $A_6$ | $A_7$ | $A_8$ | $A_9$ | $A_{10}$ |
|---|---|---|---|---|---|---|---|---|---|---|
| 换极日 | 1 | 6 | 12 | 17 | 22 | 24 | 3 | 8 | 14 | 19 |
| 阳极号 | $B_1$ | $B_2$ | $B_3$ | $B_4$ | $B_5$ | $B_6$ | $B_7$ | $B_8$ | $B_9$ | $B_{10}$ |
| 换极日 | 16 | 21 | 26 | 5 | 10 | 13 | 18 | 23 | 2 | 7 |

　　以上仅举数例示范。也可根据各厂槽子的实际情况及阳极更换原则自行推算，排出更适合本厂的阳极更换顺序表。实际生产中，将阳极更换顺序编程后输入计算机，便可在每天固定时间打印出下一天的日更换表，第二天各电解槽需更换的阳极组号一目了然。同时，每月最后一天可以打出下一个月全月全系列阳极更换顺序表，以备查对。

**96. 更换阳极应遵守怎样的操作程序?**

　　更换阳极的作业主要是由操作工人配合多功能天车完成的。作业的一般程序为：

（1）确认准备换极的槽号、极号，将该电解槽排风阀切换到排烟风量最大位置。

（2）与计算机联系或操作槽控箱上阳极交换键，将槽控箱控制置于换极状态。

换极过程中，从残极提出时刻起，由于总阳极面积减少，电流密度增加而使槽电压有少许上升，若不与计算机联系，计算机将做电压调整处理。这样，在残极提出后阳极大母线位置会下降，必然影响新极安装精度；而且，在残极提出和新极安装后扎边部、加极上保温料，会使大量氧化铝进入电解质中，如若不与计算机联系，计算机会按常规加料，换极时进入的氧化铝成为多余量，将带来槽内氧化铝过剩。通过与计算机的联系，计算机便转入阳极更换程序控制，不做电压调整，只监视该槽电压变化。待装好新极，槽电压回复后，自动恢复正常电压控制，并推迟下次下料时间。

（3）揭开更换阳极所在位置的 3~4 块槽罩，用氧化铝耙扒掉残极上的氧化铝保温料。

（4）多功能天车在待更换的阳极周围打壳，先在大面的两块阳极长度范围内打壳，然后打开与残极相邻的中缝。

（5）多功能天车提起残极，用铁钩、氧化铝耙把松动的结壳块钩出。

（6）吊出残极，检查残极状况，是否有裂纹、碎脱、化爪等情况，并标记设置高度。

（7）钩出槽内的结壳及阳极碎块，将槽内炭渣扒到炉帮边捞净，并撮到炭渣箱内。提残极时，会有一部分大结壳块掉入槽内，这些大结壳块一则可能顶住新阳极而不能安装到位，影响新极安装精度；二则会在新极下形成炉底沉淀，影响电解槽正常运行。因此残极提出后，必须把掉入槽内的结壳块干净地捞出来。

（8）换阳极时打开炉面，是检查槽内情况的好机会，应借此机会使用铁钩摸炉底，检查炉底沉淀及结壳情况、邻极工作状态、槽内炭渣量以及炉底是否破损，并测量槽内铝水和电解质高度等。若邻极有问题，应趁此立即处理；炉底沉淀多时可适当调整加料间隔和槽电压；炭渣多，则捞取炭渣；电解质水平低，则补充冰晶石。

（9）打磨新极的阳极导杆。

（10）在多功能天车吊运、安装新极前，要进行阳极高度设置。新极安装精度关系到阳极电流分布是否均匀。为了确保安装质量，现场采用两种办法为新极确定安装位置。一种是利用装有阳极定位装置的多功能天车，由天车工按步骤操作，准确地定出残极在槽上的空间高度，并将此高度转换到新极上，从而确定新极的安装位置。当多功能天车无定位装置时，可以采用第二种方法，即利用自制卡尺定位。以阳极大母线下沿为基准，在残极导杆上划线作为标记，用自制卡尺量出残极底面到标记处的高度；按同样高度在新极导杆上划线标记，以此标记与大母线下沿齐平，来确定新极安装位置。卡尺定位的方法不仅精确度高，且不依赖设备条件，简单易行，便于普及。有天车定位装置的情况下，也可作为辅助办法，在设备故障时备用。

新极上槽后，冷阳极表面迅速形成一层冷凝电解质，约 2h 后开始熔化，阳极开始导电。随着新阳极温度升高，通过的电流逐渐增大，约 24h 达到正常值。电解槽角部更换的新阳极，电流达到正常值所需时间几乎还要延长一倍，因此，新极安装不能与残极底面在同样的水平上，应该提高 1 天（非角部电极）或 2 天（角部极），即 15~30mm。

为了检验新极安装精度，新极上槽 16h 后要进行导电量监测，现场常称做 16h 电流测量，即测量新极导杆上等距离电压降，与正常极比较，如果达到了正常极上数值的 50%~80%（角部新极达到 30%~50%）则视为安装合格，否则需要进行调整。

（11）新阳极安装好后，如果需要，指挥多功能天车，在邻近新极离边部炭块 200mm 处，扎 2~3 块阳极宽的大面结壳，修补炉帮。

（12）多功能天车扎完大面后，对槽大面进行收边整形，并添加极上保温料，一是加强电解槽上部保温；二是防止阳极氧化；三是迅速提高钢-炭接触处的温度，降低接触电压降。要求氧化铝保温层平整，高度适宜，使阳极外侧边沿与炉面形成一自然坡度，留出炉面边部的散热带。

（13）盖好炉盖，风量阀复位至小风量位置。

（14）人工复紧卡具，在阳极导杆上标注槽号、极号并画线。

（15）清理作业现场并填写相关记录。

换极过程中，与计算机或槽控箱联系，捞电解质块和捞炭渣，新极安装精度等是重点工序，应作为全过程的质量控制环节，特别加以重视。

需特别注意，为了减少换极对电解槽运行的冲击和干扰，原则上每台电解槽每天只换一块阳极，最多不超过两块，且两块阳极更换时间必须相隔 8h 以上，两块新极不能集中在一个区。特殊情况下，更换数量必须超过两块时，则只能使用等高残极，最好是从相邻电解槽拔来的热残阳极，以缩短换上阳极的全电流导通时间，尽可能保证电流分布均匀。

## 97. 高残极及脱落极如何处理？

预焙槽启动后装上的新极从开始启动后就要按照换极顺序换极，这样，在换极的第一周期就会出现大量的高残极。如果对这些高残极实现了科学合理的利用，则可以提高残极的利用率，降低生产成本，否则，它们将占用大量的阳极导杆，造成阳极导杆周转困难，并占用车间很大的堆放场地；或者为消耗这些高残极占用设备使用时间，增加工人劳动强度，给正常生产带来很大不便；甚至造成电解槽炭渣量大，阳极电流分布不均，出现槽况恶化等。

科学合理利用高残极，需要统一调度，合理配置，遵循以下原则：

（1）残极的配用以不打乱换极顺序为原则，即若在某极位配用高残极，在该高残极消耗完毕时正好符合换极顺序。但在考虑高残极使用天数时，要比原可用天数少 1~2 天，并适当留有备用量，以免发生导杆烧断或化阳极钢爪等现象。

（2）高残极利用的统一调度，要尽量减少残极的存放量和存放时间，以加快阳极导杆的周转速度，减少导杆的备用量。

（3）高残极的利用尽可能采用热极，以减少阳极氧化和对配用槽的影响。

（4）在同一台槽上使用高残极，要错开更换和使用，避免在同一个区或短时间内连续更换使用。

（5）新系列预焙槽启动后，一般先压极一定的时间，但在电解槽角部可以优先更换，不压极，其余部位约 10 天后再按正常换极顺序换极。然后配以适当天数的残极，用来更换原来的压极。

（6）系列电解槽启动过程中，要储备一定量的高残极。

在巡视或更换阳极过程中，如果发现有阳极脱落现象必须及时处理，即取出脱落极，对大的脱落块必须用捞极铁钳将其吊出来，小块用大钩等工具勾出来，槽内的炭渣块必须捞干净。然后检查换极顺序表，以确定该脱落极应该换上高残极或新极。因脱落极无法用卡尺画线，在装新极时，用大钩摸邻极和新装极的底掌，或用卡尺测量邻极高度，以确定安装极的安装位置。

## 98. 预焙铝电解槽出铝经过哪些作业步骤？

在铝电解槽生产期间，金属铝以一定的速度在阴极上析出，积存于炉膛底部。为了维持最佳的生产技术条件，产出的原铝要定期取出（大型预焙铝电解槽一般每天一次）。这一操作被称为出铝作业（TAP）。

出铝作业的操作步骤如下：

（1）做好作业前的准备。明确每台槽的吸出量，然后检查并准备好多功能机组、抬包、出铝用的材料、工具等；用石棉绳密封好抬包盖，装好观察孔玻璃，检查吸出软管是否完好，消声器、喷嘴是否装好；操作天车，吊起抬包，移至待出铝槽。

（2）按槽控箱的"出铝"键，联系计算机，将槽控机置于"出铝"状态。

（3）记录出铝前回转计读数。

（4）切换排风阀，开大排风量。

（5）取下出铝端两块端罩，将其靠旁边的三角罩摆放；操作出铝端打壳气缸，打开洞口壳面，形成一个直径约30cm的出铝洞（要求大于吸出管管径）。

（6）用铝耙将出铝口的料扒开，用漏瓢将槽内炭渣捞出放入炭渣箱内，用漏瓢将出铝口浮块和底部沉淀捞出放在两侧端面上。

（7）吸出工握住抬包的手柄轮，指挥天车将吸出管缓慢插入槽内，打正抬包，使之离炉底约5cm，天车工进行操作时，抬包不能碰操作地面以及电解槽的上部结构。

（8）确定出铝完成时的目标读数；接通风源，开始虹吸；观察液压秤的指针显示，达到吸出目标值时，立即切断风源，将风管快速接头打开，停止虹吸。

（9）指挥天车工平稳起吊抬包，提出吸出管，准备进行下一台槽的出铝作业。或当抬包已达到其容量时，则将抬包吊上抬包车，送至铸造车间，称重后将铝水倒入混合炉，然后趁热粗清抬包，以保证规定的使用天数。清出的电解应及时加入槽内。

（10）清理出铝洞口，盖上端盖；依据质量单，计算出铝量和上电解质量，认真填写吸出记录。

## 99. 预焙铝电解槽出铝有些什么注意事项？

预焙铝电解槽出铝作业应注意的事项有：

（1）吸出作业的重点之一是准备好抬包，抬包准备如何影响到工作效率。如果抬包准备充分，各处密封好，不漏风，铝液吸出速度就快；否则，上铝慢，甚至不上铝。

（2）吸出前必须通知计算机，计算机便转入吸出程序控制，出铝后会自动下降阳极。槽电压恢复到正常值后，再自动转入正常控制。若出现吸出控制失败，吸出工应将电压手动降到正常。

（3）出铝口必须在下管前打好，捞净炭渣和推开沉淀，以防止吸出时堵管。换一次吸出管至少花20min，将大大延长作业时间。

（4）工作质量控制点是铝的吸出精度和尽量减少上电解质量。如果不是需要调整铝水平，每台槽吸出量原则上应等于出铝周期内实际产铝量。要求吸出精度与指示量之误差在

+50 ~ -10kg 范围内。上电解质量每台控制在 5kg 之内。

吸出量精度的保证，首先是天车液压秤（或电子秤）的指示必须准确，要求经常检查校对；其次则要求出铝工操作精心准确。特别需要注意的是，当采用大抬包出铝，一次吸出多台槽时，吸出工有时在头几台槽并不留心，却在最后一台槽精心找平总量，结果造成假象，表面计算精度符合要求，实则每台槽都存在较大偏差。这样会给技术条件的管理带来混乱，甚至恶化槽况，危害极大。

每台槽的出铝过程中都要密切注意天车液压秤（或电子秤）的读数，指针转动不灵敏或不动时，可能是抬包与某处相接触，应予以调整；如指针大幅度摆动时，往往是吸入了电解质，这时也要停止出铝。当铝水吸不上来时，要检查吸出管是否被堵塞，同时检查进入孔是否密封。出现这些情况要及时处理，处理完后再出铝。

造成电解质吸出量超标的主要原因是吸出管尚未下到铝水层内便开风吸出。多吸出电解质不仅严重破坏电解槽技术条件，急速增加抬包质量，而且会造成铸造炉前炉堵塞、保持炉炉渣增多。但如果吸出管插入深度太深，则会出现沉淀堵塞吸出管的现象。吸出工下管前应掌握槽内铝水深度，管口必须下到铝水层内。

（5）出铝作业占时不能太长，正常每台槽占时 5 ~ 8min，加上粗清包每班不超过 2h。

（6）当出铝作业过程中发生阳极效应时，应立即停止出铝，并将吸出管从槽中抽出，待效应熄灭后再出铝。

## 100. 怎样识别阳极效应即将发生或正在发生？

阳极效应是融盐电解过程中发生在阳极上的特殊现象，以铝电解尤为突出。电解温度正常，电解质水平适当，由于缺少氧化铝而发生的阳极效应属于正常阳极效应，正常阳极效应电压为 25 ~ 30V，效应容易熄灭。

阳极效应发生时的外观特征是：

（1）火眼冒出来的火苗颜色由淡蓝色变紫，进而变黄；在电解质与阳极接触的周边发生明亮的小火花，并带有特别的噼啪声。

（2）槽电压急剧升高，个别槽可达到 50V 以上，与电解槽并联的低压灯泡发亮。

（3）电解质沸腾停止，阳极与电解质界面上的气泡不再大量析出。

（4）电解质与阳极周边有细小的弧光在闪烁。

电解槽发生阳极效应与电解质缺少氧化铝有关。正常情况下，电解质中氧化铝含量降低到一定程度时就会发生阳极效应。发生阳极效应还与阳极电流密度有关。当氧化铝含量低时，阳极效应在较小的阳极电流密度之下即可发生，而当氧化铝含量较高时，阳极效应则在较大的阳极电流密度下才发生。

现场操作人员可以通过以下几种途径获知并确认电解槽已发生阳极效应：厂房内信号灯亮，效应铃响，效应槽上的效应灯亮，槽控机上的效应指示灯闪烁，槽电压显示达到数十伏以上，以及计算机的效应广播。

## 101. 阳极效应对铝电解过程有何利弊？

电解生产过程中发生阳极效应，对生产的影响有利有弊。

发生阳极效应对生产有利的方面：

（1）可以消除炉底沉淀，洁净电解质，发生效应时，电解质对炭的湿润性突然降低，有利于炭渣从电解质中分离，起到改善电解质流动性和降低电解质电阻的作用。

（2）发生效应时产生的大量热量可以促使部分炉底沉淀熔化。

（3）可以清理阳极底掌，当阳极底掌出现局部消耗不良，效应时可在突出部位产生电弧，将突出部分迅速烧掉，使阳极底掌平整。

（4）如炉膛存在局部伸腿肥大现象，效应时产生的大量热量可使局部突出的伸腿熔化，使炉膛规整。

（5）当电解槽热收入不够时，可利用效应调节电解槽热平衡。

（6）从发生阳极效应的各种数据，可提供分析判断电解槽运行状况的信息，特别是作为氧化铝投入量的矫正依据。

发生阳极效应对生产不利的方面：

（1）效应期间输入电解槽的功率为平时的数倍，且电解过程基本停止进行，因此，效应会增加大量电能消耗。

（2）效应时产生的大量热量会增加氟化盐的挥发损失，不仅增加原材料消耗，而且挥发物加重了环境污染，恶化了工作环境。

（3）阳极效应产生的 $CF_4$ 和 $C_2F_6$，其温室效应是同质量 $CO_2$ 的 6000～9000 倍。

（4）效应可能导致电解质熔体过热，增加铝的溶解和二次反应，降低电流效率和原铝质量。效应还可能打破电解槽热平衡，使输入能量过多，导致破坏规整炉膛。如果效应持续时间过长，还可能烧坏侧部炉帮，严重时烧穿槽壳，造成漏炉。

（5）效应时的高电压会引起系列电流波动，既影响供电又影响生产正常进行，易造成供电和生产之间相互影响的恶性循环。

（6）打乱正常作业，增加工人劳动强度和额外的原材料消耗，包括熄灭棒的木材消耗等。

比较效应的利弊，其弊大于利。特别是对于具有很强自控能力的现代铝电解槽，其有利因素已很不明显，而弊端仍然突出。因此铝电解生产中尽量把效应系数控制在较低范围内。

## 102. 熄灭阳极效应应遵守怎样的操作程序？

如上所述，阳极效应会给正常生产带来许多不利影响，效应持续时间过长，后果会更为严重。因此，发生阳极效应时，必须控制效应时间，及时熄灭。

工厂里熄灭阳极效应通常采用阴、阳极局部短路的办法。但各厂在操作上存在一些差异。目前，有部分铝厂的电解槽采用计算机控制下降阳极自动熄灭效应的方法应该很有前景。但目前熄灭效应的成功率不高，只有 60%～80%；而且下降阳极时，常会出现电解质从火眼喷出，烧坏槽罩和压出电解质。目前在我国最为常见的方法仍是插入木棒熄灭法，其实质是在补充氧化铝使电解质中氧化铝含量达到正常范围的同时，将木棒插入高温电解质内产生气泡，破坏阳极底面上的滞气层，并使部分铝液飞溅与阳极接触，造成局部阴、阳极短路，使阳极重新净化恢复正常工作。其操作步骤一般如下：

（1）效应发生后，作业者应持效应棒迅速赶到效应槽前，并将效应棒放置在炭渣箱旁。

（2）到达槽控机前，确认效应电压、效应状态、槽控机控制状态。

（3）检查下料阀、风机充气阀，并将各阀门置于开启状态。

（4）开大排烟阀门，揭开烟道端端罩，等待计算机自动进行第一次效应加工，观察烟道端的打壳和下料情况是否正常。如有故障进行处理，否则盖好槽罩。回到出铝端，揭开出铝端端罩，等待计算机自动进行第二次效应加工，观察出铝端的打壳和下料情况是否正常。

（5）几次效应加工完毕后，立即将效应棒斜插入阳极底掌下的铝液中，到槽控机旁观察效应熄灭情况。如若效应发生时出现电压摆，必须待电压平稳后，才能插入木棒熄灭，否则将发生难灭效应。若电压不稳，可适当稍抬电压；若电压很低且持续不上升，应检查阳极是否下滑。处理完后再插木棒熄灭效应。

（6）确认效应熄灭后，拔出木棒，在出铝端进行炭渣打捞。然后收拾清扫出铝端，盖上槽罩，排烟阀门恢复原位。

（7）再次巡视检查电解槽及槽电压。电压低时应及时上抬至设定电压，电压高时可由计算机自动调整。

（8）收拾作业现场，工具归位。效应熄灭 30min 后，再次巡视电解槽，及时处理异常情况。

熄灭阳极效应的几点注意事项：

（1）严格控制效应持续时间。从阳极效应发生到熄灭的时间称为效应持续时间，它等于计算机检出时间、效应加工时间和熄灭操作最少时间之和。正常阳极效应持续时间应在 3min 左右，一般不应超过 5min，超过 5min 则视为效应时间过长。所以控制效应持续时间是熄灭阳极效应的操作质量控制点。

（2）要有效控制效应持续时间，除应进一步提高电解槽计算机控制水平，减少计算机检出时间及效应加工时间外，在熄灭操作上应从两方面入手：一是插木棒前的准备要充分，如认真检查槽控机是否自动，各种阀门是否打开等；二是插木棒的时刻和方法要得当，插入木棒时刻应在效应加工完后，电解质中氧化铝含量恢复到正常范围时进行，否则有可能产生不灭效应；木棒插入方法应直接插入阳极底掌下，起到赶走阳极底部滞气层的作用。

（3）从效应电压的高低和稳定情况可反映出电解槽的运行状态。如 300kA 中间下料预焙槽，效应电压稳定在 30V 左右，说明电解槽运行正常。若效应电压过高，可判断为热输入不足；效应电压过低时，则为热输入过剩；若效应电压不稳定，大幅起落，则为炉膛不规整或阳极行程出现病态。出现这些异常情况，要对症下药地及时进行处理。

## 103. 怎样调整异常电压？

所谓异常电压，就是超出计算机自动控制调整范围的槽电压。在更换阳极、出铝或熄灭阳极效应之后，电解槽都会出现异常电压。当槽控机发生故障造成阳极自动上升或下降时，电解槽也会出现异常电压。所以，出现异常电压时首先要准确判断其原因，然后进行调整。调整的操作步骤基本如下：

（1）获取异常电压信息，如槽号、异常电压类型等。在大型预焙阳极电解槽生产中，当计算机检测到异常电压时，会立即通过语音广播通知现场人员加以处理。现场操作人员也可通过生产巡视，查看计算机在线信息，获得异常电压的相关信号。

（2）操作人员应立即赶往发生异常电压的电解槽，确认异常电压情况。

（3）查看槽况，查阅相关记录和报表，分析判断异常电压产生的原因。

（4）针对异常电压的不同类型及不同诱因，采取相应的措施进行处理。

1）由于人为因素和设备故障引起的阳极上抬或极距压缩都可立即通过阳极调整，将电压调整到计算机的可控范围。如果因为槽控机故障原因引起的异常电压，首先应排除槽控机故障，以实现电解槽电压的自动控制。

2）由于炉膛畸形或槽况病变引起的高、低异常电压，首先应处理病槽、规整炉膛后，再逐步恢复电压的自动控制。

3）对因处理槽针振而上抬阳极引起的高异常电压，或在处理高异常电压时下降阳极而出现针振等现象，这时不能采取强行降电压，必要时还应适当提高电压。待消除电解槽针振的根本原因后方可将电压慢慢降到可控范围。

4）由于阳极下滑而引起的低异常电压，对下滑极高度进行校正后，低异常电压即会得以消除。

（5）实施处理措施后，跟踪电解槽工作电压的变化。

（6）记录异常电压类型、产生的原因、处理措施及效果。

## 104. 怎样计算抬母线周期？

阳极导杆固定在电解槽阳极大母线上，电解生产过程中随着阳极的不断消耗，阳极母线不断下降。因此，为确保生产过程的连续进行，需要周期性地将阳极母线从低限位抬至高限位。这一操作，被称为抬母线作业。

两次抬母线作业之间的时间为抬母线周期。抬母线周期的长短决定于阳极消耗速度和母线的有效行程。阳极消耗速度越慢，母线有效行程越长，则抬母线周期越长。

可根据预焙阳极炭块的消耗速度和阳极母线的有效行程计算抬母线周期：

$$D = \frac{L}{h_a} \tag{6-3}$$

式中　$D$——抬母线周期，d；

　　　$L$——阳极母线有效行程，cm；

　　　$h_a$——预焙阳极块消耗速度，cm/d。

阳极消耗速度的计算方法在第94问中已有叙述，因此，根据式6-3不难计算抬母线周期。

例如：某铝业公司的300kA预焙铝电解槽，其阳极的实际消耗速度为1.531cm/d。电解槽母线总行程为40cm，生产过程中，母线的上安全行程到5cm位置，下安全行程到32cm位置（即至最低位留有8cm安全保障），所以电解槽的有效行程为：32 - 5 = 27（cm）。则抬母线周期为：

$$D = \frac{27}{1.531} = 17.6(\text{d})$$

大型预焙槽抬母线周期一般为15~20天，计算所得天数为小数时，宁舍勿入。上述例子按 17 天的周期根据系列生产槽数安排每天抬母线的工作量。

### 105. 怎样进行抬母线操作?

由多功能天车配合,使用专门的母线提升机进行抬母线作业。母线提升机为框架结构,上面装有与电解槽上阳极数目相对应的夹具,按槽上阳极位置排成两行,每边安装有滑动扳手,每个夹具上装有一隔膜气缸,隔膜气缸和滑动扳手与框架上的高压总气管相通,用天车空压机输出的高压风作为动力。操作时,用天车吊起母线提升机,将其支撑在槽上部横梁上,高压风驱动隔膜气缸动作,带动夹具锁紧阳极导杆,使阳极重量从母线上转由夹具-框架-横梁承担,并固定其位置。操作提升机上的滑动扳手松开母线与阳极间的卡具,借助母线与导杆之间的摩擦导电,按下槽控箱的阳极提升按钮,母线上升,阳极不动。当母线上升到预定位置时停止。然后将阳极卡具拧紧,松开提升夹具。由天车吊出框架,这就完成了一台电解槽的抬母线作业,每台的操作时间约 20~30min。

具体操作步骤如下:

(1) 以每天所抄回转计读数为依据,确认抬母线槽,检查待抬母线槽提升机构是否正常,检查天车副钩、母线提升框架是否正常,并准备好其他所需工具。

(2) 将阳极框架与多功能天车进行连接。多功能天车将母线提升框架平稳吊起到需进行母线提升的目标槽,将框架上风管与外界风源接通。

(3) 确认风压是否达到抬母线的工作压力,操作抬母线框架切换开关,将框架上夹具装置切换到张开状态。指挥对准阳极导杆,缓慢下降母线提升框架到位。

(4) 操作抬母线框架切换开关,将框架上夹具装置切换到夹紧阳极导杆状态,并使阳极导杆贴紧阳极水平母线。

(5) 将槽控机置于抬母线状态。

(6) 操作框架上的风动扳手进行松阳极卡具作业。

(7) 按槽控箱阳极提升键,开始抬母线。监视回转计读数和槽电压的变化,当回转计读数到达指定数值时,停止提升母线操作。

(8) 逐一拧紧卡具,并对阳极水平进行标识。卡具拧紧后,多功能天车切换母线框架上夹具装置到张开状态,吊起母线提升框架,将槽控机恢复到自动控制。

(9) 关闭风源,拆下快速接头。

(10) 复紧阳极卡具。将母线提升框架吊运到指定位置,将工具归位。然后记录抬母线的槽号、时间以及抬母线前后的槽电压,并记录抬母线过程中发生的异常情况。

### 106. 抬母线作业要注意哪些事项?

在抬母线过程中不得进行其他作业,同时应注意以下事项:

(1) 抬母线过程中如果来效应,阳极导杆与母线接触面就会出现电弧火花,从而灼伤导电界面或烧毁导杆。因此,确认抬母槽后,要与计算机联系,并检查抬母槽是否在效应等待期。如果在效应等待期,要看槽控机的回转计读数,以确定是否需要推迟抬母线。回转计读数在 60 以上的,安排到第二天抬母线;回转计读数在 60 以下的,等当天效应来过并恢复正常后抬母线;如果效应不来强制抬母线,则须做好充分准备,拿出有效措施,再进行抬母线作业。如果抬母线时出现效应,必须停止操作,待效应熄灭后再继续作业。

（2）操作中吊放抬母框架要平稳、准确。

（3）在上抬母线过程中，要观察各块阳极的位置是否发生变化，若有异常，停止上抬，并做相应处理。当阳极导杆弯曲或拉紧丝杠过紧时，导杆紧贴母线会将阳极或临时框架带起，造成被带阳极附近结壳下塌。这时必须立即停止操作，将带阳极一端的拉紧丝杠松一松，使阳极和临时夹具自动恢复原位。如果临时夹具未拧紧，当阳极卡具松开时，会发生阳极脱落下沉，此时也应立即停止操作，将下降的阳极复位，拧紧临时夹具。

（4）抬母线时，如果阳极导杆与母线间的间隙过大，则阳极导杆与母线接触处可能发生火花，这时必须紧一紧拉紧丝杠。

（5）松紧卡具时，要在电解槽 A、B 两边对角进行（两人同时操作），避免阳极提升机构倾斜。

（6）抬母线的质量控制点之一是抬完母线后旋紧阳极卡具的程度。若卡具不旋紧，发生阳极下滑，会造成槽况恶化，因此，每次作业前都要测试风动扳手的扭紧力。为了能及时发现阳极是否下滑和下滑的程度，每次抬前必须在阳极导杆沿卡具下侧划线标记，抬后擦去旧标记，做好新标记。

（7）发生下列情况之一时禁止抬母线：1）阳极效应等待之中；2）正在发生阳极效应；3）正在更换阳极时；4）正在出铝作业中。

## 107. 什么是三点测量作业，它有何优缺点？

中小型槽测量电解质水平和铝水平常用一点测量方法，一点测量位置常取在出铝口，测量工具用配有水平器的45°斜钎。三点测量作业是相对于一点测量而言。

三点测量是大型电解槽科学管理铝水平和电解质水平的一种有效手段。电解过程中，因受磁场影响，槽内铝液存在起伏而并非一个平面。一端进电方式常使它成为一端高一端低的斜面，两端进电方式常使它成为两端低中间高的弧形隆起。对于大型电解槽，槽膛面积大，若仅从某一点测量铝液和电解质高度会与实际情况相差甚远，需要选择多个有代表性的点进行定期测量才能真正反映两水平高度。同时，通过前后两次测量的数据变化以及这期间的出铝量、阳极下降量，即可反映电解槽炉膛的大小，为建立规整的炉膛提供依据。因此，三点测量已成为大型预焙槽操作的重要工作之一。

三点测量一般在进电侧大面选择有代表性的点进行。测量点视槽容量大小和阳极配置的不同而有所不同。一般选择大面中点和被中点平分的两段的中点。如配置 24 组阳极的电解槽，A 面 12 组阳极，测量点选择在 $A_3$-$A_4$ 之间、$A_6$-$A_7$ 之间和 $A_9$-$A_{10}$ 之间。

三点测量使用的工具与一点测量相同，包括配有水平器的铁制 45°斜钎和直尺。测量时打开测点处的槽罩，用天车在指定位置靠大面阳极端头各扎一个洞，注意不要碰到阳极，以防把阳极扎坏。扎完洞后，清理好洞口，保证测量钎顺利插入炉底。插入时钎子水平段保持水平，以保证插入段与地平线成45°角。平稳抽出钎子，在水平段保持水平的情况下，用直尺量出铝液和电解质的垂直高度。

三点测量完后，算出加权平均值作为该槽的测量结果，并将前后两次测量结果进行比较，若出现 20mm 以上的差别，则须重新测量，最后将数据输入计算机。

三点测量与一点测量相比，获得的数据更有代表性，但作业较为麻烦，不能像一点测量那样随时随地获取数据，而是相隔数天进行一次。所以，在生产中，常将三点测量和一点测量配合使用。

### 108. 怎样进行预焙铝电解槽扎边部作业？

扎边部作业除起到大面积修补侧部槽帮、规整槽膛的作用外，随着大量物料加入槽内，在一定程度上起到了加料、降温、收缩槽膛、抬高铝液和电解质水平的作用。

近年来，大型预焙槽随着操作工艺的不断改进，普遍采用高摩尔比电解质启动，在形成稳固的高熔点槽帮后，正常运行采取"三低一高"的工艺技术条件，即较低的氧化铝含量、较低的摩尔比、较低的电解温度和较高的槽电压。这种工艺条件使得侧部的热流减少，有利于自然形成稳固的槽帮，对已凝固形成的槽帮可减少再次熔化，有利于槽帮的巩固和持久。因此，越来越多的大型预焙槽采用窄加工面，一般不做边部加工作业，只在换极时，或因特殊情况发现槽帮破损时，为了修补槽帮才进行扎边部作业。

扎边部作业遵守如下操作规程：

（1）在需要扎边的电解槽旁准备适量的电解质块。

（2）与计算机联系，按槽控箱的扎边部按钮，将电解槽自动控制置于扎大面控制状态。

（3）将排烟阀打至最大排风量位置，打开扎边位置的槽罩，放置在旁边槽罩上。

（4）天车工操作打击头在距阳极 15cm 左右，尽量靠近侧部炭块的一面打大面结壳。扎小头时，打击头距阳极 20cm 左右，尽量靠近边部炭块扎下小头的结壳块。电解工配合，一边扎大面，一边添加电解质块，由外到里，扎二至三遍，扎实后补充电解质块。

（5）在扎边部的过程中，必须巡视并及时调整槽电压，将槽电压控制在正常范围内。

（6）扎完边后，收拾炉面，把槽边沿的块料推向阳极边缘。炉面要顺阳极边缘形成一自然斜坡，距侧部收出一条 5~15cm 散热带，要求料面平整无积料。

（7）调整极上保温料，将保温料过多的撮、撒到保温料少的阳极上，极上料严重不足的，要用多功能机组补加。要求极上保温料均匀，阳极无裸露现象。

（8）用铝耙将槽上部料扒下，把下料点周围的积料扒到阳极上并整形。

（9）在出铝端用漏铲捞炭渣，倒入炭渣箱内。

（10）盖好盖板，撮尽槽沿板和风格板上的料，清扫现场。

### 109. 预焙铝电解槽的炭渣是怎样形成的，为什么要捞炭渣？

大型预焙槽生产过程中，炭粒从阳极炭块上脱落下来并漂浮在电解质的表面形成炭渣。炭渣对电解过程危害很大，必须清理，因此铝电解常规操作中少不了捞炭渣作业。

预焙槽形成炭渣的原因主要有两个方面：一方面阳极炭块质量不稳定是炭渣形成的最主要原因。电解过程中，处于高温状态的阳极炭块承受空气和阳极气体的氧化，如果阳极质量不均匀或黏结剂质量不好，质量较差的黏结剂或抗氧化能力差的部位被迅速氧化，骨料颗粒突出来，容易脱落形成炭渣。形成炭渣的第二方面原因是溶解于电解质中的 Al、Na 等金属元素与阳极气体发生二次反应，也可能形成炭渣，特别是槽况不正常、二次反应很强烈的时候：

$$3CO_2 + 4Al \Longrightarrow 2Al_2O_3 + 3C$$

$$CO_2 + 4Na =\!=\!= 2Na_2O + C$$

阳极质量较好时，产生的炭渣量不大，部分炭渣可能直接与空气发生氧化反应而被燃烧掉。但若产生的炭渣量较大时，它们漂浮在电解质表面或夹杂在电解质中，积累较多时，会因其在电解槽中积聚的部位不同，给生产工艺造成不同的危害：

（1）中缝处积聚过厚的炭渣，有可能隔离氧化铝的加入而引起突发效应。

（2）电解质表面炭渣过多，特别是积聚在侧部加工面上的炭渣，容易引起两极短路，形成部分电流旁路，使电流效率下降，还可能引起电压波动，出现效应电压低下、电解槽局部过热等病症。

（3）在电解槽角部的阳极底掌积聚过多炭渣时，容易引起阳极长包。

（4）夹杂在电解质中的炭渣过多时，会降低电解质的流动性能，增大电解质电阻，破坏电解槽的能量平衡，引起一系列较严重的后果。

因此，必须制定打捞炭渣的制度，定期捞取炭渣，清洁电解质。

## 110. 怎样完成捞炭渣作业？

发生阳极效应期间，电解质对炭的湿润性变差，炭渣容易从电解质中分离出来，而且，随着电解质的循环运动，分离出来的炭渣容易被带到电解槽的角部。因此，捞炭渣作业一般安排在阳极效应发生之后和角部换极的时候，或者交接班时进行。

捞炭渣的作业规程如下：

（1）预热好打捞工具，将排烟阀打到最大位置，揭开出铝端槽罩。

（2）打开出铝口，将电解质块捞出放在阳极结壳上。必要时也可在烟道端打开壳面，进行与出铝端相同的操作。

（3）用捞勺伸进出铝口中从里向外掏拉，一般炭渣就会不断地飘出，用捞勺及时捞出并倒入渣箱内，重复此步骤直至尽可能打捞干净为止。

（4）阳极效应发生后，电解质沸腾激烈，炭渣与电解质分离良好，此时应及时捞取炭渣。

（5）更换角部极时，侧部积聚在阳极下的炭渣不断从吊出极部位漂出，趁此应及时捞取炭渣。换极时打捞炭渣，在阳极交换处进行，用不着再打开出铝口。

（6）炭渣全部收集到炭渣箱中，送到统一指定的位置堆放，然后清理现场。

## 111. 预焙槽下料异常如何处理？

铝电解过程的电化学反应不断消耗电解质中的氧化铝，使氧化铝转变成铝和阳极气体。因此，需要向电解槽不断补充氧化铝，称之为加料。加料速度必须能满足电解过程对氧化铝的消耗，否则将会因氧化铝不足而引发阳极效应。但由于受电解质中氧化铝溶解度和溶解速度的限制，加料速度也不能过快，否则会造成沉淀，给电解槽带来一系列严重后果。为了能确保电解过程在较恒定的条件下连续平稳地进行，最理想的加料方式是以与电解槽消耗速度相同的速度连续不断地补充氧化铝，但目前还做不到这种程度。

如今大型预焙槽的中间多点下料方式基本实现了氧化铝的准连续添加。中间点式下料预焙槽电解过程中氧化铝的补充主要通过以下几种途径：

（1）自动的中间点式下料器按正常的时间间隔进行加料，这占下料总量的80%以上；

（2）扎边部、压壳面、换极等作业带入的氧化铝；

（3）熄灭效应时，效应加工加入的氧化铝。

几种加料方式如果因人为或设备故障使加料速度超出了理想的控制范围，则发生下料异常。下料异常分为两种情况：一种是物料不能正常添加进入电解槽；另一种是单位时间内氧化铝添加量异常增加。

引起第一种情况的可能原因有：

（1）打击头动作无力或风压不足，造成下料口被壳面封住；

（2）打壳下料系统设备发生故障，尤其是打击头长期在高温、电解质强腐蚀环境下工作，容易被磨蚀造成打击的下料口太小，引起堵料、积料等不畅情况；

（3）因下料系统功能缺失，如打击头脱落、动力气路不畅等，造成下料不畅。

一旦下料不畅，物料不能及时进入电解质中，会造成电解质中氧化铝含量过低而诱发效应，严重时会消化炉帮，引起炉膛变化。侧部炉帮熔化后可能造成槽壳发红或烧穿，进而发生漏炉事故。如果打击头脱落或提升不起，不及时处理，不仅造成物料添加不畅，而且因打击头被溶蚀而影响原铝质量。下料不畅的处理方法有：

（1）检查、分析引起下料不足的原因。检查下料口是否有封堵现象，打击头是否脱落，操作安装在烟道端管网上的手动打壳开关，检查打击头动作是否灵活，打击力度是否能打通壳面，打击头长度是否能打穿壳面。

（2）针对不同原因实施相应的处理措施。如果由于壳面封堵，一次打击不能打开壳面，则可以反复多次打击，直至打开壳面；如果因设备故障造成打击头无力，则应采取措施排除故障，直至恢复功能，下料畅通为止；如果因打击头磨蚀或脱落，则应及时更换打击头。在处理故障的过程中，应采用人工推料方式及时向槽内添加氧化铝，并做好有关记录。

第二种情况，即单位时间内加料量异常增加，其可能原因主要有：

（1）下料气缸锁不住料而造成漏料、滑料等积料现象；

（2）物料输送系统料位计故障，使料位检测错误，造成打冒料、翻仓等情况。

漏料、滑料、冒料等处理不及时会使电解质中氧化铝含量急剧升高，影响计算机对氧化铝含量的控制，并且很快超出电解质中氧化铝溶解度范围，大量形成沉淀，引发病槽。

单位时间下料量异常增加的处理办法：

（1）检查、分析下料量异常增加的原因。

（2）针对不同原因采取相应的处理措施。由于下料气缸锁不住料，漏料、滑料造成打击头下面积料，根据积料多少，打开两面或三面槽罩，以便扒料，然后用料耙将积料扒到相近的阳极上。积料要尽可能扒干净，露出打击下料口。由于物料输送系统料位检测故障造成的冒料、翻仓，需联系物料输送车间协助检查处理，并将槽壳上的浮料扒出槽外，严重时要将槽内大量积料用工具全部取出来。

（3）做好故障原因及处理经过的记录。

## 112. 短路口什么时候要进行断开或短路操作，怎样进行？

在铝电解厂，系列电解槽一个个都是串联着的，每个电解槽旁边的连接母线处设置了短路口。当某台电解槽需要通电时，即将短路口断开；当某台电解槽需要停电时，则将短路口短接。行业上把这种操作称做短路口断开作业和短路口短路作业。

短路口断开作业规程：

（1）确认短路母线作业口，准备好工具和绝缘板。

（2）与供电车间联系停电，并从槽控机上确认已经停电之后，方可开始作业。

（3）迅速将紧固螺母松掉，并撬开短路口接触面，取出紧固螺栓，检查绝缘套管有无损坏，若有损坏，应立即更换。

（4）将绝缘板插入短路口后，拧紧螺母。若绝缘板插入困难，应检查短路片是否松开，软带部位间隙是否过小。若软带部位间隙过小，可用木楔子插入，将间隙增大。

（5）测量立柱母线与短路母线间的绝缘电阻是否符合要求。

（6）检查并确认短路口断开作业已经完毕，清理现场后迅速撤离，与供电车间联系，开始送电。整个操作过程应控制在 $3\sim5min$ 内完成。

短路口短路作业规程：

（1）确认短路母线作业口，准备好工具及四氯化碳溶液。

（2）用风管将短路口母线上积灰吹扫干净，以保证短路口接触良好，降低短路后母线的接触电压降。

（3）联系供电部门要求停电，确认停电后，迅速将紧固螺母松开并撬开短路口接触面，将绝缘板抽出后，用四氯化碳溶液清洗短路口接触面，清洗干净后拧紧螺母，使母线接触面紧贴在一起。

（4）确认短路作业全部完毕，清理现场后，与供电部门联系送电。

（5）送电后检测短路口母线压接面的电压降，经测量符合要求后，带上工具撤离现场。

### 113. 停槽作业须遵守怎样的操作规程？

电解槽经焙烧启动正式投入生产后，如因长期运行，需进行大修；或因电力或原材料供应不足；或因电解槽出现严重病槽，无法维持正常生产等原因，需要平稳地停止电解生产，使其从系列电流中脱离出来，这就需要进行停槽作业。

停槽作业可分为计划停槽和紧急停槽两种情况。正常的停槽作业都要系列停电进行操作，目前也有工厂采取降负荷而不停电操作的。

计划停槽作业的一般规程如下：

（1）确认要停槽的槽号。

（2）停槽前10天起，换阳极时尽量使用高残极。停槽前两天，停止阳极更换作业。提前一天与氧化铝输送部门联系，停止向该槽送料。

（3）确定停槽时间后，与计算机联系停槽时间与槽号。在系列停电前，提前 $2\sim3h$ 开始进行电解质吸出作业，从出铝端吸出电解质，并在吸出过程中缓慢下降阳极，使阳极接触铝液面。

（4）与供电部门联系要求停电，确认系列停电后，立即按第112问中的短路操作进行短路口短路作业。

（5）确认短路母线安装完后，与供电部门联系，开始送电。并与计算机联系，切断该停槽的自动控制。

（6）切断该槽的风源，关闭供料时打开的料阀，停止供料。

（7）提升阳极使其脱离电解质液面。

（8）清除铝水表面电解质结壳，吸出工按出铝作业把铝液吸出，并尽可能吸完。

（9）用大勺将电解槽内残铝舀出，倒入炭渣箱内。

（10）工具、绝缘板等放置规定位置，并记录停槽号、时间、抽出的电解质量和铝水量。

紧急停槽是在电解槽出现意外或外部供电环境出现异常时采取的一种快速停槽方式。因此，紧急停槽不可能像计划停槽那样做停槽前的各项准备工作。除此之外，停电后的操作程序与计划停槽相同。

# 第七章　铝电解槽非正常期生产管理

## 114. 什么是铝电解槽非正常期生产管理？

铝电解槽经焙烧启动后到正常生产需要一定的过渡时期。在这期间，电解槽由启动初期的高槽温、高槽电压、高电解质水平、高摩尔比的技术条件，沿电解槽内壁四周逐渐形成由高摩尔比冰晶石形成的固态结壳，建立起规整稳定的槽膛内型，然后逐渐过渡到"三低一高"的正常生产条件。这一过渡期称之为非正常期，这期间对技术条件的控制和生产管理称之为非正常期生产管理。电解槽非正常期的长短，随电解槽容量、槽型、加料方式及管理水平的不同而有所差异。中小型自焙槽和边部下料预焙槽启动后 1~2 个月可以转入正常生产。而大容量中间下料预焙槽，不实行边部加工，槽帮基本上靠自动形成，所以非正常期时间较长，一般需 3 个月或更长一点时间才能达到稳定生产条件。非正常期生产管理又分为两个阶段，即启动初期管理和启动后期管理，两个阶段的管理有所不同。

由于电解槽非正常期生产管理的好坏不仅直接关系到电解槽能否顺利转入正常生产，而且对电解槽使用寿命产生巨大影响。如果非正常期管理不当，有可能影响该电解槽整个运行状况不良，终生处于病态；还可能造成电解槽早期破损，过早需要停槽大修。特别是新厂，大批新槽启动，非正常期管理好坏关系到整个工厂在相当长时期内的工作业绩。一旦管理不善，有可能造成不可弥补的巨大损失。因此，尽管非正常期与电解槽整个使用寿命相比，只占很短时间，但却极为关键，其重要性不可忽视。

## 115. 铝电解槽启动初期的技术条件如何控制？

铝电解槽启动初期指的是人工效应熄灭后到第一次出铝的这段时间，一般为两昼夜。时间虽短，但电解槽的各项技术条件在这期间发生着明显变化。一般，第一次人工效应熄灭后，经过 6h 后才可向电解槽内灌铝，灌铝前后的技术条件有较明显的变化。因此启动初期的 48h，又可分为前 6h 和后 42h 两个阶段。以 200kA 左右规格的槽型为例，它们的技术条件控制基本如下：电解槽虽在启动中经过约半小时人工效应，将槽温提升到近1000℃，但仍有部分固体物料未完全熔化。为了进一步熔化这些固体物料和使电解槽在灌铝后不致产生炉底沉淀，人工效应后必须保持一定时间的高温。为此，在人工效应熄灭后的 6h 内，需保持较高的槽电压，从效应后的 7~8V 缓慢下降至 5~6V。电压的调整以每半小时手动调整一次为宜。对于焦粒预热启动的电解槽，这期间还要做电解质清理工作，清除浮游炭渣。

在前 6h 中，为了防止效应再次发生，必须以适当间隔向槽内手动投入氧化铝，一般比正常加料间隔延长一倍。

启动后要求电解质水平保持在 30cm，高度不足的要在这期间添加冰晶石；要求 $CaF_2$

含量达5%，电解质摩尔比保持在2.8以上，在这期间要根据装炉料及灌入电解质的量进行估算，适量加入 $CaF_2$、$Na_2CO_3$ 或 NaF。

6h 后，向槽内灌入铝水，使铝水高度达 18cm 左右。灌铝前酌情抽出部分电解质。灌铝后进入了生产阶段，其标志是槽温明显下降，阳极周围电解质沸腾正常，槽周表面开始形成电解质结壳。

从灌铝到第一次出铝，大约需要 42h。在这段时间内，电解槽的技术条件仍发生着较大变化。灌铝后，电解槽加料调至自动，加料间隔为正常生产加料间隔的 1.5 倍；待来了第一次阳极效应之后，再逐渐缩短加料间隔。这阶段槽电压以较快速度下降，从灌铝的 5~6V 下降到 4.1~4.2V。因此，灌铝后仍需手动调整电压，每 3~5h 调整一次，然后由计算机控制。电解质温度继续下降，从灌铝后到第一次出铝，槽温一般从近 1000℃ 逐渐下降到 970~980℃。此间要注意保持电解质水平，到第一次出铝时电解质高度应在 28~30cm，最低不得低于 25cm。

由于新启动的电解槽槽体要经过很长时间才能达到热平衡，大量的槽体结构材料需吸收大量热量。因此，电解槽启动初期热损失大，灌铝后要特别注意电解质水平，不能让其迅速下降。若电解质水平下降快，为了减少热损失，必须在阳极上适量添加氧化铝以加强保温，并放慢电压下降速度，必要时添加冰晶石补充电解质。

经48h 初期管理，电解槽表面应已形成封闭的结壳。除中间下料孔外，其余地方几乎没有冒火跑烟之处。如48h 之后电解槽仍结不住壳，说明启动温度过高，必须加快降低槽电压。

铝电解槽启动初期的各技术条件的控制较直观地表现于图7-1。

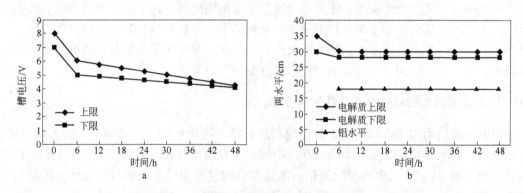

图 7-1　铝电解槽启动初期技术条件的控制
a—槽电压管理；b—两水平管理

## 116. 铝电解槽启动初期的管理须注意哪些事项？

在电解槽启动初期，除了技术条件发生明显变化之外，阴极内衬的预热仍在继续，阴极内衬组织结构也处在较大变化之中。由于电解槽预热期间槽周扎糊带仍处于未焦化状态，为了保护边部，电解槽启动时，要求边部电解质块砌筑体不可被全部融化，使之能缓冲边部免受强烈热震。

电解槽启动后进入初期管理，虽然要求槽温不断降低，但仍处于较高温度，边部温度还在不断上升，电解质块会继续融化。尤其在灌铝前的几小时内，边部融化较快。随着边部电解质块的不断熔化，扎糊带温度逐渐升高而进入焙烧状态，炭糊逐渐焦化。为了让边部扎糊能正常焦化，要求边部温度上升不宜过快，正常情况下，到灌铝时，以边部电解质块砌筑体接近融化完毕为宜。

灌铝后，由于槽温下降较多，边部融化较慢。同时也有部分液体电解质开始在边部偏析凝固，形成融化和凝固的可逆过程，更减缓边部电解质融化，减慢边部升温速度，更有利于边部扎糊良好焦化，减少裂纹的产生。

因此，电解槽启动初期，控制好电压和槽温十分重要。一方面要保持新开槽有足够量的液体电解质，另一方面又要使边部扎糊实现良好焦化，延长电解质寿命。启动后的初期管理，既不能出现电解质水平严重收缩，也不能在短时间内边部急剧升温，甚至出现烧红槽壳钢板等异常现象。这两种偏向都不利于电解槽转入正常生产，更会使槽边部内衬受到严重破坏，缩短电解槽使用寿命。

### 117. 铝电解槽启动后期管理的主要目的是什么？

在铝电解槽启动后期管理中，其主要目的是在初期管理的基础上，通过对电解质高度、铝水高度、电解质成分、槽电压及效应系数等的管理和调整，形成槽帮结壳和规整炉膛，逐步建立起能量平衡和物料平衡，使电解槽进入正常生产阶段。

电解槽启动后，经过两天高温阶段的初期管理，各项技术条件发生了大幅度的变化，并开始了一个相对平稳的阶段，但电解槽槽体的温度仍然较低，尚未达到热量平衡。因此，在后期管理中仍要保持较高的电压和阳极效应系数，以保持较高的温度，然后逐渐降低电压和减小效应系数，经过将近 3 个月时间，使其过渡到正常的电解温度。

电解槽经启动初期管理后，其炭阴极仍有一段较长时间强烈地吸收氟化钠，因而电解质不断酸化。而酸度的增加，一则降低电解质中氧化铝的溶解度，容易产生沉淀；二则不利于形成稳固的炉帮。因此后期管理中需要经常调整电解质的摩尔比，使 $NaF/AlF_3$ 摩尔比保持在 2.7~2.8。调整摩尔比常用碱（$Na_2CO_3$）或 NaF。

在启动后期管理中，各项技术条件仍处于不断调整的过渡时期，电流效率仍然偏低，加入的氧化铝量要少，以后逐渐纳入正常。

在启动初期，电解槽的电解质水平较高，铝水平较低，随着电解质温度逐渐降低，槽膛四壁形成了固体的电解质炉帮，体积收缩，电解质水平降低；铝水平则随着炉膛面积的缩小而上升。最后形成相对稳定的炉膛内型，此时电解槽才建立起稳定的能量平衡和物料平衡。各项技术条件也逐渐调整到了正常生产的控制范围。

对于 200kA 左右规格的预焙槽，整个后期管理过程需要将近 3 个月的时间。

### 118. 启动后期如何控制电解质高度？

电解槽启动初期以及后期管理的前阶段，电解槽全部使用了新阳极，上部散热量大，电解槽内衬也要吸收大量热量。为了在这种情况下仍具有较好的热稳定性，需要通过液体电解质储备较多的热量，因此要求保持较高的电解质高度。但从电解槽启动的第二天起，开始每天按顺序更换一块阳极。随着时间的延长，便出现新旧阳极同在、槽上阳极高低不齐的局面。一块阳极经过约 25 个工作日，到更换时仅剩下 18cm 左右。为了使阳极尽可能得到充分利用，并获得较好的原铝质量，电解质水平不得超过最低阳极表面，否则，液体电解质浸没阳极钢爪而造成钢爪融化，将降低原铝质量。所以，正常生产期的电解质只能保持与最低残极高度加极距相等的高度，约22cm左右，最高不能超过24cm。这就要求在后期管理中，电解质高度有较大幅度的调整。调整的速度视阳极消耗情况而定。一般启动初期为30~35cm；前两周内，电解质水平仍可保持25~30cm；从第三周开始，电解质水平必须逐渐下降，3周后应达22~24cm。以后即以此为限，长期保持。

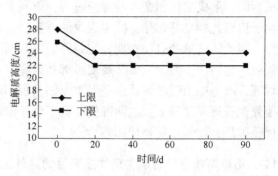

启动初期的高电解质水平，主要用冰晶石添加量来调节，辅以槽温的控制。而后期管理电解质高度的控制，主要是通过控制槽电压来控制槽内热收入，辅以冰晶石添加量。后期管理随着槽电压的降低，槽内热收入减少，电解温度下降，电解质便沿着四周槽壁结晶成固体槽帮，其体积收缩，高度逐渐下降。

图7-2　后期管理电解质高度的控制

后期管理电解质高度的控制可参照图7-2。

### 119. 启动后期如何控制电解质成分？

电解槽启动的后期管理中，电解质成分的控制主要是控制其摩尔比。其他添加剂成分的控制，有在启动后一次投入够量的，也有在正常生产期逐渐添加的。

新启动的电解槽要求其电解质具有较高的摩尔比，第一个月内要求 CR 在 2.8 以上。原因主要有以下几点：一是新启动槽阴极内衬会以较快速度选择吸收 NaF，为了满足内衬的选择吸收，需在后期管理保持较高摩尔比。二是电解槽启动后期为了供给槽体吸热，需要保持较高的槽温，与此槽温相适应，电解质需要具有较高的初晶温度，以降低过热度，减少电解质挥发损失，因此需保持较高的摩尔比。三是高摩尔比电解质能析出较多高摩尔比固体结晶，有利于形成坚固槽帮。

高摩尔比电解质对正常生产是不利的，所以随着运行时间的延长，阴极内衬对 NaF 的吸收逐渐达到饱和，炉膛也逐渐形成和完善，电解质摩尔比也应逐渐降低。200kA 左右中间下料预焙槽，第一个月内要求 CR 保持在 2.8 以上，第二个月要求下降到 2.7 ~ 2.8，第三个月要求从 2.7 下降到正常生产控制范围，如 2.6 以下。具体数字视各厂的工艺条件而异。目前越来越多的厂采用低摩尔比操作，如 2.1 ~ 2.3。如果采用低摩尔比，为了槽况的平稳过渡，建议后期管理摩尔比不要一步到位，用更长一点的时间把摩尔比降下来。

摩尔比的调整是在启动后，按投入的冰晶石和灌入的电解质的组成及其数量，经估算后投入适量的 $Na_2CO_3$ 或 NaF。灌铝前取电解质分析，根据分析结果再进行调整。然后每4天做一次电解质成分分析，按要求及时调整。氟化钙含量一般按 5% 一次配制，分析后如不足，再逐渐添加，够量后不再补充。虽然正常生产过程中，$CaF_2$ 也有损耗，但原材料带进的钙转变为 $CaF_2$ 足以弥补这部分损失。

后期管理的电解质成分控制如图7-3所示。

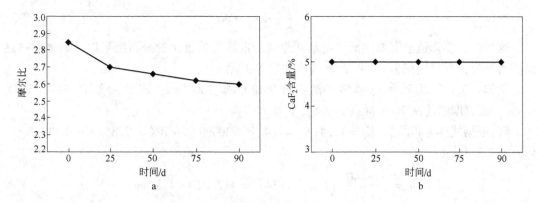

图 7-3　后期管理的电解质成分控制
a—摩尔比控制；b—氟化钙含量控制

**120. 当需要时怎样用 NaF 或 Na$_2$CO$_3$ 提高电解质摩尔比？**

如上题所述，在电解槽启动后的非正常期生产管理中，由于炭素材料对 NaF 的选择吸收，为了保持电解质较高的摩尔比，往往需要根据分析结果，用 NaF 或 Na$_2$CO$_3$ 将电解质的摩尔比提高。在摩尔比的调整中，为了运算方便，生产中常用电解质的质量比（$BR$）而不用摩尔比（$CR$）进行计算。如调整前槽内液体电解质总量为 $P$kg，其中 NaF 量为 $N$ kg，AlF$_3$ 量为 $A$kg，这时候分析的电解质质量比 $BR = K_1$，现在欲将质量比提高至 $K_2$，如何计算需要补充的 NaF 量 $n$ 呢？

由质量比的定义：
$$K_1 = \frac{N}{A} \text{ 或 } N = AK_1$$

又
$$P = A + N$$

所以
$$A = P - N = P - AK_1$$

整理得
$$A = \frac{P}{1 + K_1} \tag{7-1}$$

同样可得
$$N = \frac{PK_1}{1 + K_1} \tag{7-2}$$

在加入 $n$kg NaF 进行调整后，AlF$_3$ 的量并没有变化，根据质量比的定义，有：
$$K_2 = \frac{N + n}{A} \text{ 或 } A = \frac{N + n}{K_2}$$

将式 7-2 代入，则有：
$$A = \frac{\dfrac{PK_1}{1 + K_1} + n}{K_2} = \frac{PK_1}{(1 + K_1)K_2} + \frac{n}{K_2}$$

再将式 7-1 代入，则有：
$$\frac{P}{1 + K_1} = \frac{PK_1}{(1 + K_1)K_2} + \frac{n}{K_2} \text{ 或 } \frac{n}{K_2} = \frac{P}{1 + K_1}\left(1 - \frac{K_1}{K_2}\right)$$

所以

$$n = \frac{P}{1 + K_1}(K_2 - K_1) \tag{7-3}$$

这样，只要知道电解槽内液体电解质总量、电解质质量比的分析结果以及调整后欲达到的质量比，就可以根据式 7-3 计算需添加的 NaF 量 $n$。

例如：某台新启动的电解槽，槽内液体电解质 20000kg，成分为 $CaF_2$ 5%，$Al_2O_3$ 2.8%，欲将摩尔比从 2.68 提高到 2.8，需加入多少 NaF？

解：根据式 7-3 和题意，$K_1 = 1.34$，$K_2 = 1.4$，$P = 20000(1 - 5\% - 2.8\%) = 18440(kg)$。代入式 7-3，得：

$$n = \frac{18440}{1 + 1.34}(1.4 - 1.34) = 472.82 \approx 473(kg)$$

但在生产中，往往不采用添加 NaF 提高摩尔比的方法，而是添加较为廉价的 $Na_2CO_3$（碳酸钠，俗称纯碱或苏打），在上述例题中，电解质摩尔比最终调整至 2.8，则碳酸钠加入电解质中发生如下反应：

$$3Na_2CO_3 + 2(2.8NaF \cdot AlF_3) = Al_2O_3 + 11.6NaF + 3CO_2$$

由此可见，每添加 3mol 的 $Na_2CO_3$，其提高摩尔比的效果与添加 11.6mol NaF 相当。即添加 318kg $Na_2CO_3$，相当于添加 487.2kg NaF。例题中如果用碳酸钠代替 NaF，则需添加碳酸钠：

$$\frac{473}{487.2} \times 318 \approx 309(kg)$$

结果表明，添加 473kg 的 NaF 或 309kg 的 $Na_2CO_3$，即可将上述电解质的摩尔比由 2.68 调整到 2.8。

其实，添加碳酸钠和添加 NaF，哪一种更经济，要视当时当地的物价情况而定。因为添加碳酸钠引起一部分 $AlF_3$ 转变成 $Al_2O_3$，其数量关系如下：

$$3Na_2CO_3 + 2AlF_3 = Al_2O_3 + 6NaF + 3CO_2$$
$$(318) \quad (168) \qquad (102) \quad (252)$$

所以，只需比较 318kg 碳酸钠 + 168kg 氟化铝和 252kg 氟化钠 + 102kg 氧化铝谁较便宜即可。

### 121. 启动后期如何控制铝液高度？

新槽启动后，一般经两次灌铝，所灌入铝的总量都超过正常生产期的在产铝量。但新启动槽炉膛较大，因此铝液高度仍在正常范围之内。此后，由于槽电压逐渐降低，槽帮逐渐形成，炉膛容积逐渐变小，铝液高度随之增高，这就需要进行调整。调整的办法是每次出铝量应适当超出实际产铝量。

以 160kA 预焙槽为例，启动后两次灌铝量共达 10500kg 左右，约比正常生产槽 8000kg 在产铝量超出 2500kg 左右，但在启动初期尚未形成槽帮结壳之前，铝液高度仍保持在 16~17cm 的范围。此后，在逐渐形成槽帮结壳，炉膛容积不断缩小的过程中，必须把多余的 2500kg 铝逐渐吸出。启动后 3 周之内，炉膛变化较大，无法通过三点测量一次决定 5 天的吸出量，只能每天出铝前在出铝端进行一点测量来确定出铝量。对于 160kA 电解槽，如果电流效率为92%，则每天实际产铝量约为1186kg。那么，新启动槽前两周出铝标准的确定可参看表7-1。

表7-1　新启动槽前两周内出铝量对照

| 铝液高度/cm | <16 | 17 | 18~19 | >20 |
|---|---|---|---|---|
| 吸出量/kg | 1000 | 1100 | 1200 | 1300 |

如果铝液高度出现20cm以上，为了保持槽况稳定，每天出铝量仍不得超过1300kg，但可连续几日按照1300kg吸出，同时放慢槽电压下降速度，并尽量消除槽底沉淀物。若到第一次出铝时铝液高度仍不足15cm，则必须推迟吸出时间。启动后20天左右，应将铝液高度调整到18~19cm，并以此作为基准高度保持。1个月后，便可进行三点测量管理铝液高度和吸出量。

启动后期铝液高度管理曲线如图7-4所示。

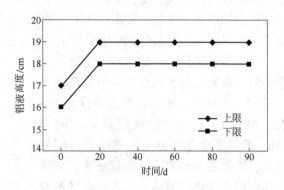

图7-4　启动后期铝液高度管理曲线

## 122. 启动后期如何进行电压管理？

启动后期的槽电压管理，根据槽容量、槽结构以及启动方式等的不同，会稍有差别，但基本趋势是一致的。以下用具体数例说明。

电解槽从启动经过初期阶段，槽电压已从7~8V下降到4.1~4.2V，有时视槽况还可适当高一些。但正常生产槽的工作电压只有3.9~4.0V，因此，在启动后期管理中还要继续降低槽电压，直至正常生产时的基准值。这个调整过程大致分为以下几个阶段：

（1）电解槽启动后的第一个月，特别是前半个月，由于边部槽帮还很小，炉膛还未形成，散热量很大，而且，这期间阴极内衬仍处于吸热阶段，需要大量热量。因此，这阶段仍需保持较高电压，一般要求第一个月的槽电压从4.1~4.2V（或稍高一点）逐渐下降到4.05V。尤其前半个月，电压下降要慎重。

（2）启动进入第二个月后，炉膛已逐渐形成，并朝着完善和规整的阶段发展，槽周散热量大幅度减少；槽内衬材料也逐渐趋向热平衡，吸热量减少；而且液体电解质的摩尔比逐渐降低，电解质初晶温度下降，促使电解温度下降，因此，电解槽总的热需求量大幅度减少。相应地要求继续降低槽电压。一般在后两个月内，槽电压从4.05V缓慢降到3.9~4.0V。

启动后期槽电压管理曲线如图7-5所示。

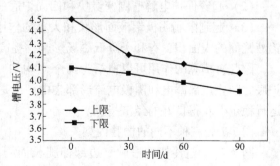

图7-5　启动后期槽电压管理曲线

### 123. 启动后期如何控制效应系数?

新电解槽启动初期,一方面槽壁四周尚无电解质结壳形成的炉膛保温,散热量很大;另一方面槽内衬材料大量吸热。虽然前期有较高槽电压维持热收入,但由于热支出大,炉底仍然容易出现过冷现象,引起电解质在炉底析出,时间稍长则形成炉底结壳。一旦出现这种情况,则导致阴极电流分布不均和形成畸形炉膛,严重影响电解槽转入正常生产,甚至造成阴极内衬形成裂缝、爆块、起坑等危害,导致电解槽早期破损。解决办法是新启动槽非正常期适当增大效应系数,以保持足够的炉底温度。通过阳极效应产生的高热量使炉底不生成沉淀或沉淀及时被熔化掉,保持炉底干净。

对于不同工厂的不同槽型,正常生产期的效应系数控制差别很大。但在新槽启动后的一个月内,效应系数必须保持 1.5次/(槽·d)以上。即效应设定时间为13h,效应等待时间 3h。随着运行时间的延长,炉膛逐渐形成,散热量减少,炉底也逐步建立起稳定的热平衡,若再过多输入热量,反而不利于炉膛的建立。因此,从第二个月开始,效应系数下降为 1 次/(槽·d),即效应设定时间为 21h,效应等待时间为 3h。第三个月逐渐过渡到正常生产期的效应系数管理范围,如 0.1 次/(槽·d)。启动后期效应系数管理可参考图 7-6。

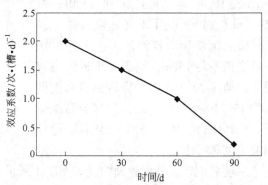

图 7-6　启动后期效应系数管理参考曲线

### 124. 启动后期为什么要建立槽膛,要建立什么样的槽膛?

新启动电解槽非正常期生产管理的主要任务有两个方面:一是使各项技术条件逐渐过渡到正常生产的管理范围;二是沿槽四周内壁建立起规整稳定的槽帮结壳,形成合理的槽膛内型。这两点也正是电解槽进入正常生产阶段的重要标志。

槽帮结壳是由液体电解质中偏析出来的高摩尔比冰晶石所组成的固体结壳,它均匀分布在电解槽内侧壁上形成一个椭圆形环,这就构成了槽膛。槽膛主要有以下作用:

(1)槽帮结壳是电和热的不良导体,能够阻止电流从侧壁通过,也减少电解槽侧壁的热量散失。

(2)起着保护电解槽侧壁炭块和四周炉底的作用。

(3)起到限制阴极铝液面形状和大小的作用,把炉底上的铝液挤到槽中心部位,缩小铝液镜面的表面积,有利于降低磁场影响,提高电流效率。

因此,槽膛的作用可以概括为两个"均匀":一是电流均匀,让全部电流均匀地通过炉底,防止边部漏电和阴极电流局部集中;二是电解槽热场均匀。两个"均匀"使电解槽运行稳定,获得良好的经济指标。

图 7-7 为三种不同的槽膛内型。

图 7-7a 为过冷槽的槽膛。边部伸腿长而肥大,一直延伸至阳极投影面之内,这种槽膛的出现表示炉底冷而易产生沉淀,电解质温度低而发黏,对氧化铝的溶解能力差。时间

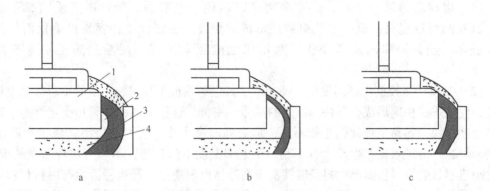

图 7-7　铝电解槽不同的槽膛内型

a—过冷槽；b—热槽；c—正常槽

1—阳极；2—液体电解质；3—边部伸腿；4—铝液

稍长，炉底便会形成结壳，出现电解槽冷行程的一系列病态。这时必须进行及时的调整和处理。图 7-7b 为热槽的槽膛。槽帮结壳薄，伸腿短，甚至无边部伸腿。这种槽膛使铝液和电解质液铺得很开，甚至直接与边部内衬接触。这种情况下，铝液镜面扩大，阴极电流密度减小，铝溶解损失增加，还可能出现边部漏电，大幅度降低电流效率，严重时可能烧穿边部，引起侧部漏槽。上述两种槽膛都不是我们所希望的。我们要建立的槽膛形状应如图 7-7c 所示。这种槽膛，边部伸腿均匀分布在阳极正投影的边沿，铝液被挤在槽中央部位，电流从阳极垂直直通阴极。具有这种槽膛内型的电解槽，运行平稳，经济技术指标好且便于管理。

### 125. 铝电解槽的正常槽膛是怎样形成的，建立槽膛过程应注意什么？

新启动槽的炉膛形成过程随不同槽型特别是不同加料方式而有较大差别。

边部加料的中小型电解槽，氧化铝和冰晶石等物料沿槽四周边部加入，每次加料均将部分或全部的表面结壳扎入槽内，再在表层添加常温物料。这样，由于电解槽每天多次扎大面、加冷料，边部伸腿容易形成。一般，边部加料的电解槽，在启动后一个月左右便可建立起完善的槽膛，进入正常生产阶段。这种炉膛的形成过程属于强制性的，形成的炉膛热稳定性差，易于熔化、变形。但边部加料电解槽可以利用每次大面加工时对炉帮进行修补、规整，使槽膛基本保持在较理想的状态下。

现代大型预焙槽都采用中心自动下料，电解槽四周大面被槽盖板严密封闭，除换阳极时对边部进行小部分加工外，其余时间基本保持不动。炉膛的形成全靠通过控制槽温和边部散热而促使电解质自发结晶。这种自然形成炉膛的过程速度较慢，而且对炉膛形成过程的各项技术条件要求严格。但这样形成的炉膛具有较高的热稳定性，坚固、持久，正适应于中心下料预焙槽不做边部加工修补炉膛的特征。

对于 200kA 左右容量的中心下料预焙槽，从启动到建立完善规整的槽膛，大约需要 3 个月时间。启动后随着电压和槽温的降低，便沿着槽边部自然析出高摩尔比固体电解质结晶，炉膛开始建立，直到经过约 3 个月对各项技术条件的严格控制，槽膛才能完善。这个过程需要注意以下几方面的问题：

（1）启动后的第一个月，必须采用高摩尔比的电解质。酸性电解质随摩尔比增加，其初晶温度提高，低摩尔比电解质形成的炉膛热稳定性差，容易被熔化而使炉膛遭受破坏。随着炉膛的逐渐完善，摩尔比也应逐渐下降，逐渐趋向正常生产期的范围。

（2）必须严格控制电解温度的下降速度。如电解温度下降过快，虽然可以加速电解质结晶，促进炉膛快速形成，但快速结晶的晶体不完善，这样形成的炉膛热稳定性差。而且结晶速度过快，容易出现伸腿生长不一，形成局部突出或一边大一边小（俗称"跑偏"）的畸形炉膛，对进入正常生产十分不利。但电解温度下降过慢，不利于炉帮结壳的形成，长时间建不起炉膛，使侧部内衬长时间浸没在液体电解质中，严重侵蚀边部内衬材料，影响电解槽寿命。一般在启动后的前3天，要求槽温下降较快，使其尽快在槽内壁形成一层较薄的电解质槽帮，先将侧部内衬保护起来。然后适当放慢槽温下降速度，利用较长时间的温度平缓下降，使结晶出来的电解质晶体完整、结构致密，建立起的炉膛坚实、稳固，形状规整。

（3）非正常期的槽温控制，主要是通过槽电压和阳极效应系数的控制来实现的。因此，电压管理曲线应严格与炉膛形成过程相适应。在炉膛形成的第一个月的关键时间，为了不形成炉底结壳和畸形炉膛，配合电压管理，采用增加效应系数的办法消除槽底沉淀、熔化伸腿突出部分、规整炉膛。

（4）在炉膛形成过程中，除严格控制各项技术条件外，还应利用各种机会检查炉膛情况。如利用换阳极时触摸边部伸腿状况，尽早发现异常苗头，及时调整技术条件，将问题解决于萌芽之中，以免畸形炉膛一旦形成，再纠正十分困难，甚至造成电解槽长期不能进入正常运行状态。

（5）有工厂在中心下料预焙槽上采用边部加工的办法加速炉膛的建立，即在新启动的中心下料预焙槽上，用天车扎边部，采用人工加料加速形成槽帮结壳。这样虽能较快建立炉膛，且形状容易规整，但炉膛热稳定性差，容易被熔化，转入正常生产后，因边部不再加工，反而造成长时间炉膛不能稳固。因此这种方法欲速而不达，实则得不偿失，宜慎用。

### 126. 以焦粒焙烧为例，整个焙烧启动阶段全过程是怎样的？

新的大型预焙阳极电解槽从预热焙烧到进入正常生产期，大约需要3个月左右时间。以焦粒焙烧、湿法启动为例，这段时间基本经历以下过程及主要操作：

（1）焙烧前的准备工作。包括人力调配、培训、考核，原材料和工、器具准备，设备检查验收。

（2）通电前的操作。包括铺设焦粒及挂极，装炉料，安装软连接，安装分流器。

（3）通电焙烧，大约需50～70h：

1）断开短路口，开始送电，一般分4级，30min内系列送至全电流；

2）通电8h后开始拆除第一组分流器，到12h左右，5组分流器陆续拆完，开始全电流焙烧；

3）到48h左右，可能出现局部电解质熔融塌陷，注意补充混合料；

4）再经约10～20h，阴极表面平均温度达850～900℃，开始将阳极导杆与大母线固定连接，并同时拆除软连接，预热焙烧基本结束。

（4）启动：

1）70%左右的阴极表面温度达900℃以上，60%以上面积有100~150mm厚度熔融电解质，则具备启动条件，立即灌入规定量的液体电解质，开始启动；

2）边灌电解质边抬阳极，保持槽电压7~7.5V，灌完电解质后，等待第一次效应；

3）趁效应期间捞取炭渣，第一次效应之后，槽控机投入自动控制，并设置好下料间隔时间；

4）灌电解质后约24h（大约是第一次效应后6h），第一次灌铝；再4~6h，第二次灌铝，两次将铝量灌足；

5）再过约2h（第一次灌铝后8h）收上料，开排烟阀；

6）灌铝后约24h，开始更换阳极、出铝。

（5）启动初期管理，约48h。从人工效应熄灭，即进入启动初期管理，调整技术参数，逐步降低电解质摩尔比、槽电压和槽温，形成规整炉膛。

（6）启动后期管理，约3个月。进一步调整技术参数，仍逐步降低电解质摩尔比、槽电压和槽温；进一步规整炉膛，逐渐转入正常生产期。

以160~200kA预焙槽为例，启动后期各项技术条件管理参照表7-2。

**表7-2　启动后期技术条件管理参照表**

| 项　目 | 启动第一个月 | 启动第二个月 | 启动第三个月 |
|---|---|---|---|
| 设定电压/V | 4.2~4.3 | 4.1~4.2 | 4.0~4.1 |
| 摩尔比 | 2.8~2.9 | 2.7~2.8 | 2.6~2.7 |
| 电解温度/℃ | 980~1000 | 965~985 | 955~965 |
| 铝水平/cm | 16~17 | 18~19 | 18~19 |
| 电解质水平/cm | 26~28 | 22~26 | 21~23 |
| 下料间隔 | 按80%效率计算 | 按88%效率计算 | 按90%~92%效率计算 |
| 效应间隔 | 前10天：13h<br>后20天：21h | 21h | 33h |

以上过程的各阶段技术条件和时间控制随各厂槽型不同而会有差别，需根据实际情况灵活掌握。

# 第八章　铝电解槽正常生产管理

**127. 预焙铝电解槽正常生产管理主要包括哪些内容？**

新的预焙电解槽启动后，经过 3 个月左右的非正常期管理，逐渐形成规整的永久性炉膛，各项技术条件调整到了稳定的正常范围，这就进入了正常生产阶段。其生产管理主要包括：

（1）槽电压管理；

（2）通过加料间隔控制的氧化铝加料量管理；

（3）铝液和电解质高度管理；

（4）阳极效应系数管理；

（5）电解质成分管理等。

只要管理好这些技术条件，并保证电解槽的各项操作质量，就能使电解槽长期保持稳定的工作状态，消耗较低的能量和原材料而获得较高的电流效率和质量优良的产品。

**128. 什么是铝电解槽的槽电压，它受哪些因素影响？**

槽电压是指维持电解槽正常工作的最低电压。它由以下几部分组成：

（1）电解槽的阳极压降。阳极压降与阳极电流密度、阳极炭块的电阻率、阳极炭块-钢爪-导杆的组装质量以及导杆与母线之间的接触情况有关。质量不好的阳极，其压降可达 500mV 以上。如果工艺条件管理不善、阳极氧化严重、导电截面缩小、电流密度增加，阳极压降也会增加。

（2）阴极压降。阴极压降与阴极炭块的电阻率、阴极炭块与阴极钢棒的组装质量、阴极电流密度、阴极表面洁净程度以及炉底老化程度等因素有关。而其中与生产管理密切相关的是阴极表面洁净程度和炉底老化程度。若炉底干净，铝液与阴极炭块表面接触良好，则这部分压降很小，若炉底产生沉淀或形成结壳，阴极压降会成倍增加。随着炉龄的增长，炉底破损程度的增加，阴极自身电阻增加，压降也会增加。如果管理不善，则加速炉底老化和破损，引起阴极压降迅速增加。

（3）槽周母线压降。槽周母线压降决定于设计时的母线配置、材质选择、安装或大修时的焊接或压接质量等因素。一旦投入运行，其压降基本不变。

（4）理论分解电压和极化电压。理论分解电压与极化电压之和往往也被称做分解电压。理论分解电压决定于氧化铝晶体结构及阳极种类（如惰性阳极或炭阳极），而极化电压与氧化铝含量有关。大型预焙槽使用砂状氧化铝和炭阳极，采用计算机对氧化铝含量进行自动监控，氧化铝含量变化很小，因此可将理论分解电压和极化电压视为常数。

（5）阴、阳极间的电解质电阻压降。这部分压降决定于极距和电解质电阻率。而电解质电阻率与电解质成分、电解温度等因素有关。因此，这部分压降随工艺条件的变化而有较大变化。

（6）效应分摊压降。效应分摊压降决定于效应系数、效应持续时间以及效应发生时的电压。因此，这部分压降也与工艺条件管理密切相关。

由于槽型、设计配置、材料选择的不同，上述各部分电压降的分配也不尽相同。以某厂槽电压设计分摊为例，槽电压各部分的大致分配见表8-1。

表 8-1　某铝厂槽电压设计分摊　（mV）

| 槽电压类型 | 阳极压降 | 阴极压降 | 槽周母线压降 | 分解电压 | 电解质压降[1] | 效应分摊[2] | 槽电压 |
|---|---|---|---|---|---|---|---|
| 电压值 | 340 | 360 | 180 | 1650 | 1460 | 30 | 4020 |

[1]设极距为4.4cm；

[2]设效应系数为0.3次/(槽·d)。

## 129. 槽电压管理中通常有哪些表示电压的量，它们各有什么不同的含义？

在同一系列电解槽中，由于各槽安装质量有差别，工作状态也不相同，所以每个槽的电压也不完全一致，需要管理人员根据各槽的实际情况予以设定。现代电解槽采用计算机控制，计算机以人为设定值为目标，不断地监视和调整，将槽电压稳定地维持在设定范围内。为了人机对话的方便，在计算机报表上，往往用不同的符号表示不同含义的电压。

（1）目标电压（$V_{BASE}$）。为对电压实施目标管理而人为确定的一个指标，它是通过努力可望实现的槽电压目标值。其数值由管理人员在每月末根据槽子运行及操作情况予以确定。

（2）设定电压（$V_{NOM}$）。也称公称电压，是管理人员根据槽子状态设定的电压值，供计算机按此进行电压控制。设定电压根据槽况需要可随时更改。

（3）净电压（$V_{NET}$）。俗称工作电压，是计算机控制后的实际槽电压，但不包括效应电压分摊值。净电压与设定电压的差值反映出电解槽的运行状态，差值在 0~0.03V 范围之内，说明电压控制良好，如果差值超出这个范围，表示槽电压出现了异常，需及时进行处理或调整。

（4）全电压（$V_{ACT}$）。包括效应分摊电压（$V_{AE}$）在内的槽电压值。因此有：

$$V_{ACT} = V_{NET} + V_{AE}$$

在效应系数为 1 次/(槽·d)的情况下，$V_{AE}$ 的值约为 80~100mV。效应系数大或效应持续时间长，则 $V_{AE}$ 值增大，反之亦然。如果效应系数大，而 $V_{AE}$ 值小，或效应系数小，而 $V_{AE}$ 值大，则说明发生了异常效应，效应电压过高或过低，电解槽的行程已出现了病态。

（5）平均电压（$V_{平均}$）。上述四种电压值仅限于电解槽的现场管理，不能用它们来计算电耗指标。统计报表中的电耗指标用平均电压进行计算。

$$V_{平均} = V_{ACT} + V_{公用母线分摊} + V_{停槽分摊} + V_{不明电压} - V_{槽启动电压}$$

式中　$V_{公用母线分摊}$——整流所到第一台槽的立柱母线、最后一台槽的槽周母线汇集点到整流所、厂房内各区之间的连接母线以及厂房之间连接母线所消耗的电压值在系列生产槽上的分摊值；

　　　$V_{停槽分摊}$——系列内停槽母线所消耗的电压值在系列生产槽上的分摊。

其实，统计部门只需从计算机室获得每台槽 $V_{ACT}$ 的总和以及从整流所获得的总直流电压，求二者的比值（该比值也称黑电压系数），用每台槽的 $V_{ACT}$ 乘以黑电压系数，就获得了每台槽的平均电压。这就不难统计每台槽的直流电耗值。

## 130. 怎样进行槽电压的管理？

电解槽正常生产期的管理主要落实在能量平衡和物质平衡的管理上。而在电流恒定的条件下，电压是调节电解槽能量平衡最重要、最直接、最易掌控的因素之一，电压管理实质是电解槽能量平衡管理的主要途径。

实际生产中，通过变更设定电压实施对槽电压的调节。从全电压的组成可以看出，这种调节主要是变更阴、阳极之间电解质的电阻压降部分。电解槽全电压可表示为以下形式：

$$V_{ACT} = P \cdot L + b$$

式中　$b$——阳极压降、阴极压降、母线压降、分解电压及极化电压之和，常把它们看做是接近设计值的常数；

　　　　$P$——每增加单位长度极距所引起的电压降增量，其值主要取决于电解质电阻；

　　　　$L$——阴、阳极间的极距，槽电压的调节主要通过变更 $L$ 值来实现，增加极距，则提高槽电压；减少极距，则降低槽电压。

如前所述，电解质的电阻率与电解质成分、过热度、电解质洁净程度等因素有关，如果电解质中炭渣量大、悬浮的固体 $Al_2O_3$ 多，其电阻会大大增加；当炉底形成沉淀或结壳，则阴极压降会大幅升高。在槽电压基本恒定的情况下，就必须压缩 $L$ 值，留给电压调节的范围越来越小，甚至无法调节，出现病槽。因此在实际生产中，应尽量保持阴、阳极电压降和电解质电阻恒定并接近设计值，使槽电压与极距能呈现理想的线性关系。

以下情况设定电压需要上升：

（1）槽子热量不足，效应多发或早发；

（2）电解质水平连续下降，需投入大量氟化盐提高电解质水平而需大量补充热量；

（3）槽帮变厚，炉底出现沉淀；

（4）出现电压摆（针振）；

（5）铝液高度超过基准值 10mm 以上；

（6）在同一台槽 8h 内交换两块阳极；

（7）系列较长时间停电，恢复送电后；

（8）出现病槽时。

以下情况要降低设定电压：

（1）槽子热量过剩，效应迟发；

（2）电解质水平连续超过基准值；

（3）投入的物料已熔化，不需再补充热量时；

（4）电压摆（针振）消失后；

（5）炉底沉淀消除后；

（6）病槽好转后。

设定电压的调整不宜忽高忽低，要求尽量平稳；要遵循"提电压要快、降电压要慢"的基本原则。调整幅度有一定限制，每次调整幅度参考如下标准：

（1）4.2V 以上时，每次调整 0.10V；

（2）4.10～4.20V 时，每次调整 0.05V；

（3）4.00～4.10V 时，每次调整 0.03V；

（4）4.00V 以下时，每次调整 0.02V。

对于病槽处理或大量投入冰晶石提高电解质水平的情况，每次调整幅度可适当放大。在处理病槽的过程中，应根据实际情况随时变更调整方向和幅度，并配合其他调整热平衡的措施，如调整出铝量和极上保温料等。

"平稳"是电解槽正常生产期管理的核心，电压变更的频度不宜过大，以 3～5 天的数据为依据，在调整影响热平衡的其他因素（如调整出铝量和极上保温料）不起作用或效果不明显时才变更设定电压。在电解槽基本正常的情况下，严禁在无干扰因素的情况下轻易调整各项技术指标。遇到意外干扰（如阳极脱落、提电解质水平等）因素时，可随时变更，数小时后视干扰因素排除情况及时降回。

## 131. 怎样计算铝电解槽 $Al_2O_3$ 的加入量？

根据第一章的知识，铝电解过程发生的总反应如下：

$$2Al_2O_3 + 3C = 4Al + 3CO_2$$

其量的关系为：

$$(2 \times 102) : (3 \times 12) : (4 \times 27) : (3 \times 44)$$

即每生产 1t 铝，理论上需氧化铝：

$$\frac{1000}{4 \times 27} \times (2 \times 102) \approx 1889(kg)$$

而实际生产中，工业氧化铝纯度只有 98.5% 左右，并且在运输、储存、加料过程中不可避免地有飞扬损失，捞炭渣、换阳极也会有部分氧化铝损失。所以工业上生产 1t 铝所需工业氧化铝比理论消耗量高，一般为 1920～1930kg，生产上称这个数量为氧化铝单耗。它视各厂装备、管理和技术水平以及氧化铝质量的不同而有所差别。

电解槽每天需加入的氧化铝量原则上要等于所消耗的量，它决定于槽电流强度、电流效率、氧化铝单耗等。这样计算出电解槽每天氧化铝的消耗量，就能确定需要加入的氧化铝量。比如，已知 300kA 的电解槽，电流效率为 94%，氧化铝单耗为 1920kg。每槽每天的产铝量为：

$$0.3356 \times 300 \times 24 \times 94\% \approx 2271(kg)$$

式中　0.3356——铝的电化当量，其物理意义为：铝电解槽通过 1kA 直流电，理论上每小时能产 0.3356kg 铝，或理论上 1A 电流每小时能产 0.3356g 铝。

这就能计算出每槽每天需加入的氧化铝量为：

$$2271 \times 1920 \times 10^{-3} \approx 4360(kg)$$

## 132. 怎样计算定容下料器的下料间隔？

要将所需氧化铝加入槽中，有两类添加方法。中小型槽采用边部加料，需打开槽边部壳面。为了减少加料给电解槽带来的大量热损失，只得每次加料量相对较大来延长加料间隔。加入的料只有少部分即时溶解，大部分呈固体凝结在槽边部，形成槽帮结壳和面壳，再在两次加料间隔慢慢溶解。因此，边部加料起着向液体电解质中补充氧化铝和修补炉帮的双重作用。大型预焙槽采用中心下料。中心下料只起向液体电解质补充氧化铝的作用。要求每次加入的 $Al_2O_3$ 在其颗粒穿过液体电解质层的短暂时间内全部溶解。因此，中心下料要求每次下料量尽可能小，下料间隔与下料量合理匹配，使总的下料速度与消耗速度相等。因为自动下料设备确定之后，每次下料量即已确定，所以实际上只需对下料间隔和效应间隔进行设置。下面举例说明下料间隔的计算。

某铝厂 200kA 中间下料预焙槽，设计电流效率为 94%，$Al_2O_3$ 单耗为 1925kg，每槽每天换一块阳极，出一次铝。换极和出铝带进槽内的 $Al_2O_3$ 按 80kg/d 计，熄灭效应用氧化铝按 15kg 计（效应系数 0.1 次/(槽·d)）。每槽采用 4 个定容加料器，定容器容量为 1.8kg/个。加料间隔应设置为多少呢？

**解**：根据第 131 问的计算方法，每槽每日需加入的氧化铝量为：

$$0.3356 \times 200 \times 24 \times 94\% \times 1925 \times 10^{-3} \approx 2915(kg)$$

需通过定容下料器加入的氧化铝量为：

$$2915 - 80 - 15 = 2820(kg)$$

每个定容器每天需动作的次数为：

$$\frac{2820}{1.8 \times 4} \approx 391.7(次)$$

定容器设定的下料间隔应为：

$$\frac{24 \times 60}{391.7} \approx 3.7(min)$$

但在实际生产中，电流强度和氧化铝松装密度会发生波动，各槽的实际电流效率也不一样；特别是为了减轻劳动强度，中心下料预焙槽总将部分氟化盐的补充量与氧化铝混合在定容下料器中加入。这些都使上述计算结果与实际所需的加料量产生偏差，因此，经常需要变更和调整。

## 133. 怎样进行加料管理？

铝电解槽加料管理主要指通过自动下料器下料间隔的设置，实现对氧化铝的投入量进行控制和调整。

铝电解过程中，氧化铝每次以一定的数量，按着一定的加料间隔投入电解槽内，使之溶解于液体电解质中，以满足电解过程对氧化铝的连续消耗。中心下料电解槽每次加入的氧化铝量不宜太多，要求加入的氧化铝必须在其颗粒下沉穿过液体电解质层的时间内全部溶解，以免其沉于炉底而形成沉淀。为此，在管理方面的解决途径和保证措施主要有：

（1）选择具有优良溶解性能的砂状氧化铝作为原料；

（2）采取低氧化铝含量的工艺条件；

（3）选择电解质运动较激烈的点作为投料口；

（4）做到定时定量加料，每次投入的料量相对较少，尽可能缩短加料间隔。

加料管理实质上就是在电解槽热收支平衡的前提下，用人为设定每次加料量、加料间隔、效应间隔等来控制和调整槽内物料平衡。

加料作业由主控机和槽控机按设定的程序自动进行。正常加料由槽控机根据氧化铝含量控制加料时间和加料量。在效应来临时，由计算机加料，人工配合 5min 内熄灭效应。在扎边、换极等作业后，应停止一段时间加料并附加一定的电压。

在实际生产中，往往由于人为、设备、管理等因素而破坏物料平衡，需人工对加料间隔进行调整以满足生产需要。出现以下情况应考虑人为变更加料间隔：

（1）由于缺料而频繁发生效应时，须缩小加料间隔；由于物料过剩不发生或推迟发生效应时，需要延长加料间隔。但当延长加料间隔、减少下料量仍不来效应，或缩短加料间隔，增加下料量仍频频来效应时，可以断定这时必然出现了病槽。这时不能一意孤行，要分析原因，治理好病槽后再调整下料量。

（2）出现病槽电流效率较低时，需延长加料间隔；槽子好转时需恢复加料间隔设置。

（3）由于某种原因已向槽内额外加料，需延长加料间隔。一旦额外投入的料消耗完，应恢复到原设定值。

（4）氧化铝密度增加时，需延长加料间隔；松装密度减小时，须缩小加料间隔。

（5）系列电流发生变化时，需根据电流变化方向及变化幅度，对加料间隔的设置进行相应的调整。

对效应迟发的电解槽，计算机程序具有自动延长加料间隔、减少下料量的能力。一旦效应等待失败重新开始下一轮正常加料时，计算机自动延长加料间隔，待效应发生后，又自动缩短加料间隔，但并不一次恢复到设定值，而是分为 2~3 轮，即发生 2~3 次效应后恢复到位。

必须注意，计算机控制加料是按时向槽控箱发出命令，由槽控箱执行一系列加料动作，至于执行过程中的锤头、机构、相关阀门是否动作，壳面是否打开，下料量是否够数，氧化铝是否入炉，控制系统都是不知道的。因此，操作者必须随时检查下料机构动作是否正常，管路是否畅通，各种阀门是否按要求开、关，动力用压缩空气的压力是否符合要求，料箱是否有料，并仔细检查打壳下料效果。

现代电解槽较普遍采用了自适应下料控制程序，利用电解质电阻随氧化铝含量变化的关系，由槽电阻的变化间接判断氧化铝的含量，从而自动调节加料间隔，基本实现了加料管理的自动化。

## 134. 电解质水平如何控制和调整？

在铝电解的正常生产过程中，电解质的消耗和补充应处于平衡，但由于技术条件和外界因素的影响，电解质水平会经常发生变化，需要及时进行调整，使其长期保持在要求的范围内。对电解质水平偏低进行调整有三种方法：

（1）用液体电解质进行调整：

1）在需要补充电解质的电解槽壳面打一个洞，并将该电解槽电压略抬高一些；

2）同时用抬包在另一生产槽上抽取适量电解质；

3）将抬包调运到需补充电解质的电解槽边，并在抬包里的电解质壳上打一个孔洞，将电解质倒入槽内；

4）电解质水平调整到位后，将电压恢复正常；

5）将两台电解槽的壳面清理干净，盖好盖板，并将抬包送回指定位置。

（2）用固体电解质块进行调整：

1）准备好所需用的电解质块，并砸成小碎块；

2）将需补充电解质的电解槽壳面打开，把氧化铝块扒到边部或捞出（如需通过边部加工砸进电解质块，则参照扎边部操作方法执行）；

3）适当抬高电压；

4）将电解质碎块加入槽内，加足保温料，清理好炉面卫生，盖好盖板。

（3）用冰晶石调整：

1）将需补充电解质的电解槽大面一次性或分段打开，将氧化铝块扒到边部或捞出；

2）适当抬高槽电压；

3）把冰晶石粉直接加在电解质表面上，在冰晶石表面盖上适量的氧化铝；

4）收边整形，清理炉面卫生，盖好槽盖板。

用冰晶石调整电解质水平，需注意不要把大量的冰晶石加在氧化铝壳面上，以免造成塌壳，使槽内生成大量沉淀。

对电解质水平偏高进行以下调整：当电解质水平高出控制要求上限 1～2cm 以内时，可以依靠电解槽自调节能力进行调整。这种现象一般是由于槽况变化所引起的，随着槽况的好转电解质会逐渐萎缩而恢复正常。当电解质水平高出控制范围 2cm 以上时，一般要将多余的电解质取出来。取出电解质的操作步骤如下：

（1）对槽内的电解质水平进行测量，确定需取出的电解质数量；

（2）准备好盛装电解质的铁箱、大勺等工具，并进行预热，以防止操作过程出现安全事故；

（3）在电解槽出铝洞口打一大于大勺的洞，把打碎的氧化铝壳面捞出，以免妨碍取电解质；

（4）用大勺从洞中将电解质舀出，倒入准备好的铁箱内，第一勺的取和倒都要慢，防止因大勺或铁箱预热不良而发生爆炸；

（5）取完适量的电解质后，用氧化铝和电解质碎块堵好壳面上的孔洞，盖好槽盖板，将工具放回原处。

调整电解质水平时，要注意以下事项：

（1）当电解质水平较前一天低很多时，要先观察电压情况再做决定；

（2）提电解质水平一般不采用灌电解质的方法，除非遇到严重溢、漏电解质的情况，或因停槽需要处理多余电解质，才采用此法；

（3）如需补充电解质的电解槽正在进行出铝作业，则应在出铝后再补充电解质，以免影响出铝作业；

（4）从槽内取电解质，要事先确定电解质取出量，取完后应保持电解质水平在控制上限或略高一点。

## 135. 生产过程中电解质成分经常会发生什么样的变化？

在生产过程中，电解质成分总是在不断地发生变化，最显著的变化是摩尔比升高。引起电解质摩尔比升高的原因主要有两个方面：一方面是电解质成分的选择性挥发。电解质中的 $AlF_3$ 沸点（1260℃）低于 NaF 的沸点，在同一温度下，$AlF_3$ 的蒸气压比 NaF 高，$AlF_3$ 的挥发损失总是比 NaF 多，结果使摩尔比升高。温度越高，$AlF_3$ 挥发损失越多，摩尔比升高越快。另一方面则是杂质成分通过化学反应造成 $AlF_3$ 的损失，或直接生成 NaF，使摩尔比升高。氧化铝、氟化盐、阳极等原材料带进电解槽的 $H_2O$、$Na_2O$、$SO_4^{2-}$、CaO、MgO、$SiO_2$ 等杂质都会分解电解质中的 $AlF_3$，生成 $Al_2O_3$ 和其他氟化物：

$$3H_2O + 2AlF_3 = Al_2O_3 + 6HF \quad 或 \quad 3H_2O + 2Na_3AlF_6 = Al_2O_3 + 6NaF + 6HF$$

$$3Na_2O + 2AlF_3 = Al_2O_3 + 6NaF \quad 或 \quad 3Na_2O + 2Na_3AlF_6 = Al_2O_3 + 12NaF$$

$$3CaO + 2AlF_3 = Al_2O_3 + 3CaF_2 \quad 或 \quad 3CaO + 2Na_3AlF_6 = Al_2O_3 + 3CaF_2 + 6NaF$$

$$3MgO + 2AlF_3 = Al_2O_3 + 3MgF_2 \quad 或 \quad 3MgO + 2Na_3AlF_6 = Al_2O_3 + 3MgF_2 + 6NaF$$

$$3Na_2SO_4 + 2Na_3AlF_6 + 3C = Al_2O_3 + 12NaF + 3SO_2 + 3CO$$

至于 $SiO_2$ 的影响，有学者认为主要是发生如下反应：

$$3SiO_2 + 4Na_3AlF_6 = 2Al_2O_3 + 12NaF + 3SiF_4 \uparrow$$

编者则认为，在铝电解条件下，这一反应很少发生，原因是 $SiO_2$ 溶解于冰晶石-$Al_2O_3$ 熔体中，生成大分子团大大降低了 $SiO_2$ 的活度。对铝电解过程中各杂质元素质量平衡的大量统计结果表明，绝大部分硅进入金属铝中，而不是以 $SiF_4$ 形式挥发掉。特别是在电解法生产铝硅合金的实验研究中，融体中硅的含量比纯铝电解时高出几十倍，物料平衡计算的结果证实，硅仍然很少以 $SiF_4$ 形式损失，而是与铝在阴极共同析出或直接被铝还原进入合金中。

酸性电解质中添加 $MgF_2$ 也能使摩尔比升高：

$$MgF_2 + Na_3AlF_6 = NaF + Na_2MgAlF_7$$

## 136. 当需要用 $AlF_3$ 降低电解质的摩尔比时，怎样计算 $AlF_3$ 的加入量？

如第 135 题所述，铝电解生产过程中，电解质摩尔比会不断升高。因此，生产中为了确保电解质成分稳定，必须定期（一般 2~4 天）对成分进行分析，按分析结果及时补充 $AlF_3$。为了添加的量准确无误，如何根据分析结果和槽内电解质的量进行计算求出应加入的 $AlF_3$ 量来呢？

设调整前槽内液体冰晶石总量为 $P$，其中 NaF 的质量为 $N$，$AlF_3$ 的质量为 $A$，电解质的质量比 $BR$ 为 $K_1$。现在欲将电解质的质量比调整到 $K_2$，应该添加的 $AlF_3$ 量（设为 $a$）是多少呢？

**解：** 根据题意及 $BR$ 的定义，应有：

$$\begin{cases} K_1 = \dfrac{N}{A} \\ P = N + A \end{cases}$$

解此联立方程，得：

$$A = \frac{P}{K_1 + 1} \tag{8-1}$$

$$N = \frac{PK_1}{K_1 + 1} \tag{8-2}$$

因为调整前后 NaF 的量不变，根据 $BR$ 的定义，应有：

$$K_2 = \frac{N}{A + a} \quad \text{或} \quad a = \frac{N}{K_2} - A$$

将式 8-1，式 8-2 代入，则有：

$$a = \frac{PK_1}{K_2(K_1 + 1)} - \frac{P}{K_1 + 1} = \frac{P(K_1 - K_2)}{K_2(K_1 + 1)} \tag{8-3}$$

这样，根据式 8-3，只要知道电解槽内液体冰晶石总量、调整前的摩尔比（或质量比）以及调整后欲达到的摩尔比（或质量比），即可计算出需添加的 $AlF_3$ 量。

**例如**：铝厂某电解槽内有液体电解质 25000kg，成分为 $CaF_2$ 5%，$Al_2O_3$ 2.5%，须将摩尔比从 2.6 降到 2.3，应加入多少 $AlF_3$ 呢？

**解**：由题意知：$P = 25000(1 - 5\% - 2.5\%) = 23125(kg)$，$K_1 = 1.3$，$K_2 = 1.15$。根据式 8-3：

$$a = \frac{23125(1.3 - 1.15)}{1.15(1.3 + 1)} \approx 1311(kg)$$

计算结果表明，上述电解槽添加 1311kg $AlF_3$，就可将摩尔比从 2.6 降至 2.3。

### 137. 如何进行电解质成分的管理？

在铝电解生产过程中，电解质成分的调整最常见的是对电解质摩尔比的调整。摩尔比的调整必须根据每天的槽况、摩尔比的检测数据和规定的保持范围，制订调整方案。

当摩尔比低于规定的标准范围时，要把摩尔比往上调。如果相差的幅度小，可以停止添加 1~2 次氟化铝，通过氟化铝的慢慢损失使摩尔比自然上升。若摩尔比过低，可以向槽内添加碱来提高摩尔比，碱的添加量计算参阅第 120 问，碱的添加方法可以直接加在电解质的表面上。

当摩尔比高于规定的标准范围时，要通过添加氟化铝或加大氟化铝添加量把摩尔比降下来。如果采用人工添加方法，可以与冰晶石混合添加以减少飞扬和挥发损失；也可以在换极时加在阳极左右缝隙中，并用碎料封住；或将氟化铝分成小袋装，置于下料打击头下，再用氧化铝覆盖，以减少添加时氟化铝的挥发损失，然后借助于打击头的力量将氟化铝袋连同氧化铝一起打入电解槽中。如果用计算机控制自动添加 $AlF_3$，可适当增大 1~2 个周期内氟化铝的添加指示量。

调整摩尔比时要充分考虑其滞后性。除调整摩尔比外，有时也需添加 $CaF_2$、$MgF_2$ 等添加剂。这些添加剂要在扎大面时添加，不要加在阳极附近，要分成少量多次且沿炉帮均匀添加。添加量以保持电解质内含量 4%~7% 为宜。

### 138. 铝电解生产中铝液高度管理有何重要意义？

铝电解生产中铝液高度管理指的是电解槽中铝水平合理范围的确定、控制和调整。铝液高度是影响电解槽热平衡的重要因素，其结果反映在炉膛形状及炉底洁净程度上。

铝是良导热体，铝水平偏高时，传导槽内热量多，导致槽温下降，炉底变冷而产生沉淀，炉底状况恶化，热阻增加，通过炉底的热量减少，从而增加侧部散热，最终形成侧部槽帮减薄、下部伸腿延长的畸形炉膛。由于沉淀还会引起炉底导电不均匀，产生较大的水平电流而导致滚铝，形成严重病槽。

铝水平偏低时，铝液传导热量减少，炉底温度升高，炉底虽然洁净但炉膛过大，铝液表面扩大，铝水平下降，铝液中水平电流密度增大，在磁场作用下产生强大推力，加速铝液运动，槽电压出现大幅度摆动。如果铝水平过低，甚至可能发生滚铝，演变成严重病槽。此外，铝水平低时，阳极下面的电解质温度高，铝的二次反应加剧，使电流效率下降，同时，聚集在阳极下面的炭渣易被烧结成饼，形成阳极长包。

由此可见，铝水平的控制和调整是控制电解槽能量平衡的重要手段之一，对电解槽运行至关重要。铝水平应尽可能控制平稳，防止偏高或偏低。实践表明，铝水平偏高比偏低危害性更大。长期保持较低的铝水平，只要不是很严重，则只是造成电流效率偏低。若要将铝水平提高，减少几次出铝量或停止一两次出铝即可调整到位。如若长期保持较高铝水平，炉底出现沉淀或结壳，引起炉膛畸形，则处理起来十分困难，疗程很长。

### 139. 铝水平如何控制和调整？

如上所述，铝水平高度是影响电解槽热平衡的重要因素。除铝水平之外，影响电解槽热平衡的主要因素还有电流强度、槽电压、极距、极上保温料厚度、电解温度、电解质成分及高度、阳极效应系数、电流效率、电解槽结构及环境散热条件等。因此，铝水平的合理高度要视这些条件而定，不同工厂或不同槽型会有不同的铝水平控制范围。

铝水平控制与调整可分为以下几种情况：

（1）正常情况下，铝水平按要求的高度保持，每天或隔天制定出铝计划，通过控制出铝量来调整槽内铝水平的高低，使其与其他技术条件合理匹配，保持电解槽热量平衡，维持一个稳定的理想炉膛。

（2）铝水平偏低的调整。当铝水平低于要求控制的下限且炉底开始反热、槽温有上升趋势时，则表明铝水平保持偏低，需要进行调整。调整的方法有：

1）用减少出铝的方法进行调整。当槽内液体铝少而需要调整时，可以适当减少出铝量，即出铝量少于该出铝周期内电解槽实际产铝量，我们把它叫做"回铝"。在一个调整周期内，回铝量一般为单槽一天的正常出铝量或稍少一点，分4~6天完成回铝作业。开始回铝可以快一些，而后放慢一些。比如，当计划回铝量共为1.5t原铝时，则第一天回铝500kg，第二天回铝400kg，第三天回铝300kg，第四天回铝200kg，第五天回铝100kg。

回铝过程中要观察电解槽的实际产铝情况，以便更合理地确定下一次回铝的数量。回完铝后要观察3~5天，根据槽况的变化再做下一步的调整决策。

2）用添加固体铝的方法进行调整。当铝水平偏低需要调整的时候，一般槽底已开始反热。通过往槽内添加一定量的铝锭来补充槽内铝量，既能调整铝水平，又能起到降低槽温的作用。

（3）铝水平偏高的调整。当铝水平测量值高于要求控制的上限（但须确保测量值有代表性，比如，排除炉底测量点位置有冲蚀坑等异常因素），且炉底发滑，或者沉淀增厚，槽温有下降趋势时，表明铝水平保持偏高，需要进行调整。调整的方法为一般情况下适当增加出铝量就可以了，即出铝量高于该出铝周期电解槽实际产铝量，我们将它称为"撤铝"。通过撤铝来降低槽内铝量和铝水平，在一个调整周期内撤铝量一般为单槽一天正常出铝量的一半，分5天左右完成撤铝工作。比如，当单槽日产为1.5t原铝时，撤铝量为700~800kg，平均每天撤140~190kg。也就是说，在每天出铝指标量的基础上增加140~190kg。撤完铝后再观察3~5天，根据槽况的变化再做下一步的调整决策。如果个别槽需要大幅度调整，可以与铸造部门联系"非进度出铝"。

铝水平调整需注意以下事项：

（1）回铝要快，撤铝要慢。撤铝时炉底沉淀会慢慢地返回到电解质中，其空间会由铝液来填补，因此撤铝要慢，要慎重，以免撤铝过量。

（2）铝水平调整到位之后，如果槽况依然如旧，则需要考虑其他技术条件是否合理。

（3）用留液体铝的方法调整铝水平时要注意不要一次留得过多，以免因技术条件波动过大而电解槽不适应，给生产带来不利影响。

（4）用添加固体铝调整铝水平的方法，还需注意下面一些问题：

1）加铝前要详细检查槽内沉淀情况，若沉淀较多，要把沉淀处理干净后再添加固体铝；

2）加铝前要计算好添加量，一次不要加得过多，要在电解槽的不同部位添加；

3）电解槽内要有足够的电解质量；

4）铝锭加进槽后，要用工具将其轻轻推至阳极下，以利于其快速熔化；

5）要保持适当的高电压以增加热收入，待铝锭熔化后将电压降至正常；

6）要注意固体铝的品位，防止低品位铝加入槽内而降低原铝质量；

7）大块铝加入电解槽之前，要将固体铝进行预热；

8）回铝时要充分考虑电解槽的实际产铝效率。

## 140. 出铝量管理应遵循哪些原则？

出铝量管理指的是怎样确定各槽每次出铝量，即确定出铝指示量。严格地说，每槽每次的吸出量应等于该出铝周期电解槽实际所产的铝量。但实际操作很难把握如此精确，只能借助铝液高度的变化来间接判断铝的产出量，从而确定标准铝液高度和标准指示量。偏离时及时调整。

出铝量管理应遵从下列原则：

（1）出铝指示量尽量接近实际电流效率，尽量做到产出多少取走多少；

（2）保持指示量平稳，调整幅度尽量小，最大吸出量不应突破极限量；

（3）出铝量管理应对失调的技术条件和不规整的槽膛起到调整作用；

（4）出铝精度要高，误差控制在20kg之内最好。

**141. 确定出铝指示量有哪些方法？**

出铝量的确定，一种方法是根据每天一点测定的平均值，结合槽温、摩尔比、炉底压降，确定每天出铝指示量，从而控制铝液高度。其步骤为：每日定时从出铝孔测定铝液高度，然后根据测定值确定当天出铝指示量。假设铝液高度标准值为190mm，对于200kA电解槽，如果电流效率为94%，则标准吸出指示量为1500kg。测量值高于190mm时，出铝量就大于1500kg；反之则少出。测量值低于标准值20mm以上就不出。

第二种方法是铝液高度的测量采用三点测量法，根据测量结果取算术平均值并进行平滑处理，然后确定出铝指示量。

三点测量方法参照第107问所述。与一点测量相比，由于测量位置不同，三点测量获得的铝液高度值更准确，更有代表性。对于炉底隆起或炉膛不规整的电解槽尤其如此。二者的测量周期不同。一点法每天至少进行一次，多则数次。三点法每5天进行一次。二者的用途也不同，一点测量用于了解当天铝液情况，供确定当天指示量。三点测量是用于制定后5天的出铝指示量。但无论一点测量或三点测量，必须注意的是，铝液高度应包括炉底沉淀在内的所有部分。测量时若炉底有沉淀，不能去除沉淀部分将剩余值作为铝液高度。否则就会误导提高铝液高度，增加热量散失，破坏电解槽能量平衡。测量时发现有沉淀，必须及时处理。

无论采用哪一种方法，从保持平稳和改善过程控制的角度出发，出铝指示量的确定均应满足以下原则：

（1）接近实际电流效率，产出多少铝就取走多少。

（2）能对失调的炉膛和技术条件起到调整作用。

（3）日指示量之间的差尽量小，最大吸出量不应突破极限量。

**142. 什么是平滑处理和铝液有效值法？**

第141题提到确定出铝指示量的方法之一——三点测量加平滑处理，该法具有较严密的科学性。具体做法是：

（1）令5天为一个管理周期，一次下达整个管理周期内的出铝指示量。

（2）在周期的最后一天出铝前数小时，对铝液高度进行三点测量，计算出算术平均值，汇同该槽当时的回转计读数报给计算机室。

（3）计算机根据测量数据进行平滑处理，得出铝液有效值，按此有效值做出下一管理周期内的指示量表。

平滑处理的计算公式为：

$$MTW = \frac{M_1}{3} + \frac{2}{3}\left[M_0 - (J - K)\right]$$

式中　$MTW$——铝液有效值，mm；

　　　$M_1$——本次测量的铝液高度算术平均值，mm；

　　　$M_0$——上一个周期的铝液有效值，mm；

　　　$J$——从上次测量之日起的阳极下降量，mm；

　　　$K$——阳极在5日内的标准下降量，mm。

例如：铝厂某电解槽，容量为 300kA，铝液高度标准值为 190mm，电流效率为 93%，5 日内实际产铝量为 11236kg。根据上述方法获得其铝液有效值后，可以确定该槽 5 日内出铝指示量见表 8-2。

表 8-2　铝水有效值法 5 日出铝指示量表

| MTW 值 /mm | 5 日总吸出量 /kg | 第一天吸出量 /kg | 第二天吸出量 /kg | 第三天吸出量 /kg | 第四天吸出量 /kg | 第五天吸出量 /kg |
|---|---|---|---|---|---|---|
| 200 ~ 210 | 12050 | 2450 | 2400 | 2400 | 2400 | 2400 |
| 185 ~ 200 | 11250 | 2250 | 2250 | 2250 | 2250 | 2250 |
| 175 ~ 185 | 10400 | 2050 | 2050 | 2100 | 2100 | 2100 |

## 143. 传统方法与铝液有效值法各有什么优缺点？

传统的一点测量确定指示量的方法的优点是简单易行，在实际吸出误差较大时，可通过次日下达指示量及时调整。对运行不很正常的槽子，可做到随机应变。

该法的最大缺点是：

（1）数据准确性和代表性差，很难反映槽内铝液实际情况，对炉底沉淀较多或炉底隆起的槽子，测量误差更大，据此下达指示量，容易引发病槽。

（2）指示量不平稳。由于测量值的起落，造成每日的指示量有较大波动。一旦这种波动幅度超出了电解槽的自调节能力，就会引起炉膛和技术条件的变化，最终使槽况恶化。

一点测量确定指示量，由于这些不准确和不稳定因素，引起吸出量误差大，会给管理带来混乱和漏洞。

铝液有效值法的优点体现在：

（1）三点测量平均数据比一点测量更具代表性，更能真实反映铝液高度及分布。

（2）平滑处理中，本次测量的算术平均值对有效值的影响只占三分之一，而根据上次有效值和 5 日内阳极下降量推算出来的值，占三分之二。如此加权平均获得的有效值，既包含了本次测量结果，又考虑了由上次有效值和阳极下降量反映的炉膛变化情况，较充分地减弱了测量误差的影响，将电解槽前后两个周期的运行和管理有机地结合起来了。

（3）做到了平稳管理，规定正常槽 5 日内相邻两天出铝指示量最大差值仅为 100kg，保证电解槽平稳出铝，起落幅度小。

（4）管理科学化、标准化，尽量减少人为因素的影响。

铝液有效值法的不足之处在于：

（1）环节多。测量、计算平均值、回转计读数记录、报告计算机，其中一个环节出差错，都可能误导指示量表的制作，甚至指示量表制作不出。

（2）测定工作必须定日定时，不能错过。

（3）要求吸出精度高，吸出量不能超出误差范围，更不能隔日不出铝。

（4）病槽或非正常生产期槽不能使用此法。

（5）有效值超出计算范围，则做不出出铝指示量表，须管理人员人为确定。

但此法的缺陷也正反映了其严格性和科学性，管理混乱或生产不稳定的槽子无法实施有效值法，正是该法对我们提出了严格操作、严格管理的要求。

### 144. 极上保温料的作用是什么，怎样控制极上保温料的厚度？

极上保温料是维持电解槽热平衡的重要因素之一。槽子的热设计确定之后，对影响电解槽热收入和热支出的各项技术条件就规定了一定的范围，只有保持在这正常范围之内，才能保持其热输入和热支出之间的平衡和稳定，才能使槽子运行平稳。

极上保温料主要是起减小电解槽热量散失的作用，一般设计的正常保温料厚度通常为 15～18cm。可将它作为调节热支出的手段，通过增减极上保温料的厚度，调节电解槽的热支出，从而实现热平衡。比如某系列中间下料预焙槽，热设计确定槽全电压（$V_{ACT}$）为 4.0V，当三点法测定铝液高度为19cm时，极上正常的氧化铝保温料厚度为16～17cm，生产管理中必须按热设计的标准厚度添加。如果极上保温料不足，自然会导致槽子走向冷态，或者必须升高槽电压来维持热平衡而造成多耗电能。

下列情况可通过减薄极上保温料来增大散热，否则槽温升高，或者造成过剩的热量通过侧部散出，使槽帮变薄或彻底熔化：

(1) 有过剩的热量输入，如槽电压升高超过4.0V的设计电压或系列电流升高；

(2) 电流效率下降，铝、钠等金属溶解和二次反应加剧，放出大量热量。

以下情况需增加保温料厚度，减少电解槽的热量散失：

(1) 输入热量不足时，如系列电流下降或槽电压低于正常范围；

(2) 环境温度下降，电解槽散热增加，如严寒的冬季；

(3) 槽子角部以及厂房两端的易散热槽。

据统计，对于160kA电解槽，每全极增加10mm保温料，其保温效果相当于0.06～0.09V槽电压所产生的热量。

需要注意的是，当出现电解槽热量不平衡时，不能单独依靠变更保温料厚度来调节，而是作为调节手段之一，与电压调整、铝液高度调整等措施配合实施。

### 145. 阳极效应对电解槽运行有什么影响，怎样实行效应管理？

阳极效应对铝电解生产有利有弊，且常弊大于利。但特定条件下，适当发生效应可对电解槽运行起到校正作用：

(1) 可调整槽子的热平衡，当槽子出现冷态时，阳极效应产生的大量热量作为热量的临时补充，能使热平衡较快恢复。

(2) 可作为氧化铝投入量的矫正依据。对于没有氧化铝含量自适应控制的电解槽，不可能完全做到按需下料，定时下料不可避免要出现偏差，这些偏差积累到一定程度会使槽行程失调，必须及时校正。校正的办法即是人为设定效应间隔时间，进行一段正常加料后，停止加料等待效应的发生，若在预定的等待时间内发生了效应，说明槽内积料如期被清理，设定的加料间隔是合理的；若在预定的等待期不发生效应，说明加料量过多，需延长加料间隔进行校正；若效应提前发生，说明投入料量不足，需缩短加料间隔加以校正。

(3) 可清洁电解质，清理阳极底掌，规整炉膛。发生效应时，电解质对炭的湿润性急剧下降，混于电解质中的炭渣分离良好，起到降低电解质电阻的作用。当阳极底掌局部消耗不良，形成长包时，阳极效应可在凸出部位产生强烈电弧使之迅速被烧掉，使阳极底掌平整。效应产生的高热量，可使局部突出的伸腿熔化，使炉膛规整。

但效应过多或持续时间过长，会给电解槽带来许多不利影响。如增加电耗，增加氟化盐及其他原材料消耗，污染环境，影响系列电流稳定，降低设备产能，增加劳动强度等。

因此，效应的管理就是如何合理选定效应系数和控制效应持续时间。

效应的发生有物料的原因，也有热平衡的原因。氧化铝投入量与电解槽消耗能力不匹配；氧化铝松装密度发生了变化而没有及时调整加料间隔；铝水平高，炉温低，氧化铝形成沉淀，阳极发生病变；设定电压不适当；极上保温料、两水平高度与槽电压不匹配；系列电流发生较大变化；以上任何因素都可能造成效应管理失控。为了实现对效应系数、效应持续时间和突发效应的合理控制，首先要确定下料系统运行是否正常；排除氧化铝不足的原因后，检查设定电压、两水平、极上保温料是否匹配，确定是否因为电解槽冷、热行程造成效应突发；也被排除后，再检查阳极电流分布和阳极病变情况。最后确定效应失控的基本原因。

效应系数选定主要依据电解槽热平衡设计以及槽内氧化铝投入量的偏差情况。如果氧化铝投入量偏差很小，电解槽运行很好，效应系数可以降低。一旦实现了按需下料，氧化铝的补充和消耗偏差为零，氧化铝含量一直保持在合理范围，则效应间隔可无限延长。目前我国铝电解自控水平提高很快，效应系数不断下降，不少电解槽已达到 0.1 次/（槽·d）以下，国外则已有无效应操作的铝电解厂。

但降低效应系数也不能过于盲目，应按设计实施效应管理。因为热设计一经确定，热收入和热支出项已固定在一定范围，随意降低效应系数，势必背离电解槽的整体热设计，最终得不偿失。对于病槽恢复期间，可适当增大效应系数，利用效应加快槽子恢复，一旦槽子转入正常，效应系数也应回到正常。应该注意，切不可依赖效应来维持热平衡，效应只能对热平衡起临时调节作用。槽电压、铝液高度以及极上保温料才是调节热平衡的主要手段。

效应持续时间，目前一般规定为 5min 以内。持续时间的控制主要靠及时识别和熄灭效应的正确操作。增强责任心和提高技术水平至关重要。

### 146. 铝电解槽正常生产时有哪些主要特征？

电解槽的各项技术参数都保持在规定范围之内，并表现出下列特征，则反映该电解槽处在正常生产运行中：

（1）从火眼喷出有力的淡蓝色火苗。

（2）槽电压稳定在合理范围，如设定的 3.9 ~ 4.1V。

（3）电解质颜色为适中的红黄色，电解温度保持在合理范围内，如设定的 940 ~ 960℃。

（4）阳极周围电解质沸腾均匀，炭渣分离良好。

（5）用钎子检查电解质和铝液高度时，钎上附着的电解质和铝液厚薄适中、均匀、界面清晰。

（6）槽膛内型规整，槽底无沉淀，槽面结壳完整，并覆盖一定厚度的保温层。

（7）阳极不氧化、不长包、不掉块。

### 147. 预焙铝电解槽正常生产应保持什么样的技术条件？

对于不同的电解系列，由于其槽型不同，电流强度不同，槽结构设计及选用材料不同，所要求的技术条件也不尽相同。为确保取得较好的技术经济指标，每个电解厂都要求保持一定的技术条件。这些技术条件的设定，必须结合本厂装备条件和生产实际，既不能放松要求，也不能盲目攀高。既要追求好的技术指标，又要保证电解槽平稳生产。

在实际生产中，各项技术条件的确定和管理，总是相互关联、相互制约的。往往一项技术条件设定不合理或管理不好就会导致全面技术条件混乱，而且操作质量的好坏极大地影响电解槽各项技术条件的变化。所以技术参数的选择和调整应综合考虑，宗旨是以电解槽长期稳定运行为目标，建立起稳定的热平衡和物料平衡，最终达到高效、低耗、优质、获得良好的生产指标和经济效益。

表 8-3 列举了大型预焙槽部分正常技术条件，可供参考。

**表 8-3　大型预焙槽正常生产技术条件举例**

| 电流强度/kA | 300 | 200 | 160 |
|---|---|---|---|
| 槽工作电压/V | 4.00~4.15 | 4.10~4.20 | 4.15~4.20 |
| 电解温度/℃ | 935~955 | 935~955 | 940~960 |
| 电解质摩尔比 | 2.3~2.4 | 2.3~2.4 | 2.3~2.5 |
| 电解质水平/cm | 20~22 | 20~22 | 18~22 |
| 铝水平/cm | 18~20 | 18~20 | 18~20 |
| 极距/cm | 4.0~4.5 | 4.0~4.5 | 4.0~4.5 |
| 效应系数/次·(槽·d)$^{-1}$ | 0.1 | 0.2 | 0.3 |
| 氧化铝质量分数/% | 2~3 | 2~3 | 2~3 |
| 氟化钙浓度/% | 3~5 | 4~6 | 4~7 |

# 第九章　预焙铝电解槽病槽及防治

**148. 预焙铝电解槽生产过程为什么会出现病槽？**

在铝电解生产中，人们总希望电解槽一直处于稳定正常的运行状态，而热平衡和物料平衡是电解槽稳定运行的基础，一旦运行过程中受到各种因素的影响和干扰，电解槽的热平衡和（或）物料平衡被打破，如果排除不及时或措施不适当，就会引发病槽。

当电解槽热收入与支出不平衡时，便使电解槽走向不同的行程。槽电压设置偏低、铝水平保持过高或极上保温料不足都会造成电解槽热量的入不敷出，电解质温度下降，破坏一系列技术条件使电解槽走向冷行程。相反，如果槽电压设置偏高、铝水平保持过低、极上保温料过厚或因某些原因引起二次反应加剧，都会使电解槽热收入增加，造成槽温上升，电解槽走向热行程。而当氧化铝添加量出现异常或电解槽消耗能力出现异常，就会打破物料平衡，同样会引发病槽。氧化铝加料不足，氧化铝含量降到一定范围之后，就会引发阳极效应，如果加料量得不到及时校正，效应频发，则会出现病槽；如果加料过量，超出了氧化铝的溶解度或溶解速度，则会形成沉淀或阴极表面结壳，造成电流分布严重不均，或电解质电阻增加，槽温升高，不及时处理，也会引发病槽。

**149. 电解槽为何发生针振，针振有何危害，如何处理？**

针振（电压摆）是铝电解槽的一种常见现象。针振的发生除与槽子运行状况和技术条件的控制有关外，另一重要诱因是不规范的操作对电解槽正常运行的干扰。而最常遇到的情况是由于上述干扰因素造成阳极电流分布不均，电解槽内磁场发生改变，引起铝液不规则运动，出现起伏波动，极距发生瞬时变化，而使电压发生摆动。

造成阳极电流分布不均的主要原因有：

（1）阳极设置不合理，个别阳极设置过低，或局部区域阳极电流集中；

（2）A、B 面阳极导电不均，出现偏流；

（3）阳极长包；

（4）个别或部分阳极下滑；

（5）炉膛不规整，侧部炉帮不完整，局部水平电流过大；

（6）炉底沉淀过多，结壳严重，造成炉底电流分布不均；

（7）电解槽中各区域氧化铝含量不均匀；

（8）系列电流不稳定，或因阳极更换（AC）、抬母、出铝（TAP）、扎边等作业过程中的不规范操作的影响。

针振会对电解生产带来许多不利影响，主要有以下几个方面：

（1）发生针振时，为保持电压稳定需抬高电压，造成电能消耗增加。

（2）发生针振时，电解槽内二次反应加剧，降低电流效率。

（3）发生针振时，会破坏电解槽正常的技术条件，如槽温升高、电解质水平升高等。而槽温升高则引起氟盐挥发量增加，不仅增加原材料的消耗，而且改变电解质组成，加重环境污染，恶化劳动环境。电解质水平上升则有可能引起阳极化爪而降低原铝质量。

（4）针振会破坏已形成的炉膛而使其变得不规整，而不规整的炉膛又将诱使电流分布进一步不均匀，使针振更为加剧。

（5）为了针振槽的处理会增加劳动强度。

目前大型预焙阳极电解槽都采用计算机控制，当电解槽发生针振时，计算机会发出语音广播，并自动提升电压。通过计算机提升电压处理针振只能使针振暂时减弱或缓解而不能从根本上消除。要从根本上消除针振，必须找准诱因并采取措施加以排除，才能真正达到处理针振的目的。

处理针振槽的一般程序如下：

（1）当听到自动语音提示系统的广播或通过计算机显示获悉某槽发生针振时，操作人员应立即赶到该槽的槽控机前，此时计算机已自动提升阳极。操作人员根据槽控机提供的信息，分析判断针振的严重程度。如果针振幅度很大，可以手动缓慢提升电压，但最高不能超过规定的提升上限。

（2）巡视电解槽，观察是否有阳极下滑，火苗颜色是否异常，边部是否空。如果发现阳极下滑，应先将下滑阳极提升到原位，电压稳定后，测量阳极电流分布，对电流分布有明显偏差的阳极进行调整；如果发现电解槽边部空，应先对局部空的地方进行扎边处理，在电压稳定后再进行阳极电流分布测量，确定处理效果。

（3）在电压稳定时（以槽控机针振信号灯自行熄灭为标志），进行阳极电流分布测量。

（4）根据现场观察，结合阳极电流分布测量数据以及电解槽技术台账，分析判断发生针振的原因，确定进一步处理的方法。

（5）如需采用调整阳极的处理方法，应将需调整的阳极适当上调（一般上调 1 ~ 2cm），并重新划线。一般来说，一次调整阳极不应超过 3 块，即使需要更多地调整，也应在下次阳极电流分布测量之后再进行。

（6）通过槽电压观察电解槽运行情况，检验处理效果。如果调整正确，几分钟之后电压就会稳定下来。

（7）对针振幅度不大、摆动时间不长、经多方查找诱因不明确的槽子不要盲目调整阳极，要利用电解槽自身的自调节能力，使其向着有利于热平衡方向变化，让针振逐渐消除。

（8）如果由于下料故障引起氧化铝含量不均匀而诱发针振，应先消除下料设备故障，针振现象会在氧化铝逐步消耗或补充过程中得到消除；如果是因为电解质流动性差，导致氧化铝含量不均匀而诱发的针振，应从改善电解质流动性能入手加以处理。

（9）如果电解槽电压波动是由于炉膛不规整所引起，而且摆动幅度较大，超过500mV，则要采取病槽处理疗程，分阶段连续进行处理，直至改善槽子运行情况，从根本上消除针振诱因为止。

（10）在电压稳定后，如果电压仍处在异常电压范围内，可采用手动降电压。分几次较缓慢往下降，直至计算机可控范围内，交由计算机自动调整。

处理针振槽有以下注意事项：

（1）针振槽抬电压时最高不能超过规定的提升上限（一般为5V），防止阳极脱离电解质。

（2）阳极电流分布测量作业要在电压稳定时进行，只有在电压稳定时测量的数据才能反映阳极电流分布的真实情况。

（3）针振是大型预焙槽最常见的异常情况，也是影响电解槽长期稳定运行的重要因素之一。由于其诱因多，处理方法也不一样，处理不好会使槽况进一步恶化，因此处理针振槽时，找准原因是最重要的，只有这样，处理针振槽才能得心应手。

（4）处理电解槽针振时，抬电压要快，降电压要慢。抬电压的幅度要看针振幅度而定，针振幅度越大，电压抬高幅度就越高。抬电压过慢，延长了针振时间，给生产造成的影响就更大。降电压过快，可能会诱发针振再次发生，增加处理难度。电压在高位稳定时可降快一点，降到计算机可控范围以后，最好由计算机自动控制。

（5）应遵循"全面测量勤，调整幅度小，电压升降慎"的原则，切忌过多过频地调整阳极。

（6）处理电解槽针振除了要有正确的方法外，还有许多处理技巧，这些技巧是靠平时的工作积累，因此处理针振槽要多动脑筋、多总结、多积累。

## 150. 什么是电解槽的冷行程，它有些什么样的表征？

电解槽生产运行中，由于热收入小于热支出，使电解温度低于正常控制温度范围，便形成冷槽。我们把这种现象称做电解槽进入了冷行程。

出现冷行程的原因不外乎两个方面：一方面由于热收入不足而引起，主要有系统供电不足、系列电压超负荷、系列电流大幅度下降、极距过低、槽电压过低等可能因素造成电解槽热收入减少。另一方面由于热支出增加而引起，主要可能因素有以下几个方面：铝水平过高导致热散失量过大；添加氧化铝过多，吸热量过大；加工时炉面敞开时间过长，使炉温急剧下降；阳极与壳面上保温料严重不足，散热量过大。

电解槽进入冷行程主要有如下表现：

（1）火苗呈暗红色，软弱无力；阳极气体排出受阻，电解质沸腾无力。

（2）电解质温度低、黏度大、流动性差、颜色发红，电解质水平明显下降。

（3）冷槽初期，电解质结壳厚而坚硬，中间下料口有时出现打不开的现象；然后，由于部分电解质偏析固化，使液体电解质摩尔比降低而逐步酸化；进而液体电解质表面浮不出炭渣，而与电解质在表面结成黑色半凝固层；电解质电阻增加，时常出现异常电压（电压摆）。

（4）冷槽发展到一定程度后，电解槽便出现炉膛不规整、局部伸腿肥大、炉膛收缩、炉底沉淀增多，铝水平持续上涨，极距缩小。

（5）阳极效应频频突发，效应电压有时高达40V以上，时常出现"闪烁"效应，效应熄灭难度大。

（6）炉底沉淀进一步增多，导致电流分布严重不均，受不规则磁场影响，铝液波动加剧，引起电压摆动增多；严重时，因电流过分集中，甚至出现阳极脱落等现象。

### 151. 铝电解槽出现冷行程应该怎样处理？

冷槽的初期对生产影响不很显著，但如果发现和处理不及时，后果则不可忽视。主要会有以下几个方面：

(1) 破坏炉膛，沉淀增多，严重时会形成大面积结壳，大幅增加炉底压降，增加电耗；

(2) 电解槽稳定性变差，一旦发展成针振、滚铝等病槽，会严重影响生产指标；

(3) 冷槽处理不好，会转变为热槽。

因此生产实践中出现了冷槽，要针对其产生的原因，及时做出处理。一般的处理方法有：

(1) 加强保温，在阳极上和氧化铝壳面上多加保温料，减少热量损失。

(2) 调整出铝制度，适当多吸出些铝液以降低铝水平，减少炉底热传导损失。但在撤铝时要注意炉膛的变化，防止因铝水平过低诱发滚铝或压槽等异常事故的发生。

(3) 适当提高槽电压，延长加料间隔；暂停添加 $AlF_3$，缓慢回升摩尔比。对于初期冷行程的电解槽，只要及时发现苗头，适当提高槽电压，增加槽内热收入，一般都可恢复正常。

(4) 电解槽内电解质严重不足时，可用灌入一部分温度较高的液体电解质的办法，既提高槽温，又补充槽内电解质的量，增加对氧化铝的溶解能力，还避免了用其他方法调整电解质水平给电解槽热平衡带来的冲击。

(5) 增加效应系数，利用效应提高槽温，处理槽底沉淀。温度过低的电解槽发生阳极效应时可适当延长效应持续时间，增加电解槽体系的热收入。增加效应系数应采取适当延长加料间隔、缩短效应设定时间、增加效应等待机会的办法，而绝不能利用多来突发效应的办法，后者往往效果适得其反。

(6) 如槽内沉淀过多，待槽温恢复并稳定后，可打开炉面取走部分沉淀。

(7) 由于系列电流过低造成的冷槽，提高电流强度才是解决问题的根本途径。如果电流强度暂时达不到要求，则从调整技术条件、加强保温、减少热量散失等角度采取措施。

(8) 利用换极时打开炉面的机会，用大钩钩拉炉底沉淀，一方面可以使沉淀疏松，容易熔化，另一方面在沉淀区拉沟后，铝液顺沟浸入炉底，可改善沉淀区域的导电性，使阴极导电趋向均匀。

(9) 利用阳极效应和换极时多捞炭渣，促使电解质洁净，改善其电化学及物理性能。

(10) 勤测阳极电流分布，及时调整，保证阳极正常工作和导电均匀。

除上述操作程序外，处理冷行程还要注意：

(1) 准确分析冷槽种类和发生原因，有针对性地进行处理；

(2) 处理冷槽不能急于求成，要采取"疗程"理念进行调整；

(3) 疗程中时刻利用计算机报表提供的信息和数据，正确分析判断，准确把握变化趋势，及时调整技术条件，这样，可以使电解槽在较短时间内恢复正常运行。

### 152. 什么是电解槽的热行程，它有些什么样的表征？

当电解槽实际电解温度高于正常控制的电解温度上限，我们称该电解槽为热槽或进入了热行程。

从能量平衡的角度，形成热槽的原因为热收入增加，或热支出减少，或二者同时存在。决定电解槽热收入的主要因素有槽工作电压、效应系数、系列电流、电解质电阻等。影响电解槽热支出的主要因素有保温料厚度、铝水平高度等。因热收入和热支出的某项或几项因素发生改变而导致电解槽温度上升的热槽，常称做普通热槽。而由于各项技术条件匹配不合理、炉膛严重畸形等多重深层次诱因引起的病槽，水平电流增加，二次反应加剧，电流效率明显下降，本该转变为化学能的电能大量以热能释放出来使槽温上升，形成热槽，我们把这种热槽称做异常热槽。

具体分析，可能形成热槽的原因主要有以下几种：

（1）极距保持过高，电解质电阻压降增加，槽电压偏高，槽内热收入过多。造成极距过高有两种原因，一种是电压测量仪表有误差，测量值低于实际电压值，计算机按测量值调整极距使极距控制偏高；另一种是人为地提高槽电压没有及时降下来。

（2）极距过低，引起二次反应加剧。二次反应放出大量热量使电解槽温度上升。

（3）电解槽内铝水平过低，铝量少，炉底散热量减少形成热槽；或因电解质水平过低，液体电解质量少，氧化铝溶解能力下降，炉底产生大量沉淀，引起炉底发热；电解质水平过低，电解槽热稳定性也变差，这也容易引起热槽。

（4）电流分布不均匀，局部电流集中，形成局部过热现象。

（5）阳极效应处理不及时，或处理方法不当，效应持续时间过长造成槽温上升。

（6）由于冷槽处理不及时或处理不得法而转变成热槽。因为冷槽因温度低而电解质萎缩，氧化铝溶解能力降低，如果得不到及时处理，会形成大量沉淀，导致炉底发热，加之效应频发，效应电压高，槽温上升，进而转化成热槽。

电解槽的热行程主要有以下外观特征：

（1）火苗黄而无力，电解质物理化学性质发生明显改变，流动性极好，颜色发亮，挥发厉害，阳极周围电解质沸腾激烈，电流效率很低。

（2）炭渣与电解质分离不清，在相对静止的液体电解质表面有细粉状炭渣漂浮，用漏勺捞时炭渣不上勺。

（3）阳极着火，氧化严重；伸腿变小，炉底沉淀增多。

（4）壳面上电解质结壳变薄，下料口结不上壳，多处穿孔冒火，冒"白烟"。

（5）炉膛遭到破坏部分被熔化，电解质温度升高，电解质水平上涨，铝水平下降，电解质摩尔比升高。测两水平时，电解质与铝液之间的界线不清，而且铁钎下端变成白热状，甚至冒白烟。

（6）电解质对阳极润湿性很差，槽电压自动上升，阳极效应滞后发生，效应电压较低，不易熄灭。

（7）严重热槽时，电解质温度很高，整个槽无槽帮，无表面结壳，白烟升腾，红光耀眼。电解质黏度很大，流动性极差，阳极基本处于停止工作状态，电解质不沸腾，只出现微微蠕动。这种状态生产中称之为"开锅"现象。

### 153. 铝电解槽出现热行程应该怎样处理？

热槽分为普通热槽和异常热槽。

普通热槽的处理方法，要分析热槽产生的原因，针对不同诱因采取不同措施：

（1）因设定电压过高产生的热槽，将电压适当降低即可减少电解槽体系中的热收入。

（2）因槽内铝水平过低引起的热槽，可采取减少出铝或向槽内加入固体铝的方法提高在产铝量，增加热的传导和散失。

（3）摩尔比高引起的热槽，适当多添加氟化铝，降低摩尔比。

（4）保温料厚的要适当减薄保温料；槽内炭渣量大的要做好捞炭渣工作，始终保持电解质清洁；还要适当保持较高的电解质水平，增加电解槽的热稳定性。

异常热槽的处理方法，关键仍然是要认真检查槽况，正确判断产生热槽的原因，对症实施处理措施。否则不但不能使热槽恢复正常，反而能引起更多严重后果。一般检查的项目包括：首先校对电压测量仪表是否存在误差，然后检查电解质水平、铝水平、炉底沉淀和炉膛情况、槽电压保持情况、阳极电流分布情况；查看工作记录，了解该槽加工和效应情况。根据收集到的信息做出判断，拟定并实施对症处理办法：

（1）因极距过低，二次反应增加引起的热槽，首先要将极距调至正常，减少二次反应，消除增加发热量的因素。

（2）槽内沉淀多，或因炉底结壳造成炉底压降大引起炉底发热而产生的热槽，要先处理沉淀。如通过扒沉淀或调整技术条件逐步消除炉底沉淀。

（3）因电流分布不均匀形成的热槽，要查找电流分布不均匀的原因并采取措施消除。如因阳极某部位与沉淀接触引起的偏流，要处理该部位的沉淀；如因阳极长包或掉块引起的偏流，要尽快处理异常阳极。

（4）由于电解质电阻大引起电解质过热而形成的热槽，可以打开大面结壳使阳极和电解质裸露，加强电解槽上部散热。同时向槽内添加氟化铝和冰晶石粉的混合料。混合料的熔化将吸收大量热量，降低槽温。添加的氟化铝则降低摩尔比，降低初晶温度并改善电解质的导电性能。

（5）严重的热槽，可以采取倒换电解质的方法来降低槽温。需要注意的是，绝不能用添加氧化铝来降低槽温。

（6）因病槽引起的热槽，要先采取措施使电解槽槽况稳定后再处理槽温高的问题。由冷槽恶化转变成的热槽，要分析判断原因，参照以上所述方法及时处理。

热槽好转的标志是阳极工作正常、电解质沸腾有力、表面结壳均匀完整、炭渣分离良好。这时再逐渐降低槽工作电压并配合恢复极上保温料，根据具体情况缓缓撤出铝液，消除炉底沉淀，使电解槽稳步恢复正常运行。

热槽好转后，往往炉底仍存在较多沉淀，尤其是严重热槽，沉淀层厚度大。但这种沉淀与冷行程的沉淀不同，因其炉底温度高，沉淀疏松不硬，容易熔化。在恢复阶段，只要严格控制电压下降程度，合理掌握出铝量，适当提高效应系数，沉淀即可消除，电解槽很快就能转入正常。但若控制不好，也很容易反复。因此，恢复阶段必须精心调整各项技术条件，时刻注意槽况变化以保电解槽平稳转入正常运行。

## 154. 当电解槽氧化铝加料不足时会发生什么样的现象，怎样处理？

当电解槽氧化铝添加量不足时，电解质中氧化铝含量逐渐下降，到一定程度就会诱发阳极效应。得不到及时处理，则阳极效应频频发生，产生大量热量使电解质温度升高，进而熔化边部伸腿，瓦解炉膛，铝水平下降，成为热槽。

如果电解槽在槽电压、槽温、两水平、摩尔比等技术条件都基本保持正常的情况下，出现效应提前发生或增多次数，那么，基本能断定为氧化铝物料投入不足。此时应及时缩短加料间隔，增加投料量，尽快补充电解过程对氧化铝消耗的需要，避免因效应过多而破坏电解槽热平衡，形成热槽。在缩短加料间隔的同时，应尽快检查、确定造成加料不足的原因，并及时排除，方法参照第 111 问所述。如果因设备故障一时难以排除，不能通过调整正常下料来控制效应的话，应进行槽大面加工，用天车扎大面下料，防止槽状态进一步恶化。

### 155. 当向电解槽投入的氧化铝过剩时会有什么现象，如何处理？

当氧化铝投入量过剩时，初期表现为电解槽效应迟发或不发生效应。久之，过剩的氧化铝超出电解质的溶解速度和溶解度时，炉底逐渐产生沉淀，炉底电阻增大。饱和了氧化铝的电解质对炭的湿润性良好，炭渣分离不出来，电解质电阻变大，这些都使槽电压自动升高，电阻热增加，槽温上升。不及时处理则形成热槽。

当电解槽出现阳极效应推迟发生时，可以断定氧化铝投入量肯定过剩，需及时处理。处理时，首先检查、确定造成下料量过剩的原因，对症下药地加以排除。方法参考第 111 问内容。与此同时，应适当延长加料间隔，减少氧化铝投入量，避免炉底生成沉淀。如果沉淀已经生成，除了减少物料投入量外还应适当提高电解质水平，增加其对氧化铝的溶解能力，尽快消除沉淀，防止形成热槽。若已成为了热槽，出现了阳极长包等病状，则应按照处理热槽的方法，消除阳极病变，将槽温恢复正常，然后再处理炉底沉淀，逐渐让电解槽恢复正常运行。

### 156. 电解质含炭如何处理？

在正常的电解生产过程中，会有从阳极脱落下来的炭粒漂浮在电解质中。由于某种原因使电解质性质发生改变，电解质对炭的湿润性增强，炭粒被包裹在电解质里而不能分离出来，即形成了电解质含炭。

电解槽热槽比较严重时，电解质一般会含炭，它的表观特征是：电解质温度很高，发黏，流动性差，表面无炭渣漂浮，且火苗黄而无力，火眼处电解质涌动无炭渣喷出，电解质电阻率增大，槽电压自动上升。有时电解质含炭表现在局部，这时含炭处的电解质沸腾明显减弱。

随着电解温度的升高，电解质中含炭量会增多。但电解质含炭的主要原因是由于极距过低，电解质温度高且电解质脏所造成，尤其是在压槽时，最易引起电解质含炭。

电解质含炭的危害主要表现在降低电解质的电导率。一般工业电解质中炭含量为 0.04% ~ 0.1% 时，对电解质电导率没有明显影响；当达到 0.2% ~ 0.5% 时，电解质电导率开始降低；达到 0.6% 时，电导率大约降低 10%。这不仅因为炭粒本身的电阻比电解质大，更因为当电流通过电解质中的炭粒时，在电解质与炭界面形成双电层，发生电化学反应而产生电位差，致使电解质电导率降低。

电解质含炭的另一危害是降低电解质对氧化铝晶体的湿润性，减慢氧化铝溶解速度，容易形成氧化铝沉淀。

因此，发现电解质含炭要及时处理。处理方法如下：

（1）确认电解质含炭后，应立即抬高阳极，直至含炭处的电解质沸腾为止。抬电压幅度一般要比处理针振时稍大，要注意观察，阳极不能脱离电解质。

（2）根据观察到的现象，进一步判断和确定含炭区域，提出含炭部位的阳极，将炭渣捞出来。

（3）酸性电解质对炭的湿润性较差，能够促使炭粒与电解质分离并漂浮起来。所以将冰晶石与氟化铝混合后，分批加入到电解质含炭严重的部位，以降低摩尔比，改善电解质性质，促进炭渣分离，并降低电解质表面温度。每一次撒完上述混合料后，要及时将分离出来的炭渣打捞出槽，反复多次，直至将炭渣打捞干净。

（4）如果电解质水平不够高，应灌入适量的新鲜电解质。

（5）为加速消除含炭现象，可用工具将阳极底掌上附着的脏物刮出来，刮时动作要小，避免搅动电解质，以防含炭面积扩散。

（6）炭渣分离出来后，如槽温仍然偏高，为降低槽内电解质温度，可向槽内添加固体铝块，必要时也可采取少出或暂停出铝的办法以提高铝水平来增加散热。也可按照一般热槽的处理方法做进一步处理。

处理电解质含炭，要注意以下事项：

（1）当发生局部电解质含炭时，处理时使用工具要轻，不要轻易搅动电解质，以免造成炭渣扩散而使含炭范围扩大。

（2）随着炭渣的分离，电解质电导率提高，槽电压会自动下降，在炭渣没有完全分离出来以前不能降阳极，以免出现反复。

（3）在处理电解质含炭过程中，不能向槽内过量添加氧化铝，否则会造成含炭更难处理。

（4）处理含炭槽取出的电解质时，摆放时要做好标示，再利用时不能大量添加在同一台槽内，以免出现另一台含炭槽。

（5）含炭电解槽一般槽温上升，处理过程中要注意观察电解槽侧部槽壳和散热孔，有发红现象的要及时采取措施，防止漏电解质。

（6）发生阳极效应时，电解质对炭的湿润性突然下降，促使炭粒从电解质里分离出来，故阳极效应起到清理电解质中炭粒的作用。但电解质含炭时，槽温一般偏高，再来阳极效应，不异于火上浇油，因此，用阳极效应分离炭渣的方法要慎用。

### 157. 什么是阳极长包？

阳极底掌消耗不均匀，某一部位消耗速度迟缓，造成阳极的这个部位以锥体形态凸出，这种现象称做阳极长包。阳极出现长包之后会出现阳极电流分布严重不均，导致电压摆、阳极掉块等后果。一旦阳极长包伸入铝液中，则电流通过该部位发生短路，造成电流空耗，使电流效率大大降低。

阳极长包的共同特点是电解槽不来效应，即使发生也是效应电压很低，而且电压不稳定。长包开始时，电解槽会有明显的电压摆动，一旦包伸入铝液，槽电压反而变得稳定。炉底沉淀迅速增加，电解槽逐渐返热，阳极工作无力。

### 158. 什么情况下会发生阳极长包？

电解槽热平衡被破坏，出现冷行程或热行程，或者是物料平衡遭到破坏，都会引起阳极长包。但因行程不同，阳极长包的部位也有所不同，长包后引起的槽况变化也有所差异。

冷行程由于边部肥大、伸腿长，端头的阳极易接触边部伸腿，长包多发生在阳极靠大面的端头，而且长包后电解槽不显得太热。

热槽时长包大多是由于阳极底掌上黏附炭渣块阻碍消耗所致，所以包大部分长在阳极底掌中部，长包后槽温很高，常常长包的阳极处都冒白烟。

物料平衡遭破坏后引起的阳极长包与热行程相似。

造成阳极长包的具体原因主要有：

（1）阳极底掌的某个部位黏附了导电不良的沉淀，使该部位不发生阳极反应而不被消耗。

（2）由于降阳极、出铝等作业中的不慎操作，使阳极某部位与伸腿上的沉淀接触并被黏附在阳极上，结果在黏附了沉淀的部位长包。

（3）电解槽滚铝时，滚出来的铝液夹带沉淀物接触阳极底掌，使阳极底掌的某部位被沉淀沾污。

（4）个别阳极发生下滑，粘上了沉淀，即使该阳极被复位，但因黏附的沉淀未被清除，仍然有可能长包。

（5）由于电解质黏度大，槽内炭渣多且分离不好，随着电解质在槽内循环，大量炭渣集中在电解质运动形成的旋涡中，一旦黏附在阳极底掌上，造成阳极消耗不均而长包。

### 159. 发生了阳极长包怎么办？

发生了阳极长包，首先要确定长包的位置。换极时，可以借助铁钎检查和发现相邻阳极上是否长包，也可以通过测量电流分布进行判断。如果某阳极电流分布远远大于其他阳极，或明显出现钢爪发红等现象时，可以提升该阳极进行检查以确认是否长包。

发现阳极长包，要根据具体情况及时处理。在预焙槽上，目前处理方法仍以打包为主：

（1）若阳极长的包小，用大耙将包刮掉后再将该阳极向上提升 1～2cm。

（2）如若阳极包较大，用大耙刮不掉，则可将该阳极提出，用镦子将包打掉后重新装上该阳极，并向上提升 1～2cm。

（3）如若阳极长包很大，将阳极提出后也无法打掉，则可用热残极将其换下。没有热残极也应使用冷残极，不可使用新极。新极导电缓慢，装上新极会引起阳极导电不均，使其他阳极负荷增大而有脱落的危险；同时炭渣会迅速聚集在不导电的新极下面而引起新极长包。

（4）吊出阳极或换极过程中，应尽量将槽内浮游炭渣捞出，使电解质清洁。处理完后立即进行阳极电流分布测定，调整好阳极设置高度，使电流分布均匀。并用冰晶石-氟化铝混合料覆盖阳极周围，一方面降低槽温，另一方面促使炭渣分离。在这里切不可用氧化铝保温，以免增加炉底沉淀，恶化电解质性质。

如果一次处理彻底，调整好了阳极电流分布，槽温很快会降下来，阳极工作有力，炭渣分离良好，两天内即可恢复正常运行。如果处理不彻底，会出现循环长包，而且很容易转化成其他形式的病槽。

**160. 什么情况下会发生阳极多组脱落？**

大型预焙槽上装备了多组阳极，而且不能连续使用，须定期更换。往往由于阳极质量或操作质量等问题，出现个别阳极脱落或掉块。出现这种情况，只要及时发现并及时处理，一般不会对电解槽的正常运行造成很大影响。但若同一台槽在短时间内出现多组阳极脱落，不仅处理困难，而且可能对电解槽的运行产生极大破坏，严重的可能被迫停槽。

阳极多组脱落一旦发生，往往来势凶猛，有时可在 1h 内脱落几组乃至十几组。引起阳极多组脱落的原因，主要是阳极电流分布不均，严重偏流。强大的电流集中在某一组阳极上，短时间内使炭块与钢爪连接处浇铸的磷生铁熔化，或使铝-钢爆炸焊处熔化，造成阳极炭块与钢爪或铝导杆分离，掉入槽内。之后，这股强大电流又涌向别的阳极，恶性循环，引起阳极多组脱落。

造成阳极偏流或脱落的主要原因有如下几种：

（1）液体电解质高度太低，比如在15cm以下，浸没阳极太浅，如果阳极底掌稍有不平，就有可能局部脱离电解质，造成阳极电流分布不均匀，局部电流集中，形成偏流。

（2）炉底沉淀较多，厚薄不一，阴极电流集中，引起阳极电流集中，形成偏流。

（3）抬母线时阳极卡具紧固得不一致，或有阳极下滑现象，未及时调整，也会引起阳极偏流。

（4）电压保持不当造成长时间压槽，阳极与伸腿或沉淀接触造成偏流。

（5）阳极炭块本身质量或组装时存在缺陷造成电流分布不均或掉块。在阳极组装过程中，炭碗中的焦粉没有清理干净，阳极钢爪伸入炭碗的深度不够，这样的阳极容易脱落。

（6）由于阳极炭块本身抗氧化性能差、极上保温料太少、电解温度过高等原因，造成阳极氧化严重，磷生铁碗周围的炭块全部被氧化掉，造成阳极脱落。

（7）因电解质水平过高，部分低残极全部被电解质浸没；或者发生阳极效应，这些情况都有可能造成阳极脱落。

**161. 发生阳极脱落时如何处理？**

处理阳极多组脱落的原则是：

（1）出现阳极脱落，要及早发现、找出原因、及时处理、消除诱因，立即控制住继续脱落或重复脱落。否则会带来如下后果：一则熔化的磷生铁流进电解槽会降低原铝质量；二则出现阳极脱落会使阳极间承担的电流更加趋向不均匀，电流可能集中到另一组阳极上，造成阳极脱落的连锁反应，出现多组阳极脱落，以致被迫停槽。

及早发现的途径有：

1）检查钢爪是否发红。阳极脱落的原因往往是某组阳极通过的电流过多，在脱离之前通常伴有钢爪发红现象。

2）阳极脱落处火苗变黄，检查火苗是否发黄可以发现阳极脱落。

3）阳极脱落常伴有电压摆，发现某槽电压摆要立即测量阳极电流分布。对电流摆动或偏离电流平均值的阳极，要用工具检查看是否脱落。

4）换极时检查是否有阳极脱落。

（2）尽快打开壳面将脱落的阳极钩出来，装上适当高度的残阳极，重新导电。处理过程中注意以下几点：

1）处理时首先测未脱落阳极的电流分布，并调整使之导电尽量均匀，避免继续有阳极脱落。

2）已有多组阳极脱落则钩出一块装上一块，并一律装上残极而不用新极，最好是从邻槽拔来的热残极。

（3）若因处理多组阳极脱落，电解槽敞开面积大，电解质可能会很快收缩，沉于炉底，而铝液上漂，槽电压自动下降。此时绝不可硬抬电压，要待脱落块处理完后，从其他槽内抽取热电解质灌入该槽，边灌边抬电压。当电解质达到一定高度后，立即测阳极电流分布，调整好各组极距。然后在阳极上部加冰晶石粉保温，同时切断正常加料。待槽温上升至正常范围，逐渐恢复正常加料，并适当减少槽存铝，使沉入炉底的电解质熔化，电解槽逐渐恢复正常。

### 162. 什么是滚铝？

在铝电解生产过程中，有时铝液在电磁场作用下受到垂直向上的电磁力，当这种作用力大到足以使该部位的铝液向上翻滚时，铝液就会形成一股液流从槽底翻上来，然后又沿槽壁沉下去，严重时还可能喷到槽外，这种现象称做"滚铝"。

电解槽发生滚铝时的主要外观特征是：由于铝液的波动，极距急剧变化，外观上表现为电压摆严重，电压摆幅在 500mV 以上；火苗时冒时回，同时在槽壁上可以观察到返上来的铝液；有时会听到响声；阴、阳极电流分布紊乱，尤其是阳极电流分布变化无常，部分阳极停止工作。

电解槽发生滚铝时，不仅使两极在相当大的区域内短路，同时使铝的二次反应损失增加，显著降低电流效率。滚铝还可能导致难灭效应的发生。因此，滚铝是电解槽严重病槽的表现之一，需及时妥善处理。

### 163. 什么情况下有可能发生滚铝？

要了解滚铝发生的原因，须掌握一定的电磁知识。

铝电解槽立柱母线、阳极母线和阴极母线等所有导电部件在通过强大的直流电时，在其周围会产生强大的磁场。磁场的方向可用"右手定则"判断，即用右手握住导线，让伸直的拇指方向与电流方向一致，则弯曲的四指的方向就是磁感应线的环绕方向。而处在磁场中的带电导体，会受到磁场的作用，作用力的方向可用"左手定则"判断。即伸开左手，让磁力线从手心向手背穿过，而伸直的四指指向电流的方向，则与四指垂直的拇指所指的方向就是通电导体所受磁场力的方向。

电解槽内铝液通过直流电并且处在母线磁场中，因而受到电磁力的作用。除母线产生磁场外，通电的铝液本身也产生磁场。前者称做母线磁场，后者称做内磁场。利用上面的电磁知识不难判断：内磁场与铝液中垂直电流的作用，产生指向中心的水平电磁力，这个力使铝液中心隆起。

电解过程中，各种因素使得铝液中不可避免地存在水平电流，阴极和阳极电流分布不均匀则增加这种水平电流。水平磁场对铝液中水平电流的作用可能产生垂直方向的电磁力（除磁力线与电流方向平行之外），视磁力线与电流方向的不同，其作用力方向有可能向下或向上。当水平电流密度足够大，产生的向上的电磁力足以使某部位的铝液向上翻滚，则诱发滚铝。因此，滚铝是由于磁场产生垂直向上的电磁力大到一定程度后造成的。

发生这种现象的可能原因主要有：

（1）槽膛畸形，槽底局部沉淀过多，结壳分布不均，槽帮伸腿过长、过于肥大等，使铝液中水平电流增大。

（2）槽内铝水平过低，使铝液中水平电流密度增大。

（3）各种因素引起的阴极、阳极电流分布不均匀，较长时间没得到合理调整，都有可能诱发滚铝；槽温过低也会引起滚铝。

### 164. 如何预防滚铝的发生，一旦发生滚铝如何处理？

据上所述，发生滚铝的根本原因是电磁力对铝液的作用。要减弱磁场对铝电解生产的不利影响，一方面是改进设计中的进电方式和母线配置，这方面已取得许多研究成果和进展。另一方面则是在生产过程中尽可能保持电解槽的平稳运行状态。力求控制好工艺条件，规整好炉膛，保持合理而平稳的电解质水平和铝水平，使阳极和阴极电流分布尽可能均匀，从各方面减弱水平电流和磁场的不利影响。

一旦发生滚铝，按以下方法进行处理：

（1）将阳极抬起，尽可能抑制电解槽电压波动。

（2）分析判断滚铝原因，对症下药地进行处理，并从调整技术参数入手，制订恢复槽况的控制方案，消除滚铝的根源。

（3）若由于侧部炉帮熔化产生的滚铝，用扎边部规整炉膛的办法处理，通常是用电解质结壳块扎电解槽炉帮较空之处，一般情况下不处理沉淀。

（4）若由于伸腿肥大、炉底形成结壳、铝液正常循环受阻而引起的滚铝，应该用"疗程管理"的思路，通过合理调整技术条件，逐步消化肥大伸腿和炉底沉淀，规整炉膛，消除滚铝现象。

（5）若由于局部阳极极距压缩引起的电解槽局部滚铝，首先通过测量阳极电流分布，确定低极距阳极，根据实际情况调整阳极高度，再度测量电流分布，直至达到极距平衡一致为止。

（6）针对滚铝槽的高温现象，可添加冰晶石、固体铝块等以降低电解温度。当滚铝较为严重时，也可向槽内灌些铝液或采取减少或终止出铝量以增加铝液高度，在增加散热的同时，降低水平电流密度。

（7）滚铝发生时要严格控制氧化铝添加量，防止沉淀发生或沉淀的进一步加重。

（8）滚铝消失后，要进行电压调整，根据炉膛恢复情况逐步下调电压，直至恢复正常的电压控制，并继续跟踪处理效果。

处理滚铝时还要注意下列事项：

（1）处理滚铝槽时要注意做好防护措施，因为有时溶液会形成一股汇流喷射到槽外，容易发生事故。

（2）滚铝槽炉膛一般较为畸形，处理时要充分考虑缓慢恢复的原则，千万不能急于求成。

（3）滚铝槽的电压大幅波动会使阳极与铝液局部短路。要注意观察各块阳极的工作状况，防止发生阳极脱落等异常情况。

（4）处理电解槽滚铝，要坚持不懈、斩草除根、不能半途而废，防止槽况反复或进一步恶化，导致阴极破损或无法维持正常生产而被迫停槽。

### 165. 什么情况下有可能发生漏炉事故，如何处理？

在铝电解生产过程中，由于槽底或侧部炭素材料受到破坏，铝液或电解质从槽壳侧部或炉底漏出来，称为电解槽漏炉。因此，电解槽漏炉分两种情况：一种是侧部漏炉，另一种是底部漏炉。

侧部漏炉是生产过程中管理不当造成炉帮破坏，或由于侧部炭块砌筑和炭糊扎固质量差而引起电解质（有时夹带铝液）从侧部炭块缝流出，烧穿槽壳的侧壁而造成的漏炉。

炉底漏炉是炉底阴极炭块遭到严重破坏，铝液使阴极钢棒熔化从钢棒窗口流出，或者是铝液侵蚀阴极炭块下的槽内衬使铝液向下流到炉底烧穿炉底钢板而漏炉。

电解槽漏炉的危害极大，它会造成设备的损坏，如烧穿电解槽壳，严重时还会烧断母线使整列的生产受到影响。处理漏炉会造成原材料浪费，增加劳动强度，因此生产中要尽可能避免漏炉的发生。

电解槽漏炉的处理要遵从如下程序：

（1）当发生漏炉时，要立即向厂房、车间、调度汇报，报告内容包括漏炉槽号、漏炉类型和严重程度。

（2）有关负责人应立即组织当班人员、多功能天车赶到漏炉槽旁，进一步详细了解漏炉情况，冷静指挥处理，并做出下列安排：

1）安排专人监护槽电压，电压不得超过 5V，超过 5V 的，应手动降阳极。

2）安排人员用手推车就近推结壳块或袋装氧化铝到漏炉槽旁待用。

3）安排人员安装好母线保护装置。

4）揭开漏炉处的槽罩。

5）指挥多功能天车扎实漏炉区域的边部。

6）准备停槽工具。

（3）当确认为侧部漏炉时，在做好上述安排的同时，重点指挥多功能天车扎漏炉边部，边扎边加结壳块、袋装氧化铝或冰晶石，扎住后用风管冷却漏炉处槽壳，以便快速形成炉帮。

（4）当确认为炉底漏炉时，应根据漏炉的严重程度，先松开可能破损部位的阳极卡具，将阳极座放在炉底，压住破损部位，减缓铝液逸漏的速度。然后一面派人准备停槽工具，联系停电，同时安排专人看好电压，控制电压不得超过 5V。

（5）当侧部漏炉处理无效，炉底漏炉无法控制时，应立即通过程序与有关部门联系要求停槽，同时做好停电的准备工作。

处理漏炉要注意以下事项：

（1）防止铝液与地面或水分接触时发生爆炸伤人，防止慌乱中发生安全事故；

（2）注意做好母线的保护工作，尽量降低漏液对母线的破坏，以免影响系列生产；

（3）漏炉要看好电压，控制和保持槽电压不得超过 5V，防止阳极脱离电解质而发生"放炮"，造成更大的损失。

### 166. 什么情况下有可能发生难灭效应等异常效应，如何处理？

异常效应指的是相对于生产过程中因电解质中氧化铝含量过低所诱发的正常效应而言的各种非正常效应，主要有暗淡效应、闪烁效应、瞬时效应和难灭效应等。不同的异常效应，其熄灭方法也有不同。

（1）暗淡效应。暗淡效应指效应电压比正常效应电压低的效应，一般为 10～20V，这种效应往往发生在电解温度较高的电解槽上。对于这种效应，只要电压稳定，随着效应时间的延长，电压往上走，在电压达到 20V 以上时，按正常阳极效应熄灭的方法操作即可熄灭。

（2）闪烁效应。闪烁效应是指效应电压不稳定，来回上下大幅摆动的效应，这种效应主要发生在槽膛内型不规整、电解温度低、炉底有结壳的电解槽上。处理这种效应，首先应该抬高电压，将电压保持在 30V 左右，不能急于熄灭效应，应待效应电压稳定后，再按正常效应的熄灭方法处理。

（3）瞬时效应。瞬时效应发生后能自动熄灭，有时会反复几次，这种效应一般发生在槽温低、沉淀多的电解槽上。如果效应自动熄灭回去了，可以不用采取措施处理它。如果反复发生，则上抬阳极，使电压达到正常效应电压，待温度上升后按正常效应进行处理。

（4）难灭效应。难灭效应产生的原因是由于电解质含炭或电解质中含有大量的悬浮氧化铝。

难灭效应的处理方法是：

1）适当抬高阳极，目的是升高电解质温度。

2）向槽内注入液体电解质，分离炭粒，清洁电解质。

3）然后开始熄灭效应，运用阳极与阴极短路的方法熄灭。

4）因出铝后铝水平低发生的难灭效应应抬高阳极，向槽内灌入铝液或在沉淀少的地方加铝块，让铝液盖住炉底结壳，并加入电解质或冰晶石，稀释溶解电解质中的过饱和氧化铝，降低温度，待电压稳定后即可熄灭。

5）当在某一部位熄灭效应无效而引发的难灭效应应重新选择熄灭操作部位。新位置一般选择在两大面低阳极处。打开壳面，将木棒紧贴阳极底掌插入，不要直插炉底，以免再将沉淀搅起。需要时可多选一处，同时熄灭。

6）因炉膛不规整，炉底沉淀多引发的难灭效应应抬高阳极，局部炉帮空可用电解质块修补炉帮，待电压稳定后即可熄灭。

处理难灭效应应注意如下问题：

1）物料不要添加过多，尤其是由于电解质中含大量悬浮氧化铝引起的难灭效应，不能通过添加氧化铝来处理效应。

2）时间较长的难灭效应要注意防止发生跑电解质和漏炉事件。

3）难灭效应熄灭后，会出现 5～6V 的异常电压，此时只能让电压自动恢复而不能急于降低阳极来恢复电压，否则易造成压槽。一般 1～2h 内电解质会逐渐澄清，电压自动下降。为了加快恢复速度，可打开大面结壳，在电解质表面添撒冰晶石粉，促使炭渣分离，降低槽温，同时增加了电解质量，加速悬浮物的溶解，加快槽况恢复。

### 167. 停动力电、直流电及停风时如何处理？

动力电是指照明、电解生产设备及辅助设备正常运行所需的交流驱动电源。电解厂房停动力电意味着所有靠交流电驱动的设备不能运行，如槽控机停止工作，多功能机组不能使用等。但电解槽还在继续生产。因此，为维持生产的继续运行，由上述机械设备承担的工作全部靠人工来完成。这种情况下，需采取如下应急措施：

（1）如果是计划停电，应明确停电原因、停电时间长短，做出相应安排；

（2）做好人工物料添加工作，按照制定的加工制度进行手动加工，保证电解槽的正常供料；

（3）电解槽发生效应时，要及时发现，及时用手动加工熄灭效应，10min 以后再进行正常加工；

（4）加强电压巡视，发现异常要及时调整处理；

（5）如果停动力电发生在晚上，还需配备必要的工作用照明灯。

直流电是经整流后提供维持电解槽电解过程的电源。对于直流电源，每台电解槽是串联的，一旦停直流电，整个系列电解槽都将停止工作。停直流电有两种情况，一种是根据生产需要做出的计划安排，如同系列中有电解槽需要通电或停槽；另一种是偶然因素造成的，如供电机组故障等。停直流电时应采取的技术措施是：

（1）停直流电后，电解过程全部停止，这时最重要的工作是加强电解槽的保温，等待直流电恢复后再逐步转入正常生产。

（2）停直流电后，要迅速用冰晶石粉或热料堵好火眼，将电解槽烟道端风量阀关好，盖好槽罩，做好熄灭效应的准备工作，然后停止厂房内的一切正常作业。

（3）电流恢复后要按如下程序处理：

1）如果停电时间较长，送电前要先巡视槽况，确认阳极是否有脱离电解质的情况，对电解质过低的电解槽要将阳极降一点。

2）如果发生阳极效应，要求立即熄灭，以免影响电流恢复的整体进度。

3）达到全电流后 1h 要进行一次两水平测量，掌握两水平情况。

4）处理好因停电引发的针振槽，加强破损槽的巡视及维护管理工作。

停风是指因意外原因，供电解槽生产、操作用的动力风不能正常供应时的情况。因停风而不能正常进行的工作主要有：电解槽自动供料，出铝，抬母线；厂房烟气集气系统也停止工作，厂房内空气质量下降。当出现停风时，应做如下处理：

（1）了解停风的原因、停风时刻及停风将延续的时间跨度。

（2）停风时间在 1h 之内时，在停风前，根据管理指示，向槽内一次投入足够的氧化铝，以满足电解槽停风时间内的消耗。如停风时间超过 1h，要指定人工定期推极上保温料入槽的加工制度，并及时补充阳极上的氧化铝。

（3）加强巡视，要及时发现电解槽发生的效应。电解槽来效应时，应人工推阳极上的氧化铝入槽，或用多功能天车扎大面和人工现场添加氧化铝的方法及时熄灭效应，防止效应持续时间过长，给电解生产带来不利影响。

（4）槽内极上氧化铝不能满足加工要求时，可利用多功能天车补充或人工加袋装氧化铝的方法补充添加。

（5）如停风时正在进行抬母线作业，应立即停止，采取人工紧固卡具的方法防止阳极下滑等异常情况发生。

## 168. 破损槽和老龄槽如何管理？

铝电解过程中，虽然理论上阴极本身不被消耗，但电解槽长期在强磁场和高温熔盐环境下工作，受强腐蚀性电解质侵蚀和各种应力的长期作用，会引起电解槽内衬的破损和槽体的变形，到一定的使用周期被迫停槽大修。从焙烧启动到停槽大修被称做电解槽的槽龄。老龄槽一般指的是槽龄超过了设计槽龄的电解槽。随着生产时间的延长，炉底阴极压降逐渐增大，炉膛逐渐变得不规整，老龄槽常常还伴随着破损。因此，老龄槽技术条件的控制要与正常槽有所不同：

（1）电解温度。老龄槽保持较低的温度，使炉底温度适当低些，避免进一步加剧破损或破损部位修补时的填充料被熔化。要注意温度控制的平稳性，切忌出现温度忽高忽低的反复情况。

（2）铝水平。应注重出铝量的控制，避免抽取在产铝，适当保持较高的铝水平，增加一定的槽存铝，防止低铝水平运行。保持较高的铝水平与较低的电解温度相适应，也有利于减少热的不稳定因素，促使温度的平稳。

（3）摩尔比。摩尔比的保持应根据电解温度来确定，在保持足够过热度的前提下，摩尔比不宜过低，特别要尽量减少摩尔比的波动，防止炉膛发生频繁的或大的变化，避免因电解槽稳定性变差而引起恶性循环。

（4）设定电压。主要从保证有足够极距和保持电解槽热平衡的要求出发，破损槽和老龄槽的炉底压降相应较高，所以设定电压要比正常槽稍高一些。

（5）阳极效应。阳极效应产生的大量热量会加剧阴极破损或使破损修补填充料熔化，因此，要尽量减少效应系数和效应持续时间。

（6）阴极电压降。老龄槽或破损槽因下列原因而使阴极电压降比正常槽高：

1）槽底有大量碳化铝生成；

2）阴极炭块渗入了大量电解质；

3）氧化铝沉淀较多或槽底结壳大而厚；

4）阴极炭块与导电棒的交接面上有较大量的氟化物结晶形成。

尽量减慢或减轻上述变化就能使老龄槽保持较低的阴极电压降。措施是：要特别注重焙烧启动和后期管理，在这期间，要严格、稳定地按规范控制各项技术条件；正常生产期要提高操作质量，合理控制生产技术条件，减少温度波动，减轻炉底结壳和槽内沉淀。

## 169. 怎样预防病槽的发生？

铝电解过程中病槽的发生不仅显著降低当前的生产指标，增加人力、能量和原材料的消耗，降低产品质量，对生产影响极大；而且闹过大病的电解槽，在以后的生产运行中会长期受到影响；电解槽使用寿命也会因此而大打折扣，给企业带来严重的经济损失。因此，必须加强正常生产管理，坚持以预防为主的原则，尽量减少或杜绝病槽的发生。

病槽的预防主要从以下几方面着手：

（1）提高管理人员素质，加强正常生产管理。高水平的正常生产管理是避免病槽的前提。实现高水平的生产管理，要求管理人员具有良好的技术基础和丰富的管理经验，只有这样才能制订出正确的管理方案。高水平的生产管理还要求管理人员具有刻苦的工作作风，深入现场，联系实际，保证管理方案正确实施。

（2）提高操作水平，保证工作质量。高质量的操作是保证科学管理方案正确实施的基础，也是预防病槽发生的关键。这要求加强操作人员的技术教育和技能培训，增强责任心，提高操作水平，使每项操作符合规范、达到质量要求。如：

1）阳极更换设置准确；

2）保温料添加符合要求；

3）出铝精度高，不吸出电解质；

4）三点测量数据准确可靠，具有代表性，能反映槽实际情况；

5）效应熄灭及时，不出现效应时间过长和异常电压等。

除此之外，操作人员要树立管理意识，要明确管理方案，自觉贯彻管理意图，确保管理方案全面准确实施。

（3）加强早期诊断，及时正确调整技术条件，防止病槽形成。早期诊断的方法很多。现代大型预焙槽装备了计算机控制管理系统，早期诊断主要靠对计算机报表提供的数据、信息进行分析。但同时要结合传统的"看、听、摸、测"等方法，时刻对电解槽运行情况做出正确判断。"看"——主要看电解槽的火苗、电解质颜色及沸腾等情况。"听"——听电解质沸腾发出的声响。"摸"——用大钩大耙触摸炉膛和炉底。"测"——主要是测阳极电流分布、电解质温度、电解质高度和铝水平等。

至于如何通过"看、听、摸、测"判别电解槽是否正常或走向了冷、热行程，前面关于正常槽和冷、热槽的特征分别都有叙述，在此不再重复。

（4）确保原材料质量，消除操作以外的干扰因素。干扰电解槽运行的外部因素很多，而最易出现和危害最大的是原材料的质量，特别是阳极质量和氧化铝质量。

阳极质量的稳定对电解槽正常运行至关重要。如果阳极质量不好，上槽后就会出现脱落、裂纹、掉块掉渣，为了处理这些病变阳极，会严重破坏电解槽的热平衡和物料平衡，导致运行状态恶化或出现病槽。

氧化铝质量的变化或波动，如砂状氧化铝和粉状氧化铝的变换，由于松装密度、溶解性能、流动性等一系列性质的变化，严重破坏各项技术条件的管理，打破物料平衡和热平衡，导致病槽的出现。

除此之外，外界供电条件的稳定也是防止病槽的重要因素。

## 170. 预焙铝电解槽操作管理中有可能发生哪些事故，如何处理？

预焙铝电解槽由于操作管理不善，可能出现的事故主要有严重操作过失、漏炉、难灭效应等。

（1）严重操作过失。较易发生的严重操作过失，一种是出铝过失，如出铝时大量吸出电解质、出铝量大大偏离指示量、认错槽号而重复吸出等，这些都严重破坏电解槽的正常运行。当吸出的是电解质而不是铝液时，应立即倒回电解槽并适当提高槽工作电压，以弥补所损失的热量。出铝量超过指示量200kg以上时，应将多出的铝倒回原槽。若出现重复吸出，必须从其他槽抽取相当的铝量灌入该槽，以保持铝水平稳定，避免因破坏电解槽技术条件和热平衡而引发病槽。

另一种严重操作过失是新槽启动抬电压的过失。新槽启动发生人工效应时，应随电解质灌入慢慢抬高电压。当电压达 40V 时，应立即下降阳极，否则，电压过高，易击穿短路口绝缘板，甚至出现强烈电弧光起火烧毁绝缘板和其他设备，造成短路，严重者烧毁短路口。如果短路口出现弧光，应立即降低电压使效应熄灭；若出现起火，应用冰晶石粉扑灭火焰，并松开短路口螺栓，增加一层绝缘板。如果绝缘板被严重破坏，应紧急停电，更换绝缘板，处理好后方可继续开动。

（2）漏炉。电解槽设计和选材失误、安装砌筑质量不好、操作管理不善都可能造成漏炉。漏炉有底部漏炉和侧部漏炉两种情况。

漏炉时不仅该槽的运行被完全破坏，而且漏出的高温电解质或铝液可能冲坏阴极母线，烧毁槽下部设备，影响整个系列生产。因此，漏炉属于大的生产事故，应尽量避免。为此，对正常槽要加强技术管理，精心操作，维持电解槽稳定运行。对破损槽和老龄槽要准确掌握破损程度，适时停槽大修，避免漏炉事故发生。

当发生漏炉事故时，应根据漏炉部位迅速判断是底部漏炉还是侧部漏炉。大型槽底部漏炉一般是无法补救的，必须紧急停槽。侧部漏炉则应立即堵漏，用天车扎漏洞上方大面，边扎边投入电解质块、袋装氟化钙或氟化镁等原料，利用这些固体物料强行筑起边部槽帮，堵住漏洞之后再恢复生产。

（3）难灭效应。难灭效应常常发生在炉底沉淀多、电解质水平低的非正常运行槽上。当这种槽来效应时，如果熄灭时机掌握不好，在液体电解质中氧化铝含量尚未达到熄灭效应最低值时，过早插入木棒炉底沉淀被大量搅起，固体悬浮物增多使电解质发黏，投入的氧化铝难以溶解，电解质性质进一步恶化，对阳极的湿润性不能恢复，电阻增大，产生高热量，电解质温度迅速升高而含炭，造成效应难以熄灭，转成病槽。

出现难灭效应时的处理办法参阅第 166 问，此不赘述。

### 171. 预焙铝电解槽较常见的设备事故有哪些，如何预防？

大型预焙槽采用计算机自动控制，有时因电器元件质量问题或安装质量问题出现电路串线或继电器接点粘接，引起控制失灵或误动作，出现恶性事故。最有危害性的事故之一是阳极自动无限量上升或下降。

阳极自动无限量下降可能将电解质和铝液压出槽外，直至顶坏上部阳极提升机构，使整台槽遭受毁灭性的破坏。

阳极自动无限量上升会使阳极与电解质脱离而断路，出现严重击穿短路口和严重爆炸事故。

当发现阳极自动无限量上升或下降时，应立即断开槽控箱的动力总电源，切断控制，通知检修部门立即检修，清除设备故障之后迅速恢复生产。如果阳极上升到短路口严重打弧光，人已无法进到槽前时，应立即通知紧急停槽，以防止严重爆炸事故而引起更大损失。

防止设备引发事故的措施除了选用质量优良的元件和高质量安装外，应加强设备的维护保养，定期检查，保证设备处在正常运行状态。同时应加强现场巡视，及时发现问题，及时排除，避免引发事故。

# 第十章　铝电解槽阴极内衬破损及对策

## 172. 延长铝电解槽使用寿命有何重要意义？

从焙烧启动到停槽大修的这段时间称做电解槽的使用寿命。电解槽是铝电解厂的核心设备。从理论上说，在铝电解过程中电解槽阴极本身并不消耗，但由于长期在高温、强磁场、强腐蚀性电解质环境下运行，受强腐蚀和各种应力的作用，积年累月，电解槽阴极结构将逐渐变形、破损，最后到严重程度被迫停槽。因此，所谓槽寿命实际上就是槽阴极结构的寿命。

电解槽大修时，旧内衬材料几乎全部被弃除，槽壳进行校正修复后重新砌筑。大修后的电解槽需重新焙烧启动才能投入正常生产。

显而易见，电解槽的寿命越短，大修越频繁。这不仅花费众多人力，消耗大量昂贵材料，直接经济损失巨大，而且停产检修和重新焙烧启动减少了设备生产能力，非正常生产期投入大量原材料带进的杂质降低了产品质量，这些将直接或间接地给企业造成难以弥补的经济损失。

目前，国内电解槽使用寿命一般在 1800～2000 天，少数可达 2500 天。与国外先进水平相比，尚有较大差距。因此，尽可能延长阴极结构的使用寿命是我们需要研究解决的重要课题之一。

## 173. 铝电解槽常见的阴极内衬破损有哪几种类型？

铝电解槽常见的阴极内衬破损现象有：炉底隆起，阴极炭块断裂，阴极炭块形成冲蚀坑，阴极炭块层状剥离，扎缝糊起层、穿孔、纵向断裂，侧部炭块破损等类型。

电解槽内衬破损与设计、选材、砌筑质量以及生产过程的操作管理有关。不同的原因会引起一种或几种破损现象发生。研究、掌握它们的真正诱因，对延长电解槽使用寿命具有指导性意义。

## 174. 铝电解槽为什么会发生炉底隆起现象，它有什么危害？

电解槽运行一段时间之后，会出现炉底沿长度方向呈山丘状隆起，形成中间高、四周低的状况。正常情况下，电解槽在开动的第一年内，炉底隆起较少，约在 2cm 左右。但随后隆起速度加快，一般在 3 年左右可达 10cm，较严重的甚至可能超过 15cm。再往后隆起减慢，甚至趋于稳定。

引起炉底隆起的主要原因除炉底材料热膨胀的因素之外，主要是电解质和铝液对阴极内衬的渗透，以及电解质、铝液与阴极炭块或内衬材料的交互反应。所有能增加这种渗透的因素都将加剧槽底隆起。如阴极炭块材质疏松、不均匀，或存在裂缝等缺陷，生产过程中的槽温波动等。

　　停槽后对槽内衬进行干式解剖，可以观察到阴极炭块连同钢棒呈弯弓状，炭块和钢棒交织在一起，形成灰白色的铁-碳合金，炭块下部与耐火砖交界处沉积着较厚的铝和电解质以及泡沫状的灰白层和类玻璃体，有时能见到淡黄色的碳化铝或氮化铝。这些都是电解质和铝液对阴极内衬的渗透和反应的产物。

　　炉底隆起后，炉底电压降增高，生产能耗增加，而且造成槽内铝液各处深度不同，中间浅，四周深，导致阴极电流分布不均，操作管理困难。隆起到一定程度后，容易引起滚铝等恶性病槽，甚至被迫停槽进行大修。

### 175. 阴极炭块断裂现象有何规律，它会有什么严重后果？

　　常见的阴极炭块断裂现象往往呈横向断裂，在炉底表面沿长度方向形成一条或几条大裂缝，靠边部还有许多小裂缝。刨炉后可以发现，中间大裂缝大都穿透了炭块，炭块下面有较厚的铝-铁合金层，阴极钢棒被腐蚀得所剩无几，其余物质与炉底隆起的状况相同。

　　有人收集了大修槽的 282 根阴极钢棒，对其进行统计，发现钢棒在槽中部纵向裂缝下的部位被侵蚀的占总数 95% 以上。由此可见，阴极炭块横向断裂占阴极破损槽比例之大。

　　阴极炭块断裂之后，铝液漏入炭块底层，使阴极钢棒熔化，并进一步穿透耐火砖层，直到炉底钢壳。生产中曾出现过炉底钢壳大面积发红，这正是阴极炭块断裂的表现。当钢棒熔化到槽壳窗口时，就会发生底部漏炉，被迫停槽。

### 176. 阴极炭块在什么情况下形成冲蚀坑或出现层状剥离现象？

　　阴极炭块形成冲蚀坑，这几乎是大型预焙槽上一种特殊的破损形式。刨炉时发现，冲蚀坑穴大部分出现在炭缝处，少数在炭块上，形状为上大下小，似口朝上的一个喇叭。坑穴的表面被磨蚀得很光滑并覆盖着一层白色氧化铝固体，可见坑穴是被冲刷而成。

　　由于材质本身的缺陷，或是因为焙烧启动过程操作管理不善，比如升温速度过快或上下波动，引起阴极炭块特别是炭缝表层容易出现局部或小块剥离，形成凹坑。铝液在磁场作用下不断运动，一旦遇上这些凹坑，则产生冲刷作用，使凹坑加深加大；或者是铝液在不均匀磁场作用下形成运动漩涡，一旦这种漩涡遇上炭块或炭糊的材质疏松部位，也有可能形成坑穴。当坑穴逐渐向下延伸穿透炭块时，铝液漏入便会熔化阴极钢棒，最终造成漏炉而被迫停槽。

　　阴极炭块层状剥离指的是阴极炭块从上表面向下呈鱼鳞状一层层剥离脱离的现象。这些脱落下来的层片然后漂浮在电解质上层，有时随同炭渣被捞出。由于普通阴极炭块的主要成分是无烟煤，在配料中其粒度较粗，表面光滑且有光泽。如果捞炭渣时发现有鳞片状小块，冷却后砸碎观察，断面有乌黑发亮的粗颗粒成分，便可断定为阴极炭块剥离层。此时若用铁钩触摸阴极表面可感觉到明显的坑洼不平。

　　引起阴极炭块层状剥离的主要原因有：

　　(1) 阴极材质本身缺陷，如炭块受潮，材质不均匀，存在横向裂纹等；

　　(2) 受热不均，特别是焙烧启动期间的温度不均匀；

　　(3) 钠对阴极炭块的渗透，钠原子进入碳的晶格，引起体积膨胀。

　　阴极炭块层状剥离大多出现在新槽开动初期，尤其是采用焦粒焙烧启动，容易出现局部过热，温度最高处可高达 1500℃。需特别注意，尽量避免炭块层状剥离，以免导致早期停槽。

### 177. 阴极扎糊常会出现怎样的破损现象，它们是怎样引起的？

电解槽相邻两阴极炭块组之间宽约 40mm 的缝隙（称中缝）以及槽周边侧部炭块和底部炭块之间约 300～400mm 宽的沟（称边缝）都是在电解槽砌筑时用炭糊扎固而成。现在大多数预焙槽采用通长阴极炭块，但仍有少数采用两组炭块错缝对接，对接处也用炭糊扎固，因此还会形成沿电解槽长度方向的纵向中缝。

所有这些扎糊缝隙都需要在焙烧启动过程中烧结炭化。如果炭糊原料质量不好，配方或扎固工艺条件不合理，焙烧启动期间升温过快、温度忽高忽低或受热不均匀等都会引起阴极扎糊出现破损现象。

常见的扎糊破损现象有：起层剥离、穿孔、纵向断裂等。铝液或电解质顺着这些破损处侵入其中，进一步加剧破损，最终引起扎固区局部穿孔漏炉，造成被迫停槽。

### 178. 侧部炭块破损现象是怎样发生的？

铝电解槽在正常情况下，侧部炭块受槽帮结壳的保护，不会遭受破损。但实际生产过程中，仍有侧部炭块破损现象发生。其原因主要有：

（1）侧部炭块本身质量问题或砌筑质量问题。

（2）焙烧启动过程中，侧部炭块受热不均匀。

（3）电解槽运行中，由于操作管理不善，出现病槽。特别是出现热槽，槽帮结壳被熔化，侧部炭块与高温电解质直接接触，受到化学或电化学腐蚀。

（4）因电解质水平低或表面结壳和保温料不完整，侧部炭块部分暴露于空气中，遭受高温氧化。

侧部炭块破损较常见的形式有：

（1）侧部炭块沿人造伸腿上部横向断裂。发生这种现象之后，如若扎边时将槽帮结壳扎垮，断裂的上半部侧部炭块便贴着结壳脱开，使上部无侧部炭块。这就容易烧红侧部槽壳，甚至发生侧部漏炉和被迫停槽。

（2）发生电化学侵蚀和剥落。这种现象往往出现在液体电解质浸没部位。侵蚀和剥落使侧部炭块很快穿孔，随即烧穿边部槽壳，造成侧部漏炉，严重时被迫停槽。

（3）在暴露于空气中的侧部炭块表面发生空气氧化。

（4）从阴极钢棒窗口漏进的空气使侧部炭块背面受到氧化。

### 179. 阴极材料的热膨胀特性对阴极内衬破损有什么影响？

在第 173 问中概述了阴极结构破损的主要形式。引起这些破损的原因多种多样，有些破损是多种因素共同作用的结果。深入研究这些原因，找出相应对策，才能有效延长电解槽使用寿命。

阴极材料的膨胀与收缩是这诸多原因之一。在阴极内衬中，各种材料的膨胀收缩率都影响槽壳的变形和槽内衬的使用寿命，尤其是炭素材料和阴极钢棒的热膨胀特性影响最大。热膨胀率越高，高温下产生的热应力越大，温度上下波动时引起的热碎裂可能性也越大。

正常情况下，阴极炭块都呈现出受热膨胀的特性。不同材质的炭块膨胀率不同，一般无烟煤基炭块，从室温至1000℃的热膨胀率为0.4%，半石墨化炭块膨胀率略高，石墨化炭块膨胀率可达1.1%左右。钠蒸气的侵入会使阴极炭块发生额外的膨胀，其膨胀率可达0.5% ~1.5%。

阴极钢棒的热膨胀率随温度有所变化，500 ~750℃约为0.35%，750 ~850℃膨胀率为负值，850℃以上的热膨胀率大于0.4%。

底部扎糊在高温下体积收缩。收缩率取决于扎糊的骨料配方、黏结剂配比以及扎糊捣实程度。在500 ~1000℃下，其收缩率一般为0.4%左右。

阴极炭块的敷设，沿电解槽长轴方向一块一块相邻并排，炭块之间是约40mm炭糊扎缝；沿电解槽短轴方向是整块或长、短两块组合铺设。组合块之间仍用炭糊扎固。阴极炭块下部有通长或中间断开的阴极钢棒。底块四周与边块之间是约300 ~400mm边部扎糊。这样的槽底结构，在高温下扎糊的收缩远远不能弥补炭块的膨胀。因此，最终结果是沿电解槽短轴方向，膨胀力使槽壳向外鼓出，或是阴极炭块向上隆起，或是阴极炭块被顶折断。沿电解槽长轴方向，膨胀力或使炭块隆起，或使槽壳鼓出。但在周围扎糊区，主要是产生收缩断裂。阴极钢棒则主要呈现出沿其长度方向上较大的膨胀。

由此可见，阴极材料热膨胀特性是引起电解槽底部炭块隆起、断裂、边部人造伸腿开裂、槽壳变形的主要原因之一。

## 180. 钠对阴极材料有什么样的破坏作用？

在电解槽启动初期，为了能形成高熔点永久性槽帮结壳，电解质一直保持较高的摩尔比，槽温也较高。随温度的升高，钠的析出电位越来越与铝接近，在这种高温高摩尔比的条件下，钠较容易在阴极放电析出，或直接被铝还原：

$$Na^+ + e \Longrightarrow Na$$

$$3Na^+ + Al \Longrightarrow 3Na + Al^{3+}$$

在正常生产期，如果操作和管理不善，造成电解质摩尔比过高和槽温过高（特别是热槽时），这种析出过程也同样发生。

析出的钠一部分蒸发跑掉，另一部分侵入阴极炭块与碳反应，生成嵌入式层状化合物：

$$32C_{(固)} + Na_{(气)} \Longrightarrow C_{32}Na_{(固)}$$

X射线衍射分析发现，有钠原子嵌入处碳的层间距离由原来的0.344nm增加到0.371nm，于是引起炭素材料膨胀，强度降低，甚至出现由表向里逐渐疏松，引起炭块层状剥离。这些部位遇到带有氧化铝沉淀的铝液环流冲刷时，有可能形成冲蚀坑穴。强度已经降低了的炭块遇到下部上抬作用力时有可能使阴极炭块断裂。

## 181. 电解质及铝液的渗透对阴极内衬破损有什么影响？

目前，大型预焙槽所用的炭阴极材料仍然有15% ~20%的孔隙度。焙烧启动时（特别是非铝液焙烧），通电后，在电场力的作用下，电解质便沿着孔隙向炭阴极（包括扎糊、边部炭块）内部渗透。这种现象称做电毛细渗透现象，目前尚无法阻止。

　　渗入炭块中的电解质，一部分沉积在炭块的孔隙中，一部分沉积在炭块与钢棒的交界面上，大部分则继续往下渗透，侵入耐火砖和保温砖层，并与它们发生化学反应，生成灰白色固体物质。

　　电解槽大修时，取样分析发现这些灰白色物质主要有：$\alpha-Al_2O_3$、$Na_3AlF_6$、$NaF$、$\beta-Al_2O_3$ 等。这些物质有些是由直接渗入的电解质凝固而成，有些是渗入的电解质与内衬材料反应生成。无论来源怎样，其结果几乎全部使内衬材料体积增大，产生膨胀。膨胀力给槽底造成不同程度的破损。铝液也可沿着破损部位渗入槽底炭素材料，与其反应生成碳化铝等化合物，或侵入到与阴极钢棒接触与之生成 Al-Fe 或 Al-Si-Fe 等合金。这些产物也都使体积发生膨胀。

　　当阴极炭块被破坏得还不很严重时，炭块内部以及耐火层、保温层中产生的膨胀应力使炭块隆起。若炭块被严重破坏，强度大幅下降，则这些膨胀力使炭块从中断裂，形成大裂缝，电解质和铝液大量漏入，严重时造成炉底发红，或当钢棒被熔化形成通道后从钢棒窗口漏炉。

### 182. 电化学腐蚀是怎样加剧阴极内衬破损的？

　　正常情况下，铝液与电解槽阴极炭块紧密接触，铝液形成实际的阴极面并对阴极炭块起着保护作用。但当正常的工艺条件遭到破坏，比如铝液和电解质分层不好或电解质和铝液强烈运动时，常常有电解质沉入铝液下层，这时便在阴极炭块表面形成一个微型电解槽，其阳极是铝液，阴极是底部炭块，并与炭阳极-电解质-铝液构成的大电解槽串联。在电流作用下，微型电解槽的阳极铝发生电化学氧化，变成铝离子。铝离子穿过薄薄的电解质层，在阴极炭块放电并发生电化学反应生成碳化铝。当电解质沉入铝液下层时，如若有部分铝混入电解质中，在有液体冰晶石存在的情况下，铝与炭阴极也能直接发生化学反应生成碳化铝。

　　在炭阴极表面生成的碳化铝均能溶于液体铝中，使阴极炭块遭受腐蚀。特别是当阴极炭块出现小裂纹时，这种腐蚀就在裂纹处强烈发生。这种过程反复进行，使裂纹变成宽而深的缝隙。

　　在边部，当电解质伸腿被融化时，液体电解质和铝液直接与侧部炭块相接触。部分电流从阳极炭块通过电解质进入侧部炭块，在侧部炭块表面析出铝。在冰晶石熔体中新生铝直接与侧部炭块发生反应生成碳化铝；或者侧部炭块作为阴极，铝离子在其上进行电化学反应生成碳化铝。炭块表面生成的这些碳化铝被铝液溶解。不断生成，不断溶解，使侧部炭块很快穿孔，造成侧部漏炉。可以说，这种化学和电化学腐蚀是电解槽侧部漏炉的最主要原因之一。

### 183. 空气氧化对阴极内衬破损有什么样影响？

　　空气氧化主要发生在侧部炭块的顶部和背面。

　　当侧部炭块顶端未被电解质结壳保护好而暴露于空气中时，处于高温下的炭块很快被空气氧化，而暴露于空气中的最低部位温度最高，氧化最快，往往在这里形成凹槽或被切断。

　　侧部炭块的背面遭受氧化主要是由于阴极钢棒窗口未密封好，由此进入空气所至。

除此以外，空气氧化还发生在阴极钢棒处。一旦钢棒窗口未密封好，空气沿阴极钢棒进入槽底，首先氧化与钢棒接触的炭块燕尾槽表面，使这部分接触电阻增加，温度升高，氧化加剧。同时，漏进的空气也参与渗入的电解质、钠等的反应，加速阴极内衬的破损。

## 184. 内衬材料质量与阴极内衬破损有什么关系？

电解槽构筑所选用的材料质量好坏直接影响电解槽寿命。材料质量低劣，寿命自然不长。

阴极炭块质量低下，比如：骨料粒度配方不合理引起热膨胀率高；原料挥发分含量高，高温焙烧后炭块孔隙率大；成形压力不足，炭块结构疏松；炭块焙烧温度偏低，骨料和黏结剂焦化程度不够等。这些都会使阴极炭块在电解槽启动初期迅速侵入大量的电解质、铝以及金属钠，导致炭块强烈膨胀而隆起、起层、剥离、断裂等。

侧部炭块材质疏松、强度差、抗氧化性能差等也将明显缩短电解槽寿命。

底部炭块或侧部炭块因保管不善，在砌筑前受到日晒雨淋，使其结构疏松、质量变坏，电解槽启动后也会很快出现各种破损现象。

槽内衬的耐火层和保温层材料质量低劣则不能有效抗御高温和电解质等的侵蚀，也加速电解槽内衬的破损。

## 185. 阴极内衬砌筑质量与破损有什么关系？

阴极内衬砌筑质量不好是引起电解槽破损的又一主要原因。

砌筑质量首先是扎糊的捣固质量。如果炭糊扎固中不按技术规范操作，扎固不均匀、不严实，焙烧后则不能焦化联成一体，受电解质浸泡后，松散分离、脱落或起层，使之成为坑穴或孔洞。特别是槽周边部糊扎固质量不好，因为面积较大，收缩率的累积，使启动后不久就会出现裂缝或严重破损，很快从边部穿孔漏炉。

此外，扎固区产生纵向断裂，中缝起泡、起层，出现裂纹或孔洞、与阴极炭块脱离等，往往也与扎固质量有关。

阴极钢棒窗口密封不好，侧部炭块背面贴得不严，阴极炭块安放不平等，会使空气容易深入，氧化侧部炭块；或进入内衬参与化学反应，加速内衬破损。

阴极钢棒与炭块组装不好也会使钢棒变形加剧，使炭块隆起或断裂，加速内衬破损。

若电解槽底部耐火砖层砌筑不平会使阴极炭块安放不平，局部悬空或挑担，电解槽启动后受强烈热冲击和膨胀应力作用，由于受力不均，很容易引起开裂或劈断。

## 186. 铝电解槽的预热焙烧启动及操作管理与阴极内衬破损有什么关系？

电解槽预热焙烧启动及正常生产期的操作管理与电解槽寿命密切相关，特别是预热焙烧启动的影响尤为明显。

（1）预热过程中，如果温度很不均匀，出现局部温度过高或过低都会使内衬受热膨胀应力极不均匀，引起开裂、劈断。

（2）如果预热的终温过低，而后又用高温启动，则会因扎糊在启动后快速焦化而使炭块与扎糊分离，或出现表层碎裂、剥离脱层、开缝断裂。

（3）若预热温度上升过快，会因大量挥发分快速挥发而引起扎糊或炭块内部裂纹和裂缝增多，加深加长，使电解槽启动后电解质渗漏、钠侵蚀加速。

（4）启动时摩尔比过低则不容易形成稳固的槽帮结壳，正常生产期容易化炉帮，易出现侧部炭块破损。若启动时摩尔比过高，会引起大量的钠析出而进入阴极炭块，引起体积膨胀、分层、表面碎裂。后者往往是装炉或启动前投入过量的 $NaF$ 或 $Na_2CO_3$ 所至。

（5）启动时电流波动大引起温度忽高忽低，甚至中途出现停电，常常会造成内衬早期破损。因为当电流骤降时，事先渗入炭块中的电解质会凝结，使炭块产生裂缝，温度的波动使这种渗入-凝结周而复始，裂缝迅速扩大，加上钠的作用，加速了炭块和扎糊的破损。

（6）启动时温度过低，固体氟化物没有完全熔化且沉积于炉底。或者启动后氧化铝加入过多，造成沉淀。这将引起炉底电流分布不均，受热也不均，产生热裂纹而促使电解槽早期破损。

（7）启动期间高温液体电解质直接接触尚未焦化好的边部人造伸腿或温度较低的侧部炭块，热冲击使扎糊散脱、开裂，侧部炭块断裂等。

（8）在电解槽正常生产期，若操作管理不善就会常闹病槽，不仅降低技术生产指标、经济效益差，而且严重影响电解槽寿命。一旦电解槽出现病槽，各项技术条件失调。特别当槽温升高、炉膛遭到破坏，炉底沉淀多、电流分布不均都会使槽内衬受热不均，热膨胀不均，引起槽内衬破损，缩短使用寿命。

### 187. 有哪些措施能延长铝电解槽阴极内衬使用寿命？

欲延长阴极内衬使用寿命，需要从以下几方面着手：

（1）优化设计。为延长电解槽寿命，从设计角度，需解决以下问题：

1）电解槽壳的应力变形问题。要求槽壳有足够的刚度以抵御由于阴极炭块热膨胀和渗钠所产生的强大外推力，长期保持电解槽所必须的良好形状。

电解槽槽壳钢结构不仅承受电解槽全部重量，而且要缓冲和消除电解槽的全部内应力。这就要求槽壳刚柔适度，支撑钢架受力点分布合理，能有效地缓冲内衬膨胀时产生的强大应力，消除或减轻电解槽炉底隆起和槽壳向外鼓突等现象。

目前所采用的船形摇篮架式槽壳能基本满足上述要求。它具有强度好、受力均匀、缓冲性强、节省材料等优点。这种结构其四角具有圆弧形状且增强了槽壳强度，特别是上带强度，能有效地控制槽壳变形、消除槽壳撕裂和角部裂开、减轻炉底隆起和中缝开裂等现象。

2）磁流体稳定性问题。要求尽量消除或减轻磁场对电解槽运行的不利影响，以保证电解槽在高电流强度下能够平稳地运行。

3）热平衡问题。以解决电解槽既要保温又要散热的矛盾，使电解槽能够在最合理的热平衡条件下长期、稳定、高效运行。

（2）选用高质量的内衬材料：

1）选用机械强度好、孔隙度小、热膨胀率低、抗钠侵蚀能力强的阴极炭素材料能有效延长内衬使用寿命。目前还难以找到能全面满足上述要求的阴极材料。相对而言，半石墨化阴极优于传统的无烟煤炭块，石墨化阴极优于半石墨化阴极，而目前正在推广应用的 $TiB_2$-C 复合阴极又优于上述各种阴极。

2）使用原料质量好、配方合理、黏结能力强的炭间扎糊。扎糊往往是电解槽内衬的最薄弱环节，材质的选择极为重要。

3）采用导热好、强度高、耐冲击、抗氧化和抗钠、电解质腐蚀的侧部炭块。石墨质或半石墨化侧部炭块优于普通炭块，而 SiC 或 SiC-SiN 复合材料的侧部炭块具有更优异的性能，它具有较高的抗钠和抗电解质侵蚀能力、较高的耐冲击性能，对边部加工震动破坏有一定的抵御能力；有较高的致密度和较低的线膨胀系数，有较强的抗氧化能力，可以减少边部炭块因上下受热不均而引起的中间断裂现象。

4）炭块下部采用优质耐火砖和保温砖可以增强抵御铝液和电解质的侵蚀，长时间起到很好的保温作用。这不仅是节省能量的需要，而且，使炉底一直保持较高的温度，电解质液相线落在炭块以下，可以使炭块中的碳钠化合物（$C_{32}Na$）分解，把钠排除出碳的晶格，减弱钠的破坏作用，延长内衬寿命。在炭块下面敷设一层氧化铝层可提高炉底的保温效果和抗钠和电解质的侵蚀能力。近年来推广应用的干式防渗料，用以代替耐火砖和氧化铝层，可收到更好的效果。

5）内衬材料的运输、保管必须符合技术要求，严防日晒雨淋、强烈震动和表面受潮。

（3）保证内衬砌筑质量。阴极内衬砌筑不好常会引起电解槽早期破损。电解槽的砌筑必须严格按施工规范和质量标准进行。

1）首先应校平底部槽壳使保温料铺设平整。保温砖、耐火砖铺设时必须结构严密，尤其铺设阴极炭块的表面不能有坑、包、不平。

2）阴极钢棒窗口要密封严密，避免空气漏入而氧化炭块。

3）阴极炭块组装采用石墨质炭糊扎固阴极钢棒，炭糊焙烧后产生一定的收缩以弥补阴极钢棒的热膨胀，避免炭块产生裂纹。扎固时，钢棒、炭块、炭糊都应按要求预热到一定温度以保证扎固紧密、黏结力强、降低钢-碳电阻、减少空隙，从而减少渗入的铝和电解质在此处沉积的可能。

4）保证炭糊扎固质量。炭块摆放必须整齐，缝隙均匀，砌筑扎固前必须清扫干净缝隙，严禁残留杂物和粉尘。所有扎固缝都必须充分预热，扎固时保证炭糊有足够的温度。保证有足够的扎固压力，要按要求一层一层地扎，每层添料不宜过多且要均匀，扎具移动均匀，扎固紧密，不能留任何死角。扎好后，人造伸腿表面必须光滑平整。

5）电解槽砌筑好后应及早起用。放置时间长，内衬吸入大量水分破坏材质、结构，启动后会加速破损。暂时不用的槽必须妥善保护，严禁将炽热残极、液体电解质或重物放入槽内，以防损伤阴极表面，给启动后内衬破损提供突破口。

（4）高质量的预热焙烧和启动。电解槽优质的预热焙烧和启动是避免电解槽早期破损的关键环节之一。

1）选择合理的预热启动方法。但无论采用何种方法，必须保证炉底温度分布均匀，温度逐渐升高，保持合理的升温曲线，按计划保证足够的预热时间，避免局部温度过高过低，避免升温速度时快时慢或温度忽高忽低，以减少炭块产生热裂缝，减轻启动后钠和电解质的侵蚀。炭块预热温度必须达 900℃以上，保证炭块间扎固糊良好焦化，黏结严实，促使产生的 C-Na 化合物分解，有效地抵御钠的破坏作用。

2）采用焦粒预热启动时，由于电流从阳极垂直流入阴极，预热期间电解槽边部温度较低，边部扎糊不能良好焦化，为了避免启动时边部直接接触强腐蚀性液体电解质，通电前必须按要求装炉，沿边部砌筑适当厚度的电解质挡墙，用以在高温启动时隔挡液体电解质，保护边部扎糊不受高温冲击。待电解槽启动后，随着挡墙逐渐熔化，边部温度逐渐升高，扎糊得以缓慢焙烧，良好焦化，才能保证边部扎糊不开裂、起层，侧部炭块不出现热劈断。

3）有条件的地方应尽量采用灌液体电解质的湿法启动。湿法启动液体电解质量大，槽内温度均匀，电解质清洁，炉底沉淀少，不会出现炉底局部过热而破坏内衬。

4）启动过程中，因槽温很高且电解质直接与炭阴极接触（非铝液预热启动），为了避免大量的钠析出而强烈侵蚀内衬，不宜向槽内添加 $NaF$ 或 $Na_2CO_3$。添加 $NaF$ 或 $Na_2CO_3$ 提高摩尔比必须在灌铝后 $1 \sim 2$ 天时间，待槽温开始下降时进行。

5）启动中严禁停电，要求电流必须稳定，以免电解质凝固并在炉底生成大量沉淀，引起炉底受热不均匀。

（5）加强非正常期生产管理。非正常期的生产管理的重点是形成坚实、规整的槽膛内型。为此，必须按基准保持好各项技术条件，特别要防止出现冷行程或槽温居高不下。大型预焙槽启动时，虽然槽温达到900℃以上，但大量的内衬材料仍未达到热量平衡，启动之后相当一段时期内还需吸收大量热量。因此，非正常期槽温不宜降得过快以免影响槽内衬温度均衡或出现冷槽。

另外，启动开始就要保证电解质中有足够的 $CaF_2$ 或 $MgF_2$。因为 $Ca^{2+}$、$Mg^{2+}$ 能在阴极表面形成电化学屏蔽以阻止钠的析出，减轻非正常期内高摩尔比电解质给阴极内衬带来的不良影响。

（6）规范正常生产期的操作和管理，保证电解槽长期稳定运行。正常生产期必须保证各项技术条件控制在要求范围之内，保持电解槽稳定的热平衡和物料平衡，提高各项作业质量，及时消除引起病槽的潜在因素，使电解槽长期平稳运行。

（7）保证稳定的电力供应。

## 188. 如何识别和确认电解槽阴极内衬是否破损？

电解槽在破损初期若能及时发现、找出破损部位，正确加以修补并适当调整技术条件、加强维护，则可以有效地减缓其破损速度，延长使用寿命。

确认破损槽的最有效办法是观察铝中杂质含量的变化。在电解槽正常运行期间，铝中的铁含量一般不超过 0.1%，较高的也在 0.2% 以内；硅含量不超过 0.15%。若有阳极钢爪被熔化或槽外铁物质掉入槽内，铝中铁含量会突然升高，但经过几次出铝后就会逐渐降低到正常范围。如果出现铝液中铁含量连续上升并且没有稳定和下降趋势，而且硅含量也出现上升势头，则可以判定该电解槽阴极钢棒已开始熔化，阴极内衬已出现破损。

当阴极底部炭块出现大面积不规则隆起，隆起高度超过 15cm，且槽底压降超过550mV，可以认定阴极炭块已严重破损。

槽壳严重变形，槽壳钢板有局部发红现象，可以判定该槽严重破损。

当确认槽底有可能破损后，必须进行全面细致的检查，找出破损部位，确定破损程度，以便采取相应措施。检查方法如下：

（1）用铁钩探查炉底。将铁钩深入阳极下面，钩尖向下擦着炉底拖动，当探查到有坑洼或缝隙的地方时，将钩尖深入坑洼或缝隙中，勾探并估计其深度和大小，记下大致位置。

（2）测量阴极钢棒温度和炉底槽壳温度。对于大型预焙槽，用上述铁钩探查炉底的方法因面积太大而有困难。为此，可通过测量阴极钢棒温度和炉底槽壳温度来初步判断破损部位。阴极钢棒可按其排列顺序依次测量钢棒端头表面温度，并做好记录。测炉底槽壳温度则应先将炉底分成 20 个以上小方块，编号，每个小方块测量 1~2 点，按编号做好记录。正常槽的阴极钢棒和槽底温度均不超过 100℃。若有内衬破损，铝液从破损部位漏至炭块下部，熔化钢棒，则使钢棒端头温度升高。如果电解质或铝液渗向耐火层、保温层，会使炉底钢壳表面温度升高。由此可以大致判断内衬破损部位。

## 189. 怎样进行破损部位的修补？

电解槽破损部位确定之后应及时进行修补。修补的方法通常使用镁砂、镁砖、氟化钙等材料填充坑穴和缝隙。这些材料有两个特点：一是它们所含的金属元素还原电位都比铝更负，即使融入电解质中，也不会在阴极析出，不致影响正常生产和原铝质量；其二是这些材料的密度比电解质大，能沉淀于修补部位，以熔融或半熔化的黏稠状态填充于破损的坑洞或缝穴中，阻止铝液或电解质继续渗漏，延缓电解槽破损。

填补时可先将填补材料预制成块，其形状大小可根据破损部位的尺寸分为一块或几块，将其放置在漏勺内，并用大钩或铁钎在上面压住，慢慢送至破损位置。填补后约 24h 进行原铝分析，若铁含量稳定或略有下降，说明破损部位修补成功。若填补后原铝含铁量继续升高，说明修补失败或另有破损处，必须重新检查和修补，直至收效为止。

## 190. 阴极内衬已破损的电解槽如何维护？

破损槽填补好后必须加强维护，保持填补处不被破坏，真正起到延长电解槽寿命的作用。为此，要注意以下几个方面：

（1）调整技术条件，保持较低的电解温度；出铝量要均匀，保持稳定的铝水平；适当提高铝液高度，使炉底温度比正常槽稍微低些；特别要防止热槽发生，以免填补材料完全熔化。

（2）严格控制阳极效应系数和效应持续时间，避免因效应时产生的大量热量熔化填补材料。

（3）严禁用铁钩等工具勾扒炉底或扒沉淀，以免破坏填补处或将坑、缝中的填补材料荡起来。

（4）避免各种病槽发生，保持电解槽正常稳定运行。一旦发现异常情况，要及时查明原因，尽快排除。

实践证明，初期破损槽经妥善修补、精心管理和维护，仍能较长时间正常生产并获得质量合格的原铝。但破损严重的电解槽，不必硬性修补，以免发生漏炉造成更大损失。

## 191.　什么是铝电解槽的就地大修技术？

铝电解槽的内衬大修可分为"就地大修"与"易地大修"两种方式。

铝电解槽传统的大修方式采用"就地大修"，其特点是采取电解槽原位停槽，通过短路、冷却、拆槽、刨炉、修槽，然后就地备料、筑炉等程序进行大修。

就地大修的优点是可节省投资。但其弊病在于：

（1）大修槽长时间占用生产槽位，降低了电解铝厂的生产能力；

（2）车间大修作业环境差，不利于集中处理烟尘污染；

（3）因停槽位紧临生产槽，焊接困难，不利于机械化作业，劳动强度高。

就地大修工艺一般制定的停槽和开槽作业时间顺序如图 10-1 所示。

图 10-1　就地大修停槽与开槽作业时序图

在槽内衬刨炉和筑炉配备了机械化作业的电解铝厂，采用"就地大修"方式时电解槽从停槽到开槽约需 28 天时间。而目前国内较普遍采用人工刨炉、修槽和筑炉作业，从停槽到开槽大约需耗时 30～40 天。

## 192. 什么是铝电解槽的易地大修技术？

电解槽的易地大修技术也称"离线筑炉"技术，最先由国外开发。国外大型铝厂产能一般在 200kt/a 以上，最初是基于环保原因开发了该技术。近年来，国内电解铝技术发展很快，单厂规模迅速扩大。目前，电解槽易地大修技术也在一些大型电解铝厂推广应用。

易地大修一般将电解槽大修和多功能机组大修同时考虑。因此，应该装备电解槽和多功能机组集中修理的起吊运输系统，包括阴极搬运天车、龙门转运车、天车轨道提升梁和专用吊具。

龙门转运车停放在电解车间大修通廊，阴极搬运天车和专用吊具安放在电解槽集中大修车间，具有升降功能的天车轨道提升梁安装在电解车间。当有需要大修或大修完毕的阴极装置需要吊运时，天车轨道提升梁升起，龙门转运车进入车间代替天车轨道提升梁，阴极搬运天车的吊钩通过专用吊具将需要大修的阴极装置吊起并运至中间过道的龙门转运车上，龙门转运车将阴极搬运天车、专用吊具、阴极装置整体转运到电解槽集中大修车间炉修工段。需要维修或维修完毕的电解多功能机组由龙门转运车转运到电解车间或电解槽集中大修车间机修工段。

易地大修主要包括大修槽的"移位过程"与"大修过程"两个独立工序，由此可实现电解系列大修槽和新槽的快速周转并缩短大修周期，较适合于大型电解铝厂，可达到增产、提高机械化作业水平以及满足严格环保政策的需求。另外，易地大修车间还可设置多功能天车和电解槽上部结构修理的多种功能。

一般"易地大修"车间配置可分为五个功能区：

（1）备料区。主要准备筑炉所需内衬材料和组装成品。包括阴极炭块、阴极钢棒、捣固糊、耐火保温料和阴极炭块（与钢棒）组装成品等。

（2）刨炉区。负责槽旧内衬清理。因环境保护要求，刨炉区应设于配有除尘设施的封闭房间，由专用平板车负责运输作业。

刨炉作业可分为刨炉机作业与人工刨炉。采用遥控刨炉机的最大优点是可进行槽内衬的热态刨炉作业，省去了就地大修的内衬自然冷却过程，可将刨炉时间减少至 2 天（人工刨炉一般需 2 周时间）且仅由 1 人遥控操作，工效较高。

（3）筑炉区。负责修槽和内衬砌筑工作。一般安排每周 3 台槽的筑炉任务。其流水线作业程序包括五个工位：

1）电解槽壳矫正位；

2）保温耐火材料砌筑位；

3）阴极炭块组装位；

4）内衬糊料捣固位；

5）成品存放检验位。

配备扎固机的机械化作业，具有安全卫生、噪声低（约 75dB）、省时省力（2～3 人）和筑炉质量稳定等优点。

（4）电解多功能天车维护区。

（5）上部结构修理区。

采用易地大修技术后，每台槽大修只需 5～7 天时间。即便是没有新槽壳可提前完成筑炉的条件下，就单独大修一台槽的周转周期也可降至 10 天以内。与传统的电解槽就地大修相比，易地大修设施新增投资约 5000～7000 万元，但电解铝厂原铝产能同比可增加约 3%～5%。

# 第十一章　铝电解生产中的常规测量

**193. 铝电解生产过程中的常规测量有些什么项目？**

在铝电解生产的过程中，为了掌握电解槽的运行情况和电解槽完好程度，随时需要测量与运行有关的技术参数，以便调整和改进生产技术条件或操作方法，同时为对铝电解过程和电解槽的深入研究及技术改进积累资料。

铝电解生产过程中的常规测量项目主要有：阳极电流分布测量，铝液和电解质高度测量，阴极电流分布测量，电解质温度测量，槽帮形状测量，炉底电压降和炉底温度测量，极距测量，热场、磁场测量，电解质密度、电导率、酸碱度等的分析和测量以及原材料及原铝成分分析等。

以上这些参数的测量项目除一部分需要特殊仪器或专门的专业人员完成外，大部分测量的工器具较为简单，操作也不复杂，其检测工作可以直接由电解现场操作人员来完成。本章将介绍属于后一种的测定项目。

**194. 怎样测量预焙槽阳极电流分布？**

在预焙电解槽生产过程中，阳极电流分布测量是进行得最频繁的项目之一。电解槽焙烧启动阶段，每天必须进行全部阳极的电流分布测量，以检查阳极工作情况。正常生产期，每组新阳极换上达16h必须测量其电流承担量，以确定阳极高度设置是否适当、换极质量是否符合要求。生产槽一旦出现异常或阳极病变，首先进行检测的项目也是阳极电流分布。因此，阳极电流分布的测量工作每天、每班都得进行，电解操作工人和现场技术管理人员都得熟练掌握。

阳极电流分布的测量工具是一套带直流电压表的阳极电流分布测量叉。电压表采用具有25mV和50mV两档量程的普通毫伏表。为了屏蔽磁场的影响，通常将电压表装在一个铁盒内，正面开一矩形孔，以便观察读数。测量叉的结构如图11-1a所示，测量杆柄固定在绝缘板的中央，两根带尖的测量棒固定在绝缘板另一侧的两端，两根导线分别接在两根测量棒上，穿过空心的测量杆柄与电压表的正负极相连。

测量原理是利用直流电通过阳极导杆时产生直流电压降。由于阳极铝导杆的横切面积相等，等距离上的电阻值也基本相等。所以，该等距离上的电压降与通过的电流强度成正比，测量等距离电压降的大小就反映了通过该阳极导杆的电流大小。

测量方法示意于图11-1b，只要将与电压表正极相连的测量棒在上，另一测量棒在下，紧紧与铝导杆接触，将电压表放置在槽大面中央的风格板上，读取电压表上的数值，精确到0.1mV，并按极号做好记录。

为了判定阳极电流分布是否均匀，需要做如下数据处理：测量完整个电解槽上所有阳极（比如24组）导杆上的等距压降，计算出算术平均值（比如7mV），并在平均值的上

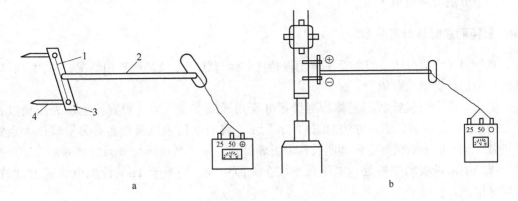

图 11-1　阳极电流分布测量工具及方法示意图

a—阳极电流分布测量叉；b—阳极电流分布测量方法

1—导线；2—测量杆；3—绝缘板；4—测量棒

下取一区间（比如 6~8mV）作为合格范围，超出该范围的则认为导电状态异常，需进行调整。

测量注意事项：

（1）测量部位尽量选在各铝导杆的相同高度，两根测量棒放置在同一垂直线上，正负极不能倒置。

（2）在以下情况时应停止测量：

1）测量槽发生阳极效应时；

2）对地电压异常时；

3）降电压时；

4）出铝、换阳极、抬母线等作业时。

## 195. 怎样测量铝液和电解质高度？

铝液和电解质的高度是电解槽控制的重要技术条件之一，合理设置铝液和电解质高度，对于电解槽的热平衡和稳定运行至关重要。铝液和电解质高度的测量既是掌握和控制技术条件的需要，也是决定出铝量的依据，因此，这项测量工作也是现场操作人员经常进行和应该熟练掌握的。

根据不同需要，两水平的测量有一点测量、三点测量、六点测量之分。一点测量在出铝口或更换阳极时在换极位置进行，用于每天了解技术条件变化情况；三点测量在 A 面的 3 个均分点测量，用于计算铝液有效值和制定出铝指示量；六点测量分别在 A、B 两面的 3 个均分点进行，用于全面了解炉底情况或其他临时需要。

测量工具为带水平仪的 45°测量杆和直尺。

电解槽运行一段时间后，炉底会发生不同程度的隆起或变形，铝液和电解质在电磁场作用下，也会发生隆起和波动。因此，多点测量时，所得数据各不相同，需要求其算术平均值。测量点越多，炉底状况了解得越清楚，此平均值也越能真实反映槽内实际的铝液高度和电解质高度。

测量方法参考第 107 问。

### 196. 怎样测量阴极电流分布?

测量阴极电流分布，目的是了解阴极特性和运行状态以及炉底破损情况，并为改善电解槽结构设计提供实践依据。

测量工具为两根针状测量棒，测量棒分别用导线与 50mV 量程直流电压表正负极相连。如图 11-2a 所示。测量方法如图 11-2b 所示，将与电压表正极相连的测量棒和 A 点紧密接触，A 点位于阴极导电棒和阴极软母线焊接处。另一测量棒与 B 点紧密接触，B 点在软母线和阴极母线的焊接处。电压表平放在大面中央，精确至 1mV 读取电压表上读数，并做好记录。

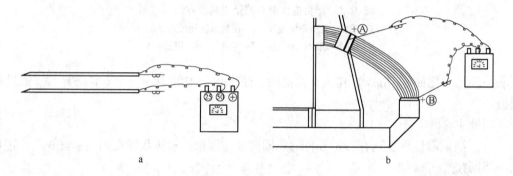

图 11-2　阴极电流分布测量装置及方法示意图
a—阴极电流分布测量装置；b—阴极电流分布测量方法

由于同一台槽上不同阴极钢棒与槽两端阴极大母线距离不同，为了使每根阴极钢棒导电均匀，便利用阴极软母线片数的多少来改变导电截面积，离阴极大母线越近的钢棒，其软母线的片数越少，从而调节电阻，达到导电均匀的目的。测量阴极电流分布时，由于电阻不相等，这时测得的等距压降值不与通过的电流成正比，因此需要引进修正系数。修正系数值由阴极结构设计特性给出，实际与软母线片数（软母线导电面积）相关，修正系数正好消除导电面积不同对测量结果的影响。

与阳极电流分布测量一样，对全槽所有阴极钢棒测量值的修正值求算术平均值，然后确定正常值范围，判断电流分布是否均匀。

测量注意事项也与阳极电流分布测量相同，此不赘述。

### 197. 怎样测量电解质温度?

由于电解温度对电解槽的运行状态、电流效率、能量消耗等影响极大，管理人员必须随时掌握电解质温度的变化情况，这对于大型预焙槽尤为重要，因此，电解质温度测量次数频繁，是槽前重要的测量工作之一。

测量工具使用带保护钢管的镍铬-镍热电偶、补偿导线和便携式温度计。

对于测量点的选择，视目的不同而不同。对于每天正常的温度了解和掌握通常选在出铝口。由于预焙槽槽内温度分布基本均匀，也可在两大面任何一点进行测量，但要避开在两天内换上的新极处。如果为了研究电解槽温度场而需要多点测量时，测量点要按具体要求来定。

测量方法：测量前检查并校正测量工具及仪表，确定待测槽号。打好测量洞之后，将保护套管按 30°~60°角度范围斜插入电解质中，深度在 15cm 左右，然后将热电偶插入保护套管内（也可将电偶放入套管内后再插入电解质），并用补偿导线按正负极将热电偶与温度表相连，待温度表上显示数据稳定后进行读数，并做好记录。对于多点测量，应将数据按要求整理，取其算术平均值作为测量结果。

测量注意事项：

（1）热电偶套管插入电解质深度要适中，套管不能和铝液或阳极炭块接触；

（2）对于正常生产槽，若测量中热电偶插入电解质 20min 后温度显示仍在 900℃ 以下，或 2min 之内温度显示就上升到 1000℃ 以上，则应停止测量，检查热电偶和温度计是否正常，确定无误后方可继续测量；

（3）测量中遇到下列情况之一，应立即暂停测量：

1）停电或降电流时；

2）效应发生前 1h 和效应发生后 2h 这段时间范围内；

3）换阳极、出铝等其他作业时。

## 198. 怎样测量阴极钢棒、炉底钢板、侧部槽壳的温度？

测量阴极钢棒、炉底钢板、侧部槽壳的温度的目的是掌握电解槽内衬完好程度，预测或及时发现内衬破损情况，以便采取相应措施。

测量工具使用便携式红外线非接触式测温仪，也称远红外线测温仪。该仪器的工作原理是通过向待测物体表面发射激光，并接受物体表面发射光线，测量出目标物体发射的红外线能量，通过测温仪内置处理器换算得到物体表面温度。仪器使用前，要检查仪表动力电源，确保电源充足；针对待测物的材质，选择调节仪表的发射率，以确保测量精确度；将仪表对准测量点，打开开关，待仪表显示温度值稳定后，读取数据并按测量点做好记录。

对于阴极钢棒温度的测量，在检测前应观察炉底钢板表面和侧部钢板是否有发红现象，如有，应立即处理。确定无异常之后，才打开测温仪表，对准每根阴极钢棒基部距内侧相同距离的位置，进行测量。

测量炉底钢板温度前应观察确定炉底钢板表面和侧部钢板无发红现象，然后用测量仪对准炉底钢板表面的测量点，逐一读取测量数据。测量点的确定是在每根阴极钢棒正下方，横向各取 3 个测量点，分布坐标根据槽体具体尺寸确定。测量顺序是先测靠槽体大面的两外侧点，最后测量中间点。

测量侧部钢板温度时，测量点一般选择在大面每两组阴极的钢棒上方中央位置。必要时，也在两端头侧部钢板选择测量点跟踪测量。

测量结束后，将测量结果汇总处理，编制测量报表。

测量注意事项：

（1）使用远红外测温仪时应避免温度突变，应远离高温，避免静电、电弧、感应加热。

（2）阴极钢棒温度异常或测量时发现阴极钢棒头发红，炉底钢板温度异常或炉底钢板发红，侧部钢板温度异常或侧部钢板发红，都得立即汇报和处理。

（3）在楼下测量时，要随时注意楼上风格板处是否有异常情况，以免发生事故。若需要对已用风管吹过的部位进行测量，必须在停止吹风 2h 之后才进行。停止吹风期间，必须有专人对电解槽进行监护。

### 199. 怎样测量极距？

铝电解过程中，槽电压的控制和调整基本是根据极距的变更来实现的。正常情况下，只要槽电压控制好了，极距也就在合理范围内。但由于电解质性质的变化（比如含炭）而使电导率明显下降，或因槽底沉淀等因素使槽电压与极距之间的关系发生改变，这时，就不能以正常情况下的槽电压来衡量极距的大小。而极距过高则浪费能量，极距过低则会增加铝的二次反应损失，显著降低电流效率。因此，测量极距并使之一直保持在合理范围内，是操作和管理人员的重要工作之一。

测量工具为极距测量钩和刻度尺。

测量方法如下：

（1）确认测量槽号，将排风阀门转换至最大风量。

（2）在电解槽 A 侧或 B 侧对应阳极各取 3 个点揭开槽盖。扒开测量点块料，联系多功能机组打开直径约 15cm 的洞。

（3）将测量钩迅速插入洞内，让测量钩杆与地面保持垂直，钩的横杆钩住阳极底掌，保持 3~5s 取出，如图 11-3 所示。

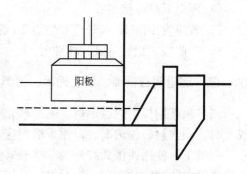

图 11-3　极距测量示意图

（4）看清测量钩上电解质与铝液的分界线，用刻度尺量取分界线至横杆上表面的距离，此距离即为该块阳极的极距。每块阳极测量 2 次，若 2 次数据相差 1cm 以上则须重测。

（5）每洞口测量 2 块阳极，测量完后用结壳块堵好洞口，盖好槽盖，将风量阀转换至正常风量位置。做好记录。收拾器具，清扫现场。

### 200. 怎样测量极上保温料厚度？

极上保温料的厚薄是调节和控制电解槽热平衡的重要手段之一。当电解槽热收入增加，槽温有上升趋势时，可以减薄极上保温料，让其增加散热。反之，当电解槽热收入不足，有槽温下降趋势时，可增加极上保温料厚度，减少热损失。因此，测量极上保温料厚度也是操作和管理人员的一项重要工作。

测量工具为刻度直尺。

测量方法：

（1）确认测量槽号，将排风阀门转向最大风量，揭开炉盖。

（2）用刻度直尺测量氧化铝上表面至阳极钢梁下沿的高度。

（3）极上保温料厚度也可以采用目测法，或称全极测量法。目测估计氧化铝上表面至阳极钢梁下沿的高度。

（4）测量完后，做好记录，盖好槽盖，将排风阀转换至正常位置，收拾好工器具。

## 201. 怎样探测铝电解槽的炉底隆起状况？

电解槽新槽启动前应进行炉底平整情况检查，电解槽运行一段时间之后，需进行炉底隆起情况检查，一则掌握槽内衬完好程度，二则为铝液高度管理提供依据。炉底平整情况和炉底隆起情况测量方法一样。

测量工具为带有水平仪的炉底隆起测量棒和刻度尺。

测量方法（见图11-4）：

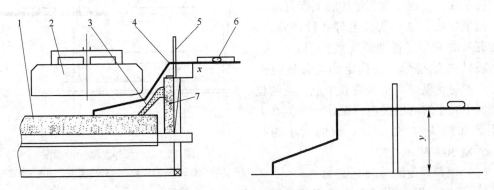

图 11-4 炉底隆起测量示意图

1—阴极炭块；2—阳极炭块；3—炉帮伸腿；4—测定棒；5—钢板尺；6—水平仪；7—侧部炭块

（1）确认测量槽号，检查测量工具，并在炉底隆起测量棒上标记已筑完炉的阴极面基准高度，即阴极平面至槽沿板的高度 $z$。

（2）测量位置一般选取 A 或 B 侧阳极中间。扒开测量处的氧化铝，在距阳极 $10cm$ 左右处打直径约为 $30cm$ 的洞。用钩子探查并清理洞内，避免打下去的结壳影响测量结果。

（3）将测量棒的前端从阳极之间的缝隙伸入炉底隆起部位，用水平仪检测水平端使之保持水平。做两次平行测量时，为了测定结果的可比性，两次深入炉底隆起部位的位置应尽量相同。

（4）在刻度尺上读取并记录槽沿板到测定棒水平端的高度 $x$，读数精确到 $0.5cm$。

（5）将测量棒从炉内取出，放置在地平面上，保持水平仪水平。用直尺量取地平面至测量棒水平端的高度 $y$，精确至 $0.5cm$。两次测量值进行比较，若相差 $3cm$ 以上时，要再进行一次确认测量。测量棒发红时，待冷却后再使用。

（6）测量完后，记录并计算测量结果，用铝耙推料堵洞，收拾工具，清理现场。

炉底隆起高度 $H$ 的计算公式：

$$H = x + z - y$$

以同样的方式测量多点后，可绘出炉底状况图来。

生产中作为对炉底状况的简单普查，通常用一种更为简便的方法，即用直角测量钎测量槽内不同点的液体总高，视槽内液体表面为一水平面，将测量各点中最低点的位置视为炉底的标准平面位置，这样，用最高点减去最低点的高度，其差即为炉底隆起的相对高度。此法要注意的是，必须真正找好最低点和最高点的位置，否则测量结果不能反映炉底真实情况。

### 202. 怎样探测铝电解槽的炉膛形状?

经常测量和掌握电解槽炉膛（槽帮结壳）形状是为了了解电解槽运行情况，深入技术管理的需要；同时也可检验电解槽热场设计和磁场设计是否合理，为改善电解槽设计提供实践参数。

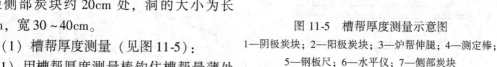

测量工具为槽帮厚度测量棒、伸腿中部高度测量棒、伸腿长度测量棒和刻度直尺。

测量方法：测量前校定好各种测量棒，不能有弯曲变形，否则测量数据误差偏大；然后确认测量槽号，按选定测量位置打好洞。一般每台槽一次至少测 6 个点，点的位置根据平时了解的情况进行选定。洞打在大面距侧部炭块约 20cm 处，洞的大小为长 20cm，宽 30~40cm。

图 11-5　槽帮厚度测量示意图
1—阴极炭块；2—阳极炭块；3—炉帮伸腿；4—测定棒；
5—钢板尺；6—水平仪；7—侧部炭块

（1）槽帮厚度测量（见图 11-5）：

1）用槽帮厚度测量棒钩住槽帮最薄处或选定的测量点，将水平仪放置在测量棒的水平端，使之保持水平。

2）用刻度直尺垂直放置在槽沿板上并紧靠槽上口外壁，直尺与测量棒水平端垂直相交。在直尺与测量棒相交处读取测量棒上读数和直尺上读数，精确到 0.5cm，做好记录。

3）数据处理：

$$槽帮厚度(含槽帮结壳、侧部炭块、钢壳) = 测量棒上读数$$

$$测量位置距炉底高度 = 直尺上读数 + z - 测量棒高度$$

（2）伸腿中部高度测量（见图 11-6）：

1）将伸腿高度测量棒伸入洞内，并向槽内延伸到距槽壳 30cm 处，将水平仪放置测量棒水平端，使之水平。

2）将直尺紧靠槽壳外壁垂直立于槽沿板上，并与测量棒水平端垂直相交。读取交叉处直尺上的读数，并做好记录，精确到 0.5cm。

3）测量伸腿中部高度时，在同一部位需测量 2 个点，即距炉壁 30cm 和 60cm 各测一个点，以上述同样的方法测定距槽壳 60cm 处的点以及其他各部位的点。

4）数据处理：

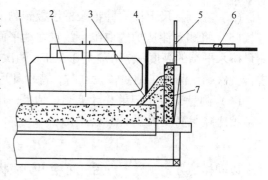

图 11-6　伸腿中部高度测量示意图
1—阴极炭块；2—阳极炭块；3—炉帮伸腿；4—测定棒；
5—钢板尺；6—水平仪；7—侧部炭块

$$伸腿中部高度 = 直尺上读数 + z - 测量棒高度$$

测定位置分别距槽壳 30cm 和 60cm。

（3）伸腿长度测量（见图 11-7）：

1）将伸腿长度测量棒沿伸腿伸向槽内，挂住伸腿末端，并将水平仪放在测量棒的水平端，使之保持水平。

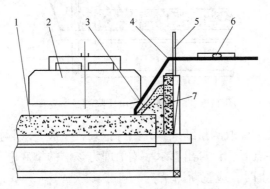

图 11-7　伸腿长度测量示意图
1—阴极炭块；2—阳极炭块；3—炉帮伸腿；4—测定棒；
5—钢板尺；6—水平仪；7—侧部炭块

2）将直尺紧靠槽壳外壁立于槽沿板上，并与测量棒水平端垂直相交。读取相交处测量棒上读数和直尺上读数，并做好记录，数据精确到 0.5cm。以同样方法测量其他各点。

3）数据处理：

$$伸腿长度 = 测量棒上读数$$

$$测量点高度 = 直尺上读数 + z - 测量棒高度$$

根据槽帮厚度、伸腿中部高度和伸腿长度的测量结果，可以绘制出电解槽槽膛内型图，以判断炉膛是否规整。

当测量槽发生阳极效应或者对地电压异常时，应暂时中止测量。

## 203. 怎样测量铝电解槽的槽底电压降？

电解槽随着运行时间的延长，阴极炭块的性质会发生变化，使阴极压降大幅度增加。测量槽底电压降，既可了解槽底变化情况和槽内衬完好程度，为正确调整技术条件提供依据，又可为改进电解槽砌筑安装质量积累数据。

测量工具为两根针形测量棒，用补偿导线与数字电压表的正负极相连。

测量方法（见图 11-8）：

（1）确认测量槽号，在 A、B 两侧有代表性的地方选择 6 个点以上作为测量点。

（2）选好测量点后，在壳面上打开直径约 20cm 的洞，并清理好洞口，以便测量棒能顺利插入。

（3）将电压表放置在大面中间，与电压表正极相连的测量棒从测量洞插入炉底，使棒基本呈 45°倾斜角并与炉底良好接触。将负极测量棒与阴极钢棒端头相接触，该阴极钢棒应与正极测量棒所测位置相对应。

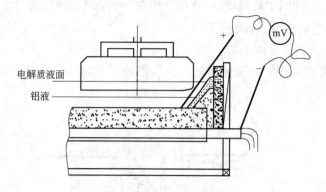

图 11-8　电解槽槽底电压降测量示意图

（4）在数字电压表上读取测量结果，并做好记录，一般要求数据精确到 1mV。

（5）测量完上述各点后，计算出算术平均值即为该槽的槽底电压降。如果数据与上次测量结果相差 50mV 以上时，应重新测量。

出现下列情况之一时，应暂停测量：

（1）测量槽发生阳极效应时；

（2）对地电压异常时；

（3）降电压时。

**204. 怎样测量槽壳变形情况？**

近年来虽然在电解槽槽壳设计和制作安装方面做了许多改进，收到了良好效果，但因为槽壳钢结构不仅承受电解槽全部重量，而且要承受高温并抵御由于阴极炭块热膨胀和渗钠所产生的强大外推力，经长期运行之后，变形不可避免。测量槽壳变形情况能掌握槽内衬完好程度，以便及时采取应对措施，同时能为进一步改进槽结构设计提供依据。

测量工具为细线和直尺。

测量方法：

（1）准备好测量工具后确认测量槽号，并找好测量基准点，做好测量点位的布置。

（2）两人分别站在电解槽同一侧的两端，将细线沿两个基准点拉直。第三人用直尺沿细线测量槽沿板各点距细线的距离，并做好记录。

（3）用同样的方法测量电解槽另一侧各点的数据。

（4）测量两大面端头基准点之间的距离。

根据上述测量结果可绘制出槽壳某一水平截面外轮廓图。获得多个水平截面外轮廓图之后，可判定槽壳变形情况。

**205. 怎样测量压接部位电压降？**

压接电压降通常是指短路口母线压接面、系列母线压接面、水平大母线和阳极导杆压接点等机械压接部位的电压降。由于这些部位如果压接不好，电阻值过大，不仅浪费能量，而且电阻热有可能烧损压接面，甚至造成生产安全事故，因此测量压接部位电压降的工作十分重要。

测量方法：

（1）测量所需工具为电压表（万用电表）和测量棒，检查电压表功能是否完好，测量棒是否齐备。确认测量槽号和待测位置。

（2）将测量棒接线端分别插入万用表上相应插孔，把表开关置于"直流 V"量程范围。

（3）将测量棒测量端分别定在两压接面导体上，需要注意的是正负极不要接反。

（4）待万用表上读数稳定后，读取数据并做好记录，数据精确到 1mV。然后关闭万用表，收拾好工具。

作业时如有下列情况发生，应暂时停止测量作业：

（1）对地电压异常；

（2）测量槽发生阳极效应或效应报警时；

（3）系列停电或回升电流的过程中；

（4）电解槽进行换极、出铝、抬母线等作业时。

## 206. 怎样测量残阳极形状？

对残极形状进行测量，了解残极外形尺寸及是否有裂纹、化爪、氧化、掉角、剥离等异常现象，以确定残极的合理利用。

测量方法：

（1）准备好需用的工器具：刻度尺和水平仪。确认槽号和待测残极极号。

（2）残极宽度和长度测量：用刻度尺量残极长边或宽边中央附近的最短处，测量数据精确到 1cm，读取数据并做好记录。

（3）残极高度测量：把刻度尺的一端触及钢爪底的侧部，用水平仪保持该刻度尺水平。用另一刻度尺测量残极摆放的地平面到水平刻度尺的垂直高度，精确到 1cm，读数并记录。

（4）钢爪与炭块间的距离测定：用刻度尺量取阳极钢爪梁上部到与炭块相接面之间的距离，精确到 0.5cm，读数并记录。

（5）用目测判断阳极是否有裂纹、化爪、氧化、掉角、剥层、疏松等异常，并做好记录。

（6）将测量工具归位。对上述测量结果进行均值计算，并编制、发送测量报表。

## 207. 怎样进行电解槽磁场测量？

为了确定电解槽中各区域铝液和电解质的电流密度分量和磁场强度分量，掌握电解槽运行情况，以便采取相应措施，减轻铝液波动和隆起，避免滚铝等恶性事件的发生，可以通过对电解槽磁场的实际测量来掌握。磁场测量分为槽内熔体中的磁场测量和槽外磁场测量。

铝电解槽内熔体磁场测量是用连接在测量仪上的探针伸入电解槽内测量磁力矢量的大小和方向，根据测量数据进行计算，找到槽内磁场分布规律。

铝电解槽外部磁场的测量是在自行设定的空间坐标系中对确定的测试点的磁力矢量进行测量。根据测量数据进行计算，确定槽外磁场空间分布规律。

磁场测量主要工具有特斯拉计、探头、套筒、稳压充电器、管箍、电线和胶管等。

磁场测量的工作程序如图 11-9 所示。

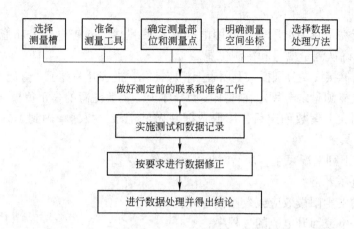

图 11-9　磁场测量工作程序流程示意图

　　槽内磁场的测量应选择距槽底部炭块表面等高的、均匀分布的多个测点，测点位置均匀分布于阳极间缝或阳极端部。由于测量时探头坐标与磁场计算之间不一定完全一致，而且也不能保证测量时探头绝对处于垂直位置，因此，需要进行极性修正和角度修正。根据数据的修正原理，通常采用设计好的磁场测量计算专用软件对数据进行处理，并绘制出磁场分布曲线图。

# 第十二章　铝电解的计算机控制

**208. 计算机控制在现代铝电解生产中有何重要意义？**

随着我国铝工业的飞速发展，目前已经大规模利用自动控制技术对铝电解生产过程进行控制。在电解厂房内，每台槽都进行着相同的连续生产过程，这就提供了设计相同控制程序、用计算机来控制生产状态和生产操作的可能。将计算机控制引入铝电解生产过程约半个世纪以来，充分地证明了它不仅使操作人员摆脱繁重的体力劳动，把劳动生产率提高数倍乃至数十倍；而且能把生产过程的各项技术参数精确地自动控制在设定的理想范围内，又将电解槽运行情况自动反馈给管理人员，使管理者能及时做出正确分析、判断，调整电解槽运行参数，让电解槽总处在最佳条件下工作，从而降低原材料和能量消耗，取得最佳生产技术经济指标。

可以说，计算机在铝电解生产中的应用，把传统的生产过程推向了现代化、自动化的行程，是当代铝电解工业最有意义的进展。

**209. 铝电解厂一般采用怎样的计算机控制系统配置？**

现代铝电解厂电解槽计算机控制系统符合控制功能分散与信息管理集中的原则，采用多级分布式控制和决策管理集中的结构形式。系统分为过程控制层、过程管理监控层及服务器信息共享层，将整个系列数据采集、过程监控、生产管理有机地结合在一起，并通过网络技术实现数据共享，使控制系统具有可靠性高、适应性强、灵活方便、信息共享等特点。目前，各电解厂计算机控制系统的配置选用的主机、槽控机型号或者信息传输方式虽然不尽相同，但其组成方式基本是一样的。

图 12-1 是铝电解厂典型的计算机控制系统配置示意图。它由主计算机、工业接口机、

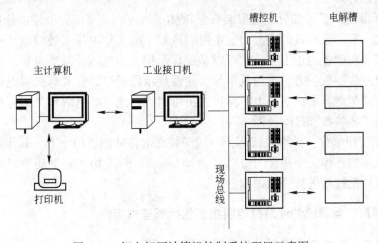

图 12-1　铝电解厂计算机控制系统配置示意图

槽控机三部分组成。

（1）主计算机。该部分称为中央控制机，也称集中管理机，由工业控制机或高容量微机、键盘输入设备、显示设备和打印机组成。它的作用主要是对槽控箱工作状态的监视、协调和信息储存，对电解槽的各种运行参数统一或个别修改，对槽控箱的各控制软开关进行开闭以及制作各类管理报表。

（2）工业接口机。该部分由工业接口机和现场通讯总线构成。它的作用是将槽控箱从电解槽采集到的数据及槽控箱解析的结果、命令执行情况等收集上来，再传送给主机，以便主机进行信息储存和报表制作。同时它也将主机对槽控箱的各种命令传递给槽控箱，再将执行结果传递给主机。它的主要任务是信息的上传下达，但功能经扩展后的现代工业接口机可在主机发生故障时短期内兼做主机的部分工作。

（3）槽控机（槽控箱）。变化发展最快的要数槽控箱。在集中式控制系统中，槽控箱只起执行命令的作用；在集散型控制系统中，槽控箱要独立完成数据采集、解析、命令发布、命令执行、向主机汇报执行情况、向主机发送各种信息等完整控制功能。因此，现代控制系统的槽控箱作用越来越重要，它实际上就是一台专用计算机。

## 210. 铝电解的槽控箱由哪几部分组成？

随着铝电解控制技术的发展，集散型控制系统的优点越来越明显，尤其是槽控箱的功能越来越复杂并发展成为智能型控制计算机，成为控制系统中最重要的部分。槽控箱一般为壁挂式、大板结构，安装在电解槽旁边。当主机发生故障失去对槽控箱的控制时，操作人员可以就地对槽控箱进行手动操作，完成自动控制的各种工作内容。

槽控箱箱体通常分成两部分，有上下箱体和左右箱体两种形式。以某种上下箱体为例，主要由以下几个部分组成：

（1）逻辑部分。逻辑部分指槽控箱的逻辑控制部分，由多块（分体结构）或一大块（整体结构）集成电路板及各种电子元件构成，被组装在上箱体内，形成一个控制中心，来完成对电解槽的全部控制内容。这部分堪称槽控箱的"大脑"。

（2）动力部分。动力部分通常占据整个下箱体，主要由动力电源开关、控制变压器、继电保护器及各种接触器组成。通过它引入动力电源，向逻辑部分等其他部分提供能量，使槽控箱得以运行。

（3）显示部分。显示部分一般安装在上箱体正面板的上端部位。显示分成三类，一类是指针电压表，安装在面板的左上角，主要直观显示槽工作电压、效应电压；第二类为数码管显示，安装在面板的正上方，它可以精确显示槽工作电压、系列电压、系列电流、各种故障信号及一些参数；第三类为显示灯，这些显示灯通过灯亮和灯灭将电解槽的各种控制和运行状态清楚地显示在面板上，操作人员可以直观地了解电解槽的运行情况及故障判断，及时调整工艺参数和排除故障。

（4）操作按钮部分。操作按钮部分一般安装在上箱体面板的下方，其作用是给操作人员提供手动操作的媒体。当操作人员把"手动/自动"开关切换到手动位置时，就可以按这些操作按钮对槽控箱进行手动操作。

## 211. 在铝电解厂，电解槽的计算机控制主要包括哪些内容？

从理论上讲，电解槽可控制的项目包括两个方面：

（1）状态方面：

1）电阻和电压降；

2）保温料覆盖厚度；

3）炉膛内型及底部沉淀和结壳；

4）铝水平和电解质水平；

5）电解质温度；

6）极距；

7）电流强度；

8）氧化铝含量及电解质成分。

（2）操作方面：

1）打壳；

2）熄灭阳极效应；

3）换阳极；

4）出铝；

5）抬母线；

6）添加氧化铝及氟化盐；

7）扎边部。

电解槽系列的各种特性数据，如电流强度、槽电压、槽电阻、温度、氧化铝含量和电解质摩尔比等，以及它们随时间变化的关系都是实现上述项目自动控制的基础。在这些参数输入计算机后，计算机可以记录它们随时间的变化，而且，当其变化时，计算机可通过对反馈信息的解析得出是否需要进行修改。但是，电解质是一种高温强腐蚀性液体，检测手段受到很大限制，目前能够连续准确测出的电解槽工艺参数只有槽电压和系列电流，而氧化铝含量、电解质温度和摩尔比等信息还不能实现连续在线测量。因此，目前槽电压和系列电流是计算机控制电解槽内一切活动的唯一原始数据。利用测量到的槽电压和系列电流，采用控制槽内电阻保持平衡的数学模型，按设定周期自动投入氧化铝以控制槽内物料平衡；自动调整极距（阳极底掌与铝液镜面之间的距离）以控制槽内热平衡。这就是铝电解厂计算机对电解槽控制的实际内容。

## 212. 槽控箱的现场操作有哪些内容？

槽控箱主要是通过主机和工业接口机控制而自动运行的。但当主机或工业接口机出现故障，或现场确实需要对电解槽进行特别处理，或根据现场工作需要而转移运行程序时就需要操作人员在现场对槽控箱进行操作。操作槽控箱时应特别注意：槽控箱是以脉冲的方式处理信号，若在进行调整量的手动操作，如阳极升降，每按一次按钮便产生一个脉冲，执行相应的一次动作，如果对按钮久按不放，槽控箱则视为多个脉冲请求，容易造成调整量过大的操作故障。另外，处理完成后，应及时将"手动/自动"选择按钮由手动切换到自动，因为在手动状态下，槽控箱对电解槽是不进行任何控制的。

槽控箱的操作内容主要有：

（1）槽控箱的开机、关机。槽控箱开机后，其显示面板上的电源、槽电压和槽电流等指示灯都亮。若"自动/手动"按钮在联机状态下，则联机指示灯亮；若槽控箱在进行自诊断，则定时器检测指示灯亮；若诊断出错误，故障指示灯亮，并停止后面的检测；如果自诊断通过，则定时器检测灯熄灭，其他灯亮，表明可接收主机或操作按钮来的操作控制命令。

（2）联机状态。槽控箱通过接口机同主机联机，槽控箱将采集到的数据及解析后的结果经接口机送到主机；主机也可经接口机向槽控箱发布命令，槽控箱接到主机发来的命令后实行相应的操作。

（3）就地工作状态。槽控箱脱离主机的控制通过接口机向槽控箱发就地命令，槽控箱进入就地工作状态，自己采集数据、自己解析。在接口机的协调控制下，完成电解生产的过程控制。

（4）手工单动作状态下的操作。当槽控箱上箱体出现故障，逻辑部分完全不能使用时，把下箱体内的空气开关拉到断开位置，槽控箱就完全脱离逻辑控制进入手工单动工作状态。操作时根据需要，按下箱体上手工单动操作按钮就可以进行与按键相对应的操作。此时，某操作相应的动作时间与按键被按下保持的时间一致，松开单动操作按键，相应的操作也就结束。

应特别注意的是：在手工单动状态下，槽控箱升降阳极的一切保护功能都已失效。因此，在使用时一定要做到边按键边观察槽子状况，有异常时立即松开按键。

（5）手动工作状态下的操作。当操作面板上的操作按钮"自动/手动"处在手动位置时，手动指示灯亮，槽控箱进入手动工作状态。操作人员可根据电解槽生产的需要按相应的功能操作键，槽控箱便执行相应的操作控制。主要的操作有：

1）正常处理的手动操作；

2）效应处理的手动操作；

3）升、降阳极的手动操作；

4）出铝的手动操作；

5）换阳极的手动操作。

（6）运行程序转换的操作。操作人员在现场进行出铝、更换阳极、抬母线和扎壳面操作时，槽电压都会发生变化，若不通知计算机，当计算机检测到电压变化时就会按正常控制进行电压调整。而计算机或槽控箱内设置有专门的出铝控制、更换阳极控制、抬母线控制、扎大面控制的程序，操作人员在进行这些作业前按一下相应的功能按钮，计算机或槽控箱便转换到相应的程序上运行一定时间，待该作业完成后就自动转换到正常运行程序上来。

（7）故障自诊断。智能槽控机具有对自身硬件设备故障的诊断功能，一是软件定时和随机诊断；二是智能槽控机面板上设有"自检"按键，可人工操作检测。所有故障信息同步传送至上位机，及时方便地为操作人员提供设备工作状况，有效避免了由于智能槽控机自身故障所带来的误操作，并采取相应保护措施。

### 213. 怎样实现槽电压的计算机控制？

计算机或槽控箱采集到的槽电压值受系列电流的影响，它与系列电流成正比，随系列电流的波动而时刻变化。如果以采集到的槽电压值作为控制的依据，则当电流低落时，测得的槽电压值下降，计算机就会指令提升阳极，极距增大出现异常，不仅浪费能量而且由于系列电压升高，引起系列电流进一步下降，形成恶性循环。相反，如果系列电流升高，测得的槽电压值也升高，计算机就会指令阳极下降，极距异常缩小，二次反应加剧，电流效率下降，严重时，破坏电解槽热平衡而引发病槽。因此，不能用采集到的槽电压值直接作为电解槽控制的依据，槽电压的控制是以不受电流波动影响的槽电阻为依据的。

槽电阻的计算公式为：

$$R = \frac{V - C}{I} \tag{12-1}$$

式中　$R$——槽电阻计算值，称为电解槽表观电阻或似在电阻，$\Omega$；

$V$——采样测定到的槽电压值，V；

$C$——$2Al_2O_3 + 3C = 4Al + 3CO_2$ 的理论分解电压和极化电压，通常为固定值，V；

$I$——采样测定到的系列电流值，A。

电流、电压信号的采集速率一般为 1 次/s，正常采集测量精度为 $\pm 1‰$。计算机采集到电流、电压以后，首先进行解析，电阻解析速率为 1 次/min。算出槽电阻值，然后分成阳极效应电阻、坏电阻与正常电阻三类，并针对不同的情况采用不同的方法处理。若槽电阻不属于上述三种情况，便继续做平滑处理，消除数据上的干扰部分以反映出电阻的变化趋势。根据设定电压可折算出"设定电阻"。平滑处理后的槽电阻与"设定电阻"进行比较，如果超过了设定的上限或下限范围，则变更极距、进行槽电压调整。

### 214. 怎样实施计算机对铝电解槽的加料控制？

计算机对铝电解槽的加料控制的传统方法是在槽子热收支保持平衡的前提下，用人为设定的正常加料间隔和阳极效应发生的时刻以及效应间隔对正常加料和效应等待时间进行调度。

人们期待调度的标准模式是：按规定的正常加料间隔加料，效应在预定的效应等待期间发生，周而复始。但是，经常会因设备、管理、操作等的各种非正常因素干扰，这种平衡会被打破，可能出现如下情况之一：

（1）效应等待期中阳极效应没有发生。计算机将这种情况视为加料过量。重新开始加料时，计算机自动将正常加料间隔延长一个定值，使在同样的时间段内的加料量有所减少。同时，原设定的效应间隔也自动加一个周期。重新开始定时加料后，仅进行几次正常加料，效应就发生了。

（2）阳极效应在未进入效应等待期之前发生。计算机将其认为突发效应，原因是加料不足，或虽然加料量足但溶解不良。此时，计算机以阳极效应发生为基准点，重新开始正常加料，正常加料间隔仍为原设定值。

计算机对铝电解槽加料控制的现代模式的目的是将氧化铝含量稳定地控制在理想的低含量工作区。经过对采集的数据的滤波平滑处理，由建立的自适应控制模型或模糊控制策略，准确识别出此阶段的氧化铝含量范围，再决定下一阶段氧化铝的加料速率，多次循环调整以后，最终获得适宜该电解槽的最佳加料间隔。

现代大型预焙槽除对氧化铝的添加实施计算机控制外，对 $AlF_3$ 添加量控制也实现了在线实时监控，使槽内电解质摩尔比和电解温度的调控精度大为提高。$AlF_3$ 加料间隔 $TFNB$（min）可按下式计算：

$$TFNB = \frac{qn \times 24 \times 60}{Q}$$

式中　　$q$——每个添加点每次加入 AlF$_3$ 的量，kg；

　　　　$n$——每台槽 AlF$_3$ 下料器个数，个；

　　　　$Q$——每台槽每天的 AlF$_3$ 添加量，kg。

　　在制定控制策略时应注意 AlF$_3$ 添加作业与氧化铝加料以及阳极效应的协调关系，以保证加入的 AlF$_3$ 全部入槽和避免挥发损失。

### 215. 铝电解槽的传统加料模式有什么缺陷？

　　传统的加料量控制模式，即以人为设定加料间隔，按规定时间停止加料，等待效应，用效应发生是提前还是推迟来判断加料量过量或是不足从而修正原设定的加料间隔。也就是说，是以效应为中心来调度加料过程。这种加料模式存在不少缺点，主要有：

　　（1）效应系数高。由于时刻都要用效应指导下料量，每天用发生效应和等待效应清理槽内积料，因此，效应系数都不小于 1.0。效应时数倍于正常情况的能量输入造成电解质温度升高。另外，在等待效应的过程中，1~3h 内中断加料，电解质温度也会升高，使电解槽温度每天都处在较大波动的不平稳状态，这些都使电流效率下降、电耗上升。

　　（2）不能即时地把握电解槽中氧化铝含量。即使效应系数较高，效应间隔时间仍然不可能太短，通常在二十几个小时。操作者凭借效应信息确定的加料量是否合适，必须等待一个效应周期或更长时间才能知晓，而这段时间内如果加料量与槽子实际消化量不匹配会造成化槽帮或形成沉淀，这些都会使电解槽运行不平稳，从而降低电流效率。

　　（3）传统的加料模式对加料量过量或欠量的判断以及加料间隔的调整都缺乏定量的监控手段，需要依靠操作人员的丰富经验。要非常有经验的操作者对效应信息和电解槽热工状态进行分析才能做出加料量的调整。这一方面增加了操作管理难度，同时也难以保证质量。

### 216. 铝电解槽加料量自适应控制的基本原理是什么？

　　迄今为止，电解质中氧化铝含量的在线检测还不可能实现，只能用间接方法判断。人们发现，槽电阻的变化不仅与极距有关，而且随氧化铝含量的变化而变化。在一个较短的时间范围内，比如 1h，若阳极位置保持不变，阳极消耗速度大体与铝水平升高速度相等，这样，极距就保持不变。这段时间之内，槽电阻的变化就间接反映出槽内氧化铝含量的变化。

　　正常情况下电解质电阻随氧化铝含量增加而增加，因而表观槽电阻也增加。但当氧化铝含量很低时，在通电电解的情况下，会有阳极极化存在使极化电压升高，氧化铝含量越低极化电压越高。因此，根据槽电压计算的表观槽电阻反而随氧化铝含量的降低而增加。

　　现场采集的大量实验数据经最小二乘法拟合处理得出了如图 12-2 中第一象限所示的电解槽表观电阻 $R$ 与氧化铝质量分数 $w_{Al_2O_3}$ 之间的对应关系。加料自适应控制就是根据该对应关系，由计算的槽电阻

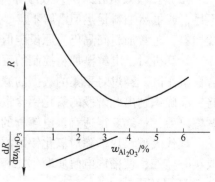

图 12-2　槽电阻、槽电阻曲线斜率与
Al$_2$O$_3$ 浓度变化的关系

变化规律间接识别 $Al_2O_3$ 的质量分数的。

由图 12-2 可见，大约在 $Al_2O_3$ 质量分数为 3.5% ~4.0% 的范围，表观槽电阻随 $Al_2O_3$ 质量分数的变化曲线出现了一个最低点（拐点）。从 4% 逐渐增加或从 3.5% 逐渐减小，槽电阻都增加；3.5% ~4% 为不敏感区，而且不敏感区左边曲线的斜率明显大于右边曲线的斜率。如果求出曲线上每点的斜率 $\left(\dfrac{dR}{dw_{Al_2O_3}}\right)$，做出 $\dfrac{dR}{dw_{Al_2O_3}}$-$w_{Al_2O_3}$ 的对应关系曲线，就会发现，在氧化铝质量分数小于 3.5% 的范围内，有如图 12-2 中第四象限所示现象。它的特点是：在这个范围成一直线，且斜率较大。

上述客观规律为加料自适应控制提供了可能条件。人们将氧化铝质量分数控制选择在 1.5% ~3.5% 的范围内。一则槽电阻随质量分数变化曲线在该范围斜率最大，易于计算机监测和识别；二则在该低质量分数范围内不易在槽中产生沉淀。采用该范围槽电阻曲线的斜率作为质量分数的代用值，并将其作为控制目标，使用过量加料和欠量加料不断转换的方法，不断采集数据，折算出 $\dfrac{dR}{dw_{Al_2O_3}}$ 的值，利用该值的大小来判定氧化铝质量分数是否保持在合理的波动范围，从而决定向过量或向欠量的方向转换。

以上便是铝电解槽加料量自适应控制的基本原理。

### 217. 怎样实现计算机对铝电解槽加料量自适应控制？

根据第 214 问和第 216 问所述，自适应加料控制有以下基本思路：

（1）采用氧化铝质量分数较低一侧的槽电阻曲线的斜率作为质量分数的代用值；

（2）将含氧化铝 1.5% ~3.5% 的范围作为控制目标；

（3）使用过量加料和欠量加料不断转换的方法保持质量分数处于持续、合理的波动之中；

（4）利用槽电阻随氧化铝质量分数变化的斜率值的大小来判定质量分数处于什么范围，从而决定向过量或向欠量转换。

综上所述，加料控制操作分为正常加料、减量加料、增量加料以及它们之间的切换。为了保证质量分数判定的精度，必须保证输入变量有足够大的变化。为此，在加料频率选择上，将加料过程分为正常加料、减量加料、增量加料三个周期，用三个周期的切换，人为地制造了较大的质量分数波动，使输入变量有足够大的变化。当氧化铝质量分数偏低时，电压升高，进入加料增量周期；随着氧化铝质量分数增加，电压下降，逐渐过渡到正常加料周期；电压不变或降低时，进入减量加料周期。周而复始，使得电解槽按照三个加料周期保持氧化铝质量分数在 1.5% ~3.5% 之间。从而控制电解槽不发生突发效应，只在效应等待期内效应及时发生。

为了保证槽电阻控制的准确性以及其斜率跟踪的准确性，在减量周期和增量周期内不进行阳极调整。在槽电阻偏离目标超过一定范围时，加料周期将及时转入正常周期进行阳极调整，使槽电阻始终接近目标电阻。

在电解生产过程中，工艺条件发生变化时，如出铝、换阳极、阳极效应、电流波动等各种人为干扰时，会引起槽电阻的变化。当这些干扰发生时，系统中的监控程序将自动启动，对各种干扰进行识别，并对参数重新进行估计和氧化铝质量分数重新跟踪。

采用自适应加料控制的必要条件是：

（1）使用砂状氧化铝作为原料；

（2）采用容量较小、定量准确的定容加料器；

（3）采用智能槽控机，直接用槽控机对过程进行解析和发令，以解决因解析量大上位机解析全系列电解槽所用时间大于解析周期的矛盾。

与传统的加料量控制模式相比，实现了自适应加料控制能及时准确判定电解槽中氧化铝质量分数，并及时进行相应的加料调整，使氧化铝质量分数持久稳定地保持在合理的范围，避免产生沉淀和槽况波动，更有效地提高电流效率。

### 218. 怎样实施出铝时的计算机控制？

由于铝液的抽出，极距增加，槽电压将急剧上升，而此时计算机却无法分辨是出铝还是效应即将来临，或是其他，因此必须在出铝前通知计算机。出铝前，现场工人通过槽控机的出铝按钮通知计算机准备出铝。

计算机在扫描程序每运行一次结束时都查询一次内存中申请出铝槽号来决定是否启动出铝程序。如果表中有申请槽号，则停止正常加料和槽电压控制命令，调用出铝程序来监控出铝的全过程。出铝程序不断采集出铝期间的槽电阻值，系统根据槽电阻值的变化判定出铝是否开始和是否结束，监测到出铝结束后，分 2~3 次自动将槽电压降回到目标值或出铝前的电压值。

### 219. 怎样实施阳极交换和扎边部时的计算机控制？

在阳极更换过程中，应该保持阳极大母线位置的恒定；但在提出残极时，电压会上升，如果操作者未与计算机系统联系，计算机则判定为电压正常变化而下降阳极，造成新极的位置不准及热收入下降，因此在换极前必须按动槽控机上的更换阳极按钮，通知计算机系统。计算机得到更换阳极的命令后将会停止正常加料和槽电压控制，只对电解槽进行电压监视，这时拔出残极、放入新极，槽控机在此期间禁止阳极升降。当计算机检测到电压恢复原值后，视为阳极更换结束，随后槽控机根据设定的控制参数自动启动换极后的程序，恢复槽电压控制和正常加料控制。因为阳极更换过程中要进入一定量的氧化铝，所以在恢复正常加料控制后会自动适当延长加料间隔以抵消阳极更换中进入的氧化铝对加料的影响。

一般，趁阳极交换时也进行扎边部作业。当扎边部加料时，计算机本身是无法直接感知的，此时如计算机仍按原设定加料间隔进行加料，将会使槽内的氧化铝过多而引起沉淀，易产生病槽，因此进行边部加料时，应及时与计算机联系。计算机进入扎边部控制程序后将自动调整下料间隔，减少氧化铝加入量。

### 220. 怎样实施抬阳极母线时的计算机控制？

抬阳极大母线时，由于卡具全部松开将导致电压上升，而此时电压上升并非槽子内部变化，不应进行电压调整，但若抬阳极大母线前不通知计算机系统，槽控机就会误断而进行电压调整。因此在抬母线前必须跟计算机联系，避免计算机调整电压。如果按下槽控机上"抬母线"按钮，计算机便停止槽电压控制只对槽电压进行监视。这时将槽控机动力箱

"手动/自动"开关置位在手动状态，使用动力箱上的手动开关完成抬母线过程，待电压恢复后再进行正常控制。

### 221. 怎样实现现场操作与计算机的联系？

智能槽控机通过现场通讯总线实现现场工业控制与中央控制室内计算机间进行通讯，实时传送电解生产及控制信息，接收来自上位机指令，并在智能槽控机上设有通讯状态指示灯便于现场操作者观察通讯是否正常。若通讯中断，则不能向中央控制室发送任何槽况信息及接收各类命令。例如：不能实时播报效应等异常信息，不能接收任何电解槽工艺控制参数的修改。此时智能槽控机仍可依据已有控制参数独立完成对电解槽的控制，但应立即查找故障，尽快恢复系统通讯。

在计算机控制的电解系列上，计算机控制系统虽然能够独立完成许多控制和操作，但它仍然有许多信息无法直接感知，必须加强电解生产现场与计算机之间的相互联络，以便将现场发生的计算机无法感知的信息告诉计算机，又将计算机检测到的信息及时通知现场使现场采取适当对策，保证生产正常进行。如现场出铝、更换阳极、抬母线、扎边部大面等作业前操作相应的功能键就是现场操作人员与计算机联系的实例。

电解槽通电焙烧、人工效应完毕、灌铝、电解槽异常、设备故障、设备检修或停槽等非常阶段，现场操作人员都应及时向计算机室报告，计算机操作人员启动相应的软开关，计算机才能采取相应的控制策略。

除此之外，当管理者需要对电解槽运行参数修改时，如工作电压、加工间隔、效应等待时间变更等，必须与计算机操作人员联系，计算机操作人员及时将这些变更输入计算机系统，计算机才能按新的要求进行控制。此外，现场产生的大量数据应及时输入计算机，这些数据包括：电解质成分分析结果，每日各槽的实际出铝量，三点测量铝液高度结果等。现场还应常常向计算机询问槽子有关参数或槽状态或请求输出有关数据信息报表等。

### 222. 能从计算机获得哪些信息报表？

计算机控制系统除了对电解槽进行控制管理外，还能将控制参数及电解槽运行状态编制成报表，供管理人员分析使用。计算机可提供各种管理报表和故障信息表十多种，常用报表大致可分成三类：状态报表、累积报表和计划报表。

（1）状态报表。状态报表包括班报、效应报、异常炉报、金属纯度报和供料情况报等，主要反映从打印时刻算起，过去8h或更长一点时间内槽子受控功能软开关的开闭情况，硬开关的转换情况，各电解槽控制项目的受控情况、打表时刻的槽电压、加料间隔和加料时间、效应间隔和效应发生时间、金属纯度、最新一次的电压调整等情况。这类报表是管理和操作人员使用频率最高的。

（2）累积报表。此类报表列出了较长一段时间内槽子的投入产出情况，并汇集了主要控制参数的平均值。这类报表有日报、旬报和月报，它既供车间统计核算使用，又可兼做这段时间的状态报表，供管理人员进行短期和长期分析使用。

（3）计划报表。这类报表是由管理人员利用计算机编制出的作业计划，与过去的过程控制无关，但对下一阶段的工作起指导作用。它包括日、月阳极更换表、出铝指示量表、三点测量计划表、电解质取样计划表及 $CaF_2$ 添加量计划表等。

**223. 怎样分析和利用计算机提供的信息？**

对计算机报表进行综合分析是管理人员把握槽况、进行决策的重要依据和基础。根据分析目的的不同，对报表分析的内容和方法也有所不同。主要有排除干扰分析、长期分析和疗程分析等几种。

（1）排除干扰分析。管理和操作的目标总是尽量保持电解槽的热平衡和物料平衡，但因操作质量、设备故障、原材料质量或管理失误等因素的干扰，往往会打破这两个平衡。排除干扰性分析就是通过班报、阳极效应报、日报和异常炉报等报表以及计算机室的广播信息及时找出影响平衡的因素，将其一一排除，从而维持电解槽的热平衡和物料平衡。

（2）长期分析。长期分析则是管理人员通过对计算机日报、旬报、月报的分析，结合现场数据，在检查—总结—计划—执行—检查—总结的循环中，不断总结经验，找出最佳的管理方法，使电解槽在保持热平衡和物料平衡的基础上获得更高的电流效率和一系列更好的技术经济指标，用更少的能量和原材物料的投入获得更多更好的产品，从而实现更好经济效益的长远管理目标。

（3）疗程分析。长期目标的实现过程，往往经历若干个检查—总结—计划—执行—检查—总结的小循环，一个小循环称为一个"疗程"。大型预焙槽的热惯性大，调整后的效果往往要经历一段时间才能看出来，因此，大型预焙槽一般将"疗程"定为五日。每五日小结一次，检查分析本疗程的小目标是否实现，由此确定下一个小疗程的目标。很显然，疗程分析是实现大目标的基础。

# 第十三章　铝电解的电流效率

**224. 什么是法拉第电解定律?**

铝电解槽中盛有冰晶石和氧化铝的均匀熔体作为电解质。如果有直流电从阳极经过电解质流向阴极，则有铝在阴极上析出，析出的金属铝量与通入电解质中的直流电电流大小及通电时间之间的关系，遵从法拉第电解定律。

法拉第电解第一定律指出：电解质导电时，在极板处析出的物质的质量跟通电时间和电流成正比。或者说，跟通过电解质的电量成正比。可以用公式表示为：

$$m_{理} = kIt = kQ \tag{13-1}$$

式中　$m_{理}$——理论上析出物的质量，g(或 kg)；

　　　$I$——直流电电流，A(或 kA)；

　　　$t$——通电时间，s；

　　　$Q$——直流电量，C(1C = 1A $\cdot$ s)；

　　　$k$——比例常数，g/C。

法拉第在大量实验结果的基础上，总结出了法拉第电解第二定律，他指出：电解第一定律中的比例常数 $k$ 跟物质的化学当量成正比。而某物质的化学当量是该物质的摩尔质量与它的化合价的比值，用公式表示为：

$$k = f\frac{M}{z} = \frac{M}{Fz} \tag{13-2}$$

式中　$M$——物质的摩尔质量，g/mol(或 kg/mol)；

　　　$z$——该物质的化合价；

　　　$f$——$k$ 与化学当量成正比的比例常数；

　　　$F$——比例常数 $f$ 的倒数，称为"法拉第衡量"，C/mol。

$F$ 对于任何物质都是相同的，实验测量的结果表明：$F = 96484.56$ C/mol，它是化学当量与 $k$ 成正比的比例常数。

如果电量不用库仑为单位，而用"A $\cdot$ h"为单位，因为 1A $\cdot$ h = 3600C，所以：

$$F = \frac{96484.56}{3600} = 26.80127(A \cdot h/mol)$$

因此，法拉第电解定律可以综述为：电解质导电时，在极板处析出的物质的质量跟通过电解质的电量成正比，而这个比例常数跟物质的化学当量成正比。

**225. 什么是电化当量，它通常有哪些表示方法?**

式 13-1 中的比例常数 $k$ 就称做电化当量，它表示每通过单位量的直流电理论上所能析出的物质的质量。它的单位是 g/C，也可以是"g/（A·h）"、"kg/C"或"kg/（A·h）"等。物质的电化当量与物质的性质有关，对于同一种被析出的物质，电化当量是恒量。随着物质种类的不同，电化当量也不同。

以铝为例，铝的摩尔质量 $M$ 为 26.98154g/mol，铝的化合价 $z = 3$，所以铝的化学当量：

$$\frac{M}{z} = \frac{26.98154}{3} = 8.99385\,(\text{g/mol})$$

根据法拉第电解第二定律式 13-2：

$$k = \frac{M}{Fz} = \frac{8.99385}{96484.56} = 0.0932155 \times 10^{-3}\,(\text{g/C})$$

或

$$k = \frac{8.99385}{26.80127} = 0.3356\,(\text{g/（A·h）})$$

如上所述，铝的电化当量可表示为单位直流电所析出的铝量，随各物理量所用单位的不同，其数值也不同。但有时铝的电化当量也可以表示为析出单位铝量所需的直流电量，这时，电化当量的表示式为：

$$k' = \frac{1}{k} = \frac{1}{0.3356} = 2.9798 \approx 2.98\,(\text{A·h/g})$$

或

$$k' = \frac{1}{0.0932155 \times 10^{-3}} = 1.0728 \times 10^{4}\,(\text{C/g})$$

即理论上每析出 1g 铝，需要 2.98A·h 或 10728 C 的直流电。

### 226. 怎样计算理论上的产铝量？

显然，如果知道了某物质的电化当量，又已知通电时间和电流强度，就可以根据法拉第电解第一定律的式 13-1，求得理论上析出物质的质量。

比如计算电流强度为 300kA 的铝电解槽一昼夜的理论产铝量。

**解：**已知铝的电化当量 $k = 0.3356\,\text{g/（A·h）} = 0.3356\,\text{kg/（kA·h）}$，$I = 300\text{kA}$，$t = 24\text{h}$，所以，根据式 13-1：

$$m_{理} = kIt = 0.3356 \times 300 \times 24 = 2416.32\,(\text{kg})$$

### 227. 什么叫铝电解的电流效率？

铝电解的电流效率和所有其他物质电解过程的电流效率具有相同的含义，即指在电解过程中，有效析出物质的电流与供给的总电流之比。表示为：

$$\eta = \frac{I_{有效}}{I_{总}} \times 100\% \qquad\qquad (13-3)$$

式中　$\eta$——电流效率；

　　$I_{有效}$——有效析出物质的电流；

　　$I_{总}$——实际供给的总电流。

根据法拉第电解第一定律的式 13-1：

$$m_{理} = kI_{总}t \text{ 或 } I_{总} = \frac{m_{理}}{kt}$$

$$m_{实} = kI_{有效}t \text{ 或 } I_{有效} = \frac{m_{实}}{kt}$$

式中　$m_{实}$——阴极上实际析出物质的质量。

将 $I_{总}$、$I_{有效}$ 代入式 13-3：

$$\eta = \frac{m_{实}}{m_{理}} \times 100\% \qquad (13-4)$$

式 13-4 是在实际应用中通常定义的电流效率。对于铝，其电流效率就是输入一定的电量后，铝的实际产量和理论产量之比。由此可见，要计算铝电解槽的电流效率，关键是要知道实际的产铝量。

### 228. 怎样用简单盘存法测定电流效率？

用简单盘存法测定电流效率的基本方法是统计一段时间内的实际产铝量，并计算同一时间的理论产铝量。该方法简单易行，其关键是要精确求得这段时间内每次的出铝量以及测得统计开始前的槽内存铝量和统计结束时的槽内剩余铝量。

该时期内铝的实际产量为：

$$m_{实} = m_t - m_0 + \sum_{i=1}^{n} m_i$$

式中　$m_{实}$——统计期间铝的实际产量；

　　　$m_t$——统计期间最后一次出铝结束时槽内剩余铝量；

　　　$m_0$——统计期间开始出铝前的槽内存铝量；

　　　$\sum_{i=1}^{n} m_i$——统计期间每次出铝量之和。

理论产铝量：

$$m_{理} = kIt$$

则统计期间的平均电流效率：

$$\overline{\eta} = \frac{m_{实}}{m_{理}} = \frac{m_t - m_0 + \sum_{i=1}^{n} m_i}{kIt} \times 100\% \qquad (13-5)$$

**例如**：某公司 200kA 系列电解槽，某槽 9 月份（30 天）每天出铝量统计，共计出铝 44950kg；8 月底测得槽内铝液为 9950kg，9 月底测得槽内铝液为 10060kg。计算该电解槽 9 月份平均电流效率：

$$\overline{\eta} = \frac{m_{实}}{m_{理}} = \frac{m_t - m_0 + \sum_{i=1}^{n} m_i}{kIt} \times 100\% = \frac{10060 - 9950 + 44950}{0.3356 \times 200 \times 24 \times 30} \times 100\% = 93.24\%$$

如上所述，简单盘存法的关键之一是要精确计算周期前和周期末的槽内在产铝量，生产中一般采用测量槽膛铝水平的经验方法计算在产铝量。实际计算时，铝液高度取各点测量的平均值并考虑沉淀的因素。如果炉帮或伸腿厚度与基准测试有误差，要根据实际情况对铝液体积进行修正。尽管如此，由于槽膛不规整等原因，准确性仍然较差。

在精确度要求不很高的情况下，由于该法简单易行而常被采用。甚至在有些情况下，为较快取得电流效率参考值，还常常假设周期前和周期末的槽内在产铝量相等，即 $m_t - m_0 = 0$。这时，式 13-5 简化为：

$$\bar{\eta} = \frac{\sum_{i=1}^{n} m_i}{kIt} \times 100\% \tag{13-6}$$

**例如**：某台 300kA 铝电解槽，5 月份（31 天）共出铝 71200kg，月平均电流强度为 305kA，计算该槽 5 月份平均电流效率。

**解**：根据式 13-6：

$$\bar{\eta} = \frac{71200}{0.3356 \times 305 \times 24 \times 31} \times 100\% = 93.5\%$$

### 229. 怎样用稀释法测定电流效率?

稀释法也叫示踪法。计算铝电解槽电流效率采用稀释法的目的在于精确求得槽内铝量 $m_0$ 和 $m_t$。其基本原理是往电解槽中铝液内添加少量已知数量的示踪元素，待示踪元素均匀溶解后，取样分析铝中该元素的含量，据此计算出槽内铝量。

稀释法所采用的示踪元素必须满足以下要求：

（1）它能溶解于铝液中，但完全不溶解于电解质中，也不与阴、阳极材料发生反应；

（2）其蒸气压很小，溶解于铝液后不挥发损失；

（3）其纯度高。

目前，能作为示踪元素的有：铜、银和放射性同位素（如 Au198、Co60）等。从经济效益等因素考虑，工业上一般用铜作为测定铝电流效率的示踪元素。

如果用放射性同位素作示踪元素，还要求满足以下条件：

（1）半衰期适宜，半衰期过长则使铝锭较长时间带有放射性，半衰期过短则因衰变过快给测定带来误差或困难；

（2）放射性强度足够大；

（3）该放射性同位素不进入阴、阳极材料和电解质中。

以铜作示踪元素为例。设槽内铝液中原有的铜量（即本底铜量）为 $m_{Cu,0}(kg)$，分析槽内铝液中本底铜质量分数为 $w_0(\%)$；向槽内添加 $m(kg)$ 铜作为示踪元素，加铜后槽内铝液总量（含铜）为 $m_1$，其中铜的质量分数为 $w_1(\%)$。经电解一段时间（如 24h）后，铝液总量（含铜）变为 $m_2$，铜的质量分数变为 $w_2(\%)$。则有：

$$加铜前纯铝量 = \frac{m_{Cu,0}}{w_0} - m_{Cu,0}$$

$$加铜后纯铝量 = \frac{m_{Cu,0} + m}{w_1} - m_{Cu,0} - m$$

假设加铜前后那很短时间内槽内纯铝量不变，则

$$\frac{m_{Cu,0}}{w_0} - m_{Cu,0} = \frac{m_{Cu,0} + m}{w_1} - m_{Cu,0} - m$$

整理后得：

$$m_{Cu,0} = \frac{w_0 m}{w_1 - w_0}(1 - w_1) \tag{13-7}$$

根据铜的质量分数，应该有：

$$m_1 = \frac{m_{Cu,0} + m}{w_1}, \quad m_2 = \frac{m_{Cu,0} + m}{w_2}$$

所以这段时间（24h）的产铝量为：

$$\Delta m_{Al} = m_2 - m_1 = \frac{m_{Cu,0} + m}{w_2} - \frac{m_{Cu,0} + m}{w_1} = m_{Cu,0}\left(\frac{1}{w_2} - \frac{1}{w_1}\right) + m\left(\frac{1}{w_2} - \frac{1}{w_1}\right)$$

将式 13-7 代入，并整理得：

$$\Delta m_{Al} = \frac{m(w_1 - w_2)(1 - w_0)}{w_2(w_1 - w_0)} \tag{13-8}$$

获得了这段时间的实际产铝量，则可以用式 13-4 很方便地计算电流效率。

**例如**：为了准确把握某台电流为 160kA 的预焙电解槽的槽况，需要采用稀释法准确求出该电解槽的电流效率。该槽刚刚出铝时，测得槽内铝液中的铜的质量分数为 0.03%，出铝后立即加入 2kg 铜并充分溶解后，测得铜的质量分数为 0.055%，第二天同一时刻（24h 后）出铝时，测得槽内铜的质量分数为 0.0478%，计算该槽的电流效率。

**解**：根据题意，$m = 2kg$，$w_0 = 0.03\%$，$w_1 = 0.055\%$，$w_2 = 0.0478\%$，利用式 13-8 不难算出在这 24h 内电解槽实际产铝量：

$$\Delta m_{Al} = \frac{m(w_1 - w_2)(1 - w_0)}{w_2(w_1 - w_0)}$$

$$= \frac{2(0.055\% - 0.0478\%) \times (1 - 0.03\%)}{0.0478\% \times (0.055\% - 0.03\%)}$$

$$\approx 1205.02(kg)$$

该槽在此 24h 内的平均电流效率：

$$\bar{\eta} = \frac{\Delta m_{Al}}{kIt} = \frac{1205.02}{0.3356 \times 160 \times 24} \times 100\% = 93.51\%$$

由此不难看出，稀释法有两项突出的优点：

（1）能获得电解槽较精确的电流效率；

（2）能测定电解槽较短时间，比如 24h 或更短时间内的电流效率，便于即时了解电解槽运行情况。

## 230. 怎样用气体分析法测定电流效率？

实践得出，阳极气体中的 $CO_2$ 体积分数与电解槽的电流效率有着密切关系，这就为气体分析法求电流效率奠定了基础。

如果用 $\varphi_{CO_2}$ 表示阳极气体中 $CO_2$ 所占体积分数即

$$\varphi_{CO_2} = \frac{V_{CO_2}}{V_{CO_2} + V_{CO}} \times 100\%$$

式中 $V_{CO_2}$、$V_{CO}$——阳极气体中 $CO_2$ 和 $CO$ 的体积。

则电流效率的经验公式可表示为：

$$\eta = \left\{ \frac{1}{2} + \frac{\varphi_{CO_2}}{2} \right\} \times 100\% \tag{13-9}$$

**例如**：某厂某电解槽阳极气体分析结果，$CO_2$ 的体积分数 $\varphi_{CO_2} = 85\%$，则根据式13-9，该电解槽的电流效率为：

$$\eta = \left( \frac{1}{2} + \frac{0.85}{2} \right) \times 100\% = 92.5\%$$

如果用 $w_{CO_2}$ 表示阳极气体中 $CO_2$ 的质量分数，则电流效率的经验公式可表示为：

$$\eta = \frac{11 + 3w_{CO_2}}{22 - 8w_{CO_2}} \times 100\% \tag{13-10}$$

**例如**：某厂某电解槽阳极气体分析结果，$CO_2$ 的质量分数 $w_{CO_2} = 90\%$，则根据式 13-10，该电解槽的电流效率：

$$\eta = \frac{11 + 3 \times 0.90}{22 - 8 \times 0.90} \times 100\% = 92.57\%$$

用阳极气体分析计算电流效率的方法误差较大，但操作简单、使用方便，目前仍为一些工厂在生产中普遍使用。

### 231. 怎样用氧化铝的消耗近似估算电解槽的电流效率？

生产中还经常用到一种计算电流效率的近似方法，称做氧化铝消耗电流效率，即通过电解槽消耗氧化铝的多少来计算电流效率。这种方法的可靠性基于电解槽运行比较平稳，不产生大量沉淀，氧化铝也没有过多机械损耗，并且能准确统计实际加入电解槽中的氧化铝量。该法电流效率的计算公式表示为：

$$\eta = \frac{\text{由氧化铝消耗计算出的产铝量}}{\text{理论产铝量}} \times 100\% \tag{13-11}$$

因此，关键是准确统计氧化铝的消耗量。

**例如**：某大型预焙铝电解槽，4 月份（30 天）平均电流为 298.8kA，共加入纯度为 98.5% 的氧化铝 130000kg，其中捞炭渣、飞扬等共约损失 0.6%，计算该槽的氧化铝消耗电流效率。

**解**：由题意，该电解槽 4 月份实际消耗的纯 $Al_2O_3$ 量为：

$$m_{Al_2O_3} = 130000 \times (1 - 0.6\%) \times 98.5\% = 127281.7(\text{kg})$$

由氧化铝消耗计算出的产铝量：

$$m_{Al} = 127281.7 \times \frac{54}{102} \approx 67384.43 (kg)$$

利用式 13-11 不难计算该槽 4 月份氧化铝消耗电流效率为：

$$\eta = \frac{m_{Al}}{理论产铝量} \times 100\% = \frac{m_{Al}}{kIt} \times 100\%$$

$$= \frac{67384.43}{0.3356 \times 298.8 \times 24 \times 30} \times 100\% = 93.33\%$$

如果某电解槽的氧化铝消耗电流效率等于或接近其实际电流效率，说明该电解槽运行平稳、正常；如果明显小于实际电流效率，说明氧化铝加料不足；如果明显大于实际电流效率，说明该槽加料量过剩。

### 232. 电流效率对生产效益有何影响？

电解槽的电流效率是一个非常重要的技术指标，它是电解槽运行情况好坏的综合效果，也直接影响企业的经济效益。

目前，我国预焙铝电解槽的电流效率一般为 90.0%～96.0%。例如，甲、乙两厂铝电解系列理论生产能力相同，甲厂为 300kA 中间下料大型预焙铝电解槽，电流效率达 96.0%；乙厂为 60kA 边部下料小型预焙铝电解槽，电流效率为 90.0%。甲厂实际年产原铝 200000t，试计算乙厂实际年产原铝量。

**解**：由甲厂的实际年产量、电流效率，根据式 13-4，就能计算出两个厂的理论年生产能力：

$$m_{理} = \frac{m_{实}}{\eta} \times 100\% = \frac{200000}{96\%} \times 100\% \approx 208333.3 (t)$$

同样根据式 13-4，计算出乙厂实际年产铝量 $m_{实}$：

$$m_{实} = \frac{m_{理}\eta}{100\%} = \frac{208333.3 \times 90.0\%}{100\%} = 187500 (t)$$

由此可见，相同生产能力的两个厂，由于电流效率相差 6 个百分点，乙厂比甲厂每年少生产 200000 - 187500 = 12500（t）原铝，占乙厂实际产量的 6.7%。这充分表明，提高电流效率对铝电解厂的经济效益有多么重要。

### 233. 伴随铝电解过程的哪些因素会引起电流效率的降低？

铝电解生产过程中，总有一部分电流损失掉，使电流效率降低。到目前为止，研究表明电解过程中使电流效率降低的主要原因有：

（1）铝的溶解和再氧化损失。铝电解过程中，在阴极上析出的铝被溶解于电解质中又重新被阳极气体氧化而损失，造成部分电流空耗，使电流效率下降。在引起电流效率下降的诸多因素中，铝的溶解和再氧化是最主要的因素。

（2）铝离子及其他一些杂质的高价离子不完全放电形成低价离子，而后再被氧化，周而复始，造成电流空耗，降低电流效率。

（3）钠离子放电。当遇到电解温度较高、电解质摩尔比较高、阴极电流密度较大或氧化铝含量较低的情况时，钠离子往往和铝离子在阴极共同放电而析出，析出的钠大多被燃烧或进入槽内衬材料，引起电流损失，降低电流效率。其他杂质元素，如 Ca、Mg、Si、Fe 等的放电也造成电流效率下降。

（4）碳化铝的生成。电解质出现局部过热、滚铝、电解质中炭渣分离不好等情况时，都可能引起碳化铝的大量生成。这不仅造成铝的损耗，降低电流效率，还会降低铝的质量和缩短电解槽寿命。

（5）水的电解。原材料中辅料给电解质带进的水分有一部分在直流电的作用下发生分解（电解）。水的分解不仅降低电流效率，产生的氢气残留在铝液中，还会严重影响铝的力学性能。

（6）铝的机械损失和其他损失。如测量、探槽底、出铝、精炼和铸造等操作过程造成的铝的机械损失等。

（7）阴、阳极之间的部分漏电。

（8）不合理的工艺条件和操作会引起电流效率的降低。

### 234. 铝的溶解是怎样降低电流效率的？

铝在电解质熔体中的溶解已为众多研究者所证实。铝的溶解有物理溶解和化学溶解两种形式。当将一块铝加到清澈透明的冰晶石熔体中时，可立即发现雾状液流从铝块表面散发出来，形成金属雾。铝电解过程中，在处于高温状态的阴极铝液和电解质的接触面上也必然会有析出的铝溶解到电解质中，形成这种物理溶解。

铝的化学溶解是铝与熔体中某些成分发生反应，以离子形式进入熔体。其中生成低价铝离子是化学溶解的主要形式。如：

$$2Al + AlF_3 = 3AlF \qquad \text{或} \qquad 2Al + Al^{3+} = 3Al^+$$

$$2Al + Na_3AlF_6 = 3AlF + 3NaF \qquad \text{或} \qquad 2Al + AlF_6^{3-} = 3Al^+ + 6F^-$$

另外，铝也可能与 NaF 发生置换反应生成金属钠，其反应式表示为：

$$Al + 6NaF = 3Na + Na_3AlF_6 \qquad \text{或} \qquad Al + 3Na^+ + 6F^- = 3Na + AlF_6^{3-}$$

铝在冰晶石熔体中的溶解度随着熔体温度升高而增大，但随着熔体中氧化铝含量的增加而降低，随着电解质摩尔比降低而降低。但也有人认为，随着摩尔比降低，铝的溶解度出现一个最小值，超过这个最小值，铝的溶解度反而随摩尔比降低而增大。这种观点认为：摩尔比较高时，铝与 NaF 的置换反应较为强烈，这一反应随着摩尔比的降低而减弱，致使铝的溶解度降低；但当摩尔比超过一定限度继续降低时，因 AlF_3 含量增加而使铝与 AlF_3 生成低价铝的反应越来越强烈，所以铝的溶解度再度回升。

一般情况下，铝在冰晶石熔体中总的溶解度并不大，约在 $0.05\% \sim 0.10\%$ 之间，无论物理的或化学的，在一定条件下即达饱和。但在工业电解条件下情况大不相同，电解质熔体中存在 $CO_2$，而且电解质不断运动，传质条件很好，溶解的铝很容易进入阳极区，电解质中的 $CO_2$ 和阳极区的 $CO_2$ 使溶解的铝不断被氧化，破坏溶解平衡，造成铝的不断损失，成为降低电流效率的主要因素之一。

在工业铝电解槽上，一般认为，铝的溶解损失过程分为四个步骤：

（1）金属铝在与电解质的交界面上发生溶解反应；

（2）溶解的铝从交界面通过双电层（或称扩散层）向电解质扩散；

（3）溶解的铝进入电解质整体；

（4）溶解的铝被阳极气体氧化，再氧化反应可表示为：

$$2Al_{(溶解)} + 3CO_2 \Longrightarrow Al_2O_{3(溶解)} + 3CO$$

对工业铝电解槽从铝-电解质界面到阳极底掌之间熔体中铝的浓度分布进行实测，发现：在铝液与电解质界面区，铝的浓度达到饱和；离铝液表面约 10mm 的扩散层内，铝的浓度下降很慢，表明铝在这一段的扩散速度很慢；在离铝液面 10~30mm 区域内，铝的浓度随距离的增加迅速下降，这是因为电解质受阳极气体强烈搅动而快速循环，溶解的铝进入电解质整体的速度很快；而在阳极底掌附近 10~12mm 范围内，铝的浓度几乎为零，表明溶解的铝与 $CO_2$ 的反应速度很快。由此说明，上述步骤中的第二步，即溶解的铝从界面通过双电层的扩散步骤速度最慢，是整个过程的控制步骤。

由于铝的溶解氧化损失速度取决于从铝液界面通过扩散层的扩散速度，因此与此关系较大的因素都明显影响电流效率，是铝电解工艺重点控制对象。主要包括：

（1）槽温升高，铝的溶解度增大，扩散速度也加快；

（2）槽内铝液面的面积扩大，铝液与电解质接触面增大，铝的溶解损失也增大；

（3）槽内铝液、电解质不平静，进行强烈的对流循环，扩散层不断被破坏或减薄，大大加速溶解的铝通过扩散层进入电解质整体而增加铝的损失。

## 235. 高价离子不完全放电是怎样降低电流效率的？

在铝电解过程中，当阴极电位达到一定值后，阴极发生铝离子放电反应。使这一反应能够进行的绝对值最小的阴极电位称做铝的阴极析出电位（或叫还原电位）：

$$Al^{3+} + 3e \Longrightarrow Al$$

但是，当人们用纯净的电解质和氧化铝在实验室进行实验研究时，发现阴极电位尚未达到铝的析出电位之前，铝电解槽两极之间已经存在着一个稳定的电流，人们把它叫做"极限电流"。这种现象表明，在未达到铝的析出电位之前，阴极上已有电化学反应发生。进一步研究发现，"极限电流"是由 $Al^{3+}$ 在阴极还原成一种低价铝离子，低价铝离子仍然溶解在电解质中，一旦遇上阳极气体中的 $CO_2$ 又会重新被氧化成高价离子，这样循环于两极之间而形成的。这一过程可用电化学反应式表示如下：

在阴极区： $\qquad\qquad Al^{3+} + 2e \Longrightarrow Al^+$

在阳极区： $\qquad\qquad Al^+ - 2e \Longrightarrow Al^{3+}$

在铝电解过程中，这种铝离子"不完全放电—氧化"的反应反复进行，循环不已，造成了电流的无功损失。

人们进一步研究了电解质组成、电解温度、电流密度以及电解质搅拌条件对极限电流的影响，结果表明：

（1）随着槽温的升高，极限电流明显增大；

（2）电解质受到搅拌时，极限电流明显增大；

（3）随着阴极电流密度的降低，这种电化学过程变得更加明显而强烈，而在高电流密度条件下，不完全放电的反应减弱；

（4）$Al_2O_3$ 含量和 $CaF_2$ 含量的变化对极限电流的变化影响不大。但存在于铝电解质中的杂质元素，它们的高价离子会在阴、阳极之间进行高—低价离子的循环转移，从而明显地降低电流效率。这类离子主要有：钒（$V^{5+}$）、磷（$P^{5+}$）、硫（$S^{6+}$，$S^{4+}$）、硅（$Si^{4+}$）、钛（$Ti^{4+}$）、铁（$Fe^{3+}$）、碘（$I^{6+}$）等。

经测定，在正常实验条件下，极限电流值在 $0.03 \sim 0.04 A/cm^2$ 的范围内，约相当于降低电流效率 $3.0\% \sim 4.0\%$。

由此可见，铝电解过程中尽可能地降低电解温度，尽可能减少搅拌干扰以保持铝液和电解质平静，按设计要求保持较高的阴极电流密度，确保原辅材料质量，尽量减少杂质含量等，都是减少电流空耗，提高电流效率的有效措施。

## 236. 钠离子放电是怎样降低电流效率的，怎样防止或减少钠离子放电？

钠离子在阴极放电会消耗直流电：

$$Na^+ + e \Longrightarrow Na$$

钠在铝中的溶解度很低，沸点也低，只有 880℃，而对炭素材料的渗透能力很强。因此，析出的钠一部分蒸发逸出后发生燃烧，一部分渗入炭素内衬，引起直流电的损耗，降低电流效率。

铝电解过程中，在 1000℃的冰晶石熔体中，钠离子的析出电位比铝离子约负 250mV，正常情况下，钠离子是不可能放电的。但是，由于铝在电解质中多数是以铝氧氟的复杂配合离子形式存在，其活度降低；而钠多以简单钠离子存在，并且在阴极析出后融入铝液中而产生去极化作用，这些因素使得钠和铝的析出电位更为接近。生产实践证明，在技术条件不正常时，钠离子更有可能和铝离子共同放电。钠离子放电常常在电解温度较高、电解质摩尔比较高、阴极电流密度较大、氧化铝含量较低的情况下发生。

实验证明，在酸性电解质中，当电解温度为 975℃时，为 0.3V，随着温度的升高，由铝离子放电转向铝与钠离子共同放电的电位差越来越小。当温度升到 1150℃时，二者放电的电位差为零。

研究还表明，当电解质摩尔比升高，钠离子含量增大时，钠放电更为容易。

由于铝离子扩散速度远小于钠离子，当氧化铝含量较低或阴极电流密度较高时，铝在阴极上析出的浓差极化增加，更有利于钠和铝的共同放电。

专家们认为，$Mg^{2+}$ 和 $Ca^{2+}$ 离子在铝阴极表面形成电化学"屏障"，阻碍 $Na^+$ 放电，从而能提高电流效率。

由上述可知，降低电解温度、采用较低摩尔比的电解质、保持适当高的氧化铝含量和适宜的阴极电流密度，都有利于抑制钠离子放电，从而提高电流效率。

## 237. 电磁现象对电流效率有怎样的影响？

大型预焙铝电解槽强大的直流电流会形成强大的电磁场，铝液和电解质都是带电的良导体，必然受到电磁场的作用力（参阅第 163 问）。这种电磁力在空间的分布可以被分解为水平分量（$B_x$、$B_y$）和垂直分量（$B_z$）。铝电解过程中，由于这种电磁力的作用，铝液和电解质都会产生循环流动，铝液还会凸起、倾斜和涌动。这些现象对电流效率的影响可以分述如下。

（1）铝液的循环流动。根据左手定则，电解槽中存在的磁场垂直分量和铝液中的水平电流相互作用，或水平磁场分量和铝液中的垂直电流相互作用，都会产生推动铝液运动的力。这种作用力的大小和方向在不同部位和不同时间而不断变化，因此，在铝电解过程中，铝液处于层流和湍流之间的不停循环流动状态。

铝液的循环流动对促进电解槽温度均匀是有益的，但流动过速则会显著增加铝的溶解损失，也会因铝液的不断冲刷，扩大槽底出现的裂缝、洞穴和凹陷，加速槽底破损，既增加炉底压降又降低电流效率。

（2）铝液表面的凸起。水平磁场与铝液中垂直电流相互作用，当作用力指向某个中心点时，使得铝液表面凸起呈小丘状。这种凸起会引起电流分布不均，使电解槽运行不能稳定，造成电流效率下降。在刚换上新阳极时，这些现象表现较为明显。

（3）铝液的波动。铝电解槽运行过程中，当技术条件控制不好，槽底结壳和沉淀多，或铝水平过低，或伸腿长而肥大等，都会在铝液中产生水平电流。水平电流与水平磁场相互作用，就会产生一种向上的电磁力，铝液在这种电磁力的作用下产生波动。

电解槽内铝液的波动使有效极距时长时短，造成电流分布不均和电压摆，引起生产的不稳定和电流效率下降。

（4）滚铝。当上述水平电流增大到一定程度，这种向上的推力足以使成团成团的铝液向上翻滚，形成滚铝现象。这种现象容易造成电解槽内两极短路、引起电流空耗并大量增加铝的溶解和再氧化损失，显著降低电流效率。

（5）电解质的循环。电解质同样受到电磁力的作用产生循环流动和波动。它的流动也有利于槽内温度均匀，但同时也促进铝的扩散和溶解，增加铝的氧化损失，降低电流效率。因此，生产中要使电解质具有适当的黏度，以控制其流速。

尽量减少电磁力影响的关键是要有合理的进电方式和母线布置，再则是保持干净的炉底和规整的炉膛，尽量减少水平电流。

**238. 电解温度怎样影响电流效率？**

在影响电流效率的各种因素中，电解温度占着很重要的位置。随着电解温度的升高，电流效率下降。实践证明，电解温度每升高10℃，电流效率约降低1%～2%。电解温度升高引起电流效率下降的原因主要有以下几个方面：

（1）铝在电解质中的溶解度和溶解速度增加，铝液和电解质的循环加快，溶解的铝再氧化速度加快，铝的溶解氧化损失增加。

（2）随着温度的升高，钠离子和铝离子的析出电位越接近，钠离子与铝离子共同放电的可能性增大。

（3）随着温度的升高，高价离子不完全放电的可能性增加。

反之，如果电解温度过低则电解质黏度太大，分散在电解质中的小铝珠不容易汇聚，氧化铝溶解度和溶解速度降低、槽内沉淀增多、水平电流增加、电阻增大、槽电压升高，最后使槽况由冷态转变成热槽，同样会降低电流效率。

因此，铝电解过程总希望在一个合理的温度范围保持热平衡。这个合理的温度范围受电解质初晶温度的限制，电解温度一般高于电解质初晶温度 5 ~ 15℃，这一温度称为过热度。随着对温度控制能力的加强，应尽量将电解质过热度控制在一个更小的变化范围之内，比如 8 ~ 12℃。在保证电解质有足够流动性的前提下，电解质的过热度越小越好。

从减少热量损失和提高电流效率的角度，电解温度越低越好，关键是找到具有更低初晶温度的电解质。铝的熔点为 659℃，理论上讲，只需 750℃ 左右的电解温度即可电解生产液体铝，但是，目前采用的冰晶石-氧化铝熔体电解质，无论选用何种添加剂，电解温度仍需在 900℃ 以上才能保证基本的电解条件。

### 239. 电解质成分怎样影响电流效率?

铝电解过程中，电解质组成对电流效率影响很大，选择合理的电解质组成非常重要。电解质组成决定了电解质的初晶温度，从而决定了电解温度。电解质组成直接影响电解质的电导率、密度、黏度和表面性质，这些因素都与电流效率密切相关。

电解质组成的变化因素主要有：冰晶石的摩尔比、氧化铝含量、添加剂的种类和用量等。这些因素对电流效率的影响如下：

(1) 电解质中冰晶石摩尔比的影响。实验研究和生产实践证明，随着电解质中冰晶石摩尔比降低，熔体初晶温度下降，可以降低电解温度；熔体中钠离子相对含量降低，活度降低，钠离子放电的可能性减少。这些因素都有利于提高电流效率。

但冰晶石摩尔比过低，$AlF_3$ 的挥发会显著增加；氧化铝溶解度明显降低，电解质电导率也略有下降；铝离子不完全放电生成低价铝的可能性也增加。这些因素有可能使电流效率反而有所下降。因此，实际生产中应选择合适的摩尔比。

(2) 氧化铝含量的影响。铝电解过程中，随着电解质中氧化铝含量升高，氧化铝溶解速度下降，悬浮的氧化铝颗粒增多，电解质电导率下降，槽底沉淀增多，$CO_2$ 在电解质中的溶解量也明显增加。因此，过高的氧化铝含量将严重影响电流效率。

但氧化铝含量过低，会使铝的溶解—氧化损失增加，钠离子放电的可能性增加，阳极效应系数增加。这些因素使电流效率明显下降。

现代大型预焙铝电解槽，采用中间点式下料及下料量自适应控制能够把 $Al_2O_3$ 稳定控制在 1.5% ~ 3% 的较低范围内，为实现 $Al_2O_3$ 快速溶解、熔体中基本无悬浮的 $Al_2O_3$ 颗粒、槽底基本不产生氧化铝沉淀、熔体具有较高的电导率和适宜的黏度等创造条件，达到稳定生产、提高电流效率的目的。

(3) 添加剂对电流效率的影响。目前铝电解过程常用的添加剂有：$AlF_3$、$CaF_2$、$MgF_2$ 和 $LiF$ 等。它们都能降低电解质初晶温度，从而降低电解温度、提高电流效率。但它们又都能降低氧化铝在电解质中的溶解度和溶解速度，对提高电流效率不利。除此之外，它们还各有自己的优缺点。

1) $AlF_3$。研究表明，每添加 10% 的 $AlF_3$，能使熔体初晶温度降低 20℃ 左右。添加 $AlF_3$，可减小电解质的密度、加大铝液和电解质的密度差、有利于它们更好分层；可以减小电解质黏度，有利于炭渣分离和阳极气体的逸出；这些都有利于提高电流效率。但添加 $AlF_3$，除降低氧化铝的溶解度和溶解速度外，还会增加电解质的挥发损失。

2）$MgF_2$ 和 $CaF_2$。添加 $MgF_2$ 和 $CaF_2$ 除降低电解质初晶温度外，还能显著增加铝液和电解质之间的界面张力，促使电解质中的铝珠汇聚；有利于电解槽形成稳定坚固的炉帮，使铝液镜面收缩；还能促进电解质中炭渣分离。$MgF_2$ 的作用比 $CaF_2$ 更为明显些。这些性质都能提高电流效率。

但由于 $MgF_2$ 和 $CaF_2$ 降低 $Al_2O_3$ 在电解质中的溶解度，增大电解质密度和黏度。因此其添加量也不宜过多。一般控制在 5% 左右。

3）LiF。添加 LiF 能大幅度降低电解质熔体的初晶温度和密度，提高电解质电导率，从而提高电流效率。但 LiF 价格昂贵，尽管可用价格相对较低的 $Li_2CO_3$ 代替 LiF，代价仍然不菲，使其应用在一定程度上受到限制。

实际生产中，总是将上述几种添加剂配合使用，扬长避短，收到良好的综合效果。

## 240. 阴、阳极电流密度对电流效率有何影响？

（1）阳极电流密度对电流效率的影响。阳极电流密度的改变有两种情况：一种是阳极加宽加长，面积增加，系列电流强度不变，而使电流密度降低。这时单位阳极面积上析出的气体量减少，排出速度降低，对电解质的搅拌作用减弱，氧化区域缩小，铝的溶解—氧化损失减少而提高电流效率。但这要在不破坏电解槽热平衡的前提下。

第二种情况是阳极面积不变，为了强化生产，增加系列电流强度，阳极电流密度增大。这时，单位阳极面积上析出的气体增加，排出速度增加，搅拌作用加强，铝的溶解—氧化损失增加，电流效率下降。而且由于电流密度的增加，有可能破坏电解槽热平衡，使槽温升高，则会造成更不利的影响。

（2）阴极电流密度对电流效率的影响。阴极电流密度的变化也存在两种情况，一是系列电流强度不变，阴极面积改变，如电解槽炉膛的形成或熔化，使阴极电流密度增大或减小。二是阴极面积不变，电流强度变化。如强化生产，系列电流强度增大，阴极电流密度增大。实践表明，电流效率随阴极电流密度的增大而提高。这是因为在其他条件不变的情况下，阴极电流密度增加，表示铝液镜面面积相对缩小，铝的溶解总量减少，高价离子不完全放电的电化学损失也减少，所以电流效率提高。而当阴极电流密度减小时，比如由于热槽而炉帮熔化、铝液镜面扩大、电流密度下降，这时，铝的溶解速度增加，溶解总量增加，铝的溶解氧化损失增加，高价离子不完全还原也增加，因而电流效率下降。

由此可见，在阳极电流密度一定的情况下，建立规整稳定的槽膛内型，缩小阴极面积，控制阴极镜面与阳极正投影重合，不仅能减少铝的溶解和高价离子不完全放电，而且减少水平电流分量，降低电磁力的不利影响，有利于提高电流效率。

## 241. 铝水平和电解质水平对电流效率有何影响？

（1）铝水平对电流效率的影响。铝电解生产中，大致趋势是电流效率随铝水平提高而提高。这是因为大型预焙槽槽中心容易发热，阳极下部总有一部分多余的热量产生，使得阳极下部比侧部温度高。而铝的导热性能良好，较高的铝水平能帮助槽中心散热，使槽温均匀，有利于提高电流效率。

利用较高铝水平的散热条件，可保持较低的槽温，保持稳定的槽膛内型，收缩铝液镜面，减少铝的溶解损失，提高电流效率。较高的铝水平能降低铝液中的水平电流密度，减少磁场的不良影响，使铝液保持平静，也有利于提高电流效率。但铝水平过高会导致电解槽冷行程，引发病槽，降低电流效率。

因此，对于不同槽型和不同槽结构设计，根据其热平衡，应有一最佳铝水平。只有保持这最佳铝水平，才能保证电解槽运行平稳，获得最高的电流效率。

（2）电解质水平对电流效率的影响。在铝电解过程中，电解质起着溶解氧化铝、导电、储存热量和保持热平衡的作用，因此，电解质水平对铝电解非常重要。电解质水平高，电解质量大，则溶解的氧化铝量多，可避免炉底沉淀；电解质水平高，储存的热量多，电解槽热稳定性好，可使电解槽在较低温度下稳定运行，有利于提高电流效率。但过高的电解质水平会使阳极浸没太深，降低阳极的有效利用率；同时阳极侧部导电增多，水平电流增加，使铝液波动加大，易产生电压摆，从而降低电流效率。

过低的电解质水平使电解槽热稳定性很差，容易出现病槽，对提高电流效率十分不利。

因此，电解质水平应该适中，目前大型预焙槽电解质水平一般保持在 20～22cm。

## 242. 极间距离对电流效率有何影响？

极间距离对电流效率的影响十分明显。铝液和电解质在电磁力的作用以及排出阳极气体的搅动下不断地运动，如果阴、阳极距离较远，搅动程度则较低，铝的溶解—氧化损失则较少，电流效率提高，反之亦然。

实验研究和实践证明，在极距小于 3cm 的情况下，电流效率迅速降低；而在极距超过 6cm 后，再增加极距对提高电流效率的作用微乎其微。因此，在达到一定极距之后，再盲目增加极距会因槽电压升高带来能耗增加，超过因电流效率提高而降低的能耗，最终结果是得不偿失。所有电解槽型均有降低电能消耗的最佳极距，通常在 4～6cm 之间。

在其他参数不变的情况下，槽电压的大小就反映极距的变化。增加极距，无疑有利于抑制铝的二次反应损失，但必须确保不因此提高槽温。也就是说，欲增加极距，但又不要因此而明显提高槽电压，这就要通过改善电解质成分、清洁电解质等提高电解质电导率的办法来确保较大的极间距离。槽电压除极间电解质电阻压降外，还包括极化电压、阳极压降、阴极压降和母线压降等。尽量改善阴、阳极电导率，降低母线压降和极化电压，都为保持较高极距提供条件。

实践经验告诉我们，对于预焙槽，极距每提高 1mm，引起电压降增加 30mV 左右。因此，生产实践中，在保证较高电流效率的前提下，尽量保持较低的极距，以减少单位铝产量的电能消耗。

## 243. 为了提高电流效率，除上述因素外，还应注意哪些事项？

以上叙述了各项工艺技术参数对电流效率的影响。合理的工艺参数确定之后能否实现，关键在于严格管理和精心操作。

（1）注意先天性管理，树立预防为主的思想。铝电解槽在进入正常生产期之前必须经过预热焙烧、启动和非正常期生产管理的重要阶段。在这一阶段，电解槽被缓慢加热，槽内衬得以烘干，阴、阳极达到正常生产时的温度，阴极炭糊和槽周扎糊进行烧结焦化；形成稳固的炉帮结壳和合理规整的槽膛内型，建立起电解槽的热平衡和物料平衡。由于这个阶段电解槽由冷变热，数量庞大的槽内衬材料吸收大量热量和碱性电解质组分，发生体积膨胀和相互错动，各项因素急剧变化，矛盾突出。因此，时间虽短，但对电解槽使用寿命和终生运行状态影响很大。这阶段的管理和操作必须受到高度重视，如若管理不善，将贻害无穷，更谈不上获得高的电流效率。

在铝电解槽的正常生产期，也应树立预防为主的思想。处理病槽的技术非常重要，但使电解槽长期平稳、高效运行，不出现病槽的技术更为重要。对于病槽的出现，只处理、不预防，将会防不胜防、病槽层出不穷。做好预防工作主要从三方面着手：一是严格把好各项操作的质量关，时刻保持合理平稳的技术条件；二是提高阳极和氧化铝等主要原材料的质量；三是重视槽子状态趋势分析，研究槽子动向，防患于未然。

（2）树立保持平稳的指导思想。大型预焙槽在电解过程中必须保持槽状态安定平稳。平稳包括两个方面：一是保持合理的技术条件不变动、少变动。即使变动，也应严格控制变动幅度在槽子自调整能力所能接受的范围之内。尽量使槽电压、温度、铝液高度波动小，炉膛规整稳定。为此，规程中都明确规定了槽电压、加料间隔、出铝量等的变动幅度。二是尽量减少来自设备、原材料以及操作的干扰因素，创造一个保持技术条件平稳的环境保障。

大型预焙铝电解槽热容量大，对技术条件的调整反应迟钝，往往需要很长时间才能显示出效果。这种特性就决定了技术条件不能频繁调整，应该等待效果显现出来之后再做下步决定。为此，对大型预焙槽采用"疗程分析法"，实施5天一个疗程。到第五天分析总结效果，再制订下5天的对策。同时，为了排除测量及环境等因素的随机干扰，采用平滑系数法对数据进行平滑处理，避免调节量的大起大落。

总之，要同时从管理和操作入手，排除各种干扰，保持各技术条件的平衡，实现电解槽的平稳运行，才能获得高的电流效率。

（3）加强管理，精心操作，保持良好的技术条件。在管理上，首先要选择好合理的技术条件，在这种技术条件配合下，能建立起电解槽稳定的热平衡和物料平衡，这是确保电解槽高效运行的基本条件。具有良好技术条件的槽子，往往自平衡能力强，在一定程度上能抵御病槽的发生；而技术条件搭配不合理的槽子，自平衡能力弱，槽子非常娇气，小的干扰也能引发病槽。因此，必须加强管理，及时排除各种干扰因素，使电解槽始终在最佳技术条件下平稳运行，才能获得较高的电流效率。

电解槽的各项作业质量是实现管理目标的保证，直接影响电解槽的运行状态和电流效率。比如换阳极，若更换质量不好，新极设置偏低，会造成局部过热、增加铝的溶解损失；还会引起电压摆，造成电流空耗，显著降低电流效率。若阳极设置偏高，新极长时间很少导电，则减少阳极有效工作面积、增大其他阳极的电流密度、降低电流效率，同时引起局部过冷，影响热平衡、破坏炉膛、可能引发病槽、降低电流效率。

其他各项作业质量，如出铝量不准确、换极时结壳捞不净、临时更换阳极过多、熄灭阳极效应超时等，都会直接破坏电解槽的技术条件，引起运行不稳，降低电流效率。因此，各项操作必须严格按基准执行，确保操作质量。

# 第十四章　铝电解的电能消耗和能量平衡

**244. 什么是铝电解的电能效率？**

铝电解生产的电能效率是指生产过程中有效电能的消耗和实际的总的能量供应量之比，即等于生产单位数量的金属铝理论上应该消耗的能量和实际所消耗能量之比。可以表示为：

$$\eta_{电能} = \frac{W_{理}}{W_{实}} \times 100\% \tag{14-1}$$

式中　$\eta_{电能}$——电能效率；

$\quad\quad W_{理}$——理论上应该消耗的能量；

$\quad\quad W_{实}$——实际上所消耗的能量。

因为电能 $W$ 是电流 $I$、电压 $V$ 和通电时间 $t$ 的乘积，所以，电能效率也是电流效率、电压效率和时间效率的乘积。可表示为：

$$W = I \cdot V \cdot t$$
$$\eta_{电能} = \eta_{电流} \cdot \eta_{电压} \cdot \eta_{时间} \tag{14-2}$$

式中　$\eta_{电流}$——电流效率；

$\quad\quad \eta_{电压}$——电压效率；

$\quad\quad \eta_{时间}$——时间效率。

（1）电流效率 $\eta_{电流}$，如图 14-1 所示。

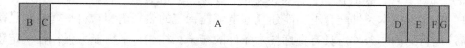

图 14-1　电流效率示意图

A—有效电流；B—铝溶解—氧化损失的电流；C—铝机械损失所损失的电流；

D—钠析出损失的电流；E—多价离子不完全放电损失的电流；

F—漏电部分；G—其他因素损失的电流

可见，A、B、C 三部分电流是通过铝在阴极还原而传导的，但实际获得铝的只有 A 部分。电流效率 $\eta_{电流}$ 为 A 占图中总面积的百分比。

（2）电压效率 $\eta_{电压}$，如图 14-2 所示。

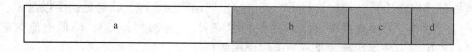

图 14-2　电压效率示意图

a—完成反应：$2Al_2O_{3(室温)} + 3C_{(室温)} = 4Al_{(电解温度)} + 3CO_{2(电解温度)}$ 的分解电压；

b—电解质压降；c—阴、阳极压降；d—母线压降及其他压降分摊

电压效率 $\eta_{电压}$ 为 a 占图中总面积的百分比。

（3）时间效率 $\eta_{时间}$，如图 14-3 所示。

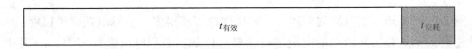

图 14-3 时间效率示意图

$t_{有效}$—有效产铝时间；$t_{空耗}$—效应持续时间及其他时间空耗

时间效率 $\eta_{时间}$ 为 $t_{有效}$ 占图中总面积的百分比。

### 245. 什么是铝电解的理论电耗率？

铝的理论电耗率是指单位产量的铝在理论上所需要消耗的电能。理论上所需要消耗的电能指的是：电解过程中，原料无杂质、百分之百的电流效率、电解槽对外无热损失的理想条件下，每生产单位量的铝所必须消耗的最小能量。

理论电耗率包括两个部分：

（1）在电解温度下，补偿电解反应向获得铝的方向进行所需的能量：

$$2Al_2O_{3(固)} + 3C_{(固)} \xrightarrow{\quad 电解温度下 \quad} 4Al_{(液)} + 3CO_{2(气)}$$

从热力学的观点出发，参与电解反应的反应物和生成物所含有的内能并不相等，要使反应能够进行，必须由外部提供能量以补偿生成物比反应物所增加的那一部分内能。根据人们已掌握的热力学数据，对上述反应进行热力学计算，得出在电解温度下，每生产 1kg 金属铝，应补偿上述电解反应所需能量约为 5.63kW·h。

（2）补偿将反应物加热至电解温度所需要的能量。电解反应所需的反应物 $Al_2O_3$ 和 C，进入电解槽时为室温，必须将其加热至电解温度才能保证上述反应的进行，这部分能量补偿是必不可少的。同样可以通过热力学计算得出：将每生产 1kg 金属铝所需反应物从室温加热至电解温度约需补偿的能量为 0.7kW·h。

由此可知，每生产 1kg 金属铝所需理论电能消耗应是以上两部分之和：

$$W_{理} = 5.63 + 0.7 = 6.33(kW·h)$$

同样，可以计算采用惰性阳极时每生产 1kg 金属铝的理论电耗率为 9.24kW·h，比采用活性阳极多耗 2.91kW·h。由此可见，采用活性阳极因消耗了 C 而节约了电能，但大大增加了所耗炭素材料的费用。

需要说明的是，无论反应或加热反应物所需补偿的能量都是温度的函数，随电解温度的变化而变化，以上数据只是目前工业电解温度范围内的近似值。

这样一来，即使以目前铝电解实际生产中较先进的每生产 1kg 金属铝的能量单耗 12.95kW·h 计，铝电解的较高电能效率也只有：

$$\eta_{电能} = \frac{6.33}{12.95} \times 100\% = 48.9\%$$

目前绝大多数的铝电解企业，电能效率实际上都在 48% 左右，少数企业甚至更低。可见铝电解的电能利用率很低，一半以上的电能都属于无功消耗，降低铝电解的能耗应还有潜力可挖。

### 246. 怎样计算电解槽的实际电耗率？

由第 245 问可知，铝电解的实际电耗率比理论值高得多。实际电耗率可以通过一定时间内所生产的铝量和实际消耗的能量进行计算。比如：对于电流强度为 $I(A)$、平均电压为 $V(V)$ 的铝电解槽，电解时间为 $t(h)$，所消耗的总能量 $W_{总}(kW \cdot h)$ 为：

$$W_{总} = IVt \times 10^{-3}$$

该时间段内的产铝量 $M_{总}(kg)$ 为：

$$M_{总} = 0.3356 \eta It \times 10^{-3}$$

式中 $\eta$——该时间段内的平均电流效率。

所以，单位产量的实际电耗，即电耗率 $W_{实}(kW \cdot h/kg)$ 为：

$$W_{实} = \frac{W_{总}}{M_{总}} = \frac{IVt \times 10^{-3}}{0.3356 \eta It \times 10^{-3}} = \frac{2.98V}{\eta} \tag{14-3}$$

由此可见，铝电解的实际电耗率与槽平均电压成正比，与电流效率成反比。降低槽平均电压和提高电流效率是仅有的两条等效的降低铝电解能耗途径。

**例如**：某台铝电解槽，9 月份平均电流效率为 95%，平均槽电压为 4.15V，试计算该电解槽 9 月份平均 1kg 铝的实际直流电耗。

**解：**
$$W_{实} = \frac{2.98 \times 4.15}{95\%} \approx 13.02(kW \cdot h/kg)$$

该槽的电能效率 $\eta_{电能}$ 为：

$$\eta_{电能} = \frac{6.33}{13.02} \times 100\% = 48.62\%$$

### 247. 从降低能耗的角度，怎样分析槽电压的组成？

由式 14-3 可知，铝电解的电耗率与槽平均电压成正比，与电流效率成反比。从理论上说，电耗率只取决于电解槽的平均工作电压和电流效率。可见槽电压的管理对降低铝电解的电能消耗起着很重要的作用。

铝电解槽平均电压 $V_{平}$ 由 6 个部分组成：

$$V_{平} = V_{阳} + V_{电解质} + V_{分解} + V_{阴} + V_{母线} + V_{效应}$$

式中 $V_{阳}$——阳极电压降；

$V_{电解质}$——电解质电压降；

$V_{分解}$——$2Al_2O_3 + 3C = 4Al + 3CO_2$ 的理论分解电压加极化电压；

$V_{阴}$——阴极电压降；

$V_{母线}$——槽周母线电压降；

$V_{效应}$——阳极效应分摊电压。

如果将电解槽槽壳和槽盖板形成的封闭部分作为能量计算体系，则槽平均电压的 6 个组成项可分为两部分：计算体系以内的电压降 $V_{阳}$、$V_{电解质}$、$V_{分解}$、$V_{阴}$、$V_{效应}$ 和计算体系以外的

电压降 $V_{母线}$。前一部分的电压所输入的能量除供给反应过程必须的理论能耗外，其余则是供给电解槽散热；后一部分母线压降的能量纯属空耗。由于反应过程所需理论能量必不可少，因此，要降低铝电解的能耗，只有加强保温、减少散热以及降低母线上的电压降。

从管理角度看，因为阳极效应分摊电压并不能从槽控箱上直接显示出来，所以又可以将槽平均电压分成 3 个部分来分析：

$$V_{平} = V_{工作} + V_{母线} + V_{效应}$$

式中　$V_{工作}$——电解槽工作电压，由 $V_{阳}$、$V_{电解质}$、$V_{分解}$ 和 $V_{阴}$ 四个部分组成。

电解过程中发生阳极效应时，槽电压突然升高，造成电能额外消耗。将其分摊到该电解槽上，就构成阳极效应分摊电压 $V_{效应}$，其计算公式如下：

$$V_{效应} = \frac{k \cdot \Delta V \cdot t}{60 \times 24}$$

式中　$k$——阳极效应系数；

$\Delta V$——发生效应时的电压与正常槽电压之差，V；

$t$——效应持续时间，min。

表 14-1 列举了某电解槽实测的槽平均电压组成。

**表 14-1　铝电解槽的槽平均电压组成举例**

| 项 目 | $V_{阳}$ | $V_{电解质}$ | $V_{分解}$ | $V_{阴}$ | $V_{效应}$ | $V_{母线}$ | $V_{平}$ |
|---|---|---|---|---|---|---|---|
| 电压/mV | 335 | 1525 | 1700 | 385 | 20 | 185 | 4150 |

由表 14-1 可知，分解电压和电解质电阻压降分别约占槽平均电压的 41% 和 36.8%。

如果以炭为阳极，阳极气体为 100% 的 $CO_2$，通过热力学计算，$Al_2O_3$ 在 1000℃ 下的标准分解电压为 1.17V，与表 14-1 中的 1700mV 相差很远。可见，降低电解质电阻压降以及降低因极化引起的过电压，都很有潜力可挖；其次是依次降低阴极压降、阳极压降和母线压降。降低阳极效应系数，虽然对降低槽平均电压贡献不太明显，但能收到提高电流效率、稳定槽况、减少原材物料消耗和环境污染等综合效果。

## 248. 怎样测试铝电解槽的电压平衡？

铝电解过程的分解电压（理论分解电压 + 过电压），其测量较为复杂，在生产槽上测量分解电压则更为困难。因此，生产中电压平衡的实测一般不测量分解电压而采用 1700mV 的经验数值进行计算。这样，电压平衡的实际测量内容主要包括以下几个项目：

（1）阴极电流分布，即测量阴极软带压降。测量阴极电流分布时，对每一根钢棒头对应的软带要测量两个数据，一个数据不包括软带两端的焊缝压降，用于计算阴极电流分布；另一个数据包括软带两端焊缝压降，用于计算阴极系统电压分配。

（2）A、B 两侧阴极母线各段压降的测量。

（3）立柱母线等距离压降及立柱母线压降的测量。测量立柱母线等距离压降，通常取 1m 为测量长度。立柱母线压降包括阳极软母线压降，测量采取分段进行：首先是软母线，要求测量两个数据，一个数据包括两个焊缝，另一个数据不包括焊缝；然后是从软母线至立柱母线的倾斜段、过渡段和垂直段。

（4）阳极母线压降的测量。

（5）阳极电流分布的测量。测量方法及注意事项参阅第 194 问。

（6）阳极压降的测量。阳极压降也是分段进行测量和记录的，包括：铝导杆和阳极母线的压接压降、铝导杆压降、铝钢爆炸焊压降、钢爪压降、钢爪至阳极炭块压降以及阳极炭块压降。

（7）电解质电阻压降的测量。电解质电阻压降通过测定极距以及测定槽电压随极距改变的变化率，然后经计算获得。即记录阳极提升前的槽电压 $V_0$；将阳极提升 5mm，记录 $V_1$；再提升 5mm，记录 $V_2$；然后将阳极回落 5mm，记录 $V_3$；再回落 5mm，记录 $V_4$。由这些数据计算出 1mm 极距引起槽电压变化的平均值。再在 A、B 侧各测 6 块阳极的极距，求出极距的平均值。这就不难获得平均的电解质电阻压降。

（8）炉底压降的测量。测量方法和注意事项参阅第 203 问。

全部测量完毕后，根据记录对数据进行整理，并编制电压平衡表。

### 249. 能量平衡对铝电解过程有何重要意义？

所谓电解槽的能量平衡，是指在稳定状态下，单位时间内电解过程需要的能量与从电解槽体系损失的热能之和等于供给电解槽体系的能量。一方面供给电解槽的直流电流经阴极装置和阳极装置等电解槽结构部件以及流经阴、阳极之间的电解质时产生大量的电阻热，该热量加热反应物并平衡电解槽体系向环境的热量散失，从而保持电解过程所需的高温；另一方面，直流电流经电极与电解质的界面时，满足氧化铝分解电压而维持电极反应，使部分电能转变成化学能（补偿生成物比反应物内能的增加）。这就建立起电解槽能量收入和支出之间的平衡。

如前所述，为了满足最佳的工艺条件和尽可能降低能耗，铝电解总是在稍高于电解质初晶温度的一个很窄的温度范围内进行。保持电解过程中的温度恒定或只在一个较小范围内波动，是维持生产稳定正常的必要条件，是提高各项技术经济指标的根本保证。一旦电解槽能量收入和支出的平衡被打破，电解温度就要发生变化，电解槽将会走向冷行程或热行程。如不及时调整，就要出现病槽，严重影响技术指标和生产的正常进行。

因此，铝电解过程中必须保持电解槽的能量平衡，并通过能量平衡的测定、计算和分析揭示电解槽热特性和电特性之间的密切关系，确定最适宜的保温条件、工艺参数和操作规程，才能确保铝电解槽节能和高效运行。

### 250. 怎样测试和计算铝电解槽的能量平衡？

测试和计算能量平衡必须先确定一个基准温度，或称参照温度。铝电解槽能量平衡的测试和计算一般是以电解温度为基准温度的。计算中，将其他温度都换算成这一温度来进行计算。应该指出，不论以什么温度为参照温度都不影响能量平衡的计算结果，只是能量平衡方程式的表示方式以及计算项目有所不同。

进行能量平衡测试和计算还须确定计算体系。计算体系是指能量平衡计算时所包括的范围。铝电解槽能量平衡计算体系可以有多种选择，选择的基本原则是应包括与电解槽进行能量交换的各个组成部分。对于预焙铝电解槽，可以选择包括槽罩覆盖空间在内的范围，也可以选择电解槽保温料及其以下范围作为能量平衡计算体系。由于第二种选择将阳极气体离开计算体系之前的温度视为与电解温度相同，这就把问题简化了一些。因此，通常选择第二种计算体系。

以电解温度为基准温度的能量平衡计算中，能量收入有两项：

（1）电力供给的能量 $W_电$；

（2）阳极气体离开计算体系之前放出的能量 $W_气$。

能量支出有三项：

（1）电解反应所要补偿的能量 $\Delta H_{反应}$；

（2）将原辅材料在体系内加热至电解温度所需能量 $Q_{反应物}$；

（3）电解槽计算体系向周围环境散失的热量 $Q_{热损}$。

因此，能量平衡方程式为：

$$W_电 + W_气 = \Delta H_{反应} + Q_{反应物} + Q_{热损}$$

因选择第二种计算体系时，$W_气 = 0$，所以上式简化为：

$$W_电 = \Delta H_{反应} + Q_{反应物} + Q_{热损} \tag{14-4}$$

$W_电$ 为体系唯一的能量收入，是外部供给电解槽的直流电能，它等于计算体系中各部分电压降之和 $V_{体系}$ 与系列电流强度 $I$ 以及通电时间 $t$ 的乘积。即：

$$W_电 = I \cdot V_{体系} \cdot t$$

其中

$$V_{体系} = V_阳 + V_{电解质} + V_{分解} + V_阴 + V_{效应}$$

这样，铝电解槽能量平衡的测试项目及步骤包括：

（1）电解槽电流强度、工作电压。在槽控箱上记录多次，取其算术平均值。

（2）电流效率。在槽面火眼处取阳极气体进行分析，每小时分析一次，取其算术平均值，按下式计算电流效率：

$$\eta = \left( \frac{1}{2} + \frac{\varphi}{2} \right) \times 100\% \tag{14-5}$$

式中　$\eta$——电流效率；

$\varphi$——阳极气体中 $CO_2$ 的体积分数（摩尔分数 $x$ 可取代 $\varphi$ 进行计算）。

（3）铝液温度。在出铝口处测量，每小时记录一次，取其算术平均值。

（4）烟气流量和温度。在烟道测孔处测量，测量 3 次以上，取其算术平均值。

（5）残极测试。在换极时记录换极时间，测量残极、钢爪的温度，并称取其质量。

（6）槽壳底部和侧部温度的测量。在侧部每个窗口处按上、中、下取点进行测量，在测槽壳钢板温度的同时，测相邻筋板的温度。在测量底部钢板温度的同时，测量底筋的温度。

（7）集气罩（槽盖板）各部的温度测量。在每块盖板上测上、中、下三点，测量点数量应足够充分，取点分布应足够均匀。

（8）槽沿板的温度测量。在侧面测温点对应位置取一个槽沿板上的测温点进行温度测量。

（9）阴极棒的温度测量。对每根阴极棒的内、外侧分别取点进行测量。每根铝头测一个点。

（10）铝导杆的温度测量。每根导杆在槽水平盖板上外露部分至卡具之间，等距测 2 个点。

根据测量结果，计算能量收入项和能量支出项，按式 14-4 计算能量平衡，填写记录表格和完成电解槽能量平衡测算报告。

### 251. 如何计算将反应物加热至电解温度理论上所需能量？

如果铝电解过程电流效率为 100%，则阳极气体全部为 $CO_2$，电解过程的总反应可以表示为：

$$Al_2O_{3(固)} + \frac{3}{2}C_{(固)} = 2Al_{(液)} + \frac{3}{2}CO_{2(气)}$$

但实际生产中电流效率总是小于 100%，阳极气体也总含有 CO，我们把电解过程的总反应表示为：

$$Al_2O_{3(固)} + (3-n)C_{(固)} = 2Al_{(液)} + nCO_{2(气)} + (3-2n)CO_{(气)} \quad n \leqslant 3/2 \quad (14-6)$$

电流效率 $\eta$ 表示为：

$$\eta = \left(\frac{1}{2} + \frac{\varphi}{2}\right) \times 100\% \quad 或 \quad \varphi = 2\eta - 1$$

根据式 14-6 即有：

$$\varphi = \frac{n}{n + (3-2n)} = \frac{n}{3-n} \quad (14-7)$$

由式 14-5 和式 14-7，得：

$$n = \frac{3}{2}\left(2 - \frac{1}{\eta}\right)$$

将其代入式 14-6，得：

$$Al_2O_3 + \frac{3}{2\eta}C = 2Al + \frac{3}{2}\left(2 - \frac{1}{\eta}\right)CO_2 + 3\left(\frac{1}{\eta} - 1\right)CO \quad (14-8)$$

查得有关热力学数据见表 14-2。

表 14-2　与铝电解过程有关的部分热力学数据[①]

| 物　质 | $\Delta H_{298}/J \cdot mol^{-1}$ | $c_p/J \cdot (mol \cdot K)^{-1}$ |
|---|---|---|
| $Al_2O_{3(固)}$ | −1675700 | $106.608 + 17.782 \times 10^{-3}T - 28.535 \times 10^5 T^{-2}$ |
| $C_{(固)}$ | 0 | $17.154 + 4.268 \times 10^{-3}T - 8.786 \times 10^5 T^{-2}$ |
| $Al_{(液)}$ | 8233 | 31.798 |
| $CO_{(气)}$ | −110530 | $28.409 + 4.10 \times 10^{-3}T - 0.460 \times 10^5 T^{-2}$ |
| $CO_{2(气)}$ | −393510 | $44.141 + 9.037 \times 10^{-3}T - 8.535 \times 10^5 T^{-2}$ |

[①] 数据来源：朱吉庆，《冶金热力学》（第一版），长沙：中南工业大学出版社，1995 年 12 月。

如果假设电解温度为 1220K（947℃），根据表 14-2，欲将 $1molAl_2O_3$ 从室温加热至电解温度，需要热量：

$$Q_{Al_2O_3} = \int_{298}^{1220} c_p dT = \int_{298}^{1220} (106.608 + 17.782 \times 10^{-3}T - 28.535 \times 10^5 T^{-2}) dT$$

$$= 103500 (J/mol)$$

同样，可以计算将 1mol C 从室温加热至电解温度需补充的热量：

$$Q_C = 16575 (J/mol)$$

根据反应式 14-7，为生产 1kg 铝加热反应物所需补充的总热量（J）：

$$Q_{反应物} = \frac{1000}{54}\left(103500 + \frac{3}{2\eta} \times 16575\right)$$

$$= 1916667 + \frac{460417}{\eta}$$

折合为电能（kW·h）：

$$W_{反应物,铝} = 0.5324 + \frac{0.128}{\eta} \tag{14-9}$$

如果电流强度 $I$ 的单位为 kA，则电解槽每小时产铝量为 $0.3356\eta I$（kg），那么，为将反应物从室温加热至电解温度，每小时需补充能量（kW·h）：

$$W_{反应物,小时} = 0.3356\eta I\left(0.5324 + \frac{0.128}{\eta}\right)$$

$$= (0.1787\eta + 0.043)I \tag{14-10}$$

式 14-10 即为理论上将反应物加热至电解温度每小时所需能量。

## 252. 如何计算电解反应理论上所需的能量?

仍然假设电解温度为 1220K（947℃），根据表 14-2，$Al_2O_3$ 在电解温度下的 $\Delta H_{Al_2O_3(1220)}$ 可按下式计算：

$$\Delta H_{Al_2O_3(1220)} = \Delta H_{Al_2O_3(298)} + \int_{298}^{1220} c_p dT$$

$$= -1675700 + \int_{298}^{1220}(106.608 + 17.782 \times 10^{-3}T - 28.535 \times 10^5 T^{-2}) dT$$

$$= -1572200 (J/mol)$$

同样可以计算，得：

$$\Delta H_{C(1220)} = 16575 J/mol$$

$$\Delta H_{Al(1220)} = 37551 J/mol$$

$$\Delta H_{CO(1220)} = -81584 J/mol$$

$$\Delta H_{CO_2(1220)} = -348653 J/mol$$

式中　$\Delta H_{C(1220)}$、$\Delta H_{Al(1220)}$、$\Delta H_{CO(1220)}$、$\Delta H_{CO_2(1220)}$——固体碳、液体铝、气体 CO 以及气体 $CO_2$ 在 1220K（947℃）时的焓变。

根据反应式 14-7，为使反应进行需补充的能量（J/mol）为：

$$\Delta H_{反应} = 2\Delta H_{Al} + \frac{3}{2}\left(2 - \frac{1}{\eta}\right)\Delta H_{CO_2} + 3\left(\frac{1}{\eta} - 1\right)\Delta H_{CO} - \Delta H_{Al_2O_3} - \frac{3}{2\eta}\Delta H_C$$

$$= 2 \times 37551 + \frac{3}{2}\left(2 - \frac{1}{\eta}\right) \times (-348653) + 3\left(\frac{1}{\eta} - 1\right) \times$$

$$(-81584) - (-1572200) - \frac{3}{2\eta} \times 16575$$

$$= 846095 + \frac{253365}{\eta}$$

按每生产 1kg 铝计，并折合成电能（kW·h），则有：

$$\Delta W_{反应,铝} = \frac{1000}{54} \times \frac{1}{3600 \times 1000}\left(846095 + \frac{253365}{\eta}\right) = 4.3524 + \frac{1.3034}{\eta} \quad (14-11)$$

因为当电流强度 $I$ 用 kA 为单位时，电解槽每小时产铝量为 $0.3356\eta I$（kg），所以，每小时补偿电解反应所需能量（kW·h）为：

$$\Delta W_{反应,小时} = 0.3356\eta I\left(4.3524 + \frac{1.3034}{\eta}\right)$$

$$= (1.4607\eta + 0.4375)I \quad (14-12)$$

结合第 251 问的计算结果，电解铝的理论电耗 $W_{理}$（kW·h）应是补偿反应所需能量与加热反应物所需能量之和，因此有：

以每生产 1kg 铝计：

$$W_{理,铝} = 4.8848 + \frac{1.4314}{\eta} \quad (14-13)$$

以每生产 1h 计：

$$W_{理,小时} = (1.6394\eta + 0.4805)I \quad (14-14)$$

此计算结果，与第 245 问中所引用数据有微小差别，造成这种差别的原因有二：一是计算时设定的电解温度有差别；二是引用的原始热力学数据有所不同。

### 253. 怎样建立铝电解槽能量平衡方程？

如上所述，在考虑了电流效率，即阳极气体不是 100% 的 $CO_2$ 的条件下，按每小时的能量收入和支出计，得到有关能量平衡的各项计算公式，包括：

$$W_电 = 3600 I V_{体系}(J/h) = I V_{体系} \times 10^{-3}(kW \cdot h/h)$$

$$\Delta H_{反应} = (1.4607\eta + 0.4375)I(kW \cdot h/h)$$

$$W_{反应物} = (0.1787\eta + 0.043)I(kW \cdot h/h)$$

于是，根据式 14-4，应有：

$$I V_{体系} \times 10^{-3} = (1.4607\eta + 0.4375)I + (0.1787\eta + 0.043)I + Q_{热损}$$

整理得：

$$I V_{体系} \times 10^{-3} = (1.6394\eta + 0.4805)I + Q_{热损}$$

或再取近似值，并表示成式 14-15：

$$(V_{体系} \times 10^{-3} - 1.64\eta - 0.48)I - Q_{热损} = 0 \quad (14-15)$$

式 14-15 便是铝电解槽在电解温度基础上，能量平衡的一般表达形式。它将铝电解槽的热损失、系列电流强度、电流效率以及槽计算体系内的电压降有机地联系起来。

式 14-15 中 $Q_{热损}$ 表示电解槽在 1h 内的热量损失，也是与系列电流强度相关的物理量，可以用式 14-16 表示：

$$Q_{热损} = \alpha_{热损} \cdot I \tag{14-16}$$

式中　$\alpha_{热损}$——电解槽热损失系数。

将式 14-16 代入式 14-15，得：

$$(V_{体系} \times 10^{-3} - 1.64\eta - 0.48 - \alpha_{热损})I = 0$$

或

$$\alpha_{热损} = V_{体系} \times 10^{-3} - 1.64\eta - 0.48 \tag{14-17}$$

式 14-17 是铝电解槽在电解温度基础上能量平衡的又一表达形式。它将电解槽的热损失与电解槽体系电压降及电流效率的关系更直观简明地表达出来了：电解槽的热损失随着槽电压升高而增加，随着电流效率提高而降低。

## 254. 铝电解槽通过哪些途径发生热量损失？

如上所述，铝电解过程中，供给电解槽的能量有 50% 以上以热量散失的形式损失掉了。了解这些热量是如何散失的是寻找降低能耗途径的前提，因此，对铝电解行业的职工十分重要。尽管铝电解槽各种散热部件的结构、材质及所处环境各不相同，热损失情况十分复杂，但基本可以归纳为传导热损失、对流热损失、辐射热损失等几种形式。

（1）传导热损失。热传导也叫导热，是由于大量分子或原子在相互撞击过程中，具有较高能量的质点将部分能量传递给较低能量的质点，使热量从物体的温度较高部分传至温度较低部分。传导是固体中热传递的主要形式。铝电解槽的槽底和槽帮就是通过热传导的形式不断将热量从槽内传向槽壳造成热的损失。计算这部分热量损失时，涉及多种材质的热导率、热流通过多个截面的不同形状和面积以及槽底和侧壁多层不同材质界面之间的热传导等复杂因素，难度较大，需严谨对待。

（2）对流热损失。热对流是指流体（如空气）内部因温度不同而造成的相对流动，在流动过程中，具有较高能量的流体质点将热量从高温部位带向低温部位，实现热的传递。电解槽槽壳、槽盖板以及与空气接触的各部位将热量传递给与之接触的空气质点，然后通过空气对流散热造成能量损失。对流热损失的计算涉及对流系数，给热表面温度、形状和面积，对流介质的温度、性质、流动状态等多种参数，也是十分复杂的。

（3）辐射热损失。热辐射是热从热源沿直线方向向四周发散出去的一种热的传播方式。它是具有较高温度的物体，其分子或原子热振动的能量以电磁波的形式向较低温度的环境散发的过程。热源温度越高，辐射越强。计算辐射热损失时，涉及辐射系数、辐射体的温度和辐射表面积、辐射体与相邻表面的相关辐射角度以及接受辐射的介质温度等多种参数。

实际工作中，常采用图解法计算热损失。图解法的理论依据是：某部分向外通过对流和辐射损失的热量应等于由内部传导出来给散热表面的热量。也就是说，损失的热量应与内部传导出来的热量保持平衡。

## 255. 通过哪些途径可以降低铝电解的电能消耗？

寻求降低能量消耗的途径必须从电解槽的设计、安装、管理和操作，确保电解槽高效、平稳运行的各个环节入手。

根据式 14-3 可知，降低槽电压和提高电流效率是降低铝电解能耗的两条途径，除此也别无他途。关于如何提高电流效率，在第十三章中已有较详细的论述，在此不再重复。在此，仅就如何降低槽电压的问题进行讨论。降低槽电压主要从以下几方面入手：

（1）设计合理的保温结构，减少电解槽热损失。在保证铝电解过程最适宜的温度条件的前提下，要尽量降低能耗就必须加强电解槽保温，减少其热量散失。但不同类型的电解槽，各部分保温要求有所不同。

所有的电解槽底部都要求较好的保温以减少炉底的散热损失。为此，设计中应选用传热系数低的保温材料作为底部内衬。采用干式防渗料代替耐火砖层是近年来槽底内衬材料的改进之一。

边部加工的小型预焙槽要求侧部保温良好，减少侧部散热。但中间下料的大型预焙槽边部不加工，炉膛靠电解质自身凝固形成，因此要求侧部适度散热。近年来采用 SiC 或 SiC 结合 SiN 的侧部内衬材料目的正在于此。它的高导热性和强抗氧化性不仅保证了自身不易破损，且能促使形成牢固稳定的槽帮结壳和规整的炉膛内型，间接加强了侧部保温，减少侧部热量散失。

（2）选用导电良好的阴极炭块，降低阴极电压降。选用半石墨化或石墨化阴极炭块比普通阴极炭块的电导率提高 20% 以上，可以有效地降低阴极电压降。而 $TiB_2$ – 石墨的复合阴极炭块因改善了铝液对阴极表面的湿润性，使阴极电压降进一步降低。而且这种复合阴极能有效防止铝液和电解质渗漏，避免槽底早期破损，保持槽底保温性能不受破坏，较大程度地减缓槽底压降随生产延续过程而升高。

（3）设计适当低的阳极电流密度，选择电导率高的阳极材料和先进的阳极制作工艺，采用结构合理的阳极钢爪，降低阳极电压降。

从提高电流效率、降低阳极压降和节约投资费用综合考虑，应设计适当偏低的阳极电流密度，目前预焙槽阳极电流密度都在 $0.6 \sim 0.8 A/cm^2$ 之间。

目前阳极炭块电阻率一般在 $50 \times 10^{-4} \sim 60 \times 10^{-4} \Omega \cdot cm$，其压降约占整个阳极压降的 $60\% \sim 65\%$，应该选择电导率高的阳极材料和先进的阳极制作工艺生产电阻率较低的阳极炭块组。

阳极钢爪采用铸钢爪，其电压降比焊接钢爪的大大降低。选用流动性好、电导率高的磷生铁作为浇注料；采用斜齿形或梅花形炭碗，增大铁-炭接触面积，都可以有效降低阳极电压降。

（4）选择经济的母线电流密度、合理的母线配置以降低母线电压降。目前均采用导电性能良好的铸造铝母线，母线电流密度在 $0.2 \sim 0.3 A/mm^2$ 之间。

（5）提高电解槽和母线的安装质量。除先进的设计外，高质量的安装也很重要。它是落实设计思想、实现各项设计参数的保障。

（6）加强管理，提高操作质量，保障电解槽的稳定运行。电解槽长期稳定运行不仅电流效率高，槽电压也相对较低。槽子运行不稳定、经常出现病槽会使槽电压比正常槽高出 $0.2 \sim 0.5 V$，吨铝电耗增加几百千瓦时乃至上千千瓦时。

加强管理着重注意以下问题：

1）尽量多开槽，减少公用和停槽母线电压降的分摊值；

2）按技术基准维持好各项技术条件，使槽工作电压尽量接近设计值；

3）严把原辅材料质量关；

4）建立正常的生产秩序、严格的考核制度和科学的作业安排。

提高操作质量要特别注意以下环节：

1）保证换极质量、阳极设置精确、阳极下不压块、及时检查和调整阳极电流分布，使工作电压稳定、避免因针振而提高槽电压；

2）加足极上保温料，减少上表面散热；

3）出铝精度要高，不出现影响电解槽热平衡的干扰因素；

4）加强槽电压巡视，及时调整超出计算机控制范围的异常电压；

5）尽量降低效应系数、效应熄灭及时，杜绝效应持续时间过长和异常电压的出现；

6）坚持换阳极和效应熄灭后捞炭渣作业，降低电解质电阻。

# 第十五章　铝电解槽烟气净化及原料输送

## 256. 铝电解槽烟气主要含有哪些有害物质？

在铝电解过程中，伴随着在阴、阳极上发生的电化学反应，有大量的烟气和粉尘产生。烟气以二氧化碳为主，其次是一氧化碳，还有少量氟化氢、碳氟化物和四氟化硅。粉尘可分为两类：一类是大颗粒粉尘，一般颗粒直径大于 $5\mu m$，主要成分为氧化铝、炭粉和电解质粉。由于氧化铝吸附氟化氢，所以大颗粒粉尘中往往有 15% 左右的含氟量。另一类是细颗粒粉尘，往往是亚微米级粒径的微小颗粒，主要由电解质蒸气凝结而成，其中氟含量高达 45%。

烟气中的 $CO_2$、$CF_4$ 和 $C_2F_6$ 都有较强的温室效应，对环境造成较严重破坏。烟气中的 HF、$CF_4$、$C_2F_6$、$SiF_4$ 等含氟气体和 CO 以及吸附有大量气态氟化物的氧化铝、电解质粉尘均属于对人体和动植物有害的物质。若直接排入大气中，被人类和动植物吸收超过一定量后，就会对人体健康和动植物生长带来很大危害。人体吸收过量的氟常常会引起骨硬化、骨质增生、斑状齿等氟骨病，严重者丧失劳动能力。动植物摄入过量的氟会生长发育缓慢，甚至大批死亡。

因此，对铝电解烟气中的有害物质必须净化处理，使之达到规定的排放标准。表 15-1 列出了我国规定的铝电解烟气排放标准。

表 15-1　铝电解厂烟气排放标准

| 烟　囱 | | | 厂房天窗 | | |
|---|---|---|---|---|---|
| 氟化物（全氟） | 粉　尘 | 二氧化硫 | 氟化物（全氟） | 粉　尘 | 二氧化硫 |
| 吨铝：≤1.0kg | ≤30mg/$m^3$ | 45m 烟囱：≤91kg/h | 吨铝：≤1.0kg | ≤30mg/$m^3$ | |

## 257. 铝电解槽烟气中的有害物质是怎样产生的？

预焙铝电解槽烟气中有害物质的来源主要有以下几个方面：

（1）$CO_2$、CO 主要来自阳极反应，根据反应式 14-8：

$$Al_2O_3 + \frac{3}{2\eta}C = 2Al + \frac{3}{2}\left(2 - \frac{1}{\eta}\right)CO_2 + 3\left(\frac{1}{\eta} - 1\right)CO$$

每生产 1t 铝，约产生标准状态下的 $1244(1 - 1/2\eta)\ m^3$ $CO_2$ 和 $1244(1/\eta - 1)\ m^3$ CO。假设电流效率为 94%，则每生产 1t 铝，约产生 $582.2m^3$ $CO_2$ 和 $79.5m^3$ CO。

（2）熔融电解质的蒸发。电解质在高温下部分变成蒸气，其主要成分是氟化铝和冰晶石。

（3）随阳极气体带出的电解质液滴经冷凝后变成固体尘埃，进入烟气。

（4）当阳极气体通过覆盖阳极的氧化铝结壳向外排出时，便带着细粒氧化铝进入烟气中，氧化铝表面吸附有大量气态氟化物。

（5）阳极上掉下的细粒炭粉也部分地随阳极气体进入烟气中。

（6）原料中带入的水分或直接进入熔体中的水，在高温下与氟化铝发生反应，生成气态 HF，直接进入烟气：

$$3H_2O + 2AlF_3 \Longrightarrow Al_2O_3 + 6HF\uparrow$$

（7）碳氟化物主要是在阳极效应过程中产生的，其中主要是 $CF_4$。临近阳极效应时，气体中的 $CF_4$ 体积分数约为 1.5% ~2.0%，而在效应时高达 20% ~40%。

（8）$SiF_4$ 是由于原料中杂质 $SiO_2$ 与冰晶石反应生成的：

$$4Na_3AlF_6 + 3SiO_2 \Longrightarrow 2Al_2O_3 + 12NaF + 3SiF_4\uparrow$$

编者认为，该反应即使发生，也是很轻微的，有关论述参阅第 135 问。

## 258. 什么是铝电解烟气的湿法净化，它有何优缺点？

对于铝电解烟气净化，目前所使用的方法可分为湿法和干法两种。湿法净化又分为碱法、酸法和氨法等。但从净化效果、设备简易及受腐蚀程度、维护是否方便等因素考虑，湿法净化多采用碱法。

碱法湿法净化通常是用 5% 的苏打（$Na_2CO_3$）水溶液去洗涤含氟烟气。$Na_2CO_3$ 与气体中的 HF 发生反应生成碳酸氢钠（$NaHCO_3$）和氟化钠，同时，烟气中的 $CO_2$、$SO_2$ 等成分也分别与碱液发生反应，得以净化。反应式分别表示为：

$$Na_2CO_3 + HF \Longrightarrow NaHCO_3 + NaF$$

$$Na_2CO_3 + CO_2 + H_2O \Longrightarrow 2NaHCO_3$$

$$Na_2CO_3 + SO_2 \Longrightarrow Na_2SO_3 + CO_2$$

$$Na_2SO_3 + \frac{1}{2}O_2 \Longrightarrow Na_2SO_4$$

洗涤后的洁净烟气通过除雾后排空，洗液中含有氟化钠、碳酸氢钠和硫酸钠，若直接排放仍造成污染，而这些物质又可以作为合成冰晶石的原料，因此，通常是将洗液反复使用，直到氟化钠含量达到 25 ~30g/L，然后将其送至冰晶石合成槽与铝酸钠溶液反应合成冰晶石，返回电解槽使用。

湿法净化的主要缺点是：设备多、流程复杂、基建投资和运行费用高，而且难免造成洗液的二次污染。但与干法净化相比，它能较彻底地除去烟气中的 $CO_2$ 和 $SO_2$。

## 259. 什么是铝电解烟气的干法净化，它有何优缺点？

铝电解烟气干法净化是近年来发展和推广应用的一项新技术，目前已在预焙铝电解槽上广泛应用，同时也使用于阳极焙烧系统，并收到了良好的效果。

干法净化的基本原理是：利用氧化铝对氟化氢气体具有较强的吸附能力这一特性，让电解烟气与氧化铝充分接触，将烟气中的氟化氢气体吸附在氧化铝表面，然后进行气固分离，使烟气中的氟化氢得以净化。与此同时，烟气中的粉尘也被高效回收。净化效率可达

98% ~99%，其基本流程如图 15-1 所示。

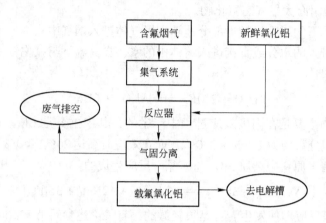

图 15-1　铝电解烟气干法净化流程示意图

干法烟气净化具有以下显著优点：

（1）设备少，流程简短，运行可靠，净化效率高；

（2）不需要各种洗液及其他原料，所用的吸附剂为氧化铝，吸附后的含氟氧化铝可直接加入电解槽用于电解生产，不需要再处理，因此，不存在废水、废渣及二次污染，设备也不需要特殊防腐；

（3）干法净化可用于各种气候条件，特别是缺水和冰冻地区；

（4）干法净化的基建和运行费用较低，经济效益较好。

干法净化的缺点是对烟气中的 $CO_2$ 和 $SO_2$ 净化效果差，吸附后的氧化铝难免飞扬损失。

**260. $Al_2O_3$ 对 HF 的吸附原理怎样，如何提高吸附效率？**

氧化铝对氟化氢的吸附主要是化学吸附。吸附过程中，在氧化铝表面生成单分子层吸附化合物，每个氧化铝分子吸附 2 个氟化氢分子。根据 X 射线衍射分析，这种表面化合物在 300℃ 以上转化为 $AlF_3$ 分子：

$$6HF + Al_2O_3 = 2AlF_3 + 3H_2O$$

化学吸附过程的特点是速度快而不易解吸，反应可在 0.25 ~ 1.5s 之内完成。该吸附反应是氟化铝高温水解的逆反应。在温度较低时，反应便朝着生成氟化铝的方向进行。

从上述吸附反应过程看，要提高吸附效率，可从以下几方面入手：

（1）采用砂状氧化铝作为吸附剂。由于砂状氧化铝成分以 $\gamma$-$Al_2O_3$ 为主，$\alpha$-$Al_2O_3$ 含量较低，$\gamma$-$Al_2O_3$ 晶型不如 $\alpha$-$Al_2O_3$ 完整稳定，表面能高，具有较强的活性，吸附能力强。因此，砂状氧化铝的吸附能力约比以 $\alpha$-$Al_2O_3$ 为主要成分的粉状氧化铝大 10 倍左右。同时，砂状氧化铝的颗粒粗而表面粗糙，比表面积比粉状氧化铝大得多，载氟能力强。

（2）氧化铝与烟气必须充分接触。为改善气固相的接触状况，氧化铝在反应器中通常以流态化状态存在，促成气固相表面不断更新，减小气膜的扩散阻力，提高反应速度。

（3）尽量提高氟化氢在烟气中的含量。烟气中氟化氢含量愈高，愈有利于吸附过程，因此，要尽量提高电解槽密闭程度，减少空气漏入集气装置。

## 261. 烟气干法净化工艺设备配置主要包括哪些部分？

目前，烟气干法净化已在大型预焙槽上普遍采用，虽然各厂家选用的设备有所不同，但其工艺过程基本一样。整个流程可分为烟气捕集、净化分离、新鲜氧化铝供给和载氟氧化铝回收等4个部分。

（1）烟气捕集。电解产生的含氟烟气被铝合金槽罩密闭在槽腔内，通过支烟管道进入主烟道。支烟管上装有风量调节阀。支烟管与主烟道相通，主烟道通过过滤器与排风机相连。新鲜氧化铝从最末一台电解槽支烟管下端投入主烟道内。从槽上集气罩至新鲜氧化铝入口构成了烟气捕集部分。

（2）烟气净化与分离。从新鲜氧化铝入口至烟囱属于烟气净化与分离部分。电解槽含氟烟气通过新鲜氧化铝投入口时与氧化铝呈沸腾状混合，发生吸附反应，烟气得以净化。吸附后的含氟氧化铝随烟气流进入布袋过滤室。目前国内电解烟气净化有两种模式：大布袋除尘器＋反吹风机气缸清扫模式和小布袋除尘器＋压缩空气脉冲清扫模式。前者反吹风压力低（＜2500Pa），布袋破损小，维修周期长，但布袋清灰效果较差。后者采用压缩空气脉冲式进行除尘器清扫，压力高（＞100kPa），其布袋破损快，维修周期短，但布袋清扫效果显著。

含有固体的烟气从下部入口进入过滤室，由排风机的负压将气体从滤袋外抽入滤袋内，从上部出口进入排烟道通过烟囱排入大气。固体被滞留在滤袋外壁上，由控制系统控制反吹风定时将粉尘吹下来，从而实现气固分离。

（3）新鲜氧化铝的供给。从新鲜氧化铝高位仓到主烟道上新鲜氧化铝入口属于新鲜氧化铝供给部分。高位仓设在新鲜氧化铝入口上方，利用自然落差将新鲜氧化铝通过空气斜槽或管道送入电磁振荡给料器（或其他给料装置），电磁振荡给料器定量、连续、均匀地将氧化铝投入烟道。

（4）载氟氧化铝的回收。从布袋过滤室下部回料溜槽到循环氧化铝入口属于载氟氧化铝回收部分。载氟氧化铝与气相分离后，经过回料溜槽到提升机被提升至溢流槽。一部分（相当于电解槽进料量）进入回收氧化铝仓，被送去配料器与其他原料配料后进电解槽电解。大部分通过溢流槽进入旋转给料机，从回收料入口投入主烟道内循环使用。回收料入口一般设在新鲜氧化铝入口下方。

## 262. 烟气干法净化如何保证烟气捕集率？

为了保证烟气捕集率，须注意以下3个方面：

（1）烟道直径满足要求。烟道直径决定于电解槽产生的烟气量。从首端到末端，随着烟气量的增加，烟道直径增大。以160kA预焙槽为例，通常情况下每台槽每分钟产生的烟气量约为108$m^3$，52台槽共用一条主烟道，烟道首端外径606mm，末端（新鲜氧化铝入口处）外径2430mm。

（2）满足足够的排风量。在所有电解槽密闭时，配置排风量应能保证烟道末端保持1810Pa的负压。在有3台槽同时打开3~4块槽盖作业，支烟管风量调节阀打至最大位置时，仍能保持1640Pa负压，保证吸附反应段烟气流速达18~20m/s，使投入的氧化铝能良好沸腾而不出现滞料，也保证能将槽内含氟烟气充分捕集。

（3）保证电解槽烟气捕集系统的密封程度。除设计、制作、安装保证密封度外，正常操作时要保证盖好槽盖，每次作业尽量少打开槽盖板，每槽以 3～4 块为限。也不要同时有多台槽打开槽盖作业，每条主排烟管道最多 3 台槽同时打开槽盖板。

满足上述条件，基本可保证烟气捕集率在 98% 以上，使厂房工作面不受污染。

### 263. 烟气干法净化如何提高烟气净化率？

要提高烟气净化率，首先必须提高吸附效率。这在第 260 问中已有论述，主要是采用流态化工艺和砂状氧化铝作为吸附剂，并尽量提高烟气中 HF 含量。除此之外，还须注意以下几个方面：

（1）为了使吸附反应能进行得完全充分，反应段长度一般应达 20m 左右，保证反应时间达 1s 左右。

（2）为了使气-固接触机会最大，获得最佳的吸附效果，气体中必须保持一定的固含。实践证明，在烟气流速为 18～20m/s 时，固含在 $50～60g/m^3$ 时吸附效果最佳。但要保持这么高的固含，如果全部使用新鲜氧化铝，所产生的载氟氧化铝量将是电解槽需要量的 3 倍以上。为了能满足固含要求而又保持系统内物料平衡，通常新鲜氧化铝投入量相当于电解槽消耗量，其余部分采取系统内循环的方式。因为氧化铝一次使用所吸附的氟化氢远未达到饱和，所以进行 3～4 次循环仍能保证净化效率达 98%～99%。

（3）维持布袋过滤系统正常运转，布袋破损要及时更换，保证排出烟气含尘量低于 $3.0mg/m^3$，含氟浓度低于 $1.5mg/m^3$。

### 264. 先进的原料输送技术对现代铝电解厂有何重要意义？

目前大型预焙槽铝电解厂普遍采用干法烟气净化工艺，在这样的工厂里，所有新鲜氧化铝需全部进入净化系统，由净化系统排出的载氟氧化铝经配料后送到各台电解槽使用。因此，原料输送线路非常长。实际生产中，往往氧化铝贮仓距净化系统数百米乃至上千米，净化系统到各台电解槽的距离最远的也有几百米。氧化铝从贮仓到净化系统的集中输送以及净化系统到各电解槽的分散供配，成了铝电解生产极为重要的组成部分。采用先进的原料输送和电解槽供配料技术才能保证设备运转可靠，在满足电解和烟气净化工艺要求的前提下，大大节省设备投资和建设费用，降低能源消耗和运行管理费用，最终降低原铝生产成本。

现今，氧化铝的输送及电解槽的供配料已发展成为铝电解行业的一项专门技术。

### 265. 原料输送方法如何分类，它们各有何特点？

氧化铝粉状物料的输送技术发展历史悠久，方法较多。按其动力来源可分为机械式和气力式输送两大类。

（1）机械输送。主要有小车式、皮带式和斗式提升式。这几种输送形式技术上比较成熟可靠，其优点是：输送过程中对氧化铝的物理特性影响较小，氧化铝不易破损，有利于电解工艺。但机械式输送有其难以克服的缺点，主要是：输送设备投资大、运行与维修费用高、输送过程中氧化铝飞扬损失大、设备工艺配置要求高、输送设备基建投资费用高。

（2）气力输送。与机械输送相比，气力输送工艺配置比较灵活，容易实现物料的长距离输送，设备的投资、运行、维修费用较低，便于实现计算机自动控制，设备封闭，输送过程无粉尘飞扬，不造成环境污染。

根据功能和技术特性，气力输送又可细分，主要有：

1）按输送方位分：水平输送、垂直输送和倾斜输送；

2）按输送方式分：稀相输送、浓相输送和超浓相输送；

3）按输送特性分：连续输送和间断输送；

4）按输送动力分：正压输送、负压输送和正负压联合输送；

5）按输送压力分：高压、中压和低压；

6）按输送物料的性质分：粉状物料输送和颗粒状物料输送。

目前国内外铝电解厂采用的输送方法主要有：小车轨道、皮带输送机、斗式提升机、空气提升器、稀相气力输送、浓相气力输送和超浓相输送等方式。具体方法的选择与原料进厂方式、运输距离、用地面积、系统配置及技术经济的合理性有关。它们的特点比较见表 15-2。

**表 15-2 几种氧化铝输送方法的优缺点比较**

| 输送方式 | 配置特点 | 输送能力 | 优 点 | 缺 点 |
|---|---|---|---|---|
| 小车轨道式 | 高楼部 + 厂房轨道 | 可调 | 物料粉碎少 | 投资维护费高、飞扬 |
| 皮带输送机 | 卸料站 + 转运仓 | 可调 | 物料破碎少 | 投资维护费高 |
| 斗式提升机 | 配套净化系统料仓 | 可调 | 物料破碎少 | 机械磨损维护大 |
| 空气提升器 | 配料仓 | $3 \sim 200t/h$ | 投资低，低压 | 距离短 |
| 稀相气力输送 | 仓式泵 + 输送管道 | $5 \sim 50t/h$ | 用地少，灵活 | 粉碎严重，耗能高 |
| 浓相气力输送 | 压力容器 + 套管 | $5 \sim 40t/h$ | 用地少，灵活 | 自控程度高 |
| 超浓相输送 | 风机 + 溜槽 | $40 \sim 150t/h$ | 低耗、破碎低 | 灵活性差 |

## 266. 稀相输送的原理和特点怎样？

由于氧化铝具有良好的流动性和充气性，因此大型铝电解厂对氧化铝集中输送最初都采用稀相气力输送。这种输送方式是用 $0.4 \sim 0.6MPa$ 的压缩空气作动力，通过仓式泵直接从氧化铝贮仓压送到净化系统的高位仓内。这种输送过程具有设备简单、占地面积少、密闭性好、配置灵活等优点。但它也存在一些致命弱点，主要有：

（1）因为稀相气力输送是通过压缩空气直接作用于原料单一颗粒上的动压力驱动物料，物料在高压气流中呈沸腾状态，所以，固气比低。一般质量比为 $5 \sim 10$。

（2）压缩空气耗量大，一般为每吨 $Al_2O_3$ 需压缩空气 $100 \sim 200m^3$。

（3）物料在输送管道中流速很快，一般达 $30m/s$ 左右，使得对管道的磨损严重，物料破损率也高。

随着铝电解技术的发展，电解工艺和烟气净化技术对氧化铝的质量在粒度、比表面积等方面提出了新的要求。颗粒较粗、比表面积较大的砂状氧化铝成为了最佳原料。稀相气力输送因会使原料的这些优越特性遭到破坏，已逐渐不能满足电解工艺的要求。

## 267. 浓相输送的原理和特点怎样？

浓相气力输送是 20 世纪 20 年代发展起来的一种细颗粒物料输送新技术。它既兼备了稀相气力输送和机械输送的优越性，又避免了它们二者的缺陷，已成为一种效果好、占地少、投资省、运行可靠的现代大型铝电解厂理想的物料输送方式之一。

以瑞士 ALESA 浓相输送技术为例，该技术为双套管气栓式输送。大管为输料管，小管为气流管。小管上通有气孔，高压空气通过气孔进入输料管，将料柱分成了气、料间隔的气栓和料栓，料栓受气栓的压力作用而流动，达到输送物料的目的。由此可见，浓相气力输送中物料的流动状态与稀相输送不同，它是由特殊结构的装置产生的静压力使物料移动而实现输送的，因此它具有以下特点：

（1）固气比很高，质量比达 70~80；

（2）物料流速低，一般小于 10m/s，其输送气流速度一般为 10~15m/s；

（3）空气耗量省，是稀相输送的 1/3；

（4）管道磨损小，物料破损率低，氧化铝破损率低于 20%；

（5）无噪声、密闭性好、设备简单、配置灵活；

（6）浓相输送较适用于卸料站至贮仓或是贮仓对贮仓的两点输送方式。用于电解槽上的供配料输送时，控制技术复杂，需要有专门的输送阀件，设备成本较为昂贵，运行维护费用高。

### 268. 浓相输送的工艺装备如何配置？

一个典型的浓相输送系统在工艺上可分为槽罐车卸料、新鲜氧化铝转运、氟化铝卸料、电解质卸料、向电解槽输送氧化铝、向电解槽输送氟化铝等 6 个部分。系统中配有原料卸料站、原料贮仓、物料发送罐和主、支浓相输送管线。

（1）槽罐车氧化铝卸料系统。槽罐车卸料系统由卸料站、槽罐车、主仓及附属设备、浓相输送管线及控制、监控系统等组成。从槽罐车卸出的氧化铝受控制系统控制，通过浓相输送管线进入氧化铝主贮仓。

（2）新鲜氧化铝及载氟氧化铝转运系统。该系统由同一套物料发送罐、料仓及附属设备、相关输送管线、控制设备、旁路阀、区域阀、转换挡板等构成。根据供料请求的先后，系统利用转换挡板选择供料料仓，还可以利用旁路阀和区域阀选择最佳供料路径。

（3）氟化铝卸料系统。该系统由卡车卸料站、物料发送罐、浓相输送管线、料仓及附属设备等构成。袋装氟化铝由卡车运至卸料站，拆袋后经料斗进入物料发送罐，然后经浓相输送管线送至氟化铝料仓。

（4）电解质粉卸料系统。该系统由卡车卸料站、物料发送罐、浓相输送管线、料仓及附属设备等构成。系统运作方式同氟化铝卸料系统。

（5）向电解槽输送氧化铝的系统。该系统由新鲜氧化铝料仓、载氟氧化铝料仓、物料发送罐、浓相输送管线、旁路阀、区域阀、槽阀和分流阀、电气控制系统等构成。系统在每个槽区配置一台物料发送罐，两到三台物料发送罐为一组，通过旁路阀与区域阀的通断实现互为备用。向电解槽供料的浓相输送管线架设在电解槽烟道端的厂房侧墙上，位于多功能机组横梁下方。

该系统既可以向电解槽输送新鲜氧化铝，也可以输送载氟氧化铝。在铝电解生产中，根据工艺要求通常只向槽上料箱输送载氟氧化铝，只有在生产初期或净化系统不能运行等特殊情况下，才会向电解槽输送新鲜氧化铝。

（6）向电解槽输送氟化铝的系统。该系统的组成和运作方式与向电解槽输送氧化铝的系统相同。在浓相输送系统中还可以采用同一物料发送罐，利用内外仓将氟化铝和氧化铝混合输送的方式来进行电解槽的氟化铝输送。

**269. 超浓相输送的原理和特点怎样？**

超浓相输送技术是"蓄能流态化"原理的应用，即利用粉状物料具有蓄能流态化特性来实现其输送的方式。

超浓相输送技术的输送设备主要是风动溜槽，溜槽内上部空间为料室，下部空间为气室，溜槽以一定的倾斜角度（0°~3°）安装。当溜槽气室接通风源后，具有一定压力（$p_F$）的低压空气通过透气层进入料室，由于料室充满着料，进入料室的气体经颗粒间微小孔隙而遍布物料之间，此时物料颗粒之间充满具有 $p_F$ 压力的气体而蓄有一定的能量，并在此压力下处于静态平衡。当系统某排料点排料时，附近的氧化铝由于颗粒间蓄有一定压力的空气而产生膨胀，即蓄能释放过程中有氧化铝局部成为流态化，利用氧化铝具有较好流动性的特点，在重力作用下向下游流动，相应该点的位置就又空下来，同理，上游相邻位置的氧化铝前来补充。这一现象一直延续下去，从而将物料输送到目标地点。

在风动溜槽输送过程中，风源供给的气体能量仅使物料"沸腾"，造成物料流态化，使物料依靠重力作用不间断地沿着斜槽运动。由此可以看出，超浓相输送有如下特点：

（1）无需自动控制设备设施而能高度自动化。超浓相输送装置不需计算机控制，系统中不需料位计、控制阀门等控制元件，当电解槽定容下料器打开时，就能自动地源源不断地补充槽上所需氧化铝。系统可靠，设施简单。

（2）高浓度、低速度、大输送量的运载工具。超浓相输送过程中，具有超浓度，达 $0.8m^3/m^3$（料/气）；很高的固气比，一般都大于80，可高达500；很大的输送量，达10~100t/h。由于其运行速度很低（0.2m/s），对氧化铝几乎无破碎，对输送装置本身几乎无磨损。这一特征正适合于中间下料预焙槽上氧化铝的输送。

（3）系统设施简单。除上述不需控制设备设施外，超浓相输送运行安全可靠，无机械转动部分，无噪声，无粉尘飞扬，无物料泄漏。设备维修量小，维修费用低，生产成本低。

**270. 超浓相输送的工艺装备如何配置？**

超浓相输送系统一般只用于将载氟氧化铝贮仓中的物料输送到电解槽上部料箱。它分为供风系统和溜槽两部分。以载氟氧化铝仓为中心，对应承担槽区电解槽的供料。先通过厂房外的风动溜槽，由离心风机供风，将载氟氧化铝仓内的载氟氧化铝多点导入电解槽上的风动溜槽，然后由风动溜槽输送分配到每台电解槽上的每个料箱，组成完整的超浓相输送系统。

在该系统配置中，槽上料箱、溜槽、下料溜管均连为一个整体，系统所有工作动力源均由一台高压离心风机供给。整个供配料输送过程，是一种"自来水式"的输送过程。风机24h连续运转，从载氟氧化铝料仓到溜槽、下料溜管，再到槽上料箱，都时刻充满着蓄能流态化的物料。当下料器一下料，料箱腾出空缺，附近的物料就会自动填充。这种自动填充的行为一直连续到载氟氧化铝料仓。超浓相输送系统24h连续运行，其"自来水式"的输送、供料使得向电解槽上料箱多点供料变得极为容易。满料则靠粉状物料自锁原理自动停止供料，无需特别控制，槽上维修作业量也就很少。

# 第十六章　铝及铝合金的熔炼和铸锭

**271. 铝及铝合金主要有哪些物理化学性质及用途？**

铝具有很多优良特性，使它成为被广泛应用的、非常重要的金属材料。

(1) 铝具有明亮的银白色光泽，铝的表面很容易被氧化，形成白色致密的氧化铝保护膜，氧化铝膜具有很好的着色功能，可以形成多种美妙的颜色。许多铝合金材料也具有这种表面性能。因此，铝及其合金被广泛用于装饰、建筑、门窗、家具和日常用品。

(2) 铝轻，室温下铝的密度为 $2.7g/cm^3$，是铜的 1/3。铝能与许多元素形成合金，铝基合金也很轻，而且强度很好，有些铝基合金的比强度超过钢铁，其弹性率小，具有耐冲击性能。因此，铝在飞机、船舶、车辆、建筑、机械制造等领域得到了广泛应用。特别是汽车业，为了减少燃油消费量及尾气排放量，汽车轻量化引起了人们高度重视；还有安全、美观等众多因素促使汽车行业大量采用铝合金。

(3) 铝及其合金具有良好的导热性。铝在 0℃ 时的热导率为 238W/(m·℃)，是铜的 60%，黄铜的 2.25 倍，钢铁的 2.85 倍。因此被用于各种热交换器、散热器、仪器仪表的导热装置以及锅、盆、壶、勺等厨房用具。

(4) 铝在 20℃ 时的电导率为 $(3.6 \sim 3.7) \times 10^4 S/cm$，其导电性能约为铜的 60%，电导率仅次于铜、银、金，比其他金属都好。但由于铝轻，按质量比计算（同样长度、同样质量的导体），铝的导电性能是铜的 1.8 倍。因此，铝被大量用于电缆、电线及其他电气材料。

(5) 铝的机械加工性能和延展性好，而且无毒。因此，铝被加工成板材、棒材、管材、型材、线材、箔材，广泛用于机械制造、食品和医药卫生用品的容器及各种包装材料。

某些铝合金具有良好的超塑性，铝-锂系和铝-镁-钪系合金因为这种性能而成为理想的航空航天材料。

(6) 铝及铝合金铸造性能良好，可以铸造成形状复杂的各种零部件，使它在有色金属铸造行业独领风骚。

(7) 铝对光具有良好的反射率，铝的纯度越高反射率越高，99.8% 以上的铝的反射率可达 90% 以上。所以它被用于照明设备、太阳能设备、地热交换和红外线干燥等各个领域。

(8) 铝无磁性，特别是制成泡沫材料之后，具有极强的隔磁、隔音、隔热性能，在无线电广播、航海、潜艇、鱼雷及其他军用设施中有着几乎不可取代的作用。

(9) 铝在低温条件下无脆性，适于作低温结构材料，用于制冷和冷冻设备。其在南北极探险和宇宙开发领域所用材料中也占着重要地位。

(10) 铝及其合金的热中子吸收截面小，被应用于热中子原子能反应堆上。铝锡合金具有良好的轴承合金性能而被用于轴承合金；铝优良的亲水性、感光性、印刷性而被用作印版材料。

（11）铝对氧有很强的亲和能力，能从许多其他元素的氧化物中夺取氧，与氧结合时放出大量能量。因此，铝被用作燃烧剂、发热剂、脱氧剂、还原剂。

（12）铝的电极电位很负，可以制成牺牲阳极作为某些电极电位比它正的金属制品的保护材料。

（13）铝的熔点不很高，只659℃，加上铝及铝材因保护膜作用而很难被氧化腐蚀。因此，铝废料具有很高的回收价值，每回收1t废铝只需消耗生产1t原铝5%的能量。因此，铝是一种再生资源，也是一种再生能源。

铝的性质和用途还有很多，不再一一详述。以2006年我国和世界铝的消费为例，铝的主要应用领域及大致分配见表16-1。

表16-1　我国及全球铝产品消费分配百分比　　　　　　　　（%）

| 用　途 | 交通运输 | 建　筑 | 电子电器 | 机器制造 | 包　装 | 铝　箔 | 耐用品 | 其　他 |
|---|---|---|---|---|---|---|---|---|
| 全　球 | 30 | 19 | 11 | 10 | 10 | 8 | 6 | 6 |
| 中　国 | 19 | 22 | 17 | 11 | 2 | 8 | 9 | 12 |

铝虽然有很多优良性质而使它的应用几乎普及每个领域，但铝仍有一些性质使它的应用受到限制。纯铝的硬度较低，它的杨氏弹性模量为$7.03 \times 10^{10}$Pa，是铜的54.2%，是钢铁的33.8%；纯铝的强度也较低，它的拉伸极限强度为$(0.9 \sim 1.5) \times 10^{8}$Pa，是铜的38%~45%，是钢铁的12%~14%；铝的熔点相对较低，耐热能力较差，从200℃开始随温度升高而变软。铝的这些弱点限制了它的应用，在某些领域，还不可能取代铁合金、铜、不锈钢等材料。

铝的电极电位较负，当与电极电位比它正的金属接触时，往往形成原电池而作为阳极被腐蚀，这既是铝作为牺牲阳极保护材料的原理，同时也限制了铝自身的用途。当铝与其他金属（如铜）共同使用时，必须注意它的电化学腐蚀。

铝在大气中的耐蚀性很好，但受大气的温度、湿度、含盐及不纯物等条件影响很大，铝在普通田园中腐蚀率约为0.01mm/a，在工业区约为0.08mm/a，而在海上为0.11mm/a。铝在碳酸盐、铬酸盐、醋酸盐、硫化物等的中性水溶液中具有较好的耐蚀性能，但在氯化物水溶液中易被腐蚀。铝在浓硝酸（80%以上）中因形成致密氧化膜而耐腐蚀，但在盐酸、硫酸、稀硝酸中易被腐蚀。铝在氨水中不发生腐蚀，但在其他碱性溶液中因氧化膜被破坏而容易被腐蚀。因此，铝的应用要注意环境条件，在某些环境其应用受到限制。

## 272. 铝及铝合金怎样分类？

铝及铝合金根据其化学组成的不同，分为纯铝和合金。这里的"纯铝"并非化学上的纯金属铝，它仍然含有一定量的杂质成分，只是相对于铝合金而言，其含铝量更高一些。

铝合金则是在纯铝中加入适量的合金元素，以获得所需要的材料性能。这种向金属中添加某些其他元素改变金属的性质，以适应不同用途的需要，称之为合金化。对于铝来说，合金化的目的主要是为了提高铝的强度，改善其加工性能、抗蚀性、耐磨性、硬度、表面性能以及其他特殊性能，以适应各种不同用途的需要。根据合金元素、性能、用途及后加工工艺的不同，铝合金可分为铸造合金和变形合金。

变形铝合金具有良好的可塑性、延展性和成形性能，将其通过锻造、滚轧、碾压、挤压等热变形或冷变形加工，能成为各种不同形状、尺寸、性能的材料或制品。根据能否通过热处理手段来强化其性能，变形铝合金可分为热处理强化铝合金和非热处理强化铝合金。根据国家标准 GB/T 3190—2008，将变形铝及铝合金按化学成分分为 1×××～8×××等 8 个系列，共 273 个牌号。其中 1××× 系列属于纯铝，含铝量不小于 99.0%。根据杂质含量的高低，纯铝可分为高纯铝、工业高纯铝和工业纯铝。其他 7 个系列均为变形铝合金，根据主合金元素的不同，又可分为 Al-Cu 系、Al-Si 系、Al-Mg 系、Al-Zn 系、Al-Mn 系等。

铸造铝合金有良好的铸造性能，可直接浇铸成形，用来制造工程机械的复杂零部件和其他制品。根据主合金元素种类的不同，我国把铸造铝合金分为 Al-Si 系、Al-Cu 系、Al-Mg 系、Al-Zn 系等，它们各有不同的性能和用途。GB/T 1173—1995 是我国目前执行的铸造铝合金标准，它把铸造铝合金按化学成分共分为 26 个牌号，在此不一一赘述。

### 273. 铝及铝合金经历怎样的生产工艺流程？

电解车间生产的原铝还要经过一系列加工过程最后铸造成市场所需的各种商品铝锭，满足以后的加工需要。

一般，铝电解厂生产的铝锭按成分不同分为重熔用铝锭、高纯铝锭和铝合金锭三种；按形状和尺寸又可分为线坯、圆锭、板锭、T 形锭等。常见的铝锭产品有如下几种：

（1）重熔用铝锭：分为 15kg、20kg、700kg 几种，其含铝量不大于 99.80%；

（2）T 形铝锭：分为 500kg、1000kg 两种，其含铝量不大于 99.80%；

（3）高纯铝锭：分为 10kg、15kg 两种，其含铝量为 99.90%～99.999%；

（4）铝合金锭：分为 10kg、15kg 两种，有 Al-Si 系、Al-Cu 系、Al-Mg 系等之分；

（5）板锭：轧板用；

（6）圆锭：管材、棒材、型材用。

对于使用不同的设备，生产不同的产品，经过的生产工艺也不同，工艺过程的选择和控制直接影响铝及铝合金产品的质量。但各种工艺的基本流程如图 16-1 所示。

以下几个步骤是整个流程中最重要的环节。

（1）配料。配料的目的是控制铝或铝合金的成分和杂质含量，使其符合产品质量标准的要求。

从不同电解槽取出的铝液品位不同，各种杂质含量也不同，必须加以利用的冷料（包括加工过程产生的残铝和废品、电解车间因停槽等原因产生的高铁铝）成分更为复杂，生产合金时，还要根据不同合金产品的要求，加入确定数量的合

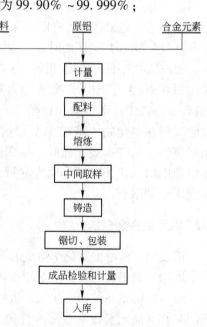

图 16-1　铝及铝合金生产工艺流程示意图

金元素，这些都必须通过配料来实现，以满足产品的质量要求。通过配料还可以在保证产品质量的前提下，合理利用各种炉料，降低生产成本。

配料过程包括各种原料用量的计算、计量和准备。计算是利用求平均数的方法，根据原料的成分和质量计算出原料混合后的平均成分，并进行选择和调整，使计算出的平均成分在产品质量标准规定的范围之内。

（2）熔炼。熔炼是根据配料计算确定的数量，将从不同电解槽取出的原铝液、冷料及合金元素等不同原料入炉混合、熔化，控制温度并进行熔体净化（精炼），使混合后的熔体满足铸造产品的要求。

（3）中间取样。炉内熔体经过净化将浮在液面的渣清除后，应先取样分析，以确定熔体的合金元素含量及杂质含量是否在产品标准规定的范围内，如不在规定范围内，要按配料要求进行调整。

（4）铸造。将熔融状态的金属或合金浇铸到一定形状的铸模内，经冷却后得到所期待形状和尺寸的产品，这一工艺过程称为铸造。铸造产品的质量不仅决定于液态金属的质量，也与铸造方法及铸造工艺有关。铸造产品可以是铸锭，也可以是铸件。电解铝厂一般是铸锭产品。

## 274. 铝及铝合金为什么需要经过熔炼？

铝及铝合金的熔炼包含熔配和精炼两个过程。

经配料计算确定的不同数量的各种原料（铝液、冷料、合金元素或中间合金）必须在熔炼炉中熔化并混合均匀，如果是生产合金，还必须加入合金元素。一般来说，合金元素的加入方式有三种：对于熔点较铝低的元素，如 Mg，可直接投入铝熔体中；对于熔点较高或较难熔的金属，如 Mn、Cu、Ti、Ni 等，以中间合金形式加入；某些合金元素可用其高纯金属粉末与助熔剂混合压制成形后，加入铝熔体中。但无论采用何种加入方式，都必须经过熔炼过程使合金元素在熔体中弥散且分布均匀。

原料熔化获得的熔体中经常存在某些金属化合物、非金属化合物或几种物质的混合物。这些杂质如果以单体或聚集态进入铝及铝合金锭中将会与机体存在明显的分界面，形成夹杂（或称夹渣）。而熔体中的气体杂质往往使金属铸锭产生气孔、疏松、裂缝等缺陷。夹渣和缺陷进而影响铸锭的加工性能及制品的强度、韧性、抗蚀性、表面处理性能和外观质量。因此，这些有害物质必须在熔炼过程中去除，传统的方法是在熔炼炉中进行处理，称做精炼。

随着冶金技术的发展，近年来出现许多炉外处理方法，统称炉外净化过程。因此，现代熔炼过程的精炼应包括炉内精炼和炉外净化技术。

## 275. 铝熔体主要含有哪些杂质，这些杂质来源怎样？

铝熔体中的杂质可分为以下三种类型：

（1）金属杂质。主要有 Fe，其次还有 Na、V、Cu、Zn、Ti、Ga、Ca、Mn、Mg、Cr 等。这些金属杂质中，除个别需要采取净化措施减少或消除外，有些对改善铝锭物理化学性能还有一定好处。如果生产合金，还需根据合金牌号的需要，加入一定量的某几种合金元素，某些金属杂质可能就是所需的合金元素，但无论是杂质或合金元素。其含量都必须控制在质量标准范围内。

（2）非金属杂质。主要有 Si 和氧化铝，其次是氟化盐、炭渣、碳化铝、氮化铝和硼等。这些非金属杂质在熔体中可能呈弥散均匀分布，也可能以凝聚态形成夹杂物。细小而均匀分布的非金属颗粒可能成为铝或合金结晶的异质核心，起到细化晶粒的作用；但随着夹杂物尺寸的加大，对铸锭性能的不利影响越来越大，较大的非金属夹杂物可能导致铸锭质量缺陷，降低产品工艺性能、使用性能和成品率。

（3）气体杂质。气体杂质主要有 $H_2$，其次还有 $CO_2$、$CO$、$N_2$ 等。气体在金属中的存在状态主要有以下三种：以气体夹杂或气泡形态；以氢化物等固体化合物形态；以原子或离子形态分布于金属原子间或晶格中，形成液态或固态溶液。前两种存在形态，即气泡、固态化合物或被吸附在金属表面的气体，一般在熔炼过程中较易被除去。而溶解于金属中形成溶液或固溶体的气体，则较难排除，往往造成铸锭缺陷，严重影响铝及铝合金制品的质量、性能和成品率。

熔体中杂质的来源主要有以下几种：

（1）来自于原铝中的杂质。原铝中的杂质主要来自电解生产所用的氧化铝、冰晶石、氟化铝、炭阳极等原料；其次来自于电解槽内衬结构材料和电解过程的一些污染因素，如周围环境对原料的污染、工器具的污染等。这些杂质主要有 Fe 和 Si，此外还有 Ga、Ti、V、Cu、Na、Cr、Mn、Ni、Zn 等，它们在电解过程中，与 Al 同时在阴极放电析出。关于原铝中的杂质来源，第十七章会有更详细的讨论。

（2）由于出铝过程中技术条件控制的偏差，会有部分电解质和沉淀随铝液带入熔体中，这就给熔体增加了氧化铝、氟化盐、炭渣、碳化铝、氮化铝等杂质。

（3）来自于冷料和中间合金的杂质。配料中所用的回炉废料、因电解槽停槽等原因产生的等外铝以及配制合金用的中间合金或其他金属，往往成分比较复杂，含有多种金属杂质。

（4）熔炼过程中产生或带入的杂质。熔体对熔炼炉炉衬耐火材料及工器具的侵蚀和磨损以及熔炼过程所用溶剂、覆盖剂等，有可能给熔体带入氧化物、水分、油污、砂土等杂质。

（5）气体杂质的主要来源有：

1）燃料中掺杂的水分、燃料中含氢化合物燃烧生成的水分、大气中的水分、溶剂覆盖剂等的结晶水、炉衬材料及工器具吸附的水分，都能和铝熔体反应生成 $H_2$。所以，铝及铝合金中的气体杂质主要是 $H_2$，约占气体杂质总量的 80% ~ 85%。

2）从炉气中吸收的气体。

3）炉料带来的气体。

4）炉衬材料及工器具吸附的气体。

5）浇铸过程吸收的气体。

### 276. 铝及铝合金熔炼常用的铸造炉有哪几种？

如第 274 问所述，不论生产重熔用铝锭还是生产坯料或合金锭，电解原铝都要进行必要的熔制处理。要得到希望成分的铝锭或合金，通常还要对原铝进行配料。熔制或配料的过程都在铸造炉中完成。

铸造炉的加热方式有燃油加热、燃气加热和电加热等，多属于冶金炉中的反射炉类型。按其加热能力的大小，可将其分为保持炉和熔炼炉。

（1）保持炉。保持炉也称保温炉、静置炉或混合炉等。一般来说，保持炉的加热能力较小，入炉原料通常是液态原铝。它是铝铸造的主要生产设备之一，其用途是混合各种不同品位的原铝液以获得一定化学成分的铝液，并可进行适当精炼和保温静置之用，也可熔化少量废铝锭。按其加热方式，又可分为电加热式保持炉和燃油式保持炉。

电加热式保持炉一般容量为 7~10t。其炉顶有异型耐火砖，供加热元件导入。加热元件一般为镍-铬电阻线圈或扁带，也有用硅碳棒做发热元件的。炉顶中部留有热电偶测温孔。炉子端部各有一个炉门和溜槽口，铝液用抬包经过溜槽导入炉膛。两个侧面各有两个铝液流出孔，作为浇铸和其他需要时放出铝液之用。炉的一侧或两侧靠近铸造机，铸造重熔用铝锭。

当代的燃油式保持炉已达到 40t 甚至更高的容量。燃油式保持炉的一般结构为：

1）炉体钢架结构部分；

2）炉墙内衬，包括用不同型号耐火材料铺筑的炉底、炉顶；

3）炉门及其控制机构部分，包括炉门开启和闭合的不同方式，如升降机构、水平移动机构和炉门压紧机构；

4）熔体流出口（炉眼），40t 保持炉设有两个炉眼，便于使用两台铸机铸造操作；

5）加热升温机构，包括燃油烧嘴及相关管路等；

6）熔体流入口；

7）炉压控制机构，包括排烟管道、闸阀、烟囱等。

（2）熔炼炉。熔炼炉一般有较大的加热能力，入炉原料除液态原铝外，可以是重熔用铝锭、各种回炉冷料及各种中间合金等固体原料。因此，凡熔炼炉均可单独作为保持炉使用，但保持炉不能作为熔炼炉使用。

熔炼炉一般使用燃油加热炉或工频感应炉。燃油熔炼炉的构造基本与燃油保持炉相同，只是燃烧器安装数量较多，通常设置有便于冷料加入的装置。燃油熔炼炉的使用维护也与燃油保持炉相同。

工频感应炉是靠电磁转换作为热源的。它由炉体、炉架、液压和冷却四部分组成。容量一般为 0.25~1.5t。这种炉子有结构简单、维修方便、熔化速度快、金属化学成分均匀等优点，但其容量极为有限。

（3）其他铸造炉。除上述几种炉子外，常用到的炉子还有：

1）倾翻式保持炉。这是使熔体能均衡稳定地大量流出，并可根据需要对流量进行快速调整的一种保持炉。炉体为矩形，四个侧面各有不同的功用，分别用来安装燃油烧嘴、液态原料入口和铝液流出口。

2）上开盖式熔炼炉。为了便于一次性加入大量不同形状的固体冷料，这种熔炼炉整个顶部是一个可移动的盖子，并有专门的开盖机构。炉体通常为圆柱形，周侧设置有数个烧嘴，并以炉子中心为对称中心。在适当的方向设置有液态原料入口和熔体放出口。

3）炉组。所谓炉组是指熔炼炉与保持炉的组合。目的是提高铸造生产的连续性，从而降低能耗、提高产量。

### 277. 熔剂在铝及铝合金熔炼中起何作用，如何分类？

熔剂在铝和铝合金熔炼过程中所起的作用主要是靠其吸附和溶解氧化物夹杂的能力，特别是对熔体中氧化铝渣发生吸附来实现除渣过程，使铝或铝合金得到净化。实践证明，熔剂除渣效果比气体净化要好得多，但除气效果要比气体净化差。

铝及铝合金熔炼所用的熔剂一般由碱金属的氯化物和氟化物组成，有专门工厂生产和供应，基本上已经系列规格化、商品化了。按其使用目的，可将熔剂分为以下 10 类：

（1）覆盖熔剂。防止铝及铝合金液被氧化，兼有弱的除气和净化作用。

（2）净化熔剂。去除氧化物和非金属夹杂物，兼有弱的除气作用。

（3）除气精炼熔剂。除去氢气、氧化物和其他非金属夹杂物，有的还有除去微量金属杂质的作用，以及除去钙、镁、钠等杂质的作用。

（4）晶粒细化熔剂。主要含钛、硼等元素，用于细化 α 相。

（5）变质用熔剂。即铝-硅合金用变质剂，起变质作用的元素主要是钠盐中所含的钠。

（6）发热性除渣熔剂。利用铝热反应使渣成为干性渣，便于将渣中的铝分离出来加以回收。

（7）防变质效果衰退的熔剂。含有防止钠变质处理效果衰退的物质。

（8）过共晶铝硅合金用变质剂。含磷，用以细化初晶硅。

（9）铝镁合金覆盖用熔剂。

（10）炉壁净化用熔剂。用以除去黏结、堆积在炉壁上的金属氧化物。

上述各种熔剂，按其所用的主要原材料，可分为如下 3 大类：

（1）氯化物；

（2）氟化物；

（3）碳酸盐、硝酸盐、硫酸盐等。

### 278. 铝熔体经过怎样的熔炼过程？

铝或铝合金熔炼，根据其原料和产品的不同，熔炼过程略有差别，但主要都包括如下步骤：

（1）原料入炉。常用的原料入炉方式有 3 种。

1）液态原料使用虹吸管入炉。首先要确认虹吸管没有裂纹、小孔等异常情况，然后将其预热至 300℃ 左右。同时检查橡皮软管和喷射器是否畅通，虹吸吊车运行是否正常，真空表压力是否符合要求，并确认前炉和保持炉温度正常，则可以进行原料入炉操作。

2）人工倒包。利用人工转动控制盘倾翻抬包，将真空抬包中的铝液倒入铸造炉。

3）冷料入炉。固体炉料的装炉顺序是先装小块或薄板料，然后装铝或大块料，最后装中间合金。熔点低的中间合金装在下层，高熔点的中间合金装在上层，装入的炉料应在熔池中均匀分布。

（2）炉温调节。电加热式保持炉一般都有温度自动控制系统，只要按要求设置好温度范围。燃油式保持炉或熔炼炉则要调整燃油装置的供油流量和相应的配风量来调节炉温。目前有靠人工调节的，也有自动调节系统。如需升高炉温，则相应增加供热；如需降低炉温，首先要停止供热，并根据需要可将炉门开启到一定位置散热。有条件的可在熔体中加入一定数量的与熔体成分相同的固体冷料，快速降低熔体温度。如需要进行保温，对于没有自动控制装置的保持炉，要定时监测炉温并根据要求随时进行调整。

一般情况下，重熔用铝锭的熔炼温度控制在 730~780℃ 范围，变形铝合金的熔炼温度控制在 700~760℃ 范围。

（3）搅拌扒渣。固体炉料熔完后，向炉内撒上适量的造渣熔剂，用扒渣车或人工对熔体进行搅拌。目前电解铸造使用的造渣剂是 $Na_2SiF_6$ 和 NaCl，比例为 1:1，熔剂使用量为每吨铝 0.2kg 左右。当生产电工铝锭或电工圆铝杆，且 Ti、V 含量较高时，要加入硼铝合金或其他添加剂进行硼化处理。搅拌完成后静置一定时间开始扒渣，扒渣要平稳，防止渣被卷入熔体内。

（4）中间分析。静置后，一般用长勺在保持炉内不同位置取两个样，送检验部门进行成分分析。

（5）转注。经取样分析确认配料成功后，调整温度达到要求即可进行浇铸，或将熔体由熔炼炉向保持炉转注。转注的方法有虹吸转注和溜槽转注两种。

## 279. 怎样进行熔体成分的调整？

生产过程中，不同的产品要求原铝的化学成分不同。原料入炉，调整炉温，对熔体进行充分搅拌，使熔体内部化学成分均匀，再进行取样分析。如果中间取样分析表明熔体化学成分不符合要求，则按实际情况进行相应的成分调整。

对于重熔用铝锭配料，主要控制 Fe、Si 含量。当保持炉内铝液中间分析不符合要求时，比如 Fe 含量过大，会影响产品质量；Fe 含量偏小，则造成质量浪费，这两种情况都需进行配料调整。当 Fe 含量较高，炉内铝液又较多，经计算需往炉内添加含 Fe 量低的铝液量会使熔体量超出保持炉的容量时，必须先放出一定数量的铝液，然后才往炉内加入含 Fe 量低的铝液进行调整。搅拌均匀后再进行中间取样分析，直至合格。如果炉内熔体含 Fe 量较低，为了不造成质量浪费，经计算可向炉内加入一定量的高 Fe 大铝块。

对于连铸连轧生产所需的原铝，如果 Fe 含量不符合要求，其成分调整方法和重熔用铝锭成分调整一样。当中间分析 Ti、V 含量超出标准时，就需往炉内添加相应的硼-铝合金或其他添加剂，降低 Ti、V 含量，然后将铝液搅拌均匀。

对于合金生产，经配料、搅拌均匀后，中间取样进行分析。分析结果表明哪种元素含量不符合要求，就相应地对哪种元素进行调整，直至符合标准要求。

## 280. 合金熔炼时，怎样进行易烧损合金元素的添加？

合金生产与重熔铝锭生产不同的地方是：合金生产的配入料有纯金属，也有中间合金及添加剂。有些合金元素容易发生氧化烧损，配料计算时要考虑其实收率。

所谓"烧损"就是金属在高温下与氧反应生成金属氧化物进入渣中，或经高温挥发掉，最终不能回收的部分就叫做金属的烧损。产品中金属最终回收的数量占该金属加入数量的百分比，就叫做该金属的实收率。

铝合金生产中为了改善材料的各种性能，人为地添加各种合金元素，其中有些合金元素化学性质非常活泼，在高温条件下极易与氧发生反应造成损失，比如金属镁，在合金生产的熔炼条件下烧损率在 4% ~ 8% 之间波动，甚至更高；金属锌的烧损率也达 4% 左右。在对这类元素进行配料计算时，需确认它们在产品中的目标含量（通常取标准含量范围的中值），并考虑其烧损量。若某金属的实收率为 $\eta$（如金属镁的实收率通常取 $\eta = 95\%$），如果不考虑烧损时计算的该金属添加量为 $m$，则该金属的实际添加量应为 $m/\eta$。

在向炉内加入易烧损金属时（特别是以纯金属加入时）应尽量减少其与空气接触的时间，为此，要用专门的器具（如钟罩）将其压入炉底，使熔体完全淹没金属，确保易烧损金属有较高而稳定的实收率。以 Al-Mg-Si 系变形合金生产中添加金属镁锭为例，操作步骤如下：

（1）根据入炉液态原铝的数量准确计算硅和金属镁的添加数量，硅一般以中间合金的形式加入，金属镁的计算必须考虑实收率。

（2）待铝硅中间合金完全加入并熔化后，开始添加金属镁锭。

（3）将镁锭放入熔体后，用钟罩或大耙将其压入熔体底部，每次最多放入两块，待其完全熔化后再放入后面的镁锭。

（4）镁锭入炉完成后应尽快进行浇铸，避免长时间的搅拌和静置。

### 281. 怎样配制含高熔点或高密度成分的铝合金？

含高熔点成分的合金配置方法，以铝-硅合金为例。

相对于铝来说，硅的熔点很高，达 1420℃。若在合金生产中加入纯硅，就必须将铝过热很高的温度，这样不仅会增加铝和硅的烧损，而且使合金的质量下降。

一般向纯金属中添加其他元素，能使该金属熔点下降。如铝的熔点 659℃，向铝中加入硅，其熔点下降。同样，硅的熔点 1420℃，在硅中加入铝，其熔点随铝的加入量增加而逐渐下降，而含硅 12.7% 左右的铝-硅合金具有最低的熔点，如图 16-2 所示。图中横坐标表示合金的组成（质量分数），从左至右硅的含量逐渐增加，铝的含量逐渐减少，每一点上铝硅含量之和都是 100%。纵坐标则为摄氏温度。两段弧线表示对应金属含量的合金熔点。

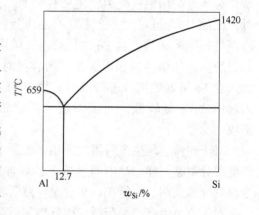

图 16-2　铝-硅相图

根据合金的上述特点，在合金生产中，常将高熔点难熔金属先制备成含量较高的铝基中间合金，这些中间合金的熔点大大低于其中的难熔纯金属。比如，将硅制备成含硅 10% ~ 13% 的中间合金（即 ZL102 合金），这样以中间合金的形式加入，就可以在较低的温度下进行熔炼，达到防止金属过热、缩短熔炼时间、减少金属烧损等目的。

采用中间合金添加的方法，不仅适于高熔点难熔金属，也适用于高密度和易氧化、挥发的元素添加，比如 Cu、Zn 等。

在某些特定的环境条件下，不可避免地要进行高熔点、高密度金属的直接熔化操作。在这种情况下，或是在配置它们的中间合金时，以在液态铝中添加硅制备铝硅合金（或铝硅中间合金）为例，其操作步骤和注意事项如下：

（1）设定一次熔炼的产量，一般以熔炼炉容量的80%为宜。计算液态铝及硅的入炉数量。因硅易烧损，计算时考虑98%的实收率。

（2）金属硅的细化。大块的硅破碎至30～40mm粒径，不宜过细，尽量使颗粒均匀。如果以电解铜板加入合金元素铜，则用剪板机将阴极铜板剪成80mm×160mm左右的小块。

（3）颗粒或块的计量入炉。入炉数量应比计算入炉量稍低，须将金属块均匀地铺于熔炼炉底。

（4）液态原铝入炉。铝液入炉应迅速，必须使熔体完全浸没所有金属块，记录准确的入炉数量。

（5）根据熔体入炉数量，计算应补充的金属颗粒或块，并入炉。

（6）调整炉温。熔硅时调整熔体温度到950℃，熔铜则调到800℃，并保温。温度调整和保温共35min。

（7）搅拌熔体。搅拌应迅速彻底，并避免搅拌后金属块成堆。然后重复一遍调温、保温、搅拌过程。

（8）取样分析熔体中所熔合金元素含量。若熔化尚未完成，再重复调温、保温和搅拌过程，直至所有金属完全熔化。最终搅拌并调整熔体温度，熔硅调整到780℃，熔铜调整到720℃，然后开始浇铸。

### 282. 怎样测量熔体的含氢量？

铝捕集氢的能力很强，据分析，铝合金中所含气体成分，氢占85%左右，因此，铝合金中的含气量往往可以近似地认为就是"含氢量"。因为氢在铝或铝基合金中的存在严重影响其力学性能，所以，铝或铝合金熔炼过程中熔体含氢量的测定显得十分重要。

生产中采用测氢仪测量熔体中的氢含量。测氢仪的结构及工作原理如下：测氢仪由探头和主机两部分组成。探头包括测氢集气探头和热电偶测温探头，测氢集气探头通过两根空心金属软管与主机相连，测温探头则通过补偿导线与主机连接。两种探头由夹具固定在一个水平摇摆装置上，其相对位置可预先调节，为了防止集气探头在测氢过程中接触容器底部造成损坏，通常热电偶顶端位置略低于集气探头。主机部分包括一个氮气瓶、含氢氮气分析装置、吹扫和循环氮气的驱动装置、显示器、打印机、机架等设施。

测氢时，由瓶中导出一定数量的氮气，在被测熔体和含氢氮气分析装置之间形成一个封闭的循环系统。其中的氮气由一根空心管压入熔体，与熔体短暂接触后由另一根空心管抽回到含氢氮气分析装置，经含氢氮气分析装置快速分析后再次由前一根管压入熔体，如此不断循环。当氮气气泡与熔体接触时，熔体所含氢经气-液界面扩散进入氮气气泡，并带至分析装置进行分析，得出含氢氮气中氢的分压。随着循环的进行，氮气含氢浓度不断提高，到一定数值后，分析装置给出的氢分压数值趋于稳定，表明氮气含氢浓度不再提高，界面扩散已达到平衡。根据此时得到的氮气中氢分压数值和测得的熔体温度，即可换算出熔体中的氢含量。

为避免熔体进入管路发生堵塞，测氢开始和结束时都要用氮气对管路进行吹扫。吹扫时两根空心管都作出气管，一般吹扫3次，总共10～15s。

### 283. 怎样进行熔体的净化，常用的净化方法有哪些？

随着铝合金应用领域越来越广泛以及高性能铝合金的研制与问世，对铝合金熔体的净化技术提出了越来越高的要求。铝熔体净化的方法很多，可以将其分为以下几类：

（1）铝熔体的除渣精炼。铝合金中的非金属夹杂主要是氧化物、氯化物、氮化物、硫化物以及硅酸盐等，他们大都以颗粒或薄膜状的独立相存在，对铝合金及制品性质产生很大的影响。目前普遍采用的除渣精炼方法主要有静置澄清法、浮选法、过滤法和熔剂法。前三者分别利用密度差、吸附作用以及机械过滤作用的原理进行除渣；而溶剂净化法则是在熔体中加入适当的熔剂，与熔体中的杂质发生物理化学反应生成轻质固相组分进入渣中，在除渣操作中予以排除，使熔体得以净化。

非金属夹杂由于不能精确地检测，很难有定量的要求。目前，仅能根据实际需要与可能对某种夹杂物的某项指标进行检测。金属中非金属夹杂物含量的测定方法按照样品处理情况及所用设备不同可分为化学法、金相法、特制工艺试样的断口检查法、水浸超声波探伤法及电子探针显微分析法。这些方法的检测精度不够高，缺乏严格的定量标准。

（2）铝熔体的脱气精炼。由于铝合金熔体中的气体，主要是氢气、氧气、氮气三种气体，而氢占85%左右，因此，脱气精炼主要是指从熔体中去除氢气。在熔炼过程中，必须尽可能地降低熔体中的氢含量，否则在铝合金制品中会出现气孔、缩孔、疏松等缺陷，影响制品的使用性能。

根据机理的不同，脱气精炼有分压差脱气、化合脱气、振动脱气、电解脱气和预凝固脱气等方法。分压差脱气精炼法又可分为气体脱气法、熔剂脱气法和真空脱气法，目前应用最广的是气体脱气法和熔剂脱气法。

气体脱气法是使用气体作为吸附剂，在熔体中对气体杂质进行吸附，使杂质随气体的逸出而脱离熔体的方法。所用气体有惰性气体、活性气体和混合气体数种。此外，还有在精炼气体中加入固体熔剂粉末的气体和熔剂混合脱气法。惰性气体无毒，不腐蚀设备，操作方便安全，但脱气效果不够理想。活性气体（氯气）脱气效果好，并有除钠作用，但氯气有毒，有害人体健康，腐蚀设备，污染环境，需要有好的通风设备。为了能充分发挥惰性气体和活性气体的长处，并能降低它们的有害作用，混合气体精炼法近几年来在生产中得到了更多的应用，以满足生产铝制品对铝熔体除气效果越来越高的要求。

气体熔剂混合脱气是一种工艺简单、净化效果比较好的除气除渣方法，它可以消除惰性气体中含有一定量的氧和水分的不良影响。目前国内大部分铝冶炼企业和铝加工厂采用此法对铝熔体进行净化。

（3）在线精炼。在线精炼就是从熔炼炉流放出的金属熔体在铸造成形之前进行的连续净化处理。如在铝合金熔体炉内处理，在熔体转注过程中又有二次污染的可能，为了提高净化处理的效果和保证熔体成形前的质量稳定可靠，炉外连续净化处理得到迅速发展。

根据对铸锭质量的要求，炉外在线精炼可采用以脱气为主、以除去非金属夹杂为主或同时兼顾脱气和除渣等几种工艺。目前方法主要有：玻璃丝布过滤法、泡沫陶瓷过滤法、无烟连续脱气和净化法、旋转喷嘴惰性气体浮选法。

（4）电磁场精炼。电磁场精炼是利用铝熔体与非金属夹杂之间的电导性差异，在强大的电磁场下将它们分离的净化技术，可快速去除铝熔体中小于40μm的微细夹杂物。电磁场精炼方法有恒定磁场法、交变磁场法、行波磁场法和旋转磁场法。

**284. 为什么要细化铸造产品的晶粒，怎样实现晶粒细化?**

金属和合金由液态转变为固态的过程称为结晶。金属和合金的化学成分及结晶过程决定了它们的铸态结构、组织和性能。

铸锭的一般组织按其特征可分为三种类型：由许多细小的等轴晶粒所组成的细晶粒外壳；紧接细晶粒外壳出现的由相当粗大的长柱粒所组成的柱晶区；位于铸锭中部由许多较粗大的各方向尺寸几乎一致的晶粒所组成的等轴晶区。除特殊要求希望获得具有单一柱晶区的铸锭或铸件外，生产中一般都希望铸锭中柱晶区小些，等轴晶区大些，晶粒细些。因为细晶组织具有如下优点：

（1）各向同性，组织致密，强度高，塑性好；

（2）枝晶细，第二相分布均匀，有利于抑制铸造过程中产生成分偏析，抑制羽毛状晶、浮游晶和粗大金属间化合物的生成；

（3）提高铸锭或铸件抗裂纹的能力。

对于铸锭或铸件，常存在着内在不均匀性，包括结晶组织方面的不均匀性、化学成分方面的不均匀性和物理方面的不均匀性。因为不均匀性的存在使得铸锭或铸件的力学性能下降。所以，在尽可能减少铸锭或铸件的内在不均匀性的前提下，一般总是想尽量细化晶粒。

细化晶粒的基本途径在于尽可能地提高晶核的形成速率并同时降低晶体的成长速度，使大量晶核在没有显著长大的条件下便相互干扰而凝固。主要的方法有以下几种：

（1）化学孕育法或变质法。向液态金属中加入孕育剂或变质剂，变质剂分为两类：一类是促进形核；一类是阻止晶体长大。一般以前者为主，常以钛、硼的一些盐类或中间合金的形式作为变质剂加入。

（2）快速冷却法。加快冷却速度可增加结晶时的过冷度。一般，过冷度越大，晶核的形成速率和晶体长大速度都越大，但前者随过冷度的变化比后者更大一些。因此，增加冷却速度可细化晶粒。

（3）加强液体运动法。应用电磁搅拌、机械振动、加压浇铸及离心浇铸可增强液体流动，使液体与产生的枝晶发生剪切作用，加快枝晶的剥落与繁殖而达到细化晶粒的作用。

细化晶粒按操作过程又可分为：

（1）炉内熔体晶粒细化。可单独向炉内加入细化剂，也可与造渣剂一同加入。首先确定炉内熔体数量和细化剂中起细化作用的元素含量，计算细化剂的加入量；将该数量的细化剂均匀地加入炉内熔体中；然后认真搅拌，使细化剂在熔体中的分布尽可能均匀。

（2）在线晶粒细化。在线晶粒细化使用专门的装置在溜槽中向熔体添加细化剂。以添加铝钛硼细化剂为例，其步骤为：

1）根据铸锭规格及铸造速度，在控制盘上设定铝钛硼送丝机的送丝速度；

2）铸造开始前，在溜槽中预先放置2m左右切断的铝钛硼线杆；

3）浇铸开始数分钟，溜槽中熔体温度趋于稳定后，开启送丝机向溜槽中的熔体送丝，送丝过程要注意送丝机的运行及线杆在熔体中的熔化情况，发现问题及时处理；

4）浇铸结束时应先停送丝机，再堵塞炉眼，以防止线杆戳坏溜槽。

除浇铸过程使晶粒细化外，还可对铸造产品进行热处理。就是把某些固态下的铝合金加热到一定温度，经过必要的保温，并以适当的速度冷却到室温，以改善铝合金的内部组织和性能。

如果铸造产品整体组织细化而又均匀化了，其物理和化学的不均匀性也就得到显著改善，性能得到显著提高。

### 285. 铝及铝合金常用的铸造方法有哪些？

铝及铝合金铸锭的生产方法很多，常用的主要有以下几种：

（1）块式铁模铸锭。这是一种传统的铸造方法，主要用于生产重熔用铝锭和铸造合金锭，可分为混合炉（保持炉）浇铸和外铸两种方式，均使用连续铸造机。外铸因为无外加热源，所以要求抬包具有一定的温度，一般夏季在 690～740℃，冬季在 700～760℃，以保证铝锭获得较好的外观。混合炉浇铸，首先要经过配料、搅拌均匀、澄清后扒渣即可浇铸。

铸模被固定在铸机上，随着铸机转动而运动，圆形分配器将铝液连续不断地均匀地注入铸模，铸模的底部浸在循环冷却水中，使熔体冷却、凝固、成形。通过脱模装置使铸锭脱模进入冷却运输机进行二次冷却，整列、堆垛、打捆均可在铸造机组的配合运转下完成。

（2）竖式半连续铸造。竖式半连续铸造主要用于板锭、圆锭、方锭、空心锭等各种变形合金锭的生产。这种铸造方法的特征是铸造时铸锭以垂直地面方向拉出。铝液沿溜槽和流盘注入结晶器（铸模），熔体与结晶器内壁接触，受结晶器冷却水套中一次冷却水的间接冷却作用，开始结晶形成一层固体外壳。由于铸造机底座的牵引及铸锭本身的重力作用，使铝合金锭缓慢下降，当其离开结晶器壁后，立即受到结晶器下方的冷却水的强烈冷却，使铸锭中心部位进行结晶，从而实现连续的铸锭生产。

竖式半连续铸造分为地坑式和高架式两种，常用的是地坑式，即常说的竖井或深井。由于竖井深度受到限制，铸锭到达井底时需要切割，因此，实际过程是半连续的。

（3）水平铸造。水平铸造又称卧式铸造或横向铸造。其特征是铸坯与结晶器之间沿水平方向做相对运动，从炉子流出的铝液经溜槽、中间包进入结晶器，沿水平方向拉出，其冷却方式与垂直铸造相同。如果配备同步锯进行同步锯切，就能实现连续铸造。水平铸造比垂直铸造的应用范围更为广泛，能铸造带、线、棒、圆锭、空心锭、板状锭、方锭等多品种。

（4）连铸连轧。连铸连轧的铸造部分实际上也是水平铸造，从结晶器拉出的铸坯一般为梯形，在经过与铸机相连的轧机时对梯形铸坯进行轧制，使之形成一定直径的圆杆或薄板，常用于生产电工圆铝杆或板材等。

（5）其他铸造新技术。铝及铝合金熔铸工艺的发展趋势是注重节能、环保和提高产品质量。铸造方面的新技术层出不穷，如普通热顶铸造、同水平热顶铸造、气体加压热顶铸造和气滑热顶铸造、电磁铸造、高速铸轧新技术和半固态金属铸造新工艺等。

### 286. 怎样进行重熔用铝锭铸造？

铝液由电解车间运送到铸造车间保持炉内，经配料、搅拌、扒渣处理后，进行中间取样分析，当达到所要生产产品的化学成分要求后，即可进行浇铸生产。各种品位的重熔用工业纯铝锭、铸造铝合金锭和中间铝合金锭均在连续铸造机上浇铸。

连续铸造机一般由数十个到一百多个模子由链板串成环状，装在倾斜或水平的支架上做回转运动。浇铸时，铝液通过分配器注入铸模内，经水槽冷却后，凝固的铸锭由铸造机另一端脱模后进入自动堆垛机进行堆垛。整个过程包括以下步骤：

（1）出铝口操作。拔出塞杆，用预热好的钎子把保持炉眼内的石棉套清理干净，将低温铝液放入残铝箱，待高温铝液到达后，用塞杆依次将放铝口堵住；通过调节塞杆来调节铝液流量，使浇铸速度控制在正常范围；随着生产的进行，铝液流量逐渐减少，这时将塞杆全部拔出，清理干净并套上新的石棉套，以备再用；生产结束时，清理干净炉眼，用塞杆将保持炉眼完全堵塞。

（2）浇铸操作。开始浇铸时，将铸机速度设定在合理范围内，铸机速度调整必须在铸机运行中进行；调节流量调节器控制铝液流量；待第一块铸模注好一半时，启动铸机；接着打开冷却水阀门，并慢慢加速，使之达到正常速度；当第一块锭达到打印机位置时启动打印机。

生产过程中始终保持铝液流出管畅通，并监视铝液入模量，使铝锭质量保持在正常范围内；随着生产的进行铝液流量会越来越小，直至取下流量调节器，最后要降低铸机速度，用铸机速度控制铝液注入量。

堵眼后放下浇包，将溜槽、浇包、流量调节器、分配器清理干净，分配器上刷上涂白剂；一次关闭自动打渣机、打印机、冷却水阀门和铸机。

浇铸操作的主要参数是浇铸速度、浇铸温度和冷却水量。

浇铸速度慢，铝锭冷却的方向性强，易获得细密的结晶组织；浇铸速度过快会导致铝锭结晶不及时或晶粒粗大。对于20kg重熔用铝锭，以初始浇铸速度10t/h、正常速度15t/h为宜。

浇铸温度不能太低，温度过低，金属的流动性不好，使浮渣难以分离，造成打渣困难；温度太高会导致铝锭质量缺陷，氧化渣增多。20kg重熔用铝锭浇铸温度以（720±20）℃为宜。

冷却水量如果过少，铝锭结晶较差，或到达接收装置时铝锭还没有完全凝固。20kg重熔用铝锭铸机冷却水量以100m³/h为宜。

（3）打渣操作。当盛有铝液的铸模运行到该作业岗位时，用渣铲从铸模两端向铸模中间部位将铝渣捞起，将每块铸模内铝液表面的渣清除干净，投入渣箱内。当采用自动打渣机打渣时，在打渣头刷上涂白剂，第一块铸锭到达打渣位置时启动打渣机，随时监视打渣情况。

（4）铝锭接收操作。铝锭经过打印运送到接收部位时，用小钩将开始浇铸时的小块锭钩出。一旦发现未脱模铝锭，立即用铁棒敲击铸模，使铝锭脱模，并用铝锭钳将铝锭放在冷却运输机空着的卡口上。如果不及时处理，未脱模铝锭再次运行到浇铸位置时，铝液会溢出锭模流入水槽及轨道上，卡死铸机，造成事故。一旦发现铝锭翻倒，立即用铝锭钳将铝锭正过来放好。

（5）铝锭堆垛和打捆操作。待第一块铝锭到打印位置时，打开二次冷却水阀门，调节水量以不溢出为宜；排除浇铸开始的不合格铝锭，待合格铝锭运行到引入限位时，将堆垛机置于自动，开始自动堆垛；整个生产过程中，应及时排除不合格铝锭。

堆垛机堆好的铝锭垛，由成品运输机送至打捆位置，进行打捆。

### 287. 怎样进行垂直铸造?

垂直铸造由半连续垂直铸造机完成。半连续垂直铸造机由以下几部分组成：

（1）结晶器和冷却系统。结晶器是垂直铸造的铸模，是半连续铸造机的关键部位。变换结晶器的尺寸和形状可以铸出各种不同的铸锭。一般用于铸造方锭、圆锭的结晶器由硬铝合金、锻铝合金或纯铝制成。结晶器嵌在水套中，一般一个水套有多个结晶器。

铸造进行时，冷却水首先冷却结晶器，以后冷却水经小孔喷射至铸锭四周表面，前者叫做一次冷却，后者叫做二次冷却。水压在 0.05~0.1MPa 之间，水循环使用，但要进行净化和冷却处理。

（2）升降机构和底座。结晶底座安装在可升降的底座平台上。底座由纯铝或铝合金制成，形状和尺寸与铸锭横断面相同。底座上端中心位置有一个凹穴或小孔，用以托着和拉住铸锭。底座平台连接升降机构以实现上下移动。升降机构多用液压传动形式。

（3）竖井。竖井为混凝土井筒，深度按实际需要而定，一般为 9m 左右。井筒壁上装 4 根立柱作为升降平台的滑道。井筒中上部有下水道孔，与循环水系统相连。井筒须定时清理，以防铝渣或凝铝堆积而影响下降深度。

垂直铸造主要有以下操作步骤：

（1）检查保持炉出铝口、结晶器平台、溜槽是否通畅无破损、无异物；检查结晶器安装是否稳固、平整；确认冷却水通畅、润滑油供油管路畅通或气幕铸造的空气管路畅通。

（2）用压缩空气吹干引锭底座，将引锭底座升入结晶器的一半高。

（3）结晶器放入分配盘，盘嘴和浮漂对准每一个结晶器中心。在保持炉熔体出口与分配盘之间架上溜子。

（4）根据铸造规格设定铸造底座下降速度，开启冷却水，打开保持炉炉眼，放出熔体进行浇铸。铸锭过程中用小渣铲在结晶器中打捞浮渣。

（5）当结晶器内熔体达到结晶器高度 2/3 时，打开底座下降开关，并用塞子在炉眼调整熔体流量，以保持结晶器内熔体高度。

（6）当完成铸锭长度 90%~95% 时，堵塞炉眼，随之降低底座下降速度至完成浇铸。待不再有熔体自动流入结晶器时，将底座继续下降 10cm，确认铸锭完全离开结晶器后停住，关冷却水、移开结晶器平台和水套、取出铸好的锭。准备下个周期的操作。

（7）把合金锭开始和结束端口的部分去掉后，将长锭锯成要求长度的铸锭，同时检查铸锭表面，合格的成品按规定打捆。

对于半连续垂直铸造，为了保证产品质量而需进行控制的工艺参数主要有：

（1）冷却水量。冷却水量决定铸造产品的冷却速度，而冷却速度对铸锭的结晶起决定性影响。冷却速度过慢，易形成粗大球状晶粒；加快冷却速度，则晶粒细小，能获得细密的柱状组织。但冷却速度达到一定限度之后，即使冷却水量再增加，也不能再提高冷却速度，徒然增加水的浪费。

（2）浇铸温度。浇铸温度过高易形成粗大晶粒；较低的浇铸温度可获得细小的晶粒组织。但过低的浇铸温度会使金属液的流动性不好，浮渣不易分离，还使操作变得困难。

（3）浇铸速度。浇铸速度就是铸锭退出结晶器的快慢程度。浇铸速度慢，可以使铸锭中心的孔穴变得平缓，铸锭自下而上的冷却方向性强，易获得细密的结晶组织；浇铸速度过快，由于铸锭的热传导有一个极限，结晶热反而使中心部分温度升高，使晶粒变得粗大。

表 16-2 列举了变形铝合金气幕式半连续垂直铸造的控制参数。

**表 16-2　变形铝合金气幕式半连续垂直铸造的控制参数**

| 铸造规格(直径)/mm | 120 | 152 | 165 | 178 | 203 | 229 |
|---|---|---|---|---|---|---|
| 铸造速度/mm·min$^{-1}$ | 175 | 145 | 135 | 120 | 100 | 90 |
| 冷却水量/L·min$^{-1}$ | 3600 | 3900 | 3600 | 3200 | 3400 | 3000 |
| 铸造温度/℃ | 700~720 | 700~720 | 700~720 | 700~720 | 700~720 | 700~720 |

### 288. 怎样进行水平铸造？

与垂直铸造相比，水平铸造技术有一系列优点：水平铸造不需要高位厂房和深井，机械化程度高，操作方便；可铸造不同规格的铸件，可将铸件铸得很长；配置了同步锯的水平铸造机，可实现边锯切边连续生产；可将结晶器安装在保持炉下，金属液在浇铸过程中很少接触空气，被污染的可能性小，可保证铸坯质量；在冷却强度和出坯速度配合恰当的情况下，可得到良好的表面质量和无偏析的内部组织。

水平铸造在水平铸造机上完成。水平铸造机主要由以下三部分组成：

（1）结晶器。结晶器的作用和结构与垂直铸造结晶器基本相同，只是改成水平安装。按润滑方式，水平铸造结晶器分为非连续润滑和连续润滑两种。前者结晶器内壁上贴有一层内衬，一般是石墨，也有采用硅酸铝纤维的，以减少铸坯与结晶器内壁的摩擦，起润滑作用。使用一段时间后，内衬被氧化，需停产更换。连续润滑是在铝液入口侧有一个油槽和许多并列的小孔，小孔内埋入石磨棒，油槽内的润滑油在一定压力下沿石墨棒渗出，实现连续润滑。

（2）牵引装置。生产铝板锭、方锭常采用链板式牵引装置，这是水平铸造机的主体。当铸锭在结晶器中凝固成形后，被拖放在牵引机上方，由设置在加压机架上的浮动辊或橡胶轮在压紧装置的作用下，被紧紧压在铸造机上，随着牵引机的移动借助浮动辊的压力产生的摩擦力使铸锭被牵引机以一定的速度从结晶器中拉出来。

其他还有机械式牵引装置和液压马达间断牵引装置等。

（3）锯切装置。随铸锭的品种和规格的不同，锯切设备也不一样。水平铸造多配备同步锯切机，锯切设备随铸锭一边运动一边进行锯切。铝铸锭的锯切常采用镶齿的圆锯片，锯片直径根据铸锭的断面而定。

水平铸造的主要操作步骤是：

（1）出铝口操作。与重熔用铝锭铸造相同，但铝液流量要控制小一些。

（2）浇铸操作。铝液经溜槽、分配器进入中间包，当液面达到一定高度时，测量中间包内铝液的温度，确保温度在规定范围内则开启结晶器冷却水，开启铸机。生产初期铸机速度较低，当铸锭被牵引出一定长度，确认铸锭表面正常后，加大冷却水量，并将铸机速度缓慢加大到正常速度。生产过程应控制进入中间包的铝液流量，根据要求调节铸机速度和冷却水量。生产结束时，确认出铝口被堵住后缓慢降低铸机速度至零，确认中间包内铝液已放完后关闭冷却水和结晶器润滑油。

（3）锯切操作。对于设置有同步锯切装置的水平铸造机组，铸锭的锯切是在生产过程中同步完成的。当压紧辊开始压在铸锭上时，启动同步锯将铸锭头部锯掉。设定好铸锭长度后设置同步锯为自动状态，当铸锭长度达到要求时同步锯自动进行锯切。锯好的锭进入成品运输辊进行吊装归位。锯切完后检查锯片是否变形，锯齿是否脱落、损坏，必要时进行修理更换。

水平铸造时，影响产品质量的工艺参数主要有：铸锭规格、冷却速度、铸造速度、铸造温度、熔体注入方式、铸造开头结尾的条件等。表 16-3 列举了几种规格铸锭的主要工艺参数。

表 16-3　几种规格铸锭水平铸造的主要工艺参数

| 铸锭规格 /mm × mm | 铸造温度/℃ | 铸造速度/mm · min$^{-1}$ | | 冷却水量/m$^3$ · h$^{-1}$ | |
| --- | --- | --- | --- | --- | --- |
| | | 初　始 | 正　常 | 初　始 | 正　常 |
| 180 × 220 | 700 ± 10 | 100 | 175 ± 5 | 12 | 40 ± 5 |
| 150 × 300 | 700 ± 10 | 120 | 165 ± 5 | 15 | 45 ± 5 |
| 125 × 440 | 700 ± 10 | 100 | 210 ± 5 | 20 | 60 ± 5 |
| 200 × 550 | 700 ± 10 | 100 | 165 ± 5 | 20 | 70 ± 5 |

### 289. 怎样进行连铸连轧？

铝及铝合金导杆的生产常在连铸连轧机上完成。连铸连轧机组的设备结构主要包括：

（1）铝液净化装置。它是一种为了保证产品质量对铝液进行除气除渣的装置，使用方法参见第 283 问。

（2）铸机。由铸轮、导轮、钢带、冷却系统和传动系统等几部分组成。铝液经过铸机浇铸成铸坯。

（3）剪切机。一般采用液压驱动，它将铸坯的头部和尾部剪掉，以防止有铸造缺陷的铸坯进入轧机，造成产品质量波动。

（4）轧机。一般由机架、轧辊、传动装置、润滑装置等几部分组成。它将铸坯经过多个道次的压延，加工成导杆。

（5）卷线机。由飞剪、导槽、卷筒、捕捉器等几部分组成。它是把轧机压延出来的线坯连续卷曲成中空的圆柱形，便于包装和运输。

连铸连轧的操作步骤主要有：

（1）出铝口操作。铝液先流进除气净化装置，净化处理后流入中间包及浇包进行浇铸。浇铸的出铝口操作同重熔用铝锭出铝口操作，但铝液流量要相应控制小些。

（2）浇铸操作。调节铝液流量调节器，控制铝液进入铸模的流量；待铝液进入铸模后启动铸机，初始速度较慢，约 1.0r/min，稳定后调到正常速度，约 3.0r/min；接着打开冷却水开关，并用铸坯钳引导铸坯到液压剪；生产结束时，调节流量调节器或铸机转速，减少铝液流量使铸坯浇断，然后关闭冷却水，停止铸机运转，升起压紧辊，清理中间包和浇包内铝液。

（3）线杆轧制及卷线操作。引导铸坯进入夹送辊，剪切前端废铸坯，将良好铸坯送入轧机；待线杆端头剪切处理完毕后，按下剪切按钮，使线杆穿入卷筒，开始缠卷；将卷好的线杆打捆吊运至指定场所。

影响连铸连轧产品质量的主要工艺技术参数有：浇铸温度、浇铸速度、冷却水量、乳液温度、乳液含量、淬冷液流量等。表16-4列举了连铸连轧的工艺技术参数。

**表16-4　连铸连轧生产的一般工艺技术参数**

| 浇铸温度/℃ | 浇铸速度/r·min$^{-1}$ | 冷却水量/m$^3$·h$^{-1}$ | 乳液温度/℃ | 乳液含量/% | 乳液流量/m$^3$·h$^{-1}$ |
|---|---|---|---|---|---|
| 690~710 | 2.8~3.2 | 200 | 45~55 | 15~18 | 6~9 |

**290. 铸造产品常见的表面质量缺陷有哪些，如何处理？**

（1）重熔用铝锭。重熔用铝锭常见的表面质量缺陷有：表面积渣、铝锭大小块、飞边、严重波纹和打印不清等。

引起表面严重积渣的原因有：铝液温度低，铝渣分离不好；保持炉出铝口铝液流速过快，或铝液在浇铸过程中落差太大，冲破氧化膜而造渣；没有精炼静置，或清炉不及时，保持炉内铝渣过多污染铝液，造成铝液含渣多。

大、小锭块的产生是由于分配器堵塞或孔形不圆，或者是操作者对流量调节器调节不当所致。

严重波纹和飞边是由于铸机晃动过大所造成。

为了防止表面质量缺陷的产生，浇铸过程中估测浇包温度或使用测温仪测量浇铸温度非常重要。当浇铸温度不符合要求时，应立即调整铝液温度。当浇铸温度等工艺参数符合要求后，再根据缺陷类型，对症下药采取措施：出现严重波纹和飞边需要对铸机轨道进行清扫，对铸模链条间距进行调整或清洗电机磁极；铝锭大、小块则更换不合格分配器或对堵塞的孔进行处理，准确调整铝液量；出现表面积渣则要控制好铝液温度，及时清除保持炉内铝渣，对铝液进行精炼静置，人工打渣要干净。

（2）水平或立式铸造的铸锭、铸棒。水平铸造生产的产品表面质量缺陷主要有冷隔、拉裂和疱瘤。

1）冷隔是位于铸锭边部液面处的熔体提前凝固的结果。连续铸造时，由于铸造速度过慢、铸造温度过低、润滑不均匀、冷却强度过大或铝液进入结晶器不均匀，液穴内的铝液不能均匀达到铸锭的四周，在与结晶器接触的位置形成凝壳，当再有铝液流向结晶器壁时，不能与硬壳很好地焊合，周而复始便在铸锭表面形成一道道冷隔。

防止冷隔的措施是：对裂纹倾向性小的合金可提高铸造速度；适当降低水压和提高铸造温度，以降低熔体表面冷却速度，增加熔体的流动性；选择适当的导流方式、导流孔数量和位置，合理分配液流。

2）拉裂是铸锭相对结晶器运动时，铸锭凝壳与结晶器内壁之间的摩擦力、黏着力及铸造应力的合力超过凝壳的强度极限而产生的。拉裂一般都发生在冷隔处。影响拉裂的主要因素有：合金性质或合金成分，在其他条件相同时，含镁量较高的铝合金拉裂的倾向性较大；在其他条件相同时，随铸造速度和铸造温度的提高、冷却水量的降低、铸锭规格的增大，形成拉裂的倾向性增大。

防止拉裂的措施是：适当降低铸造速度和铸造温度；适当提高冷却水压，保证铝锭周边冷却均匀；正确安装结晶器，防止液流不均匀；保持结晶器工作表面光洁度，均匀适时地进行润滑；定期清理结晶器和冷水孔的水垢。

3）疱瘤也称金属瘤，是铸锭内部的铝液渗出凝壳在铸锭表面呈瘤状或小球状凝结的析出物。形成的因素主要有：结晶器局部冷却不足；或在铸造条件的影响下，铸锭表面凝结的强度和完整程度较低；或因多合金成分的影响形成偏析。

防止疱瘤产生的措施是：提高冷却水压，保证铸锭周边冷却均匀；适当降低铸造速度和铸造温度；保持结晶器工作表面光洁度和均匀润滑；正确安装结晶器，合理分配液流，防止液流偏斜冲刷凝壳而造成凝壳局部熔化。

对于立式半连续铸造，若产品发生冷隔，可适当减少冷却水量；当结晶器内有铝渣或其他杂物，在生产过程中可能产生拉裂现象，这时只有在完成这次浇铸过程后，才能对结晶器进行清理或更换。

### 291. 铸造产品常见的内部质量缺陷有哪些，如何防止？

（1）重熔用铝锭。对于重熔用铝锭，其主要的质量缺陷是外部缺陷，可参阅第290问。而对它的内部缺陷要求不高，但必须保证其化学成分符合国家标准且在铸锭内部分布均匀。

（2）合金锭。常见的内部质量缺陷有：裂纹、气孔、疏松、缩孔、偏析、夹渣等。

1）中心裂纹的防止。应按产品质量标准和工艺要求严格控制合金的化学成分和杂质含量，严格控制炉内温度和浇铸温度，严格控制铸造速度。

2）气孔的防止。应尽量缩短铝熔体在炉内的停留时间；采取有效的除气精炼方法；适当提高铸造温度，降低铸造速度。

3）缩孔和疏松的防止。适当提高浇铸温度，降低铸造速度；防止熔体在炉内停留时间过长。

4）夹渣的防止。应严格按要求采取适当的方式除去非金属夹渣物；适当提高铸造温度使渣容易上浮而被除去；操作中尽可能保持中间仓（水平铸造时）和结晶器（垂直铸造时）的铝液面平稳。

（3）电工圆铝杆。电工圆铝杆的内部质量缺陷主要有气孔和夹渣。

1）气孔。浇铸时，如果铸坯内气孔含量过多，可能导致在轧制过程中断线或缠卷过程中被拉断，对产品质量造成很大影响。

产生气孔的主要原因有：铝液温度过高，导致含氢量过高；在浇铸过程中冷却水产生的大量蒸汽没有及时散去，部分蒸汽被融入铝液内部形成气孔；钢带上润滑油太少，没有形成一层较好的保护膜，造成蒸汽进入铝液。

防止气孔的主要措施：降低铝液温度，保证铝液在正常的浇铸温度范围内；在浇铸前安装除气装置或在保持炉内进行除气处理；在浇铸部位安装风扇将蒸汽吹散；在浇铸过程中调整好润滑油量，保证钢带上有一层保护油膜。

2）内部夹渣。夹渣同样对电工圆铝杆的性能有很大影响，在生产过程中可能导致断坯或断线。

夹渣产生的原因有：没有进行有效的精炼处理，铝液内部含渣过多；铝液温度过高，产生较多的氧化浮渣；铝液在溜槽转注过程中没有使用浮漂，使铝液不断冲刷，造成渣滓融入铝液中。

　　主要防止措施：在保持炉内对铝液进行精炼并保证铝液静置时间；控制好保持炉内温度，确保铝液温度在标准范围内；在浇铸前加入过滤装置，如使用陶瓷过滤板进行过滤；在溜槽转注过程使用浮漂，使铝液在氧化膜下层流动，保持液面平稳，避免将氧化渣冲入铝液中。

# 第十七章　铝电解产品质量及检测

**292. 什么是质量?**

所谓"质量"就是一组固有特性满足要求的程度。或者说,质量是产品或服务满足明确或隐含需要的能力特征和特性的总和。

质量可以是指产品、服务、人员或管理的质量。产品质量是指满足产品规范要求的程度;服务质量是指满足客户对服务要求的程度;人员质量是指满足用人单位(公司、企业)对人员素质要求的程度;评价质量的好坏,主要根据符合要求的程度来判断。

质量具有经济性、广义性、相对性和时效性等特性。

质量的经济性体现在对质量的要求汇聚了价值的表现。"价廉物美"或"优质优价"反映了人们的价值取向,因此,质量表现出经济性的特性。

质量的广义性体现为:在质量管理体系所涉及的范围内,对组织的产品、过程、体系都可能提出要求,因此质量不仅指产品质量,也可指过程和体系的质量。

相对性是由于人们可能对同一产品提出不同的功能需求,也可能对同一产品的同一功能提出不同的需求。需求不同,质量要求也就不同,能满足需求的产品才会被认为是好质量的产品。

时效性是由于人们对产品、过程、体系的需求和期望是不断变化的。以前被顾客认为质量好的产品会因为顾客要求的提高而不再受到欢迎,这就要不断地调整对质量的要求。

**293. 什么是质量管理和全面质量管理?**

质量管理是指确定质量方针、目标、职责,并在质量体系中通过质量策划、质量控制、质量保证和质量改进,使其得以实施的全部管理活动。所以,质量管理通常包括制定质量方针和质量目标,以及质量策划、质量控制、质量保证和质量改进。

全面质量管理是以质量管理为中心,以全员参与为基础,旨在通过让顾客和所有相关方受益而达到长期成功的一种管理途径。或者说,全面质量管理就是企业的全体员工同心协力,综合运用现代科学和管理技术成果,控制影响产品质量的全过程和各因素,实现经济地开发、研制、生产和销售出用户满意产品的系统管理活动。

**294. 什么是现场质量管理的概念?**

现场质量管理是针对生产现场和服务现场的质量管理。全面质量管理的思想和活动,特别是全面质量管理的各项工作,都需要通过现场质量管理在企业的基层得以贯彻和落实。因此,现场质量管理是全面质量管理的重要组成部分,它在全面质量管理中起着重要的作用。

现场是指完成工作或开展活动的场所。现场质量管理则是指产品加工或制造以及服务提供过程的质量管理,其范围是从原材料投产到产品完工的所有制造加工过程,或者从服务开始到服务交付的所有服务提供的过程。

现场质量管理是质量管理体系的重要组成部分和基本环节之一。

现场质量管理的基本任务主要是对产品加工和服务提供过程实施质量控制和质量改进，从而使产品质量和服务质量符合规定的要求，并不断提高产品质量的一致性水平，即提高合格率，降低废品率或返工返修率，并减少产品质量的变异。

现场质量管理的重要性表现在：提高质量的符合性，减少废次品损失；是实现产品零缺陷（零不合格率）的基本手段；促进全员参与、改善工作环境和提高员工素质；是展示企业管理水平和良好形象的手段。

影响现场质量管理的主要因素有：人员对质量的影响、设备对质量的影响、物料对质量的影响、作业方法对质量的影响、工作环境对质量的影响、检测设备对质量的影响。现场质量管理的主要内容就是针对以上 6 个因素制定具体的管理内容，以达到控制产品和服务的质量特性的目的。

## 295. 什么是标准化，它与质量有什么关系？

所谓"标准化"就是为在一定范围内获得最佳秩序，对实际的或潜在的问题制定共同和重复使用的规则的活动。这种活动主要包括制定、发布及实施标准的过程。

标准化与质量管理有着密切的关系，标准化是质量管理的依据和基础，产品质量和服务质量的形成，必须使用一系列标准来控制和指导设计、生产和使用的全过程。因此，标准化活动贯穿于质量管理的始终。

我国的标准分为国家标准、行业标准、地方标准和企业标准 4 级。

国家标准是由国家的官方标准化机构或国家政府授权的有关机构批准和发布，在全国范围内统一和适用的标准。我国的国家标准和行业标准分为强制性标准和推荐性标准。强制性国家标准的代号为"GB"，推荐性国家标准的代号为"GB/T"。保障人体健康，人身、财产安全的标准以及法律、行政法规规定强制执行的标准是强制性标准，其他标准是推荐性标准。国家标准的编号由 3 部分组成，即国家标准代号、国家标准发布的顺序号和国家标准发布的年号。

行业或各地方标准化机构批准和发布的标准是行业标准或地方标准。

企业标准是指企业所制定的产品标准和在企业内需要协调、统一的技术要求以及管理、工作要求。企业生产的产品在没有相应的国家标准、行业标准和地方标准时，应当制定企业标准作为组织生产的依据。在有相应的国家标准、行业标准或地方标准时，国家鼓励企业在不违反相应强制性标准的前提下，制定充分反映市场、用户和消费者要求的、严于国家标准、行业标准、地方标准的企业标准，在企业内部适用。企业的产品标准应在发布后 30 日内办理备案。

## 296. 质量管理要遵循哪些原则？

国际标准化组织（ISO）规定了质量管理的 8 项原则，形成了 ISO9000 族标准的理论基础。这 8 项原则是：

（1）以顾客为中心。组织依存于顾客，组织应理解顾客当前的和未来的需求，满足顾客要求并争取超越顾客期望。组织应调查和研究顾客的需求和期望，并把它转化为质量要求，采取有效措施使其实现。

（2）领导作用。领导必须将本组织的宗旨、方向和内部环境统一起来，并创造使员工能够充分参与实现组织目标的环境。领导者应建立质量方针和目标，确保关注顾客要求，建立和实施一个有效的质量管理体系，随时将组织运行的结果与目标比较，根据情况决定实现质量方针、目标的措施，决定持续改进的方案。

（3）全员参与。全体职工是每个组织的基础，质量管理有赖于全员参与。

（4）过程方法。将相关的资源和活动作为过程进行管理，可以更高效地得到期望的结果。过程方法的原则不仅适应于某些简单过程，也适应于由许多过程构成的过程网络。

（5）管理的系统方法。针对设定的目标，识别、理解并管理一个由相互关联的过程所组成的体系，有助于提高组织的有效性和效率。这种建立和实施质量管理体系的方法既可用于新建体系，也可用于现有体系的改进。

（6）持续改进。这是组织的一个永恒发展的目标。在质量管理体系中，改进指产品质量、过程及体系有效性和效率的提高。持续改进包括：了解现状，建立目标，寻找、评价和实施解决办法，测量、验证和分析结果，把更改纳入文件等活动。

（7）基于事实的决策方法。针对数据和信息的逻辑分析或判断是有效决策的基础。用数据和事实作为决策的依据，可防止决策失误。

（8）互利的供方关系。处理好与供方的关系，通过互利的关系增强组织及其供方创造价值的能力。

## 297. 怎样进行质量认证？

"认证"是一种出具证明文件的行动。是"由可以充分信任的第三方证实某一经鉴定的产品或服务符合特定标准或规范性文件的活动"。

产品质量认证是指依据产品质量标准和相应的技术要求，由产品认证机构对某一产品实施合格评定，并通过颁发产品认证书和认证标志，以证明该产品符合相应标准和要求的活动。国际标准化组织（ISO）向其成员国推荐了8种质量认证制度，它们是：

（1）型式试验，又称典型检验。按照规定的试验方法对产品的样品进行试验，以证明样品符合技术标准。主要是证明产品设计符合技术规范的全部要求，认证机构只能向申请企业颁发合格证书，不准企业使用认证标志。

（2）型式试验加市场抽样检验，这是一种有监督措施的型式试验。监督办法就是市场抽样检验，以此认证产品的质量持续符合标准或技术规范的要求。

（3）型式试验加工厂抽样检验。

（4）型式试验加认证后监督——市场和工厂抽样检验。

（5）型式试验加工厂质量体系评定加认证后监督——质量体系复查、市场和工厂抽样检验。这种认证制度的显著特点是：在批准认证资格的条件中增加了对产品生产厂质量体系的检查和评定，在监督措施中也增加了对生产厂质量体系的复审。

（6）工厂质量体系评定。认证的对象不是产品，而是质量体系和质量保证能力，因此按这种认证审核批准的企业不能在产品上使用认证标志。

（7）批检。只对认证合格的这批产品颁发认证证书，但不授予认证标志。

（8）百分之百检验。经认可的独立检验机构对每一件产品依据标准进行检验。这种检验费用很高，一般不予采用。

## 298. 什么是质量检验？

所谓"质量检验"就是对产品的一个或多个质量特性进行观察、测量、试验，并将结果和规定的质量要求进行比较，以确定每项质量特性合格情况的技术性检查活动。

质量检验的必要性体现在：

（1）产品生产者的责任是向社会和市场提供满足使用要求和符合法律法规、技术标准等规定的产品。质量检验就是在产品完成、交付使用前对产品进行的技术认定，并提供证据证实上述要求已经得到满足，确认产品能交付使用的必要过程。

（2）在产品形成的复杂过程中，为了保证产品质量，产品生产者必须对从投入到实现的每一过程的产品进行检验，严格把关。

（3）产品质量对人身健康、安全，对环境保护、企业生存、消费者利益以及社会效益关系十分重大。

质量检验的基本任务包括：

（1）按程序和相关文件规定对产品形成的全过程，包括原材料进货、作业过程、产品实现的各阶段、各过程的产品质量，依据技术标准、图样、作业文件的技术要求进行质量符合性检验，以确认其是否符合规定的质量要求。

（2）对检验确认符合规定质量要求的产品给予接受、放行、交付，并出具检验合格凭证。

（3）对检验确认不符合规定质量要求的产品按程序实施不合格品控制，剔除、标示、登记并有效隔离不合格品。

质量检验的步骤包括：

（1）检验的准备。熟悉规定要求，选择检验方法，制定检验规范。必要时要对检验人员进行相关知识的培训和考核。

（2）测量或试验。按已确定的检验方法和方案，对产品质量特性进行定量或定性的观察、测量、试验，得到需要的量值和结果。

（3）记录。对测量的条件、测量得到的量值、观察得到的技术状态，用规范化的格式和要求予以记载或描述，作为客观的质量证据保存下来。

（4）比较和判断。由专职人员将检验的结果与规定的要求进行对照比较，确定每一项质量特性是否符合规定要求，从而判定被检验的产品是否合格。

（5）确认和处置。检验有关人员对检验的记录和判定的结果进行签字确认。对产品是否可以"接收"、"放行"做出处置。

## 299. 对铝电解产品有什么质量要求？

以氧化铝为原料，用霍尔-埃鲁法生产出来的金属铝称为原生铝，简称原铝。目前，我国电解铝厂生产的原铝大部分以重熔用铝锭为最终产品投放市场，所以，电解铝产品质量的控制，就是指原铝及重熔用铝锭质量的控制。

原铝是铝加工和铝铸件生产的主要原材料。为了适应各种铝材和铸件生产的需要，对原铝质量的要求是严格而又全面的。要求其杂质元素含量尽可能地少，也就是说纯度要高。由于原铝中杂质含量越高，其质量品级就越低，相应销售价格也越低，因此，原铝质量直接影响工厂的经济效益。同时也要求原铝中的气体和非金属夹杂物含量尽可能地少，也就是说原铝的洁净度要高。我国目前对重熔用铝锭化学成分的质量标准执行 GB/T 1196—2002，见表 17-1。

**表 17-1　重熔用铝锭化学成分**（GB/T 1196—2002）

| 牌　号 | Al（不小于） | 化学成分(质量分数)/% | | | | | | | |
|---|---|---|---|---|---|---|---|---|---|
| | | 杂质(不大于) | | | | | | | |
| | | Fe | Si | Cu | Ca | Mg | Zn | 其他每种 | 总和 |
| Al99.90 | 99.90 | 0.07 | 0.05 | 0.005 | 0.020 | 0.01 | 0.025 | 0.010 | 0.10 |
| Al99.85 | 99.85 | 0.12 | 0.08 | 0.01 | 0.030 | 0.02 | 0.030 | 0.015 | 0.15 |
| Al99.70A | 99.70 | 0.20 | 0.10 | 0.01 | 0.03 | 0.02 | 0.03 | 0.03 | 0.30 |
| Al99.70 | 99.70 | 0.20 | 0.12 | 0.01 | 0.03 | 0.02 | 0.03 | 0.03 | 0.30 |
| Al99.60 | 99.60 | 0.25 | 0.16 | 0.01 | 0.03 | 0.03 | 0.03 | 0.03 | 0.40 |
| Al99.50 | 99.50 | 0.30 | 0.22 | 0.01 | 0.03 | 0.03 | 0.03 | 0.03 | 0.50 |
| Al99.00 | 99.00 | 0.50 | 0.42 | 0.02 | 0.05 | 0.05 | 0.05 | 0.05 | 1.00 |

## 300. 原铝中主要杂质及杂质来源怎样？

由电解槽生产出的液体原铝中的杂质可分为三类：第一类是元素单质，其中主要是铁和硅，其次有铜、钙、镁、钛、钒、硼、镍、锌、镓、锡、铅、磷等，表 17-2 为铝液中各种单质杂质含量的大致范围。

**表 17-2　铝液中各种单质杂质的含量**

| 杂质元素 | 质量分数/% | 杂质元素 | 质量分数/% | 杂质元素 | 质量分数/% |
|---|---|---|---|---|---|
| Zn | 0.0003 ~ 0.002 | Na | 0.001 ~ 0.008 | Cd | 约 0.000001 |
| Ti | 0.002 ~ 0.007 | Mn | 0.001 ~ 0.007 | Bi | 约 0.00002 |
| Cr | 0.0003 ~ 0.002 | Mg | 0.001 ~ 0.007 | As | 约 0.0001 |
| V | 0.0007 ~ 0.006 | Ga | 0.006 ~ 0.01 | Sn | 0.0002 ~ 0.0004 |
| Pb | 0.0008 ~ 0.002 | Ca | 0.002 ~ 0.003 | S | 约 0.0007 |
| Si | 0.02 ~ 0.2 | Fe | 0.03 ~ 0.3 | Cu | 0.005 ~ 0.007 |

第二类是非金属固态夹杂物，如氧化铝、氮化铝和碳化铝等。第三类是气体，有 $H_2$、$CO_2$、CO、$CH_4$、$N_2$，其中主要是 $H_2$，约占 60% ~ 95%。这是因为氢的原子或分子很小，其原子半径为 0.046nm，容易溶解在铝中。而氮原子半径为 0.070nm，比氢难于溶解。结构复杂的多元化合物气体更难溶解于铝中。在铝液中溶解的气体组成见表 17-3。

**表 17-3　铝中溶解的气体组成**

| 体积分数/% | | | | | | |
|---|---|---|---|---|---|---|
| $H_2$ | $CH_4$ | $H_2O$ | $N_2$ | $O_2$ | $CO_2$ | CO |
| 68.0 ~ 95.0 | 2.0 ~ 5.0 | 约 1.5 | 0.5 ~ 10.0 | 0 | 0.4 ~ 1.7 | 0.6 ~ 15.0 |

原铝中杂质来源有多种途径：

（1）从原材料——氧化铝、炭阳极、氟化盐等带入。通过氧化铝带入原铝中的硅约为每吨铝0.44kg，铁约为每吨铝0.54kg。通过阳极炭块带入原铝中的硅约为每吨铝0.21kg，铁约为每吨铝0.26kg。钠、钙、磷、钛、钒、锌、镓等杂质主要也都来自氧化铝。

（2）操作用铁制工具在高温下熔化，或因操作管理不善，引起阳极钢爪或导电钢棒熔化而增加铝液中的铁含量。

（3）因炉底破损，耐火砖等筑炉材料中的硅、铁等的氧化物被铝还原而进入铝液中。

（4）电解厂房内卫生不好，厂房关闭不严，风沙、尘土进入电解槽中而影响原铝质量。

（5）原铝中的氧化铝主要来自槽底上的氧化铝沉淀和电解质中悬浮状态的氧化铝。

（6）铝液中的碳化铝主要是由于碳扩散到铝液中，在电解温度下起反应而生成。

（7）阳极气体—氧化碳和二氧化碳有可能部分溶解在铝液中，使铝液受到污染。而原铝中的氢主要来自于水汽与铝的反应，反应中所产生的原子氢极易被铝液吸收，铝液在高温下搁置时间过长，也会吸收氢气，而且铝液吸氢几乎与温度成正比。

表17-4列举了原铝中杂质来源的分布情况。

**表17-4 原铝生产过程中杂质元素的收支概况**

| 项　目 | | Si | Fe | Ti | P | V | Zn | Ga |
|---|---|---|---|---|---|---|---|---|
| 收入项<br>（以吨铝计）<br>/g | 氧化铝 | 123 | 248 | 67 | 16 | 24 | 60 | 131 |
| | 炭阳极 | 173 | 227 | 3 | 4 | 33 | 1 | 2 |
| | 电解质 | 19 | 31 | 1 | 5 | 2 | | |
| | 其他 | 200 | 223 | | | | | |
| | 合计 | 515 | 829 | 71 | 25 | 59 | 61 | 133 |
| 支出项<br>（以吨铝计）<br>/g | 原铝 | 473 | 451 | 25 | 3 | 20 | 48 | 65 |
| | 废气 | 42 | 378 | 41 | 18 | 38 | 12 | 66 |
| | 合计 | 515 | 829 | 66 | 21 | 58 | 60 | 131 |

## 301. 怎样保证原铝质量？

要提高原铝质量的根本办法是实现全面质量管理。对于铝电解车间现场职工，首先应注意以下几个方面：

（1）把好原材料质量关，坚持使用符合国家标准和行业标准的原材料。

（2）严格操作管理，避免铁、硅等杂质由于操作失误而进入槽内。比如：

1）在阳极更换或处理电解槽异常情况时，铁制工具如大钩、大耙等不得在液体电解质或铝液中浸泡时间太久，发红变软后应立即更换，以免熔化而污染原铝。

2）提高阳极更换质量，准确设置阳极位置，尽量避免因阳极电流分布不均出现电流过载而熔化钢爪，引起阳极脱落，使熔融铁水进入槽中。

3）控制好电解质水平，防止因电解质水平过高而浸泡即将更换的低阳极钢爪，引起钢爪熔化。

4）随时检查阳极行程情况，防止因阳极掉块、脱落、裂纹或熔化钢爪。

5）随时观察中间下料打击头的运动部件磨损情况，及时更换，防止打击头脱落掉入槽中，掉入槽内的必须及时取出。

（3）更重要的是掌握好电解槽各项技术条件，始终保持电解槽的平稳运行。正常运行的电解槽，原料中的杂质有相当一部分沉积在槽膛边部的电解质结壳中，一旦出现电解槽变热、炉膛熔化，沉积在槽帮结壳中的杂质就会进入液态电解质中，随着电解过程进入铝液，降低原铝质量。另外，电解槽底部难免有不同程度的裂纹，电解槽正常运行时，这些裂纹被沉积物所填充并固化，当电解槽处于热行程时，会使这些沉积物熔化，裂纹会继续扩展和加深，一旦穿透底部炭块，熔化阴极钢棒，或通过裂纹侵入的铝液还原耐火材料中的氧化物，都会严重影响原铝质量。

（4）除了生产操作和技术条件之外，周围环境和电解厂房的洁净也是保证原铝质量的条件之一。生产中应保持厂房内干净，地坪完好，墙壁、窗户完整，防止风沙尘土进入电解槽污染原铝。

生产中只要做到以上几个方面，原铝质量基本能得以保证。

### 302. 怎样在预焙槽上生产高级原铝？

利用电解槽生产品位为 99.90% ~ 99.95% 的原铝称为高级铝。高级铝可作为偏析法生产精铝和高品质铝合金的原料。高级铝的生产技术是提高原铝纯度所采取的措施的最好体现。要在普通预焙槽上稳定生产高级铝，对以下几个方面必须特别重视：

（1）严把原料质量关，尤其是氧化铝、炭素阳极质量要重点控制。

1）氧化铝的选择。为了得到优质的金属铝，希望供应具有如下性质的氧化铝：化学活性大，粒度适中，在电解质熔体中有较大的溶解速度；具有尽可能低的热导率，以提高槽面和阳极上面的氧化铝覆盖料的保温效果；具有较好的流动性能，以满足管道内输送的需要；纯度要高，具有较低的杂质含量，对于高级铝的生产这一要求是最重要的条件。为了能够很好地满足上述要求，要尽可能地选择 AO-1 级别的砂状氧化铝。

由于我国氧化铝生产因受铝土矿资源的限制，产品以中间状氧化铝为主，杂质含量偏高，不能很好地满足高级铝生产的要求，因此，目前生产高级原铝尽可能使用优质的进口氧化铝。

2）炭素阳极质量的控制。在电解铝厂通常都有与电解生产相配套的炭素厂，主要生产用于铝电解的预焙阳极。要提高原铝的纯度，必须为铝电解提供优质的预焙阳极炭块，这就需要从炭素厂生产的各个环节加以控制，详见第四章。

3）严格控制其他辅料的质量。比如冰晶石和氟化铝，进厂时也要严格控制其杂质含量。

（2）确定合理的检测分析制度，合理增加分析检测项目，缩短分析检测周期，随时掌握原铝质量变化情况。

1）高级铝用预焙阳极及氧化铝每周取样一次进行分析检测，防止不符合要求的阳极炭块和氧化铝进入电解槽中。

2）电解质水平、铝水平、电解温度每天测量一次，依据测量情况对不符合规程要求的工艺参数及时调整。

3）每周取样分析检测一次电解质摩尔比。

4）每天从高级铝生产槽中制取原铝试样，检测分析常规元素含量。每周对原铝试样进行一次 14 项杂质元素的全分析。依据分析结果对原铝质量变化趋势做出分析判断，对含量升高的杂质元素要及时查找原因，采取相应措施。

5）所有的测量分析数据及调整记录要建立起完整的单槽技术档案，以便日后查阅。另外结合日报上的出铝量、槽电压、效应系数、电压摆累计时间、电解质成分等情况，进一步判断电解槽以后的发展趋势。

（3）加强对预焙阳极、氧化铝等原料的存放管理。

1）高级铝用预焙阳极块、氧化铝等原料要指定地点单独保存，由专人负责管理；

2）预焙阳极块在换极使用前要把磷铁飞边、毛刺严格清理干净，炭块表面的灰尘等杂物也要清理干净，以避免带入电解槽中污染铝液；

3）预焙阳极要提前拉运到电解厂房的指定地点进行预热并给阳极钢爪加装炭素保护环；

4）使用独立的氧化铝专用输料系统进行氧化铝的输送，不使用载氟氧化铝返回料。

（4）加强换极、出铝作业的管理。

1）缩短阳极更换周期，避免因阳极太薄出现熔化钢爪而污染铝液；

2）换极时准备两套换极工具，每换一台电解槽阳极更换一次换极工具；

3）不使用残极结壳破碎块，使用精炼电解质块代替；

4）使用新鲜氧化铝作阳极保温料，保温料厚度要求控制在规定范围之内；

5）出铝要使用专用的真空出铝包，要做好日常的检修维护工作，保证每台槽出铝时间不超过 10min。

（5）加强设备管理，加强对电解槽上部结构的检查、维护，减少设备故障，发现问题要及时处理。防止出现泡机头、化机头，以防把铁带入原铝中。

（6）加强现场作业的管理。

1）做好电解槽的密封工作，槽罩要盖整齐，盖严密；

2）电解槽上部结构、地面浮尘、槽子周围和槽底脏料要及时清扫，清扫的脏料不能加入高级铝电解槽中，要另行处理。

## 303. 怎样测定原铝中的硅？

原铝成分分析项目主要有：硅、铁、铜、镁、镓、锌、锰、钛、铅、砷、镉等。这些元素的分析可采用电感耦合等离子体原子发射光谱分析法及光电光谱分析法等仪器分析方法。但不少的工厂仍采用化学分析方法，这里介绍一部分元素的化学分析方法的基本原理。

硅钼蓝光度法测定硅：试样用氢氧化钠和过氧化氢溶解，硝酸酸化。在 pH 值为 0.8 ~ 1.1 的酸度下，加入钼酸铵与硅酸形成硅钼杂多酸，在酒石酸存在下，加入抗坏血酸将硅钼黄还原为硅钼蓝，于分光光度计波长 700nm 处测量吸光度。

测定方法：根据硅的含量，称取适量试样置于 250mL 聚四氟乙烯烧杯中，加入适量氢氧化钠溶液（400g/L），盖上聚四氟乙烯盖子，缓慢加热至完全溶解，取下稍冷，加入 7 ~ 8 滴过氧化氢，待试样完全反应后，用少量水冲洗杯壁和盖子，缓慢加热蒸发至近糊状，冷却。

加入 20～30mL 水，缓慢加热溶解盐类，冷却，加入适量硝酸（1+1），加热使其溶解清亮（若试液中出现二氧化锰的棕色沉淀，则加入数滴亚硫酸钠溶液（100g/L）。取下冷却至室温，移入 100mL 容量瓶中，以水稀释至刻度，混匀。随同试样做空白试验。移取 10.00mL 试液于 100mL 容量瓶中，加水稀释至约 65mL 左右，加入 5mL 钼酸铵溶液（100g/L），于 20～30℃ 温度下放置 15min，加入 5mL 酒石酸溶液（300g/L）、5mL 抗坏血酸溶液（20g/L），混匀，以水稀释至刻度，混匀。放置 15min。于分光光度计波长 700nm 处测量吸光度。

### 304. 怎样测定原铝中的铁？

邻二氮杂菲分光光度法测定铁：试液以盐酸羟胺将三价铁还原成二价铁，在乙酸-乙酸钠的介质中，二价铁与邻二氮杂菲生成橙红色络合物，于分光光度计上 510nm 处测量吸光度。

测定方法：移取适量测定硅时制备的溶液于 100mL 容量瓶中，加入 5mL 盐酸羟胺溶液（100g/L），混匀，加入 10mL 乙酸-乙酸钠缓冲溶液（pH=4.9）和 5mL 邻二氮杂菲溶液（5g/L），用水稀释至刻度，混匀，放置 30min。将部分显色液移入适当大小的吸收池中，以空白试验溶液为参比，于分光光度计波长 510nm 处测量其吸光度。

### 305. 怎样测定原铝中的铜？

新亚铜灵分光光度法测定铜：试样用盐酸、硝酸溶解，用盐酸羟胺将二价铜离子还原为一价铜离子，于 pH 值为 4～6 时用三氯甲烷萃取新亚铜灵与一价铜离子形成的络合物，于分光光度计波长 460nm 处测量其吸光度。

测定方法：称取 0.5000g 试样于 250mL 烧杯中，加入 15mL 盐酸（1+1），待试样完全溶解后，加入 2mL 硝酸（1+1），加热煮沸 3min，驱除氮的氧化物（空白蒸发至 2mL 左右），用水洗杯壁（如有残渣，则需要过滤回收残渣中的微量铜）。往试液中加入 10mL 柠檬酸铵溶液（500g/L）、5mL 盐酸羟胺溶液（100g/L），混匀，加入 5mL 新亚铜灵乙醇溶液（1g/L），投入一小片刚果红试纸，用氨水（1+1）调至试纸变为红色（pH 值为 4～6），将试液移入分液漏斗中，使体积约为 60～70mL，加入 10.00mL 三氯甲烷，振荡萃取 2min，将有机相移入 1cm 吸收池中，以三氯甲烷作参比，于分光光度计波长 460nm 处测量其吸光度。

### 306. 怎样测定原铝中的钛？

二安替吡啉甲烷光度法测定钛：试样用盐酸溶解，在硫酸铜存在下，用抗坏血酸将三价铁离子和五价钒离子等干扰离子还原。在硫酸介质中，加入二安替吡啉甲烷溶液显色，于分光光度计波长 390nm 处测定其吸光度。

测定方法：称取 1.0000g 试样置于 250mL 烧杯中，盖上表皿，加入 30mL 水，分次加入 30mL 盐酸（1+1）和 2mL 硝酸（1+1），加热使试样完全溶解，取下冷却至室温，移入 100mL 容量瓶中，用水稀释至刻度，混匀。根据钛量，移取适量上述溶液两份于两个 100mL 容量瓶中，加入 25mL 硫酸（1+1），加水至 60～70mL，加入 2 滴硫酸铜溶液（50g/L），2mL 抗坏血酸溶液（20g/L），混匀，放置 5min，于其中一份中加入 10mL 二安替吡啉甲烷溶液（50g/L），另外一份不加，用水稀释至刻度，混匀，放置 30min。在分光光度计波长 390nm 处，以补偿溶液为参比，测定其吸光度。

### 307. 怎样测定原铝中的镁？

火焰原子吸收光谱法测定镁：试样用盐酸和过氧化氢溶解，在氯化锶存在下，使用空气-乙炔火焰，于原子吸收光谱仪波长 285.2nm 处，测量其吸光度。

测定方法：称取 0.5000g 试样，置于 250mL 烧杯中，加入 30mL 水，分次加入 20mL 盐酸（1+1），加热至试样完全溶解，滴加适量的过氧化氢，煮沸 10min，冷却，移入 250mL 容量瓶中，加入 25mL 氯化锶溶液（100g/L），用水稀释至刻度，混匀。使用空气-乙炔火焰，于波长 285.2nm 处，以水调零点，测量其吸光值。

### 308. 怎样测定原铝中的锌？

火焰原子吸收光谱法测定锌：试样用盐酸和过氧化氢溶解，用空气-乙炔火焰，在原子吸收光谱仪波长 213.9nm 处测量吸光度。

测定方法：称取 1.0000g 试样置于 250mL 烧杯中，盖上表皿，加入 30mL 水，分次加入 30mL 盐酸（1+1），待剧烈反应停止后，滴加数滴过氧化氢，加热至试样完全溶解，煮沸分解过量的过氧化氢，取下冷却。根据锌的含量，将溶液稀释适当体积。在原子吸收光谱仪波长 213.9nm 处，使用空气-乙炔火焰，以水调零点，测量其吸光度。

### 309. 怎样测定原铝中的锰？

高碘酸钾氧化光度法测定锰：试样用氢氧化钠和过氧化氢溶解，用硫酸和硝酸酸化，在磷酸存在下，用高碘酸钾氧化显色，在分光光度计波长 525nm 下测定其吸光度。

测定方法：称取 1.0000g 试样于 300mL 聚四氟乙烯烧杯中，盖上表皿，加入 40mL 氢氧化钠溶液（200g/L），待剧烈反应停止后，加入数滴过氧化氢，加热使试样完全溶解，取下稍冷，用水冲洗杯壁及表皿，小心地将溶液移入盛有 30mL 硫酸（1+1）和 10mL 硝酸（1.42g/mL）的 300mL 烧杯中，黏附在壁上的沉淀用少量微沸的亚硫酸钠溶液（10g/L）溶解，并入主试液中，加热试液至清亮，补加 3mL 硫酸（1+1），调节试液体积为 65mL，加入 5mL 磷酸（1.69g/mL），加热煮沸，加入 0.5g 高碘酸钾，继续煮沸至红色出现，再微沸 5min，保温 15~20min，冷却，移入 100mL 容量瓶中，用去还原水稀释至刻度，混匀。在分光光度计波长 525nm 处，用 3cm 吸收池测定其吸光度。在容量瓶中剩余的溶液中加入 2 滴亚硝酸钠溶液（20g/L），振荡使其退色，重新测定其吸光度。

# 第十八章　铝电解厂的环境保护

**310. 铝电解行业强调环境保护有何重要意义？**

环境是人类生存的基本条件，是经济发展的物质基础。我国是一个拥有十多亿人口的国家，要发展经济，要提高人们的生活水平，都要依赖于自然资源的科学合理开发和利用，依赖于建设一个良好的自然生态环境。我国自然资源按人均占有量计算远远低于世界平均水平，一些地方的环境问题正逐步显现，这就决定了我国必须把环境保护作为我国的基本国策。

电解铝工业既是重要的基础原材料工业，也是高投入、高能耗、资源依赖性强的行业，电解铝行业作为资源消耗型产业的同时，对环境和大气污染也较为严重，在该行业强调环境保护显得尤为重要。

铝电解生产中的污染物主要存在 3 类：

（1）气态污染物质。如 $CO_2$、$CO$、$CF_4$、$C_2F_6$、$HF$、$SO_2$、电解质蒸气、沥青烟气等。这些是铝电解生产过程中产生的有害气体。对于预焙槽，沥青烟气的产生主要在预焙阳极生产过程和电解槽预热焙烧期。

（2）固态粉尘污染物质。如电解生产过程和搬运过程产生的氧化铝粉尘、冰晶石和氟化铝粉尘等。

（3）固态废弃物。比如铝电解生产过程中排放的炭渣和残阳极，或电解槽大修时排放的废旧炭阴极和槽衬材料等。

这些污染物对从事生产的劳动者以及周围环境是十分有害的，有可能造成生产工人患尘肺病和氟骨病，并影响周围农作物的生长。国家卫生标准规定，车间粉尘中 $Al_2O_3$ 质量浓度在 $2mg/m^3$ 以下，氟的质量浓度应低于 $1mg/m^3$。生产过程中排放的固态废弃物产生多种危害，如废弃炭阴极堆放在旷野会对土地和河流造成污染。因此对废弃物应采取净化或回收利用加以治理。

**311. 我国近年来有哪些关于电解铝节能减排、加强环境保护的法令、法规？**

为了提高清洁生产水平、控制电解铝工业污染物的排放，防止铝工业排放的污染物对环境造成污染和危害，促进铝工业生产技术和污染控制技术的进步和可持续发展，我国曾经颁布了一系列与电解铝工业的环境保护有关的法规和标准，主要有：

（1）2003 年 12 月国务院办公厅转发发改委等部门《关于制止电解铝行业违规建设盲目投资的若干意见》，要求"为逐步改变电解铝工业以环保为代价换取经济效益的局面，从 2004 年 1 月 1 日起，将电解铝出口退税率由 15% 下调至 8%。……，暂定在 2005 年以前，除淘汰自焙槽生产能力置换项目和环保改造项目外，原则上不再审批扩大电解铝生产能力的项目。"

（2）国家发改委以发改产业［2004］746 号发布的《当前部分行业制止低水平重复建设目录》明确规定于 2004 年淘汰铝自焙电解槽。

（3）2005 年 12 月 2 日国务院发布的《促进产业结构调整暂行规定》（国发［2005］40 号）要求实施的《产业结构调整指导目录（2005 年本）》中，自焙铝电解槽列入"淘汰类"，进一步明确了我国彻底淘汰自焙阳极电解槽的产业政策。

（4）国务院《关于加快推进产能过剩行业结构调整的通知》（国发［2006］11 号）指出："钢铁、电解铝、电石、铁合金、焦炭、汽车等行业产能已明显过剩……，如任其发展下去，资源环境约束的矛盾会更加突出……"要求制定更加严格的环境、安全、能耗、水耗、资源综合利用和质量、技术、规模等标准，提高准入门槛，达到严格控制新上项目的目的。

（5）《关于加快推进铝工业结构调整指导意见的通知》（发改运行［2006］589 号）中，电解铝工业结构调整主要目标是：至 2010 年，淘汰落后能力，力争全部采用 160kA 以上大型预焙槽冶炼工艺，电流效率达到 94% 以上，主要企业综合交流电耗在 14300kW·h/t 以下，污染物达标排放。

（6）为加快铝工业结构调整，规范投资行为，促进行业持续协调健康发展和节能减排目标的实现，国家发改委于 2007 年新制定的《铝行业准入条件》对电解铝能耗、物耗及污染物排放提出了更严格要求。"现有企业要通过提高技术水平加强管理降低资源消耗，在'十一五'末达到新建企业标准。""电解铝项目吨铝外排氟化物（包括无组织排放量）要低于 1 千克。严禁将电解铝厂的含氟电解渣添加在煤中燃烧。"

（7）2007 年 7 月财政部发出通知：为进一步限制高耗能、高污染、资源性产品出口，促进节能降耗，鼓励原材料进口，经国务院批准，自 2007 年 8 月 1 日起，以暂定税率形式，将电解铝的进口关税由 5% 下调至 0%；对非铝合金制铝条、杆开征出口暂定关税，暂定税率为 15%。

（8）2007 年 11 月，国家环保总局宣布，将在全国重点地区和行业开展战略环评试点工作。国家环保总局目前已启动区域限批等强制性手段推动地方开展规划环评，并组建战略环评专家咨询委员会对内蒙古、新疆、大连等 10 个典型区域和钢铁、石化、铝业等 3 个重点行业实施了规划环评试点，同时《规划环评条例》的立法工作也在积极进展中，这项条例将从根本上解决产业和区域发展布局不合理问题。

（9）2007 年 11 月公布了《国务院批转节能减排统计监测及考核实施方案和办法的通知》，同意发展改革委、统计局和环保总局分别会同有关部门制订的《单位 GDP 能耗统计指标体系实施方案》、《单位 GDP 能耗监测体系实施方案》、《单位 GDP 能耗考核体系实施方案》和《主要污染物总量减排统计办法》、《主要污染物总量减排监测办法》、《主要污染物总量减排考核办法》，要求各地区、各部门结合实际认真贯彻执行。

（10）为引导高耗能行业健康发展，促进节能降耗，国家发改委、国家电监会于 2008 年 1 月下发了《关于取消电解铝等高耗能行业电价优惠有关问题的通知》，取消了电解铝等高耗能行业电价优惠。

上述各项法规的颁布和实施，对提高我国电解铝技术进步、控制电解铝行业造成的环境污染起到了明显效果。

### 312. 我国对电解铝污染物排放标准有何规定？

国家环保总局于 1985 年 1 月发布的《轻金属工业污染物排放标准》（GB 4912—1985）包括了对轻金属工业废气和废水排放控制的内容。制定了中间加工预焙槽吨铝排氟 1kg、净化系统粉尘排放浓度 30mg/m³ 的标准，对控制当时电解铝厂大气污染物排放量起到了积极作用。

1997 年，国家采用综合标准取代了行业标准。综合标准比《轻金属工业污染物排放标准》增加了污染控制项目，严格了大部分生产系统的粉尘和废水的排放，对促进我国铝工业污染防治起到了积极作用。但由于综合标准对行业的特殊性考虑不够，如电解槽烟气净化系统的粉尘排放限值放得过宽，尤其是综合排放标准未对电解铝工业的主要污染物——氟化物提出控制指标，难于实现对电解槽集气效率进行控制。电解铝工业于 1997 ~ 2007 年间执行的综合排放标准限值见表 18-1。

表 18-1　1997 ~ 2007 年我国电解铝工业执行的污染物排放标准[①]

| 污染源 | | 执行标准 | 污染因子 | 单位 | 排放限值 | | | | | |
|---|---|---|---|---|---|---|---|---|---|---|
| | | | | | 老污染源 | | | 新污染源 | | |
| | | | | | 一级 | 二级 | 三级 | 一级 | 二级 | 三级 |
| 废气 | 电解槽烟气净化 | GB 9078—1996（有色金属熔炼炉） | 氟化物（F） | mg/m³ | 6 | 15 | 50 | 禁排 | 6 | 15 |
| | | | 烟（粉）尘 | | 100 | 200 | 300 | 禁排 | 100 | 200 |
| | | | 沥青烟 | | 10 | 80 | 150 | 禁排 | 50 | 100 |
| | | | 二氧化硫 | | 850 | 1430 | 4300 | 禁排 | 850 | 1430 |
| | 氧化铝输送电解质破碎 | GB 16297—1996（其他） | 颗粒物 | | 150 | | | 120 | | |
| 废水 | 厂排放口 | GB 8978—1996 | 悬浮物 | mg/L | 70 | 200 | 400 | 70 | 150 | 400 |
| | | | BOD5 | | 30 | 60 | 300 | 20 | 30 | 300 |
| | | | COD | | 100 | 150 | 500 | 100 | 150 | 500 |
| | | | 石油类 | | 10 | 10 | 30 | 5 | 10 | 20 |
| | | | 氟化物 | | 10 | 10 | 20 | 10 | 10 | 20 |
| | | | 挥发酚 | | 0.5 | 0.5 | 2.0 | 0.5 | 0.5 | 2.0 |
| | | | 总氰化物 | | 0.5 | 5.0 | 5.0 | 0.5 | 0.5 | 1.0 |
| | | | 硫化物 | | 1.0 | 1.0 | 2.0 | 1.0 | 1.0 | 1.0 |
| | | | 氨氮 | | 15 | 25 | | 15 | 25 | |
| | | | pH 值 | | 6 ~ 9 | | | 6 ~ 9 | | |

[①]1997 年 12 月 31 日之前建设（包括改、扩建）的单位或设立的污染源为老污染源，1998 年 1 月 1 日起建设（包括改、扩建）的单位或设立的污染源为新污染源。污染物排放的一、二、三级标准分别与 GB3095、GB3838 和 GB3097 划定的功能区相对应。

随着生产和环保技术的发展，电解铝行业执行综合排放标准已显保守。为严格控制电解铝厂污染物的排放，2004 年国家着手有色行业污染物排放标准的制订，其中包括《铝工业污染物排放标准》。该标准在很大程度上严格了污染物排放指标，将有效控制铝工业大气污染物排放总量。《铝工业污染物排放标准》排放浓度及排放量限值见表18-2 和表18-3。

表 18-2 《铝工业污染物排放标准》的排放浓度限值[①]

| 污染源 | | 污染因子 | 单位 | 排放限值 | |
| --- | --- | --- | --- | --- | --- |
| | | | | 现有铝工业企业 | 新建铝工业企业 |
| 废气 | 电解槽烟气净化 | 颗粒物 | mg/m³ | 30 | 20 |
| | | 二氧化硫 | | 150 | 150 |
| | | 氟化物(F) | | 4.0 | 3.0 |
| | 氧化铝、氟化盐贮运 | 颗粒物 | mg/m³ | 50 | 30 |
| | 电解质破碎 | 颗粒物 | mg/m³ | 100 | 50 |
| | 其 他 | 颗粒物 | mg/m³ | 100 | 50 |
| | | 二氧化硫 | | 850 | 400 |
| 废水 | 污水处理设施排放口 | 悬浮物 | mg/L | 70 | 50 |
| | | 氟化物 | | 10 | 5 |
| | | 石油类 | | 10 | 5 |
| | | pH 值 | | 6~9 | 6~9 |
| | | COD | | 100 | 50 |
| | | 氨氮 | | 10 | 8 |
| | | 总磷(以 P 计) | | 1 | 1 |
| | | 总氮(以 N 计) | | 20 | 20 |
| | | 总氰化物 | | 0.5 | 0.5 |
| | | 硫化物 | | 1 | 0.5 |
| | | 挥发酚 | | 0.5 | 0.5 |

[①] 现有铝工业企业至2010 年,新建项目于2008 年1 月1 日执行该标准。

表 18-3 单位产品 (1t 铝) 大气污染物排放量限值[①]

| 污 染 源 | 颗粒物 | 二氧化硫 | 氟化物 |
| --- | --- | --- | --- |
| 铝电解槽大气污染物排放/kg | 2.2 | 15 | 0.90 |

[①] 烟气净化系统的排气筒排放量和电解车间天窗无组织排放量之和。

我国对工业废物污染尤其是危险废物的处置有较完善的控制标准。我国对危险废物的鉴别有两种方式,一是按废物浸出液性质进行鉴别的《危险废物鉴别标准》(GB 5085),二是按类别进行划分的《国家危险废物名录》。

电解槽大修产生的废槽内衬没有列入《国家危险废物名录》中,因此,对需堆存的大修废渣,应对其不同组分按《危险废物鉴别标准》进行鉴别,对不能利用的固体废物,依据其性质,严格按《危险废物填埋污染控制标准》(GB 18598)或《一般工业固体废物贮存、处置场污染控制标准》(GB 18599)进行处理,以控制废渣中的有害成分对环境造成污染。

### 313. 我国铝电解排放标准与国际先进水平相比有何差别?

目前我国电解铝厂已不再采用自焙槽,但世界上一些国家,包括美国等发达国家,仍有少量自焙槽在生产。国外电解铝厂制定的大气污染物主要是氟,其次是粉尘,西班牙等国还对 $SO_2$ 排放量进行了限制。电解铝厂大气污染物排放主要有吨铝排氟指标和污染物排放浓度两种控制方式。

美国颁布的电解铝污染物的国家排放标准,除了对污染物排放做了定量的限制外,还规定了为减少污染物排放应该采取的最佳控制技术,所控制的污染物项目有氟化氢(以总氟计)和多环有机物(POM)。

欧盟提出:采用最佳实用技术,经布袋除尘器后,铝电解烟气的粉尘浓度可控制在 $1 \sim 5mg/m^3$,总氟可降到 $0.5mg/m^3$;阳极效应系数小于 0.1 次/(槽·d),碳氟化物排放量小于吨铝 $0.1kg$; $SO_2$ 则要求通过降低阳极含硫量进行控制。另外,许多国家对电解铝厂污染物排放量也都规定了相应的排放控制标准。表 18-4 和表 18-5 是部分国家或组织的电解铝厂大气污染物排放限值及国内外部分排放标准的比较。数据表明,国内标准与发达国家的排放标准仍有一定差距。

**表 18-4　部分国家或组织电解铝厂废气排放标准**

| 控制项目 | 美国 2004(新建厂) | 德国 2002(气氟) | 欧盟 2001 | 加拿大魁北克 | 世行 1997 |
|---|---|---|---|---|---|
| 吨铝氟化物排放量/kg | 0.6 | 0.6 | 0.4 ~ 1.0 | 0.95 + 0.1 | 0.3 ~ 0.6 |
| 排气筒氟化物浓度/mg·m$^{-3}$ | | 1.0 | | | 2.0 |
| 排气筒粉尘浓度/mg·m$^{-3}$ | 15(年均),65(日均) | 10 | 1 ~ 5 | | 30 |

**表 18-5　国内外电解铝厂预焙槽几种污染物控制指标**

| 污染物 | 排放浓度/mg·m$^{-3}$ | | | | | | 排放速率/kg·h$^{-1}$ | |
|---|---|---|---|---|---|---|---|---|
| | HF | F | SO$_2$ | CO | 颗粒物 | 氟化物 | 颗粒物 | 氟化物 |
| Parcom 94/1 标准 | 1.52 | 1.74 | | | 1.14 | | | |
| 美国标准 | 2.45 | 2.5 | | | | | | |
| 澳大利亚标准 | 2 | 2.5 | 12 | 55 | 10 | | | |
| 中国标准 | | | | | 100 | 6 | 115 | 3.1 |

发达国家对铝厂排水有十分严格的限制。如美国对于铝工业的排水要求严格,尽管"铝"并未列入美国优先污染物"黑名单",但对电解铝厂排水中"铝"的排放浓度却进行了严格限制。有按行业规定的排放标准,也有按排水去向,如排入城市下水道、河流或地下水规定的不同排放允许值。英国对排入河流和污水管道的标准值规定不一样,后者一般都比前者放宽 10 倍。波兰按受纳水体功能进行分级。加拿大魁北克对铝工业废水控制主要是尽可能减少工业废水排放,尽量向工业废水零排放靠拢。澳大利亚要求工厂排水的污染物浓度不超过其接纳水体的污染物浓度等。

### 314. 铝电解厂生产过程中大气污染物主要来自哪里?

电解铝生产中的大气污染源主要来自三个部分:

（1）电解槽。电解槽烟气量大，污染物种类多、含量高，是铝电解厂中最主要的大气污染源，其大气污染负荷占整个电解铝生产系统的98%左右。

（2）物料贮运系统。氧化铝贮运、上料过程的卸料点、输送皮带、斗提、贮仓下料口、出料口产生氧化铝粉尘，氟化盐仓卸料点等产生氟化盐粉尘。污染物产生量相对较小，大气污染负荷占电解铝生产系统的1%以下。

（3）阳极组装系统。托盘清理机、电解质清理机、残极压脱机、磷铁环压脱机、清理滚筒、残极抛丸机、电解质破碎机、钢爪抛丸机、铝导杆清涮机、带式输送机等产生电解质、炭和铁等粉尘。大气污染负荷占电解铝生产系统的1%左右。

### 315. 铝电解厂大气污染物主要有哪些成分，大致含量怎样？

电解槽散发的烟气含有多种污染物，主要污染物有：

（1）氟化物，包括气态氟化物和固态氟化物。气态氟化物的主要成分是氟化氢气体，主要来自高温下固态氟盐与原料中的水分发生水解反应的产物；固态氟化物主要来源于槽内电解质挥发和氟化铝升华的冷凝物以及含氟粉尘的飞扬，主要成分是单冰晶石及其复合物（$NaAlF_4$）、冰晶石、氟化铝、氟化钠等。气态氟约占总氟量的70%，固态氟约占30%。

（2）粉尘，电解槽加工和阳极气体带起的颗粒物。主要有氧化铝、炭和氟化盐等粉尘。产生量与电解槽下料、加工方式，槽烟气量及因槽结构形式而形成的槽内烟气流分布等因素有关。

（3）二氧化硫，主要由阳极所含硫氧化而生成，氧化铝和氟化盐原料中所含硫酸盐在高温下部分地与冰晶石反应生成二氧化硫。二氧化硫产生量主要决定于阳极的含硫量以及氧化铝、氟化盐的含硫量。

（4）$CO_2$ 和 CO，铝电解采用炭阳极，每生产1t铝产生的 $CO_2$ 超过1t，CO 约300kg左右。$CO_2$ 和 CO 产生量决定于阳极消耗量，阳极消耗量大，产生的 $CO_2$ 和 CO 量就大。大量资源消耗和大量产生温室气体是促进惰性阳极研究开发的主要动力。

（5）全氟化碳，电解槽发生阳极效应时产生的温室气体，主要成分是 $CF_4$ 和少量 $C_2F_6$ 等，是阳极效应时析出的初生态氟与炭素阳极发生反应的产物。因此，全氟化碳产生量取决于阳极效应系数和效应持续时间。

（6）沥青烟（或有机挥发分），由于预焙阳极块中的沥青已基本在阳极焙烧炉中烧除，因此，除预热焙烧期外，预焙阳极电解槽烟气中沥青烟量极微，一般忽略不计。

预焙铝电解槽产生的大气污染物量见表18-6。

**表18-6　预焙铝电解槽生产1t铝的大气污染物产生量**　　　　　　　　（kg）

| 氟化物（以F计） | 粉　尘 | $SO_2$ | 全氟化碳 | 沥青烟 | $CO_2$ | CO |
|---|---|---|---|---|---|---|
| 20～40 | 60～100 | 5～25 | 0.001～0.3 | 微量 | 1000～1100 | 300～350 |

### 316. 铝电解厂大气污染如何防治？

电解烟气治理效果取决于电解槽集气效率和净化系统的吸氟、除尘器效率。

一个电解系列的电解槽布置于两栋平行厂房内，每栋厂房长度达几百米至千余米。为了有效减少排烟管道长度，一般两厂房之间布置 1~3 套烟气干法净化系统，每套净化系统处理两栋厂房中的一部分电解槽或全部电解槽（仅设一套净化系统）的烟气。干法净化系统的净化效率由系统的集气效率、氧化铝对氟化氢的吸附效率和布袋除尘器的除尘效率决定。

影响电解槽集气效率的因素很多。目前，预焙槽一般采用组合的铝合金罩板集气罩收集电解槽散发的烟气。下列情况都使集气效率下降：如果电解槽排风量过小，远离支管一侧的槽罩内不能形成负压；排风量虽够，但槽罩内电解槽结构缺陷使气流分布不合理，罩内各部位气压变化过大；因电解槽变形或槽罩破损引起槽罩缝隙大而使密闭效果下降；电解槽更换阳极、出铝、测铝水平或其他操作时开罩时间过长；槽罩开启面积过大等。只有在以上问题均得到较好解决的情况下，才能保证较好的集气效率。

电解槽排放的大气污染物包括净化系统烟囱有组织排放和电解车间天窗（或通风器）无组织排放两部分。由于电解槽集气效率小于净化系统的氟化物净化效率，因此天窗排氟量大于烟气净化系统的排氟量，电解车间排放的氟化物主要来自车间的无组织排放部分。发达国家的电解槽集气效率可达 98%~98.5%，甚至更高。国内一般为 96%~98%，最高也达到了 98% 以上。净化系统总氟净化效率可达 99%~99.5%，车间无组织排放的氟化物为净化系统烟囱排放的 2 倍以上。提高电解槽集气效率是降低电解铝厂大气污染物排放量的重点也是难点。

目前我国电解铝厂全部采用预焙槽，烟气均采用干法净化。国内部分电解铝厂的调查资料表明，净化系统正常运行时，氟化物净化效率可以达到 99% 以上，粉尘浓度可控制在 15mg/m³ 以下，在除尘系统良好运行的条件下，排尘浓度低于 10mg/m³。经净化措施后电解槽的大气污染物排放量范围见表 18-7。

表 18-7　铝电解槽大气污染物排放量表[①]

| 排放点 | 吨铝排放烟气量/m³ | 吨铝排放氟化物(以 F 计)/kg | 吨铝排放粉尘/kg | 吨铝排放 $SO_2$/kg | 吨铝排放沥青烟/kg |
| --- | --- | --- | --- | --- | --- |
| 烟囱 | 110000~120000 | 0.1~0.4 | 1.0~3.0 | 4.9~19.6 | 微　量 |
| 天窗 | | 0.3~0.8 | 0.2~1.6 | 0.1~0.4 | |

①按预焙槽集气效率 98%~98.5% 和氟净化效率 98.5%~99.5% 计算。

铝电解厂大气污染治理中另一不可忽视的方面是全氟化碳排放量的控制。由于温室效应和温室气体控制受到严重关注，各国电解铝厂都在致力于降低阳极消耗（减少 $CO_2$ 和 CO 量）和降低阳极效应系数及缩短效应持续时间（减少全氟化碳产生量）来控制温室气体排放量。全氟化碳只有在电解槽发生阳极效应时才产生。我国预焙阳极电解槽阳极效应系数基本上控制在 0.3 次/(槽·d) 以下，在阳极效应系数低于 0.2 次/(槽·d) 和缩短效应持续时间的条件下，生产 1t 铝产生的全氟化碳小于 0.1kg。国际上最好的指标已可实现基本无效应操作，效应系数仅 0.01 次/(槽·d)，吨铝全氟化碳排放最好在 0.005~0.03kg 之内。

### 317. 铝电解厂物料储运及其他工序粉尘污染如何防治？

铝电解厂物料贮运系统和阳极组装系统产生的粉尘均是在产尘点分别设置集气罩、机械排风和除尘器，对含尘气体进行除尘净化后排放。电解铝厂除尘设施一般采用布袋除尘器。由于电解铝厂粉尘成分主要是氧化铝、氟化盐、炭尘等的干粉尘，采用布袋除尘器均能达到很高的除尘效率，且运行稳定可靠，只要加强管理和运行维护，就可以将粉尘排放浓度控制在 $50mg/m^3$ 以下。

氧化铝及氟化盐贮运、氧化铝和氟化盐卸料处、贮仓的仓顶进料和仓下出料口通常设置集气除尘系统，回收的氧化铝或氟化盐粉尘直接返回贮仓或由提升设施返回贮仓，以减少物料损失并防止回收粉尘造成二次污染。

对阳极组装工段产生的粉尘，通常根据产尘部位和粉尘成分不同设若干除尘系统。电解质清理、破碎和电解质破碎仓出料等除尘系统回收的粉尘成分为电解质和氟化盐，返回电解质返料仓待电解槽利用。残极压脱机、磷铁环压脱机、残极抛丸机、铝导杆清涮机等除尘系统收下的粉尘含炭、铁、电解质等多种成分，一般不再回收利用，收下的粉尘装袋后进行集中堆放等处置。

### 318. 铝电解槽大修废渣对环境有何危害？

铝电解厂产生的固体废物主要是电解槽大修时产生的废渣——电解槽大修渣（废槽内衬）。我国预焙槽寿命一般为 $5\sim7$ 年，到时炭阴极内衬将失效，必须对电解槽进行大修，更换槽内衬。160kA 以上预焙槽大修渣产生量约吨铝 $25\sim35kg$，主要由废阴极炭块、阴极糊、沉积物、耐火砖和保温砖等组成。预焙槽大修渣组成实例见表18-8。

表18-8　电解槽大修渣组成实例

| 名　称 | 废炭块 | 耐火砖 | 保温砖 | 扎糊 | 绝热板 | 耐火颗粒 | 混凝土 | 沉积层 |
|---|---|---|---|---|---|---|---|---|
| 占全量比例/% | 46.9 | 5.5 | 4.2 | 6.9 | 2.3 | 3.6 | 6.3 | 24.3 |

电解槽大修渣以废阴极数量最大，约占大修渣的 $37\%\sim40\%$。废阴极主要成分是碳，但吸收了大量的氟，废阴极中氟化物含量最高可达10%以上。青海铝厂和贵州铝厂160kA预焙阳极电解槽大修渣的检测结果见表18-9。

表18-9　电解槽大修渣全量及浸出液检测结果

| 采样部位 | 青海铝厂 | | 贵州铝厂 | | |
|---|---|---|---|---|---|
| | 氟化物全量/% | 浸出液氟化物 /mg·L$^{-1}$ | 氟化物全量/% | 浸出液氟化物 /mg·L$^{-1}$ | 浸出液氰化物 /mg·L$^{-1}$ |
| 炭　块 | 3.56~6.111 | 1360~3229 | 13.08 | 3500 | |
| 耐火砖 | 0.455~4.711 | 71.4~289 | 9.97 | 290 | |
| 扎　糊 | 14.122 | 5265 | 16.18 | 13000 | |
| 底部保温砖 | 1.084 | 46.3 | 8.14 | 2.6 | |
| 耐火颗粒 | 7.913 | 53.6 | 3.11 | 220 | |
| 绝热板 | 2.530 | 70.1 | 8.11 | 2220 | |
| 小头混凝土 | 0.245 | 0.52 | 10.81 | 400 | |
| 沉积层 | 9.594 | 6613 | | | |
| 混合样 | 6.543 | 1808 | 11.48 | 2200 | 5.08 |

结合大修渣成分，对照我国《危险废物鉴别标准》（GB5085）进行分析，结果表明，除保温砖外，大修渣其他组分浸出液可溶氟浓度大于 50mg/L，氰化物浓度大于 1mg/L，属危险废物。

### 319. 铝电解槽大修废渣怎样治理和综合利用？

对大修渣进行回收利用是化害为利的重要措施，目前我国部分铝厂已对电解槽大修渣进行部分回收，主要回收途径有：

（1）废阴极炭块经破碎、磨粉后，利用废阴极作水泥厂熟料烧成窑燃料。废阴极炭块中的氟化物与钙反应生成难溶的氟化钙进入熟料，不会对水泥产品质量造成影响。

（2）废阴极炭块经破碎、磨粉后，用作烧结法氧化铝熟料烧成的燃料。熟料中生成的氟化钙最终进入赤泥，不影响氧化铝质量。对于同时具有电解铝和烧结法（或联合法）氧化铝生产系统的综合企业，应尽可能将废阴极用作熟料烧成窑的燃料，既可减少本企业危险废物处置量，又可降低能量消耗。

国际上对废槽内衬接收利用的行业较多，水泥行业是较成熟和综合利用最多的行业。除此之外，正在利用或试验的行业还有：生产矿棉：德国；生产氟化铝：澳大利亚；用于炼钢：意大利；用于玻璃行业：加拿大；另外，挪威将废槽内衬用于生铁生产，加拿大将其用于生产萤石的试验也在进行中。

我国目前除有少量利用外，废槽内衬无害化处理方法也正在研究中。在回收利用和无害化处理尚未取得重大突破之前，防渗填埋场的建设应引起电解铝厂的重视。设有专用大修渣场的电解铝厂还不多，尤其是建厂时间较早的老厂，大修渣有的随意丢弃，有的和生活垃圾、废建筑材料等混合堆放。随着环境意识的增强和国家标准的严格，不能利用的电解槽大修渣应根据其各组分浸出液中氟化物和氰化物含量区分其属性。大修渣中的废阴极炭块、废糊料等浸出液中氟化物（不包括氟化钙）浓度大于 50mg/L 或氰化物（以 $CN^-$ 计）浓度大于 1mg/L 的固体废物，应送往危险废物处置中心集中处置或送符合《危险废物填埋污染控制标准》（GB 18598）建设条件的填埋场进行填埋。浸出液氟化物（不包括氟化钙）浓度小于 50mg/L 和氰化物（以 $CN^-$ 计）浓度小于 1mg/L 的废保温砖应按 GB 18599 Ⅱ 类一般固体废物要求进行处置。

### 320. 铝电解厂废水有些什么污染源，如何控制？

铝电解厂用水分为生产用水和生活用水。铝电解生产均为干法过程，不允许水进入物料系统，生产用水量较小，主要是整流机组、空压机等设备冷却水和铸造铝锭冷却水。其余则是生活用水。

铝电解厂废水也分为生产废水和生活废水。生产废水主要是用水量较小的设备冷却水、循环水系统的少量排污水和化验室排水等。排水中除铸造废水中有少量铝渣进入循环水外，电解铝厂其他生产废水中没有特征污染物。美国环保局 1977 年公布的优先污染物"黑名单"和中国环境优先污染物"黑名单"均未将铝列为优先污染物。但美国污水排放标准要求废水中铝的浓度不得超过 2.0mg/L，我国污染物排放标准尚未对铝厂排水中的铝进行控制。

铝电解厂一般不设集中的生产废水处理站，铸造废水经除油、沉淀除铝渣处理后循环利用，排出少量生产废水可满足排放标准。

铝电解厂厂区生活污水（包括环境雨水）占全厂排水的比例较大，对于铝厂排水直接进入环境的，生活污水应由集中生活污水处理站处理达标后再排放。结合我国常规控制项目，电解铝厂排放污水应控制的污染因素为 pH 值、悬浮物、氟化物、石油类、化学耗氧量、氨氮、氰化物、微生物和铝。

电解铝生产系统，根据循环水的使用与运行管理情况的不同，如电解烟气净化风机等设备冷却是否采用循环水，车间用水和生活用水是否得到很好管理等，外排废水量变化很大。国内各电解铝厂废水排放系数（含生产废水及生活污水）在吨铝 $0.76 \sim 4.57 m^3$ 的较大范围变化。

铝电解厂废水治理，一方面要加强污染源的控制，另一方面则是提高循环水利用率。根据国内部分电解铝厂调查，经过节水改造，大部分电解铝厂生产水的重复利用率已达到85%以上，甚至超过90%，外排废水量得到有效控制。对于新建电解铝厂，应通过提高循环水利用率等措施节约新水、减少排水，应将废水排放系数控制在吨铝 $1.5 m^3$ 以下。

**321. 电解铝厂要有怎样的消防措施？**

依据《建筑设计防火规范》（GBJ16）的有关规定，结合电解铝厂生产实际，火灾危险性分类见表 18-10。

表 18-10　电解铝厂生产火灾危险性分类

| 系统名称 | 火灾危险性分类 | 耐火等级 | 系统名称 | 火灾危险性分类 | 耐火等级 |
|---|---|---|---|---|---|
| 阳极组装及电解质破碎 | 丁 | 二级 | 配电装置、动力配电所 | 丙 | 二级 |
| 氧化铝卸料站 | 丁 | 二级 | 硅整流所 | 丙 | 二级 |
| 空压站 | 戊 | 二级 | 谐波治理设施 | 丙 | 二级 |
| 空压站循环水系统 | 戊 | 二级 | 整流所循环水系统 | 戊 | 二级 |
| 氟化盐仓库 | 戊 | 二级 | 供水及消防设施 | 戊 | 二级 |
| 电解车间 | 丁 | 二级 | 机修及电修工段 | 戊 | 二级 |
| 氧化铝贮运设施 | 戊 | 二级 | 检修仓库 | 戊 | 二级 |
| 电解烟气净化设施 | 戊 | 二级 | 综合仓库 | 戊 | 二级 |
| 超浓相输送 | 戊 | 二级 | 汽车衡站 | 丁 | 二级 |
| 电解大修工段 | 戊 | 二级 | | | |

电解铝厂消防措施有主动式消防系统和被动式消防系统。

（1）主动式消防系统。电线电缆防火涂料、钢骨防火涂料、防火泥、防火砖等填充材料并经过系统工程施工来完成对建筑物、构筑物的保护，对建筑物、构筑物中各种穿墙孔洞及电缆托盘、汇流排、电线电缆等进行有效封堵，截断火灾蔓延通路。

（2）被动式消防系统。包括火灾报警控制系统、自动灭火系统、室内外消火栓系统、防火卷帘门防火门系统、疏散与紧急照明指示系统、火灾应急播放系统。

电解铝厂全厂消防给水管网应设室外地下式消火栓；配电装置、阳极组装及残极处理等设室内消火栓灭火系统。根据《建筑灭火器配置设计规范》，对需配置灭火器的车间，特别是电解车间和铸造车间，有电解槽、混合炉及铸造机等设备，进水可能引起爆炸，这些车间应配置手提式干粉灭火器，其他车间可配置干粉灭火器或 $CO_2$ 灭火器等。

厂区总平面布置中，各建筑物之间防火距离、道路设计等应执行《建筑设计防火规范》（GBJ16）。一个电解系列的两栋电解厂房内应设有消防通道，以保证消防车等能到达车间之间的封闭区域，同时在电解车间厂房及整流所外围尽可能设置环形消防车道。消防车道的净高度和净宽度均不应小于4m，供消防车停留的空地，其坡度应不大于3%。环形消防车道至少有两处与其他车道相通。

### 322. 铝电解厂存在哪些不安全因素，如何防范？

铝电解厂的生产环境中处处存在高温、高电压、大电流，电解铝生产存在着诸多危险因素。

电力系统设有高压配电设备以及整流所调压整流变压器、整流器等大型电器设备，存在电击危险和用电安全等危害因素；同时各电器设备存在短路、断路、停电以及触电等不安全因素。

电解槽以低电压、大电流串联运转，电击事件不易发生。但是在电力车间高压电源与电解车间联网线路的连接点可能发生严重的电击事故。在铝电解生产中，其能源主要是直流电能，系列电压达数百至上千伏，一旦短路，易出现人身和设备事故。

电解用直流电，槽上电气设备用交流电，若直流电窜入交流系统会引起设备事故。电解车间设置的各种照明灯具、电器开关、起重设备、铸造设备等电气设施在使用过程中因绝缘损坏或在维修过程中带电操作，操作人员或维修人员均有发生触电的可能。

电解槽内电解质温度达940~960℃，操作过程中有可能发生烧伤事故；生产过程中更换阳极、残极处理后的电解质加入到电解槽，电解槽大修过程中设备的吊运及出铝用真空抬包均需要用电解多功能机组来完成，起重机在运行中可能对人体造成挤压或撞击，吊运中重物坠落可能造成物体打击事故。

铸造部高温铝液运输、混合炉高温铝液及铝锭铸造过程中，一旦泄漏可能造成人员伤亡事故，若泄漏铝液与冷却水接触，可能发生铝液爆炸，造成人员伤亡和财产损失。

阳极组装车间中频感应炉内铁水温度高达1450℃，阳极磷铁浇铸的铁水包采用普通天车吊运，如果在使用时发生中频感应炉或铁水抬包铁水泄漏，高温铁水遇到可燃物时，有发生火灾的危险，遇到水或其他液体会导致铁水爆炸事故，四处飞溅的铁水有可能导致周边工作人员发生灼烫伤害。

各种形式的机械设备，在其运动部位，机体和电动机的联轴器等传动装置处，存在着机械伤害的危险性。如果这些设备的转动部位外露或防护措施不完善，很容易造成人身伤害事故。

针对这些危险因素，铝电解厂的主要安全措施有：

（1）做好车间和电器设备的绝缘防护（详见第61问）。

（2）车间操作面划分出机动车通道、行人通道和设备、物品摆放区，操作工人按标志行走。

（3）电解多功能天车在驾驶室旁设有可伸缩应急梯，使天车操作人员能在电解多功能天车发生故障无法运行时迅速离开。多功能天车运行时有提醒地面操作人员注意的声、光警报。

（4）起重机设置如下安全防护装置：超载限制器、上升和下降极限位置限制器、运行极限位置限制器、连锁保护、缓冲器、检修吊笼、扫轨板和支承架、轨道端部止挡、导电滑线防护板、暴露活动件防护罩、连锁保护装置等。

电动葫芦安装超载限制器、上升极限位置限制器、轨道端部止挡等安全防护装置。

桥式起重机上，凡是高度不低于 2m 的一切合理作业点，包括进入作业点的配套设施，如高处的通行走台、休息平台、转向用的中间平台以及高处作业平台等，都应设有规范的防护栏杆、走台、斜梯等。

在同一行走轨道上安装两台及以上起重机时，应安装防撞设施。

（5）混合炉设置有防止铝液泄漏的安全堵漏设施。混合炉和铸造机之间设置安全距离，铸造机循环水系统设排水而不存水，回水坑设置为开放式，深度不大于 0.2m，一旦混合炉铝液泄漏与水接触，因水量少和蒸汽可尽快释放而避免造成重大爆炸事故。

（6）中频感应炉炉体操作平台下有防火、防潮措施，炉前有漏炉铁水坑。

（7）高速旋转或往复运动的机械零部件安装可靠的防护设施、挡板或安全围栏。设备易发生事故部件一般采用固定式防护罩，经常进行调节和维护的运动部件采用连锁式防护罩、开启式或可调式防护罩。

（8）车间附近应设有相应的事故应急处理设施，如降温或冲洗用的水龙头等。操作工人穿戴防热保护服、鞋、安全头盔、口罩等防护装备。

### 323. 铝电解厂对噪声、粉尘、余热、有害气体等应有哪些卫生措施？

根据《工业企业设计卫生标准》（GBZ1）和《工作场所有害因素职业接触限值》（GBZ2），适用于电解铝厂的噪声限值见表18-11，有害物质及粉尘限值见表18-12。

**表 18-11　工作地点噪声声级的卫生限值**（摘自 GBZ1—2002）

| 日接触噪声时间/h | 8 | 4 | 2 | 1 | 1/2 | 1/4 | 1/8 | 最高不得超过115dB(A) |
|---|---|---|---|---|---|---|---|---|
| 卫生限值/dB(A) | 85 | 88 | 91 | 94 | 97 | 100 | 103 | |

**表 18-12　工作场所空气中有毒物质和粉尘容许浓度**（摘自 GBZ2—2002）

| 名　称 | | 最高容许浓度 /mg·m⁻³ | 时间加权平均容许浓度 /mg·m⁻³ | 短时间接触容许浓度 /mg·m⁻³ |
|---|---|---|---|---|
| 二氧化硫 | | | 5 | 10 |
| 二氧化碳 | | | 9000 | 18000 |
| 氟化氢(按 F 计) | | 2 | | |
| 氟化物(不含氟化氢)(按 F 计) | | | 2 | 5 |
| 煤焦油沥青挥发物(按苯溶物计) | | | 0.2 | 0.6 |
| 一氧化氮 | | | 15 | 30① |
| 一氧化碳 | 非高原 | | 20 | 30 |
| | 海拔 2000~3000m | 20 | | |
| | 海拔大于 3000m | 15 | | |
| 铝、铝合金粉尘(总尘) | | | 3 | 4 |
| 氧化铝粉尘(总尘) | | | 4 | 6 |
| 煤尘(游离 SiO₂ 含量小于10%) | 总　尘 | | 4 | 6 |
| | 浮　尘 | | 2.5 | 3.5 |
| 萤石混合性粉尘(总尘) | | | 1 | 2 |
| 其他粉尘① | | | 8 | 10 |

① 不含有石棉且游离 SiO₂ 含量小于 10%，不含有毒物质、尚未制订专项卫生标准的粉尘。

电解车间余热、有害气体、粉尘对操作工人影响较大，而电解槽是产生有害因素的主要设备。为改善工人作业条件，防止有害物质、余热等对作业环境的影响，必须从工艺、建筑和通风等方面采取有效的治理措施。主要有：

（1）烟气净化（详见第262、第263和第315问）。

（2）良好的通风换气条件。这不仅有利于排除因集气效率的限制而逃逸在车间中的有害烟气，而且因为铝电解厂房是典型的热厂房，电解输入的电能50%以热的形式散发到厂房的空气中，车间内的大量余热恶化工人作业环境，必须通过有效的通风方式予以排除。如200～350kA的电解槽，其散热量约1.1～2.0GJ/h。每栋电解厂房布置的电解槽多达几十台至百余台，散热强度约为200W/m³左右。

我国电解铝厂房均采用自然通风方式。目前电解厂房自然通风形式有避风天窗和通风器两种。屋顶通风器的采用有效提高了电解车间的通风量，通常情况下可使车间换气次数大于40次/h。对于换气次数大于40次/h的电解厂房，当电解槽集气效率达到98%时，车间空气中氟化氢浓度增加值（工作场所与车间外环境空气中氟化氢浓度之差）可控制在0.3mg/m³以下，车间外氟化物浓度通常小于0.2mg/m³。因此，车间内氟化氢浓度可低于0.5mg/m³。

（3）铸造车间余热控制。铸造车间影响卫生条件的有害因素主要是余热，余热来自保持炉、熔化炉和铸造机。如一台50t倾动式保持炉散热量约为3.0GJ/h，22.7kg铝锭连续铸造机散热量约为4.0GJ/h。车间内余热主要靠自然通风经通风器排出室外。

对铝锭铸造机，操作岗位一般需设降温装置。通常采用岗位局部送风方式，室外空气经空气处理机过滤后由管道送至工人作业岗位降温。

（4）氧化铝和氟化盐贮运集尘、除尘。袋装氧化铝或氟化盐拆袋时产生粉尘。一般在料斗两侧的上部设大排风罩进行抽风。收集的粉尘经离心式通风机抽至袋式除尘器净化。

（5）阳极组装车间（含电解质破碎）防尘、防高温。在残阳极导杆拆卸过程中，残极块上散落的电解质、氧化铝会扬起粉尘；残极在清理机组内用压缩空气清理电解质时扬起大量粉尘。对该拆卸和清理机组设密闭罩，罩上留排风口抽风。由管道将捕集的含尘气体送至袋式除尘系统。此外，抛丸清理机组、残极压脱机、钢爪清刷机及铝导杆清涮机、电解质破碎系统的皮带机、颚式破碎机、锤式破碎机及仓下料口等，这些设备在运转过程中也会扬起大量粉尘。同样对各扬尘点加设密闭罩集尘和布袋除尘系统。

阳极组装车间的浇铸站工作中散发大量热量，通常采用浇铸站上部设通风器的形式予以排出。钢爪烘干站工作中除散发大量热量外，还有部分烟气，一般采用机械排风形式予以排除，并在烘干站上部加设排风罩，经管道由风机排至室外。

# 第十九章　铝电解生产指标、成本及发展方向

**324. 我国电解铝厂建设投资水平大致如何？**

截止到 2006 年，国内约有 93 家电解铝厂处于运营中，各种规模与装备水平的铝厂齐全。2007 年又有 25 个扩建项目建成投产，新增产能 320 万 t/a，该年度生产原铝 1255.7 万 t，约占全球铝产量的 33%，至 2007 年底产能达 1520 万 t/a。2008 年产原铝 1318 万 t，再新增产能 340 万 t/a。2001 年以来是我国电解铝产能增长最为集中的时期，这一时期淘汰自焙槽，普遍应用大型预焙阳极电解槽，建厂规模和装备水平大幅度提高。至 2010 年，将进一步淘汰落后产能，包括年产 10 万 t 以下的铝厂和 160kA 以下的电解槽。因此，无论产量或装备水平，我国铝电解都走在世界的前沿。表 19-1 是我国现阶段新建和扩建电解铝厂的建设投资水平。

**表 19-1　我国现阶段新建及扩建电解铝厂的建设投资**

| 建设规模 | 装备水平 | 建设投资/元·t$^{-1}$ |
|---|---|---|
| 5~10 万 t | 国产设备，就地大修，简易阳极组装 | 7500~8000 |
| 10~15 万 t | 国产设备，就地大修，自动阳极组装 | 8500~9000 |
| 10~15 万 t | 进口天车，其他设备国产，就地大修，自动阳极组装 | 9000~9500 |
| 15~20 万 t | 进口天车，其他设备国产，异地大修，自动阳极组装 | 9500~11000 |

国内电解铝厂的建设投资差异与工厂的装备水平关系密切。以多功能天车为例，国产天车约 300 万元/台，进口天车则需要 1500 万元/台。20 万 t 规模的电解铝厂，一般需要多功能天车 8 台，仅此一项就会使同等规模的铝厂建设投资相差 480 元/t。

铝厂的建设投资与建设规模也有线性关系。同等装备水平，规模越大，单位投资越省。表 19-2 是国内某铝厂建设规模与单位投资的比较。

**表 19-2　建设投资受建设规模影响的实例**

| 建设规模/万 t | 电解槽槽型/kA | 铝电解吨铝投资/元 | 配套炭素吨阳极投资/元 |
|---|---|---|---|
| 20 | 300 | 7548 | 2989 |
| 10 | 190 | 8184 | 3120 |

从过去几年的统计数据看，国内电解铝厂的建设投资增长速度缓慢，2000 年吨铝投资平均为 10200 元左右，至 2005 年平均水平涨至 11500 元左右，增幅 12%。实际上随着铝厂建设规模和电解槽容量的扩大，规模与技术达到良好的匹配，吨铝投资水平应呈下降趋势。但由于物价水平上涨，填补了技术提高带来的投资节省。

**325. 我国电解铝厂建设投资与国外比较有何差别？**

国外新建电解铝厂（含炭素厂）建设投资一般在 3500～5500 美元/t 之间，扩建项目一般在 2200～3500 美元/t 之间。我国新建电解铝厂（含炭素厂）建设投资以人民币计价一般在 8500～12500 元/t 之间，改扩建项目在 7000～10000 元/t 之间。表 19-3 列举了国内外几家铝厂投资实例。

表 19-3　近年世界新建及扩建铝厂投资比较　　　　　　　　　　（美元/t）

| 国家与地区 | 加拿大 | 阿拉伯地区 | 俄罗斯 | 印度 | 莫桑比克 | 兰州铝业 | 山西关铝 | 山西华泽 |
|---|---|---|---|---|---|---|---|---|
| 新　建 | | | 3000 | 2260 | | 1350 | | 1506 |
| 扩　建 | 3859 | 3229 | 2600 | | 2454 | | 1144 | |

我国是电解铝投资水平最低的国家。我国的电解铝吨铝投资水平只占世界平均水平的 30%～50% 左右，国内装备水平最好的电解铝厂吨铝投资也仅有 12500 元，约折合 1785 美元，与国外铝厂相比，投资优势明显。投资水平较低的其次是印度，吨铝建设投资为 2260 美元。

我国电解铝投资水平低，主要原因是：

（1）我国是发展中国家，整个社会的基本生产资料和生活资料的价格都处于相对较低的水平。与国外主要铝厂建设地区相比，设备和原材料等社会物价水平有很大的差距。

（2）我国电解铝厂的装备水平普遍较低，除关键设备引进外，大部分电解铝厂出于投资的考虑，多以国产设备或简易设备为主。我国电解铝生产的核心工艺——电解槽工艺成熟可靠，配套设备国产化，可以有效降低投资。虽然国产设备的运转率较低，故障率稍高，企业需要增加一定量的维护及修理工作，但仍可以保证企业的正常生产运营。

（3）我国劳动力资源丰富，人工成本低。与中东、俄罗斯、加拿大等铝厂建设费用较多的国家相比，建设同等规模的电解铝厂，建厂所需的人工费用，国内是国外的 20% 左右。

电解铝厂的建设投资分为土建、设备、安装、工程其他费用和预备费用。其中土建、设备、安装三项是工程费用，三者合计约占建设投资的 85% 左右。国内铝厂设备与安装占建设投资的 56%，国外占 57%，两者基本一致。国内铝厂土建费用占建设投资的 29%，国外只占 10%，说明国内基础设施部分需要的投资较国外高。国内铝厂其他费用占建设投资的 10%，国外占 25%，一是因为国外的工程管理、人工费用高；二是因为国外注重知识产权，其他费用中有特许经营费、技术费，国内基本没有该项支出。

综上所述，国内铝厂与国外铝厂相比，建设投资、人力资源优势明显；电力成本、氧化铝成本劣势突出。通过实现铝电联营、固定氧化铝供应来源，可以提高企业的市场竞争力。

**326. 我国电解铝生产成本构成和分配情况怎样？**

国内电解铝厂的成本费用计算有两种方法。一种是制造成本加期间费用法，计算公式如下：

$$总成本费用 = 制造成本 + 管理费用 + 销售费用 + 财务费用$$

另一种是生产要素法，计算公式如下：

总成本费用 = 外购原材料、燃料及动力费 + 人工工资及福利费 + 外部提供的劳动及

服务费 + 修理费 + 折旧费 + 财务费用 + 其他费用

根据行业习惯，国内铝厂通常采用制造成本加期间费用法进行成本核算。

（1）制造成本。制造成本是企业成本的核心，是决定企业竞争力的重要因素。制造成本约占总成本费用的95%，其计算公式如下：

制造成本 = 直接材料费 + 直接燃料及动力费 + 直接工资及福利费 + 制造费用

表 19-4 是国内现阶段电解铝平均制造成本及构成。

**表19-4　国内现阶段电解铝平均制造成本举例**

| 项　　目 | 氧化铝 | 阳　极 | 其他辅料 | 电　力 | 人工工资 | 制造费用 | 制造成本合计 |
|---|---|---|---|---|---|---|---|
| 费用/元·$t^{-1}$ | 6800 | 1600 | 150 | 4598 | 176 | 1020 | 14344 |
| 所占比例/% | 47.40 | 11.15 | 1.05 | 32.06 | 1.23 | 7.11 | 100 |

国内氧化铝价格波动很大，占原铝制造成本的比例也有较大变化。以 2005 年为例，国内电解铝企业氧化铝成本约 7333 元/t，占制造成本的 52%。按正常成本比例，氧化铝成本只应占 35% ~ 40%。

近年来国内电解铝厂的阳极成本约 1600 元/t，占制造成本的 11%。企业阳极成本的高低与是否配套建设炭素厂有关。如果企业配套建设炭素厂，其阳极成本一般在 950 ~ 1300 元/t 之间；如果需要外购阳极炭块，其阳极成本一般在 1500 ~ 1800 元/t 之间。

电力成本是电解铝生产的第二大成本因素，2005 年国内电解铝厂的电力成本约 4397 元/t，占制造成本的 31%。随着电价的上涨，所占比例一直处于迅速上升的趋势。

人工工资包括基本工资、保险、社会福利费等。人工工资及福利费的高低，与企业的性质、项目地点、原有企业的工资水平有关。近年来我国电解铝厂的人工成本约 176 元/t，只占制造成本的 1%。人工成本低是国内铝厂参与国际竞争力的主要优势之一。国外铝厂的人工成本一般占经营成本的 10% 左右，世界主要产铝地区如中东、美国、加拿大等，电解铝厂的平均工资成本为 133 美元/t，折合人民币 1064 元/t，是我国电解铝厂工资水平的 6 ~ 7 倍。

制造费用是指企业为生产产品和提供劳务而发生的各项间接费用，包括生产单位管理人员工资及福利费、折旧费、修理费、办公费、水电费、劳动保护费、试验检验费、低值易耗品摊销、运输费、装卸费、租赁费和清理费等。制造费用中折旧费、修理费与建设投资有关，建设投资大，折旧和修理费相应增加，反之亦然。2005 年国内电解铝厂的制造费用约 1040 元/t，占制造成本的 7%。

（2）管理费用。管理费用是指企业为组织和管理企业生产经营活动所发生的费用，包括企业的董事会和行政管理部门在企业的经营管理中发生的，或者应当由企业统一负担的公司经费、工会经费、劳动保险费、养老保险、待业保险费、住房公积金、董事会费、聘请中介机构费、咨询费、诉讼费、业务招待费、房产税、车船使用税、土地使用税、印花税、技术转让费、矿产资源补偿费、无形资产摊销费、职工教育经费、研究和开发费、排污费、劳动保护费、绿化费和土地使用费等。

管理费用与企业的管理水平有关，大型铝厂的管理费用一般在 104 ~ 260 元/t 之间，中小型铝厂的管理费用较高，各厂参差不齐。

（3）营业费用。营业费用是企业在销售产品过程中发生的各项费用及专设销售机构的各项费用，内销产品主要包括由企业负担的销售产品的运输费、装卸费、包装费、保险费、广告费、展览费、租赁费、销售服务费和专设销售机构的费用；出口产品的销售费用，还应包括出口环节的商品流通费、手续费、商检费及港杂费等。

营业费用与铝厂的地理位置密切相关，西北内陆距离华东、华南等主要铝消费地区远，营业费用一般需要 110 ~ 280 元/t，中原地区交通方便，营业费用仅需要 80 ~ 120 元/t。

（4）财务费用。财务费用是企业为筹集所需资金发生的费用，包括利息净支出、汇兑损失以及相关的手续费等。财务费用与项目投资主体的资金运作能力有关，各厂差别较大。

（5）总成本费用。总成本费用 = 制造成本 + 管理费用 + 销售费用 + 财务费用

我国现阶段电解铝行业平均生产成本指标见表 19-5。

**表 19-5　我国现阶段电解铝企业平均总成本费用举例①**

| 项　目 | 制造成本 | 管理费用 | 营业费用 | 财务费用 | 总成本费用 |
|---|---|---|---|---|---|
| 费用/元·t$^{-1}$ | 14188 | 310 | 210 | 276 | 14984 |
| 所占比例/% | 94.7 | 2.1 | 1.4 | 1.8 | 100 |

①不含增值税价。

### 327. 与国外重要铝企业相比，国内外技术经济指标有何差别？

电解铝厂生产技术经济指标大致可以分成四类：物耗指标，如氧化铝、阳极炭块和氟化盐等的单耗量；能耗指标，如吨铝直流电耗、电流效率等；维修指标，如电解槽内衬寿命、大修周期、修理维护等；劳动生产率指标，如全厂劳动定员及实物劳动生产率等。

电解铝厂技术经济指标的高低要受到工艺技术、项目建设施工质量、装备水平、生产管理经验、生产人员素质和操作水平等多种因素的影响。选取国内技术经济指标较先进的河南某厂和国际上较先进的加拿大 Alouette 铝厂的二期建设作为比较，其实际物耗、能耗、劳动生产率、维修指标对比情况列于表 19-6。

**表 19-6　国内铝厂与国外铝厂生产指标对比**

| 序　号 | 指标名称 | 河南某铝厂 | 加铝 Alouette 铝厂 |
|---|---|---|---|
| 1 | 二期设计产能/kt·a$^{-1}$ | 200 | 245 |
| 2 | 槽型/kA | 300 | 330 |
| 3 | 污染物净化方式 | 干法净化 | 干法净化 |
| 4 | 电解槽台数/台 | 258 | 264 |
| 5 | 电流效率/% | 94.38 | 95.1 |
| 6 | 设计平均槽寿命/d | 1800 | 2500 |
| 7 | 原铝直流电耗/kW·h·t$^{-1}$ | 13043 | 12967 |
| 8 | 氧化铝单耗/kg·t$^{-1}$ | 1925 | 1915 |
| 9 | 阳极炭块单耗/kg·t$^{-1}$ | 503（毛耗） | 390（净耗） |
| 10 | 全厂劳动定员/人 | 2111 | 471 |

（1）物耗指标。物耗指标是指电解铝生产过程中各种原材料的消耗，包括氧化铝、阳极炭块、氟化铝、冰晶石等。其中氧化铝和阳极炭块的消耗是主要物耗指标。

氧化铝的消耗水平与电解槽本身的工艺技术、氧化铝输送与配送系统、氧化铝的物理化学性质等多种因素有关，其中氧化铝的物理化学性质是影响单耗指标的重要因素。我国因受铝土矿资源条件限制，氧化铝产品以中间型居多，其流动性差，钠和硅等有害杂质含量高，所以单耗指标相对较差。采用国产氧化铝，吨铝单耗一般为 1.92～1.93t，如果采用进口氧化铝，吨铝单耗可以控制在 1.91～1.92t 之间。国外电解铝厂全部使用砂状氧化铝，吨铝单耗指标一般控制在 1.91～1.93t 之间。

物耗指标中，阳极炭块的消耗成本仅次于氧化铝，质量的好坏直接影响其单耗量及电解槽的寿命。根据统计，国内阳极电流密度为 0.69～0.72A/cm$^2$，吨铝净消耗为450～480kg；而国外阳极电流密度 0.73～0.8A/cm$^2$ 以上，吨铝净消耗为 390～420kg。可见我国阳极炭块消耗指标与国外的尚有较大差距，铝用炭素材料质量有待进一步提高。

（2）能耗指标。能耗指标是指电解铝生产中耗电指标，包括吨铝直流电耗、吨铝综合交流电耗和电流效率。

据统计，国内新建大型预焙槽吨铝直流电耗为 13000～13300kW·h，少数铝厂可以达到吨铝 12900kW·h；国外大型铝厂一般控制在吨铝 12900～13200kW·h。从整体上看我国电解铝工艺技术水平的提高使国内电解铝厂与国外铝厂在电耗指标上的差距正在逐步缩小。

（3）维修指标。电解铝厂的维护修理通常分为大修理和中小修理。大修理是指电解槽内衬大修，它取决于电解槽寿命。根据铝厂实际生产经验，电解槽寿命取决于设计水平、施工质量、焙烧启动、操作管理、内衬材料质量等五方面。国内电解槽设计寿命 1800 天，国外电解槽实际寿命 2500 天，两者存在约 700 天的差距。

（4）劳动生产率指标。劳动生产率指标分为实物劳动生产率和产值劳动生产率。

表 19-7 是国内、国外大型电解铝厂的全员劳动定员与实物劳动生产率指标。数据表明，两者差距明显。

**表 19-7　国内、国外大型电解铝厂劳动定员与劳动生产率指标**

| 铝厂名称 | | 生产规模 /kt·a$^{-1}$ | 电解系列 | 电解槽台数/台 | 全厂定员/人 | 实物劳动生产率 /t·(a·人)$^{-1}$ |
|---|---|---|---|---|---|---|
| 国内电解铝厂 | 中铝兰州分公司 | 450 | 3 | 716 | 4338 | 103.7 |
| | 河南龙泉铝业 | 600 | 3 | 776 | 5633 | 106.5 |
| | 霍煤鸿俊铝业 | 200 | 1 | 256 | 1325 | 150.9 |
| 国外电解铝厂 | 非洲 Mozal | 542 | 2 | 576 | 1150 | 471.3 |
| | 非洲 Hillside | 670 | 3 | 736 | 1181 | 567.3 |
| | 加铝 Alma | 405 | 2 | 432 | 839 | 482.7 |
| | 迪拜 | 675 | 7 | 1201 | 2659 | 253.9 |

国内外几个电解铝企业年平均技术经济指标的比较见表 19-8。

表 19-8　国内外主要电解铝企业年平均技术经济指标

| 企业名称 | 槽型 | 系列生产电流/kA | 槽平均电压/V | 电流效率/% | 直流电单耗/kW·h·t$^{-1}$ | 炭块净耗/kg·t$^{-1}$ | 氧化铝单耗/kg·t$^{-1}$ | 氟化盐单耗/kg·t$^{-1}$ | 内衬寿命/月 |
|---|---|---|---|---|---|---|---|---|---|
| 美国铝业公司 | A697$^+$ | 216 | 4.36 | 93～94.5 | 13700～14200 | 415～425 | 1930 | 41 | 60～80 |
| 海德鲁公司 | HAL230 | 230 | 4.21 | 93～96 | 13305～13400 | 410～425 | 1930 | 20 | 60 |
| 普基公司 | AP18 | 180 | 4.24 | 93.8～95 | 13200～13400 | 410～420 | 1930 | 17.5 | 80～100 |
| | AP30 | 319 | 4.25 | 94～96 | 13000～13500 | 410～420 | 1920 | 17 | 72～96 |
| 兰州铝业 | 200kA | 200 | 4.15 | 93 | 13297～13397 | 430 | 1930 | 26 | ≥74 |
| 万基铝业 | 160kA | 160 | 4.18 | 92.5 | 13460 | 430 | 1930 | 27 | 70 |
| | 300kA | 300 | 4.18 | 93 | 13400 | 430 | 1930 | 26 | ≥66 |
| 南山集团 | 160kA | 160 | 4.2 | 92.5 | 13525 | 430 | 1930 | 27 | 70 |
| | 300kA | 300 | 4.18 | 93 | 13400 | 430 | 1930 | 26 | ≥63 |
| 伊川铝厂 | 300kA | 300 | 4.20 | 93 | 13400 | 430 | 1930 | 26 | ≥66 |
| 邹平铝厂 | 230kA | 230 | 4.18 | 93 | 13337 | 430 | 1930 | 27 | ≥76 |
| 山东信发 | 190kA | 190 | 4.18 | 93 | 13290 | 430 | 1930 | 27 | ≥90 |
| | 240kA | 240 | 4.18 | 93 | 13200 | 430 | 1930 | 27 | ≥90 |
| 山西关铝 | 190kA | 190 | 4.20 | 94 | 13315 | 430 | 1930 | 27 | 70 |
| | 300kA | 300 | 4.18 | 93 | 13394 | 430 | 1930 | 26 | 2003.11至今 |
| 河南神火 | 350kA | 350 | 4.22 | 94 | 13350 | 430 | 1930 | 26 | 2004.9至今 |

## 328. 国内外铝电解技术的最新发展方向如何？

近十多年来，国内外电解铝行业在生产能力、电解槽型、建厂规模以及工艺技术等各个方面得到了全面飞速发展，这种进步趋势锐气未减。从目前各国研究开发的热点项目看，今后一段时间铝电解技术发展方向主要在以下几个方面：

（1）继续开发特大型预焙铝电解槽。铝电解技术仍在向着高电流强度、高电流密度、高电流效率和低电耗的方向发展。专家预测，在下一个十年，世界上铝电解技术占主导地位的可能是 500～600kA 电解槽。500～600kA 电解槽将成为铝电解生产实现高产量、低电耗和低成本最有竞争力的槽型。

（2）完善铝电解槽物理场技术。充分利用现代先进的计算机源程序平台，进一步开发和完善超大型预焙铝电解槽"物理场"源程序与模拟计算工作，并在试验验证的基础上推广应用到新的设计和改造工程中去，进一步开发更加先进的特大型铝电解槽技术。重点有以下几方面的工作：

1）建立多参数数据库，如电解槽结构参数、操作参数及物理场计算的边界参数、准数等；

2）进一步研究电场、磁场、流动场、物料平衡、液固相平衡、能量平衡等计算模型；

3）多参数仿真与显示，如电流分布、熔体/铝界面形状、极距、氧化铝含量、电解温度、过热度、初晶温度、槽膛内型等。

（3）开发包括惰性阳极等新型结构铝电解槽。现有电解铝技术仍存在严重缺陷。首先是采用炭活性阳极，铝电解生产过程中排出大量二氧化碳和全氟碳化物等温室气体，预焙阳极制作过程中排放大量的沥青烟气，这些都严重污染人类的生存环境。其次是因受阴极材料性能和强大的磁流体流动性影响，为了有效抑制金属铝液的流动和二次反应，电解过程的铝液必须保持在合适的高度。一定高度的铝液层制约了电解过程电流效率的进一步提高和能耗的降低。

针对以上缺陷，几十年来众多铝企业十分重视新型结构电解槽技术的研究开发。开发新型电解槽的阴极、阳极或整体结构的目的是减少电解槽金属熔体中的水平电流，有效抑制金属熔体在电磁力的作用下的波动，降低电解极距，提高电解槽运行的稳定性，实现节能；提高阳极电流密度、提高设备的单位产出率和改善环保。特别是投入巨资开发惰性阳极技术，以求大幅度降低能耗和成本，改善环境，实现可持续发展。

目前研究较多的新型结构铝电解槽，主要有可湿润、导流式阴极组合电解槽以及惰性阳极和可湿润、导流式阴极组合电解槽。待解决的问题主要有：

1）可湿润、导流式阴极的材料及制作工艺的优化研究；

2）适用于可湿润、导流式阴极组合电解槽的炭素阳极结构形式的研究；

3）新型结构电解槽的物理场研究；

4）新型结构电解槽的结构设计研究；

5）适用于新型结构电解槽的新型电解质体系研究；

6）适用于新型结构电解槽的专用设备的研究；

7）适用于新型结构电解槽的工艺参数及生产技术研究；

8）惰性阳极的材料及制作工艺的研究；

9）惰性阳极的结构、连接形式及连接材料的研究；

10）适用于惰性阳极的新型电解质体系研究。

（4）开槽阳极的研发。目前铝电解槽所采用的炭阳极均为底部水平的方块阳极，底面积大，不利于阳极气体排放。在阳极底掌下，总有部分面积被电解产生的气泡所覆盖，使电解质与炭阳极之间接触面积减少，极间电阻增大。采用这种阳极不利于极间的传质，电解过程中当极间氧化铝含量降低，电解质同炭阳极之间的湿润性变差，就会引发阳极效应，危害电解正常进行。

研究和工业试验证实，开槽阳极更有利于阳极气体的排出，降低阳极气体对阳极底掌的覆盖率，降低阳极气膜电阻，同时也使阳极周围形成的电解质流场能更好地促进槽内的传质、传热。阳极气膜电阻的降低和传质、传热条件的改善，进一步降低了阳极过电压，这样就有利于降低吨铝能耗。

（5）新型阴极材料的推广应用。在铝电解生产过程中，电解槽内衬材料工作在极其恶劣的环境中，承受着强大的热应力冲击及钠和冰晶石的化学侵蚀、渗透及由此引起的一系列化学反应；另外，其作为强大直流电的导体还要求有很好的导电性能。因此，阴极质量的好坏对电解槽的电流效率、电耗以及槽寿命影响很大。目前较看好的阴极材料主要有：

1）石墨化阴极。石墨化阴极炭块抗钠侵蚀性能好，由于石墨晶格结构发育完整，是各种炭材料中抗钠侵蚀性能最好的一种，其电解膨胀率仅为 0.1% 左右，使用石墨化阴极有助于电解槽寿命的延长。

石墨化阴极炭块导电性能好，其电阻率仅为普通阴极的 20% 左右，使用石墨化阴极的电解槽炉底压降低，一般来说可使炉底压降降低 80～100mV。

石墨化阴极炭块的导热性能好，采用石墨化阴极炭块时，电解槽散热性能也好，有利于形成完整炉帮。

由于石墨化阴极炭块的导电、导热性能好，阴极压降低，为强化电流提供了可能，有利于提高电流密度、增加产量。

石墨化阴极的抗热震性能好。石墨化阴极优越的抗热震性能为电解槽的平稳运行和延长槽寿命提供了可能。

石墨化阴极在电解槽运行期间的变质度低。无定形炭的阴极在电解槽运行 1000 多天后，抗弯强度明显变差，仅约为原始数据的 30%～40%，而石墨化阴极几乎无变化。

2）可湿润阴极。随着材料科学与工程技术取得重大进展，铝工业界尝试着用与铝液具有良好湿润性阴极取代现行的炭素阴极，铝离子可以直接在此阴极上放电而生成铝，槽内仅在阴极表面保持一层很薄的铝液膜，由此可消除磁场对电解过程的干扰，大大缩短阳极和阴极之间的距离，从而大幅度地提高电能效率、节省电能。

理想的惰性可湿润阴极应该满足以下要求：对铝液有良好的湿润性；不溶于电解质和铝液中，能抵御铝液和电解质的侵蚀；能耐高温、在高温下有良好的导电性、高的机械强度、抗磨损性和抗热冲击能力；能够和基体材料良好地结合；容易加工成形，原料来源广泛，生产制造、安装施工和应用成本低。

能够满足上述惰性可湿润阴极要求的材料不多，主要是高熔点的钛、锆化合物，其中尤以 $TiB_2$ 和 $ZrB_2$ 材料为最好。我国一体化成形 $TiB_2$-C 复合层阴极技术，结合我国半石墨质阴极炭块的生产工艺特点，利用电煅炉连续生产纯度较高的 $TiB_2$-C 复合粉体材料，实际生产成本约 90 元/kg，比原有生产方法的生产成本下降了 50% 以上。用该技术生产的 $TiB_2$-C 复合粉体材料制造可湿润阴极，可使大型预焙电解槽筑炉成本增加额减少一半以上，能工业化生产大规格可湿润阴极炭块，在大型预焙铝电解槽上具有广阔的推广应用前景。

3）高石墨质阴极。高石墨质阴极炭块就是生产中所配入的石墨含量高于 30% 的阴极炭块。通常根据其用途一般按 30%、50% 和 100% 配入石墨。100% 石墨含量的阴极炭块又称为全石墨质阴极炭块。

高石墨质阴极炭块既具备了良好的导电性能、抗钠侵蚀能力和抗热震性能的特性，又具有机械强度性能好的特点。是一种适宜于大型电解槽上使用的新型阴极材料，是普通阴极炭块和半石墨质阴极炭块的换代产品。由于电阻率和钠膨胀率低，可降低槽底压降、改善炉底状况、延长槽寿命，同时为提升和强化电流创造了有利条件。

# 参 考 文 献

[1] 肖亚庆. 中国铝工业技术发展［M］. 北京：冶金工业出版社，2007.

[2] 冯乃祥. 铝电解［M］. 北京：化学工业出版社，2006.

[3] 邱竹贤. 预焙槽炼铝（第3版）［M］. 北京：冶金工业出版社，2005.

[4] 黄有国，等. 铝电解质熔体电导率研究进展［J］. 轻金属，2008，(6)：28～32.

[5] 王捷. 电解铝生产工艺与设备［M］. 北京：冶金工业出版社，2006.

[6] 吴鸿，张顺虎，等. 铝电解工（上、下册）［M］. 贵阳：贵州科技出版社，2006.

[7] 梁家骁，张明杰，李金丽. 铝电解质分子比分析及查询的计算机系统［J］. 材料与冶金学报，2003，2(1)：33～37.

[8] 龚竹青. 理论电化学导论［M］. 长沙：中南工业大学出版社，1988.

[9] 张明杰，邱竹贤，王洪宽. 铝电解中的电极过程Ⅰ，阳极过程［J］. 东北大学学报（自然科学版），2001，22(2)：123～126.

[10] 张明杰，邱竹贤. 铝电解中的阴极过程［J］. 东北大学学报(自然科学版)，2002，23(6)：557～559.

[11] 杨重愚. 氧化铝生产工艺学［M］. 北京：冶金工业出版社，1993.

[12] 中国矿床编委会. 中国矿床［M］. 北京：地质出版社，1989.

[13] 毕诗文. 氧化铝生产工艺［M］. 北京：化学工业出版社，2006.

[14] 孙志伟，鹿爱莉. 我国铝土矿资源开发利用现状、问题与对策［J］. 中国矿业，2008，17(5)：13～15.

[15] 陈祺，关慧勤. 我国应生产多少氧化铝［J］. 中国铝业，2008(1)：23～31.

[16] 高守磊，等. 铝电解槽焙烧启动过程中阳极故障分析［J］. 轻金属，2008(5)：27～33.

[17] 田振明，等. 大型预焙阳极电解槽启动后期管理技术研究［J］. 轻金属，2008(5)：37～40.

[18] 王群，梁汉. 300kA预焙阳极电解槽生产过程中的技术条件优化［J］. 轻金属，2008(6)：33～35.

[19] 李启林. 浅谈铝电解槽规整炉膛的重要性及其建立［J］. 轻金属，2008(7)：27～30.

[20] 欧宝成，周渤，马骖. 大型预焙槽阴极破损原因的探讨［J］. 轻金属，2008(4)：34～36.

[21] 任必军，李晋宏，张廷安. 300kA预焙铝电解槽温度和初晶温度的自适应模糊控制［J］. 中国有色金属学报，2007，17(8)：1373～1378.

[22] 朱吉庆. 冶金热力学［M］. 长沙：中南工业大学出版社，1995.

[23] 工程材料实用手册编辑委员会. 工程材料实用手册（铝合金篇）［M］. 北京：中国标准出版社，1989.

[24] 向凌霄. 原铝及其合金的熔炼与铸造［M］. 北京：冶金工业出版社，2005.

[25] 肖亚庆. 铝加工技术实用手册［M］. 北京：冶金工业出版社，2005.

[26] 王祝堂，田荣璋. 铝合金及其加工手册（第3版）［M］. 长沙：中南大学出版社，2005.

[27] 潘复生，张丁非. 铝合金及应用［M］. 北京：化学工业出版社，2006.

[28] 杨涛. 产品质量控制的发展方向［J］. 轻金属，2008(5)：3～4，26.

[29] 贺永东，张新明. 电解工艺对电解铝液质量的影响研究(上)［J］. 轻金属，2008(3)：23～28，31.

[30] 贺永东，张新明. 电解工艺对电解铝液质量的影响研究(下)［J］. 轻金属，2008(4)：26～33.

[31] 有色金属工业分析丛书编辑委员会. 轻金属冶金分析［M］. 北京：冶金工业出版社，1992.

[32] 曹成山，杨瑞祥. 预焙阳极铝电解槽氟平衡［J］. 轻金属，2003(11)：42～44.

[33] 刘林山. 铝电解厂房自然通风组织方式探讨［J］. 轻金属，2005(12)：77～78.

[34] 王印夫，万沐. 铝电解厂房自然通风现场测试分析［J］. 轻金属，2005(8)：80～86.

[35] 姜学海. 我国铝工业发展前景的思考［J］. 轻金属，2007(11)：1～5.

# 冶金工业出版社部分图书推荐

| 书　　名 | 定价(元) |
|---|---|
| 铝加工技术实用手册 | 248.00 |
| 预焙槽炼铝(第 3 版) | 89.00 |
| 现代铝电解 | 108.00 |
| 铝电解(第 2 版) | 25.00 |
| 电解铝生产工艺与设备 | 29.00 |
| 原铝及其合金的熔炼与铸造 | 59.00 |
| 铝合金熔铸生产技术问答 | 49.00 |
| 铝用炭阳极技术 | 46.00 |
| 铝电解炭阳极生产与应用 | 58.00 |
| 铝电解槽非稳态非均一信息模型及节能技术 | 26.00 |
| 现代铝加工生产技术丛书——铝及铝合金粉材生产技术 | 25.00 |
| 现代铝加工生产技术丛书——铝合金特种管、型材生产技术 | 36.00 |
| 钴基合金铝化物涂层的高温氧化行为 | 45.00 |
| 铝合金阳极氧化工艺技术应用手册 | 29.00 |
| 氧化铝生产知识问答 | 29.00 |
| 氧化铝生产设备 | 39.00 |
| 氧化铝生产工艺 | 26.00 |
| 拜耳法与混联法氧化铝生产工艺物料平衡计算 | 14.80 |
| 有色金属冶金学 | 48.00 |
| 有色冶金分析手册 | 149.00 |
| 轻金属冶金学 | 39.80 |
| 有色金属资源循环利用 | 65.00 |
| 常用有色金属资源开发与加工 | 88.00 |
| 有色冶金工厂设计基础 | 24.00 |
| 绿色冶金与清洁生产 | 49.00 |
| 中国有色金属工业"十五"发展概览 | 300.00 |
| 冶金过程固体废物处理与资源化 | 39.00 |
| 冶金企业管理信息化技术 | 56.00 |
| 冶金过程数值模拟分析技术的应用 | 65.00 |
| 冶金熔体和溶液的计算热力学 | 128.00 |
| 冶金与材料物理化学研究 | 50.00 |
| 冶金热力学数据测定与计算方法 | 28.00 |